生物质基重金属吸附材料的制备与应用

罗学刚　编著

科学出版社
北　京

内 容 简 介

天然生物质及其衍生物种类丰富，性质多样，显示出众多的应用特性和功能特性。它们可以特异性地与不同物质、组分和材料发生相互作用，直接或间接地用于工业生产领域。生物质原料（如茎秆）内充满海绵状的髓，茎上密生刚毛，叶两面粗糙，被刚毛。利用生物质原料表面粗糙、密生刚毛，本身就具有一定的与重金属离子结合的能力，通过适当的改性可以使其具备良好的亲水性且耐水溶；具有良好的机械强度，以适应工业操作；具备耐酸、耐碱性能，可以在广泛的 pH 范围内对重金属进行吸附沉淀处理，实现对重金属离子的回收再利用。本书集中反映了作者多年来在生物质基吸附材料制备和应用研究方面的最新成果和数据，主要涉及天然稻壳和膨化稻壳基吸附材料、魔芋葡甘聚糖基吸附材料、植物多酚基吸附材料、竹和菊芋茎叶基吸附材料的制备、应用特性的表征及应用基础研究内容。

本书可供从事生物质转化、天然大分子的改性与深加工、环境友好材料研究的科研人员、工程技术人员、管理人员参考，也可作为高年级本科生和研究生的教学参考书。

图书在版编目(CIP)数据

生物质基重金属吸附材料的制备与应用/罗学刚编著. —北京：科学出版社，2012.1

ISBN 978-7-03-033000-0

Ⅰ.①生… Ⅱ.①罗… Ⅲ.①重金属废水-废水处理 Ⅳ.①X703

中国版本图书馆 CIP 数据核字(2011)第 256956 号

责任编辑：赵晓霞 / 责任校对：张凤琴
责任印制：徐晓晨 / 封面设计：迷底书装

科学出版社 出版
北京东黄城根北街16号
邮政编码：100717
http://www.sciencep.com
北京厚诚则铭印刷科技有限公司 印刷
科学出版社发行 各地新华书店经销
*
2012年1月第 一 版 开本：720×1000 1/16
2021年7月第二次印刷 印张：19 3/4
字数：400 000

定价：68.00 元

（如有印装质量问题，我社负责调换）

前　言

生物质遍布世界各地，其资源丰富，形式繁多，地球上植物每年的生产量就相当于目前人类消耗矿物能的20倍，或相当于世界现有人口食物能量的160倍。生物质转化是国际生物质产业发展的重要方向，石化资源的枯竭、污染促进了生物质高分子材料的发展。美国能源部估计来自生物质的可再生资源材料在2020年将达到10%，2050年将达到50%。许多国家对其发展予以热情关注和政策扶持，促进了合成高分子聚合物原料从面临枯竭的石化资源向可再生生物质资源转换，生物质基高分子新材料的研究开发十分活跃。我国政府对生物质基高分子新材料的研究开发给予了大力的支持，国家"八五"至"十一五"及国家中长期科学和技术发展规划纲要(2006～2020年)均将其列为重点科技攻关项目，已开发生产了数种生物质基高分子新材料。

迄今为止，国内外对重金属污染的治理仍不够完善和彻底，远不能杜绝重金属废水对环境的污染。这是由于重金属废水无论采用何种方法处理都不能使其中的重金属分解破坏，只能转移其存在的位置或改变其物理和化学形态。例如，经化学沉淀处理后，废水中的重金属和放射性核素从溶解的离子状态转变为难溶性化合物而沉淀，于是从水中转入污泥中。因此，若只注重废水本身的处理，而忽视处理后产物的回收利用和无害化处理，任其流失于环境中，就会造成二次污染。吸附法是回收废水中微量重金属最有效的方法，并具有适应范围广、处理效果好、可回收有用重金属及吸附材料可重复使用等优点。已有的吸附材料包括活性炭、矿物质、无机盐、合成树脂等。国内外广泛使用的吸附剂是活性炭，虽然活性炭能够吸附许多化学物质，但可吸附的重金属离子种类少，吸附量小，一般只有10～30 mg/g，而且再生困难。离子交换树脂的吸附量较高，但只对某些特定的离子具有吸附能力，而且再生困难、价格高。天然沸石和黏土的价格便宜，但对重金属离子的吸附量较低，一般小于10 mg/g。而且黏土矿物材料处理重金属废水存在固液分离难、吸附剂不能重复利用、易造成二次污染等缺点。为此，许多研究者致力于新型吸附材料的研究与开发。近年来对天然生物质用于重金属离子的吸附研究非常活跃，微生物、壳聚糖和农业固体废弃物等天然生物质用于水体中重金属离子的吸附已有许多研究报道。这些物质的化学改性衍生物对低浓度的重金属有极强的选择吸附能力和高吸附量。这些天然高分子生物质来源广泛，可再生和易降解，与石油类产品吸附剂相比，成本低及对环境更加友好。但由于这些改性天然高分子吸附剂一般无一定形状，在工业上应用尚有很多缺陷。

从制备低成本、可生物降解的、高效去除重金属污染物的先进吸附材料的目标出发，研制可调控的生物质重金属吸附材料，其中拟解决的关键技术难点有以下两点。

(1) 生物质重金属吸附基质材料规模化制备关键技术：生物质原料，如植物纤维类原料（秸秆、稻壳等）等，质轻，体积疏松，仅用简单的膨化裂解（或热膨）达不到工业规模资源化利用的要求（如膨化裂解产量、能耗、生产成本等）。针对目前国内外膨化机性能差、膨化量小、易损件寿命短、膨化裂解指数低、膨化裂解处理后粗纤维含量高、不能连续工业化生产等问题，通过对普通膨化机的性能和结构都进行改进，如加宽螺杆和螺套上螺纹宽度、深度，对螺杆和螺套进行硬质合金喷涂热处理，在普通膨化机上安装电磁感应加热装置等，能有效地提高膨化机的各项性能指标，使其结构趋于合理，可满足工业规模化连续生产的要求。

(2) 常用的共混、共聚改性技术可以得到更好或更独特的新材料，但生物质原料共混、共聚改性的难点是相容性差，仅有10%左右的生物质原料具有应用价值，这是需要解决的另一关键技术难点。充分利用现有生物质改性后的羟基和其他极性基团，通过物理、化学改性关键技术研究，改善天然生物质基质材料的相容性，共混、共聚反应能力和加工、应用性能，完善优化相关技术参数和工艺，研发性能优良的生物质重金属吸附基质新材料。

以天然可再生的生物质为原料生产的产品对人无毒无害，对环境没有破坏作用，能有效地改善资源短缺和维持生态平衡。利用电磁感应辅助加热挤压膨化裂解改性技术生产的吸附剂基质材料组织结构疏松，具有纤维含量高，表面呈微孔状，半纤维素、木素等填充在微孔网络中，SiO_2 等网络点暴露，可塑性好，热成型产品强度高等特点，同时具有加工成本低、加工机械化程度高、劳动强度小、无“三废”污染、经济效益高等特性，为理想的吸附剂基质材料；而且还可以广泛地用于石油钻探（钻井液用植物改性纤维油气层保护暂堵剂），化工（发酵、水解、填充材料），材料（一次性餐具材料、家具中纤板材、高纤板材、隔热保温材料），造纸（原料膨化处理），园艺绿化材料等生产加工领域。这样既可充分利用农业废弃物资源，又可以培养和发展新的经济增长点，为农作物秸秆的综合利用和拓展工业化产品领域开辟了新途径。

本书集中反映了作者多年来在生物质基吸附材料制备和应用研究方面的最新成果和数据，主要涉及天然稻壳和膨化稻壳基吸附材料、魔芋葡甘聚糖基吸附材料、植物多酚基吸附材料、竹和菊芋茎叶基吸附材料的制备、应用特性的表征及应用基础研究内容。这些研究得到国家自然科学基金(29876017)和国家“十一五”科技支撑计划项目(2007BAB18B08)的资助，研究生罗小庆、李怡、刘锋、邓再芳、梁萱、罗安凯等参加了部分研究工作并做出了积极贡献，在此一并致谢。

全书共分19章，由西南科技大学罗学刚教授编著。参加编写人员还有：林晓艳、罗小庆（第3章～第5章部分内容），梁萱（第6章部分内容），邓再芳（第7章～第9章部分内容），罗安凯（第10章、第11章部分内容），张正光（第12章～第17章部分内容），刘锋（第18章、第19章部分内容）。罗学刚和唐苹苹完成了全书统稿和审校。

生物质转化技术和产品发展迅速，并且作者学识和经验有限，本书疏漏和不足之处在所难免，敬请同行专家与读者谅解和批评指正。

作　者

2011年6月

目　　录

第1章 绪 论

1.1 引 言[1~3]

工业废水是造成环境污染的主要污染源，其中含重金属离子废水的污染尤为严重。重金属是具有潜在危害的重要污染物，可对人体健康和生态环境产生极大的危害。发展重金属废水处理技术，不仅有利于环境保护，而且可以促进工业发展和人类社会的进步。

重金属废水主要来源于采矿、选矿、冶炼、电镀、化工、制革和造纸工业（表1-1），这些行业产生的含铅、汞、镉、铬、镍、铜、锌等重金属的废水被排入天然水体，不仅对水生生物构成威胁，而且可能通过沉淀、吸附及食物链而不断富集，破坏生态环境，并最终危害到人类的健康。

表1-1 重金属废水分类及来源

重金属废水	废水中的重金属	污染物来源
采矿业	Cd、Cu、Ni、Cr、Co、Zn	酸性矿山排水、矿渣尾料
农业废弃物化肥	Cd、Cr、Mo、Pb、U、V、Zn	植物富集
肥料及污泥	Zn、Cu、Ni、Pb、Cd、Cr、As、Hg	污染的地下水和地表水
冶金	Pb、Mo、Ni、Cu、Cd、As、Te、U、Zn	金属的制造、加工、处理、回收过程及矿渣
垃圾及填埋	Zn、Cu、Cd、Pb、Ni、Cr、Hg	填埋沥出液污染的地下水及地表水
电子产品	Pb、Cd、Hg、Pt、Au、Cr、As、Ni、Mn	制造、加工、循环过程产生的废水及固体金属废弃物
电镀	Cr、Ni、Zn、Cu	电镀液
电池	Pb、Sb、Zn、Cd、Ni、Hg	废电池污染的土地及地下水
油漆及颜料	Pb、Cr、As、Ti、Ba、Zn	制备加工中产生的废弃物及过期老化的油漆

重金属具有生物摄取的富集积累性。水生生物在体内富集的重金属浓度可达周围环境介质中浓度的数百至数万倍，它沿食物链逐级转移，同时在生物内脏长期积累，达到一定限度后呈现毒性。因此，微量重金属即具有潜在的危险性。当重金属被生物体吸收时，除以单个离子存在外，它还可以与生物体内的蛋白质、氨基酸、脂肪酸、羧酸及磷酸结合，形成有机酸盐、无机盐和螯合物。而重金属离子及其化合物的毒性，一般都是通过与生物机体成分结合而发挥作用，与生物体结合作用越强，则其毒性越强。由于重金属及其化合物在生物体内不易代谢，因而能通过食物链富集。需要从废水中去除或回收重金属离子的另一个原因，是某些金属具有工艺重要性或者具有战略意义，因而具有较高的价值。

镉(Cd)及其化合物的应用始于 20 世纪 30 年代，含镉废水的主要来源包括金属矿山的采选、冶炼、电解、农药、医药、油漆、合金、陶瓷、无机颜料制造、电镀、纺织印染、矿山排水及某些照相废液等。随着工业用镉量的增加，镉对的污染日趋严重。

镉被认为是对人和环境危害最大的三种重金属之一。镉污染不仅直接影响动植物的生长发育，而且能在其体内富集并通过食物链最终危害人类健康。镉一旦被吸收进入人体，几乎很少被排出体外，可引起肾脏功能障碍，干扰免疫球蛋白的制造，从而降低机体的免疫能力。镉还能导致骨质疏松和骨质软化而使骨骼变形和骨折，最终导致死亡。关于镉摄入的允许安全限量没有通用的协议，在美国，饮水中镉的安全水平定在 10 μg/kg 以下。由于镉污染范围广，分布面积大，以及对生态系统和人类健康造成的危害是其他重金属污染所不及的，不少专家认为镉污染是当今比汞污染更为严重的公害之一。在人类活动参与下，地下岩石圈中含镉矿物的开发利用，使大量废弃物以渣、烟和废水的形式向环境中排放，从而引起环境有害的变化，甚至威胁到人类健康，工业排出含镉的污水，污染了河水及农田。镉较其他重金属更容易为农作物、蔬菜、稻米所吸收。人食用被污染的农作物后，镉通过消化道进入人体，主要积聚于肝脏及肾脏而对人体造成损害。另外，镉化合物微粒也可以通过空气(香烟)，由呼吸道进入人体。

铅(Pb)及其化合物的种类繁多，应用非常广泛，在其冶炼、加工、生产制备、应用等过程中难免污染环境和转入人体，并显示它们的毒害作用。当前，全世界年用铅量约 400 万 t。由于铅及其化合物多数有毒，所以世界各国普遍重视含铅废弃料的回收和利用。

铅及其化合物对人体是有害的，突出的影响是损害造血和心血管系统、神经系统和肝脏。铅对造血系统和心血管系统的毒害，主要表现为抑制血红蛋白合成、溶血和血管痉挛，如每日摄取铅量超过 0.3～1.0 mg，它就可在人体内积累，引起贫血、神经炎、肾炎和肝炎。天然水体中含铅量一般为 0.005～0.01 mg/L。铅一般不与微生物作用，但可通过食物链富集。铅对鱼类的致死浓度为 0.1～0.3 mg/L。浓度为 0.1 mg/L 时，铅可破坏水体自净作用。目前世界各地由于汽车尾气造成铅污染逐年增加，排放到大气中的铅尘和铅蒸气，经降水、落尘而污染水体，是一个更广泛的铅污染问题。

从 18 世纪末发现金属元素铬(Cr)以后，铬及其化合物在工业生产上广为应用。随着工业的发展，含铬粉尘及废水的排放量日益增长。在工业废水中，铬主要以六价形态存在。六价铬废水来源主要是皮革鞣制、重铬酸钠生产、重铬酸钠-铬酸制造、氧化铬生产、铬黄颜料生产、复合颜料制造、涂料制造、印染厂废水、油墨废水、城市垃圾焚烧炉洗涤水、铁合金生产、铝制造、汽车框架生产、汽车零件生产、汽化器生产、导弹部件生产、打字机和办公器械生产、银器生产、金属扣件生产、金属配件生产、特种金属处理操作、光亮浸渍漂洗废水、光亮浸渍液、浸蚀液，阳极化处理液、阳极化处理漂洗废水、电镀、镀槽冲洗废水，多样化电镀工厂、锌铬化处理槽液、混合电镀废水等。

铬的生理作用具有二重性，它既是生物的必需元素，又是有毒的污染元素。三价铬参与糖代谢过程，使胰岛素与细胞膜结合，促进胰岛素的作用。铬缺乏将会导致糖、脂肪或蛋白代谢紊乱。六价铬的毒性远高于三价铬，主要表现在对人和温血动物机体全身有致毒作用，经常吸入铬化合物会引起呼吸道疾病、胃肠道疾病甚至引起肺癌、支气管癌和消化道癌。

1.2 重金属废水的治理技术

人们从认识到重金属废水的危害至今已开发出多种治理重金属废水的技术，可以归结为以下 7 种：①化学法；②反渗透法；③理化吸附法；④蒸发浓缩法；⑤电解法；⑥电渗析法；⑦生物法等。

1.2.1 化学法

化学法处理重金属废水的应用技术容易实现，只要化学反应药剂的选择准确无误，可以根据化学反应方程式准确地计算应投加量，物尽其用不会浪费。废水量少时可以用简单的手工操作处理，或使用处理重金属废水的一步处理机。水量大、条件允许时可以用大型设备自动化操作。对不同的重金属离子给予不同的条件，它可以按照人们预先设定的程序完成对重金属废水的处理。目前，化学法广泛应用于电镀、采矿冶炼产生的含重金属离子废水的处理。

1）化学沉淀法

化学沉淀的处理对象主要是重金属离子（铜、铬、汞、铅、锌等）及两性砷。化学沉淀法是一种较为简单而实用的技术，尤其适合于高浓度重金属废水处理单元操作，应用十分广泛[1~5]。其原理为加入反应物使重金属生成不溶于水的沉淀而过滤除去。化学沉淀法包括氢氧化物沉淀法、硫化物沉淀法、碳化物沉淀法和铁氧体共沉淀法。化学沉淀法对重金属没有选择性吸附，同时产生大量污泥，容易产生二次污染。由于很多重金属离子为两性化合物，不同重金属离子最佳沉淀 pH 也不同，难于控制其最大沉淀量，化学沉淀过后的重金属离子浓度一般为 5～100 mg/L，低浓度重金属废水需进一步处理[6]。

2）氧化还原法

化学氧化是指利用强氧化剂氧化分解废水中的污染物质，以达到净化废水的一类方法。一般而言，还原反应与氧化反应同时发生，但工程上常习惯性分为药剂氧化法、药剂还原法。药剂还原法主要用于处理废水中的 Cr^{6+} 、Cd^{2+} 和 Hg^{2+} 重金属离子，在很多废水处理流程中，都用铁屑作还原剂来处理 Cr^{6+} 和 Hg^{2+} 。

3）铁氧体共沉淀法

铁氧体共沉淀法是随湿法生产铁氧体技术发展起来的一种新型处理方法。该法是使废水中的各种金属离子与铁氧体形成晶粒一起沉淀析出，从而使废水得到净化。形成铁氧体的条件是 pH 为 8～9 时，供应足量的 Fe^{2+} 和 Fe^{3+}，使 $Fe^{2+}:Fe^{3+}=1:2$（物质的量比）。

铁氧体法处理含重金属离子的废水，能一次脱除废水中的多种金属离子，对脱除 Cr^{6+}、Pb^{2+}、Zn^{2+}、Cd^{2+}、Hg^{2+}、Cu^{2+} 等离子均有很好的效果。

4）絮凝剂法

絮凝剂法是对化学沉淀过后的废水进一步有效处理的方法之一。絮凝剂的优点是处理的废水量大，一般通过曝气方式进行充分混合处理，适合于处理大量的矿冶和尾矿重金属废水[7]。常用的絮凝剂种类有有机和无机两大类。有机絮凝剂，如聚丙烯酰胺、聚丙烯酸等，成本较高，常与无机絮凝剂聚合氯化铝混合使用，能达到更好的处理效果。无机絮凝剂聚合氯化铝的使用，会产生二次污染，造成水体系铝离子含量偏高。聚丙烯酰胺和聚合氯化铝混合絮凝剂法需在碱性条件下操作，常用氢氧化钙先调 pH 至 12 左右，再投入絮凝剂，工艺相对难于控制。

1.2.2　反渗透法

采用反渗透法处理电镀废水，可以实现闭路循环。含 Cr^{6+} 废水经三级逆流漂洗，再用反渗透器处理，浓度可浓缩到 20 g/L，可以直接送回电镀槽使用。该法用于处理含 Zn^{2+}、Cu^{2+} 废水也可取得满意的效果。

1.2.3　理化吸附法

低浓度的重金属离子，尤其是大量排放物中的痕量重金属离子无法用传统的化学沉降法、反渗透法、离子交换树脂法去除。这是废水处理的一大难题，吸附法是解决这个问题的有效方法之一。

吸附剂的共同特点是内部微孔丰富，比表面积巨大。用吸附剂处理污水、废水时，部分重金属离子迅速在吸附剂表面被活性位点吸附，进入微孔，被吸附剂内表面活性位点吸附。外表面与部分微孔的吸附活性位点会在短时间内饱和，游离重金属离子需进入微孔更深处被吸附，但由于表浅吸附的重金属离子产生的斥力增强，游离重金属离子进入微孔内部的阻力增加。因此要达到完全的吸附饱和需要的时间比较长。

重金属离子的吸附去除主要由以下步骤组成：重金属离子→吸附剂固液边界层→吸附剂表面→吸附剂微孔→与活性位点结合。

1）物理吸附

物理吸附是通过吸附剂与吸附质分子之间的引力（范德华力）而产生吸附。由于分子引力普遍存在于吸附剂与吸附质之间，故物理吸附无选择性。此外，物理吸附的吸附速率和解吸速率都较快，易达到平衡状态。一般在低温下进行的吸附主要是物理吸附。活性炭的吸附中心主要是物理吸附活性点，数量很多，没有极性。活性炭的吸附力强、制备容易、成本低，但再生困难。

物理吸附剂种类繁多，均表现出孔隙发达、比表面积巨大的特点，如硅藻土、膨润土、沸石等[8～14]。其中应用最普遍的是活性炭，活性炭具有巨大的比表面积（500～1700 m^2/g）、丰富发达的微孔结构，因此对某些特定重金属存在高吸附量[15]。目前活性炭已经成熟应用于电镀工业上处理含铬、砷、铜等废水。但由于活性炭对其他很多重金属不易或难吸附[16～18]，且使用寿命短，因此活性炭在实际应用中仍然存在很大的局限性。

2）化学吸附

化学吸附是通过吸附剂与吸附质之间生成化学键，产生了化学作用而引起的吸附。由于生成化学键，所以化学吸附是有选择性的，且吸附与解吸都不容易，达到平衡慢。化学吸附放出的热很大，与化学反应相近。化学吸附速率随温度升高而增加，故化学吸附常在较高的温度下进行。

腐殖酸类吸附剂含酚羟基、醇羟基、甲氧基、碳基、胺基、磺酸基等活性基团，使腐殖酸具有阳离子吸附性能。例如，风化煤、泥煤、褐煤等腐殖酸类吸附剂对废水中的汞、铅、镉等的吸附率可达90%～99%。腐殖酸在吸附重金属离子后，容易解吸再生，重复使用。常用的解吸剂有 H_2SO_4、HCl、NaCl、$CaCl_2$ 等。

3）离子交换法

离子交换法是液相中的离子和固相中离子间所进行的一种可逆性化学反应，当液相中的某些离子易被离子交换固体所亲和时，会被离子交换固体吸附。离子交换法应用较广，常用的离子交换剂为石油类离子交换树脂和沸石[19～25]。离子交换法适合于处理低浓度重金属废水，尤其适合于产生废水量较少的行业，如电镀和制造加工行业等。离子交换法处理的水质较好，无二次污染，可循环使用。但离子交换树脂易被污染中毒失效，进而造成维护成本高[26～31]。总体来说，离子交换法更适用于贵金属回收，如金和稀土元素等。

吸附树脂是一种多孔海绵状物，可在150 ℃下使用，不溶于酸、碱，其吸附能力接近活性炭，但比活性炭容易再生，此外还有稳定性高、选择性强、应用范围广等优点，是废水处理中有发展前途的一种新型吸附剂。

1.2.4 蒸发浓缩法

蒸发浓缩是指通过加热，使溶液因水分子大量汽化而浓缩，以回收利用的方法。浓缩过程中产生的蒸汽冷却，凝结成为蒸馏水。故进行蒸发的必要条件是不断供给热能，以及汽化出来的蒸汽须不断排出，否则溶液与蒸汽达到平衡，汽化不能持续进行。

蒸发可在大气压、减压或加压下进行。蒸发有单效、双效或多效等工艺。处理工业废水时回收溶质，通常用常压蒸发或减压蒸发，减压蒸发也称真空蒸发。国外大多采用减压蒸发，国内多用常压蒸发。

电镀工业上应用蒸发浓缩处理重金属废水，但对于低浓度的重金属废水，如直接用蒸发法，耗能大，不经济，故常与其他方法联用，如树脂离子交换-蒸发回收、逆流漂洗-蒸发回收。

1.2.5　电解法

电解法是利用直流电对溶质进行氧化还原反应的过程[32]。高价的金属离子在阴极上还原为低价的金属离子，或直接析出金属。电解法的优点包括两个方面：一方面可将高价有毒金属还原为低价有毒金属，进一步还原析出单质金属；另一方面可通过控制电极电势，将混合金属离子进行逐级分离，分别回收纯度高的单一金属。电解法存在的问题是耗电量大，工艺要求复杂，需严格控制溶液 pH、空气搅拌速度等条件来避免阳极钝化，提高分离效率。可以利用电解法，从含重金属离子的工业废水中回收重金属 Cr、Cu、Cd、Pb、Ni、Ag、Au 等。另外通过控制电极电势，可以把同一溶液中的多种金属离子逐一分离开，分别回收、提纯，得到纯度比较高的某单一金属。

1.2.6　电渗析法

电渗析法是在直流电场的作用下，利用阴离子交换膜、阳离子交换膜对溶液中阴、阳离子进行选择性透过(阳膜只允许阳离子通过，阴膜只允许阴离子通过)，而使水体中的溶质与水分离的一种方法。电渗析系统由一系列阴离子交换膜、阳离子交换膜交替排列于两电极之间，组成许多由膜隔开的小室。在直流电场的作用下，溶液中的阳离子向阴极移动，阴离子向阳极移动。但离子交换膜具有选择透过性，结果使一些小室离子浓度降低而成为淡水室，与淡水室相邻的小室则因富集了大量离子而成为浓水室，从淡水室和浓水室分别得到淡水和浓水。这样废水中的离子得到了分离和浓缩，水便得到了净化。

渗透膜法是利用一种特殊膜在某种驱动力下将溶质与水分子隔开，将污染物进行浓缩的方法。在分离重金属离子实际运用中，渗透膜法主要使用反渗透膜法和电渗透膜法。反渗透膜法是以压力为驱动力，使水分子渗透过半透膜从而浓缩污染物。反渗透膜法在处理电镀废水中应用较为广泛[33~43]，尤其对镍、铜、锌等金属离子的处理十分理想，去除率可达 95%～99%[44]。电渗透膜法可从放射性废水中分离放射性元素，同时处理含铜、镍、锌、铬等离子的电镀液废水也较适宜，回收的金属离子浓缩液可返回电镀槽。渗透膜法与常规废水处理方法相比，不需加入化学试剂，没有二次污染问题。其缺点就是膜价格昂贵，易污染导致通量下降。

1.2.7 生物法

生物法是利用活的生物体或没有生命的生物质材料对重金属废水进行吸附处理的方法。很早以前人们就发现藻类和一些水生动物在净化水体中起着独特的作用，它们对一些重金属具有相当强的富集能力。在进一步研究中，人们逐渐认识到，一些生物材料可以作为积累水中重金属的生物吸附材料。生物法包括生物质吸附法、微生物细菌吸附法和植物吸附法。由于生物体复杂的结构和组成，对重金属离子的吸附机理也十分复杂，其机理主要包括化学吸附、配位吸附、表面及多孔吸附、离子交换、螯合吸附、物理吸附和多糖形成的三维网络诱捕吸附等[45]。

1. 微生物细菌吸附法

微生物细菌吸附法是通过物理化学作用，使重金属离子与其表面细胞壁结构成分相互作用，将重金属离子从污水中去除[46]。活体和死体微生物细菌对重金属离子都有较强的结合[47~53]。吸附重金属的微生物主要有细菌和真菌，它们都具有巨大的表面积，因此对重金属存在着较大的吸附量。微生物的代谢物质，如细胞外的多糖、几丁质等也参与重金属的吸附和固化过程。微生物细菌吸附法吸附速率一般较低，可长达数月。培养微生物细菌工艺一般要求较高，工艺的不稳定性会影响微生物细菌繁殖，不利于整个废水处理过程的有序进行。

2. 植物吸附法

植物吸附法主要利用植物积累或超积累从废水中吸取和富集有毒金属离子，进一步降低金属离子活性，从而减少扩散到外界环境中的金属离子。植物吸附法不但可处理水体中的重金属离子，而且可以同时处理土壤中的沉积的重金属离子[54]。通过收割植物枝叶，可富集水体和土壤中的重金属，达到治理环境污染的目的。植物吸附法利用的植物有草本水生漂浮植物、木本植物等。草本植物生长快，耐低温和高温，能较快地大量富集重金属离子。木本植物由于具有高大的枝叶和发达的根系，可富集地下深层的重金属离子，同时可美化环境，获得一定的经济效益。植物吸附法的主要不足之处就是对部分重金属具有选择性，难富集多数重金属离子。植物吸附法有广阔的应用前景，是未来重金属处理技术发展方向之一。

1.3 生物质重金属废水处理技术

近年来对天然生物质用于重金属离子吸附的研究非常活跃，微生物、壳聚糖和农业固体废弃物等天然生物质用于水体中重金属离子的吸附已有许多研究报道，但这些物质的吸附能力不强，而且无一定形状，在工业上应用尚有很多缺陷。从技术经济的角度来看，吸附分离法是分离富集金属离子的主要方法，而吸附材料的研究开发是关键技术。目前已被开发的吸附材料种类繁多，它们概括起来主要存在以下缺陷：一是吸附量较低；二是选择性不高；三是吸附材料价格较高。

生物质原材料(如茎秆)内充满海绵状的髓，茎上密生刚毛，叶两面粗糙，被刚毛。利用生物质原料表面粗糙、密生刚毛，本身就具有一定的与重金属离子的结合的能力，通过适当的改性可使其具备良好的亲水性且耐水溶；具有良好的机械强度，以适用工业操作；具备耐酸、碱性能，可以在广泛的 pH 范围内对重金属的进行吸附沉淀处理，实现对重金属离子的回收再利用。生物质基吸附材料制备工艺简便，成本低廉，产品使用后全生物降解，对环境无污染，可广泛用于矿业、冶金、化工、电镀、机械、医药、国防军工等行业废水中重金属及放射性核素的吸附与分离。

生物质吸附法主要利用廉价或废弃的天然高分子生物质及其改性材料对重金属废水进行吸附处理。现在研究十分活跃的生物质吸附材料包括纤维素、壳聚糖、木质素、魔芋、农林废弃物等[55~57]。这些天然高分子生物质资源丰富，与石油类产品吸附剂相比，可再生和易降解，成本低且环境友好，其化学改性衍生物对低浓度的重金属有极强的选择吸附能力和高吸附量。生物质从组成看主要有木质素、纤维、半纤维和蛋白质等化学组分，对重金属离子有一定的吸附能力。而且，生物质来源广、成本低，它们在重金属处理中有良好的应用前景。目前研究较多的生物质材料包括以下几种。

1.3.1　纤维素

纤维素是自然界最为丰富的可再生高分子资源，其化学结构基本单元为 D-吡喃葡萄糖，是通过 β-1，4-糖苷键连接而成的线形大分子。天然纤维素的主要来源有木材、棉花、竹子、苎麻、秸秆等，来源十分丰富且成本低，是一种易被环境降解的可再生资源。纤维素是一种结晶度较高的水不溶性天然高分子，未改性的纤维素材料强度低、热稳定性较差，对重金属离子几乎没有吸附能力，因此，需要通过改性改变其吸附和应用特性。纤维素含有丰富的羟基，每一个结构单元上包括一个与伯碳原子相连的羟基和两个与仲碳原子相连的羟基。化学改性法可改变纤维素的亲水及亲油特性、弹性、吸水性、反微生物腐蚀性、热稳定性、离子交换容量等。常见的化学改性方法有酯化、醚化、卤化、氧化、接枝共聚等[58~62]。现合成的纤维素吸附材料包括阳离子型、阴离子型、两性离子型和离子螯合型吸附材料。

1.3.2　木质素

木质素是与纤维素及半纤维素一起形成植物骨架的三大成分之一。木质素不仅是树木的重要组分(占20%～30%),而且甘蔗、竹子、果核、花生壳、棉籽壳、棉秆、玉米秆、芦苇、稻草等也都含有相当丰富的木质素。木质素是一种芳香类生物聚合物,由苯丙烷基通过碳-氧键和碳-碳键连接构成,共有三种基本结构(非缩合型结构),即愈创木基结构、紫丁香基结构和对羟苯基结构,这些结构单元的酚羟基、甲氧基和苯环上活性位置都具有化学反应能力。木质素是一种含有负电基团的多环高分子有机物,对重金属离子吸附能力的大小与其酚羟基、羧基、氨基等配位基含量和空间网络结构有关,其中影响最大的是羟基含量。

未改性的水解木质素本身可以作为吸附剂,主要用来吸附去除各种重金属离子。Karsheva等研究发现,水溶性木质素是一种有效的吸附剂,用以去除水中的铅离子。Lalvani发现一种可以吸附溶液中的Cr^{6+}和Cr^{3+}的木质素。由于Cr^{6+}在溶液中以复合阴离子的形式存在,用该木质素可以去除63%的Cr^{6+}、100%的Cr^{3+}。Yakubova[63]研究发现水解木质素对铅盐的吸附性可使其作为治疗铅中毒的药物。木质素对铅盐的吸附量为0.47～1.72 mg/g。木质素的强吸附能力在一定程度上归因于多元酚和其他表面官能团,当然离子交换也有一定的作用。

为了进一步提高木质素吸附剂的吸附量,很多科研工作者对木质素进行化学改性,以提高木质素吸附剂的吸附效果。Koch等利用甲烷基硫醚化木质素去除水溶液中的汞和其他重金属离子,实验结果表明,甲烷基硫醚化木质素可有效吸附Hg^{2+}、Cd^{2+}、Cu^{2+}、Cr^{3+}、Fe^{3+}等的硝酸盐,对硝酸钠没有吸附作用,对硝酸钙具有一定的吸附效果。Nikiforov[64]认为作为工业废料的水解木质素可作为吸附剂,它具有醇羟基、酚羟基、羰基、羧基官能团而具有交换吸附能力。

1.3.3 竹炭

由于天然林保护工程的实施,木基活性炭资源的使用受到一些限制,人们开始把目光转向快速繁殖的竹子。竹材由纤维素、半纤维素和少量木质素组成,竹炭就是由这三种物质在高温下热解后形成的,其机械强度较高,孔结构发达,可以用作吸附剂。王桂仙和张启伟的研究表明,竹炭可作为去除Zn(Ⅱ)和Pb(Ⅱ)理想的吸附材料。用水和微波加热的方法对吸附后的竹炭进行再生,竹炭的吸附能力可恢复到原来的97%以上。

1.3.4 植物单宁

植物单宁又称植物多酚,是一种资源丰富、价廉易得的天然高分子化合物,广泛存在于植物中,含有各种活性官能团(酚羟基、羧基等),表现出较活泼的化学性质。单宁分子具有多个邻位酚羟基结构,可以作为一种多基配体与有毒金属离子发生配位反应。两个相邻的酚羟基能以氧负离子的形式与有毒金属离子形成稳定的五元环螯合物,邻苯三酚结构中的第三个酚羟基虽然没有参与配位,但可以促进另外两个酚羟基的离解，从而促进配合物的形成及稳定。单宁分子具有多个活性基团，在与重金属离子接触时，可能生成的配合物相对分子质量大，疏水性强，易于从水中分离出去，而在絮凝生成矾花的过程中又由于卷带网捕、吸附架桥等作用使更多的金属离子一同沉淀下来，获得满意的去除效果。汪青梅、张力平等分别研究化香单宁和落叶松单宁去除水中有毒重金属离子的效果，去除率可达到65%～90%。

1.3.5　壳聚糖

壳聚糖又称脱乙酰甲壳质，是将甲壳素在强碱条件下脱乙酰化后获得的一种天然氨基多糖，其来源丰富，是自然界中数量仅次于纤维素的第二大天然有机资源[58]。壳聚糖分子链段中含有丰富氨基，氨基易与重金属离子发生螯合吸附。壳聚糖易溶解于无机酸中，且在无机酸中氨基易被质子化形成带正电荷的游离态氨基，失去了对金属的配位能力，影响了壳聚糖在重金属吸附剂中的应用。因此，国内外有很多关于改性壳聚糖作为重金属吸附材料的报道。壳聚糖的改性研究主要包括交联、羧甲基化、季铵化、硫酸酯化、硫化、接枝共聚等[65～68]。壳聚糖存在一定结晶度区，研究表明，在保护氨基的条件下，通过对壳聚糖分子链上羟基的交联可提高壳聚糖在无机酸下的稳定不溶解性，同时降低结晶度，有利于氨基与重金属离子的结合。壳聚糖基吸附材料主要缺点是通常需附加保护氨基和释放氨基等过程，合成工艺较为复杂，不利于壳聚糖的大规模改性研究。

1.3.6　葡甘聚糖

葡甘聚糖是一种从植物魔芋、菊芋、蕉藕和微生物细菌中提取的天然高分子多糖，其分子中包含葡萄糖和甘露糖，以β-1，4-糖苷键连接，同时在甘露糖C-3位上还存在短支链结构，而在C-6位上还存在乙酰基团(约每19个糖残基上存在一个乙酰基)，这些乙酰基的存在控制了分子水溶性的大小。葡甘聚糖具有亲水性、凝胶性、成膜性、抗菌性、可食用性、低热值性等多种特性和一些特殊的生理功能，可广泛应用于环保、食品、医药、化工及生物等领域[69]。葡甘聚糖经疏水改性制备成载体，可制成色谱和吸附填料；经羧甲基化和酯化改性可制备成重金属吸附材料[70～74]。葡甘聚糖的水溶性限制了其直接应用于吸附材料领域[75]，必须通过进一步的物理或化学改性解决其疏水性问题，但成本也随之增加。

1.3.7　农林废弃物

农业废弃物原料包括制糖甜菜废丝、甘蔗渣、稻草、大豆壳、花生皮、秸秆、玉米芯等，它们含有的聚合物(如纤维素、半纤维素、果胶、木质素和蛋白质)具有天然交换能力和吸收特性，其结合重金属离子的活性部位是巯基、氨基、邻醌和邻酚羟基。大量的研究证明农业废弃物对六价铬有很好的去除作用。有文献报道，稻壳与藻类对 Cr^{6+} 和 Pb^{2+} 的吸附能力相近，它对 Cd^{3+} 的吸附能力几乎是藻类的两倍，稻壳对六价铬的吸附能力高达 164.31 mg/g；花生皮对六价铬的吸附能力可达到 16.05 mg/g；甲壳质对六价铬的吸附能力可达到 27.3 mg/g。通过共聚和交联作用等化学改性方法，农业废弃物对重金属的结合能力还可以提高。

林业废弃物包括锯末、树皮和树叶等。其中树皮含有聚酚类化合物(通常称为鞣酸类)，在适宜的温度和 pH 条件下具有从废水中吸附大量金属阳离子的能力。Randall 等研究了多种树皮对金属离子的吸附性能，发现水杉、赤杨、黑樱桃、威斯康星红槭、糖槭、黑松、银枞和西特喀杉等树皮均具有优良的金属离子吸附能力，其中红树皮对 Cd(Ⅱ)、Hg(Ⅱ)和 Pb(Ⅱ)的吸附能力分别为 27.6～32 mg/g、250 mg/g 和 68～182 mg/g。Vazquez 等在 50 ℃及酸性条件下用甲醛处理磨碎的松树皮，用以固定单宁等多羟基酚类化合物，处理后的树皮对溶液中的 Cd^{2+} 和 Hg^{2+} 具有良好的吸附性能。农林废弃物具有下列性质：成本低、不需要再生、采用氧化的方法可回收重金属和热能。细胞的毛细管结构使其具有高的表面积(多孔性)，有较高的化学活性，易产生高浓度的吸附金属离子的活性基团，更容易化学改性，较纤维材料更加容易交联，不易溶于水，对于重金属离子含量低的废水(如 $10\times10^{-6}\sim100\times10^{-6}$ mg/L)更加有效。

1.4 生物质重金属吸附材料拟解决的关键技术问题

对天然生物质进行裂解、熔融共混、互穿聚合物网络、接枝共聚、交联等物理、化学改性，可以解决我国生物质资源研究和技术开发中共混和热塑改性关键技术的问题。例如，生物质资源裂解改性加工，制备的生物质重金属吸附基质材料具有组织结构疏松、纤维含量高、表面呈微孔状、半纤维素或木素等填充在微孔网络中、SiO_2 等网络点暴露、可塑性好、热成型产品强度高等特点。同时通过对生物质进行化学疏水改性(如以疏水脱乙酰基 KGM 作为吸附材料，经碱性活化后加工成型的热塑性 DKGM 拥有规整的外形及丰富的微孔结构)，使其成为理想的天然生物质基吸附基质材料。生物质重金属吸附基质材料具有加工成本低、加工机械化程度高、劳动强度小、无“三废”污染、经济效益高等特性。从制备低成本、可生物降解的、高效去除重金属污染物的先进吸附材料的目标出发，研制可调控的用于重金属的生物质吸附材料，其中待解决的关键技术问题有两个。

(1) 生物质重金属吸附基质材料规模化制备关键技术：生物质原料，如植物纤维类原料(秸秆、稻壳等)等，质轻、体积疏松，仅用简单的加工达不到工业规模资源化利用的要求(如产量、能耗、生产成本等)。拟通过裂解、熔融共混、互穿聚合物网络、接枝共聚、交联等物理、化学改性，解决我国生物质资源研究和技术开发中共混和热塑改性关键技术的问题。

(2) 常用的共混、共聚改性技术可以得到更好或更独特的新材料,但生物质原料共混、共聚改性的难点是相容性差,仅有10%左右的生物质原料具有应用价值,这是需要解决的另一关键技术难点。充分利用现有生物质改性后的羟基和其他极性基团,通过物理、化学改性关键技术研究,改善植物生物质基质材料的相容性,共混、共聚反应程度和加工、应用性能,完善优化相关技术参数和工艺,研发性能优良的生物质改性重金属吸附基质新材料。

1.5 小　　结

与传统重金属废水处理方法相比,生物吸附法有成本低、脱除效率高、环保可再生等优点。利用生物质基吸附材料来吸附、分离和浓缩重金属离子,进而部分甚至完全取代传统高成本石油类离子交换树脂是21世纪最有前景的环境友好吸附技术,对环保工作具有重要的意义。

近年来对天然生物质用于重金属离子的吸附研究非常活跃,微生物、壳聚糖和农业固体废弃物等天然生物质用于水体中重金属离子的吸附已有许多研究报道。这些天然高分子生物质来源广泛,可再生和易降解,与石油类产品吸附剂相比,成本低以及对环境更加友好。但由于这些改性天然高分子吸附剂一般无一定形状,在工业上应用尚有很多缺陷。本书通过对生物质材料及活性炭、硅藻土、膨润土的吸附对照实验,采用新的表征手段,由不同的单离子体系和多离子体系各个因素的考察,分析吸附等温线、吸附动力学方程,以及吸附模型,解释生物质材料吸附重金属离子的现象,为生物质重金属吸附材料的规模化应用提供一定的参考。

参考文献

[1] 王绍文,姜凤有. 重金属废水治理技术[M]. 北京:冶金工业出版社,1993
[2] 孟祥和,胡国飞. 重金属废水处理[M]. 北京:化学工业出版社,2000: 46-50
[3] 张永锋,许振良. 重金属废水处理最新进展[J]. 工业水处理,2003,23(6):2-5
[4] Tünay O, Kabdali N I. Hydroxide precipitation of complexed metals [J]. Water Res, 1994, 28(10): 2117-2124
[5] özdemir C, Karatas M, Dursum S, et al. Effect of $MnSO_4$ on the chromium removal from leather industry wastewater [J]. Environ Technol, 2005, 26(4): 397-400
[6] Matlock M M, Howerton B S, Atwood D A. Chemical precipitation of heavy metals from acid mine drainage [J]. Water Res, 2002, 36(19): 4757-4764
[7] Charerntanyarak L. Heavy metals removal by chemical coagulation and precipitation [J]. Water Sci Technol, 1999, 39(10): 135-138
[8] 黄文强,李晨曦. 吸附分离材料 [M]. 北京:化学工业出版社,2005: 1-4

[9] 李门楼. 改型硅藻土处理含锌电镀废水的研究 [J]. 湖南科技大学学报(自然科学版), 2004,19(3):81-84

[10] 郑礼胜,王士龙,张虹,等. 用沸石处理含镍废水 [J]. 材料保护,1998,31(7):24-25

[11] 李虎杰,田煦,易发成. 活化沸石对 Pb 吸附性能研究 [J]. 非金属矿,2001,24(2):49-51

[12] 高效江,戎秋涛. 麦饭石对金属的吸附作用研究 [J]. 环境污染与防治,1997,19(4):4-8

[13] Kara M, Yuzer H, Sabah E. Adsorption of cobalt from aqueous solutions onto sepiolite [J]. Water Research, 2003, 37(1): 224-232

[14] Guo Z J, Yu X M, Guo F H, et al. Th(Ⅳ) adsorption on alumina: effects of contact time, pH, ionic strength and phosphate [J]. Journal of Colloid and Interface Science, 2005, 288(1): 14-20

[15] Karthikeyan T, Rajgopal S, Miranda L R. Chromium(Ⅵ) adsorption from aqueous solution by Hevea Brasilinesis sawdust activated carbon [J]. Hazard Mater, 2005, B124(1-3): 192-199

[16] EI-Shafey E I, Cox M, Pichugin A A, et al. Application of a carbon sorbent for the removal of cadmium and other heavy metal ions form aqueous solution [J]. Journal of Chemical Technology and Biotechnology, 2002, 77(4): 429-436

[17] Chiang H L, Huang C P, Chiang P C. The adsorption of benzene and methylethylketone onto activated carbon: thermodynamic aspects [J]. Chemosphere, 2002, 46(7): 143-152

[18] Gomez-Serrano V. Adsorption of mercury, cadmium and lead from qpueous solution on heat-treated and sulphurized activated carbon [J]. Water Research, 1998, 32(1): 1-4

[19] 张剑波,冯金敏. 离子吸附技术在废水处理中的应用和发展[J]. 环境污染治理技术与设备,2000,1(1): 46-50

[20] 陈文森,陈炳稳. 两性离子交换树脂对含锌废水的处理[J]. 化工时刊,2004,18(1): 47-48

[21] 罗道成,易平贵,陈安国,等. 腐殖酸树脂对电镀废水中重金属离子的吸附[J]. 材料保护, 2002,35(4): 54-56

[22] 车荣睿. 离子交换法治理含铬废水进展 [J]. 水处理技术,1987,13(6): 324-326

[23] Pehlivan E, Altun T. Ion-exchange of Pb^{2+}, Cu^{2+}, Zn^{2+}, Cd^{2+}, and Ni^{2+} ions from aqueous solution by Lewatit CNP80 [J]. Hazard Mater, 2007, 140(1-2): 299-307

[24] Castaldi P, Santona L, Enzo S, et al. Sorption processes and XRD analysis of a natural zeolite exchanged with Pb^{2+}, Cd^{2+} and Zn^{2+} cations [J]. Hazard Mater, 2008, 156(1): 428-434

[25] Cardoso V A, Souza A G, Sartoratto P P C, et al. The ionic exchange process of cobalt, nickel and copper(Ⅱ) in alkaline and acid-layered titanates [J]. Colloid Surf, A: Physicochem, 2004, 248(1-3): 145-149

[26] Xi H, Li Z, Zhang H, et al. Estimation of activation energy for desorption of low-volatility dioxins on zeolites by TPD technique [J]. Separation and Purification Technology, 2003, 31(2): 41-45

[27] Armağan B, Turan M, elik M. Equilibrium studies on the adsorption of reactive azodyes into zeolite [J]. Desalination, 2004, 170(2): 33-39

[28] Chojnacki A, Chojnacke K, Hoffmann J, et al. The application of naural zeolites for mercury removal: from laboratory tests to industrial scale [J]. Minerals Engineering, 2004, 17(2): 933-937

[29] Abburi K. Adsorption of phenol and p-chlorophenol form their single and bisolute aqueous solutions on Amberlite XAD-16 resin [J]. Journal of Hazardous Materials, 2003, 105(2): 143-156

[30] Bai X. Adsorption behavior of water-wettable hydrophobic porous resins based on divinylbenzene and methyl carylate [J]. Reactive and Functional Polymers, 2005, 63(2): 43-53

[31] Yang W, Li A, Zhang Q, et al. Adsorption of 5-sodiosulfoisophthalic acids from aqueous solutions onto acrylic ester polymer YWB-7 resin [J]. Separation and Purification Technology, 2005, 46(3): 161-167

[32] Chen X, Chen G, Yue P. Novel electrode system for electroflotation of wastewater [J]. Environ Sci Technol, 2002, 36 (4): 778-783

[33] Zakrzewska-Trznadel G, Harasimowicz M. Removal of radionuclides by membrane permeation combined with complexation [J]. Desalination, 2002, 144(1-3): 207-212

[34] Navratil J D. Pre-analysis separation and concentration of actinides in groundwater using a magnetic filtration/sorption method. I. Background and concept [J]. Journal of Radioanalytical and Nuclear Chemistry, 2001, 248(3): 571-574

[35] Buckley L P, Slade J A. Microfiltration of Radioactive Contaminants [A]. Ottawa: Atomic Energy of Canada Limited, 1993: 1-12

[36] Ruppert M, Draxler J, Marr R. Liquid-membrane permeaction and its experiences in polotplant and industrial scale [J]. Separation and Technology, 1988, 23(12-13): 1659-1666

[37] Guha A K, Yun C H, Rahul B. Heavy metal removal and recovery by contained liquid membrane permeator [J]. Aiche Journal, 1994, 40(7): 1223-1237

[38] Yun C H, Prasad R, Guha A K, et al. Hollow fiber solvent extraction removal of toxic heavy metals form aqueous waste strams [J]. Ind Chem Res, 1993, 32(6): 1186-1195

[39] Vander B B, Koninckx A, Vandecasteele C. Separation of monovalent and divalent ions from aqueous solution by electrodialysis and nanofiltration [J]. Water Research, 2004, 38(5): 1347-1353

[40] Szpakowska M. Influence of physic-chemical control and of membrane composition on the coupled transport of copper(Ⅱ) ions through bulk liquid membrane [J]. Journal of Membrane Science, 1998, 168(1): 183-186

[41] Zhang Y F, Xu Z L. Study on the treatment of industrial wastewater containing Pb^{2+} ion using a coupling process of polymer complexation-ultrafiltraion [J]. Separation Science and Technology, 2003, 38(7): 1585-1596

[42] 谢辉玲，叶红齐，曾坚贤. 膜分离技术在重金属废水处理中的应用[J]. 化学与生物工程，2005, 5(4): 41-46

[43] 张永峰，许振良. 络合-超滤过程处理重金属工业废水[J]. 化学工程，2004, 3(32): 54-58

[44] Ujang Z, Anderson G. Application of low-pressure reverse osmosis membrane for Zn^{2+} and Cu^{2+} removal from wastewater [J]. Water Sci Technol, 1996, 34(9): 247-253

[45] Sud D. Agricultural waste material as potential adsorbent for sequestering heavy metal ions for aqueous solutions: a review [J]. Bioresource Technol, 2008, 99(14): 6017-6027

[46] Marc V, Lorenzo V D E. Exploiting the genetic and biochemical capacities of bacteria for the remediation of heavy metal Pollution[J]. FEMS Microbiology Reviews, 2002, 26(4): 327-338

[47] Tan T, Cheng P. Biosorption of metal ions with Penicillium chrysogenum [J]. Appl Biochem Biotechnol, 2003, 104(2): 119-128

[48] Tan T, Hu B, Su H. Adsorption of Ni^{2+} on amine-modified mycelium of Penicillium chrysogenum [J]. Enzyme Microb Technol, 2004, 35(6): 508-513

[49] Tangaromsuk J. Cadmium biosorption by Sphingomonas paucimobilis biomass [J]. Bioresource Technol, 2002, 85(1): 103-105

[50] Tewari N, Vasudevan P, Guha B. Study on biosorption of Cr(VI) by *Mucor hiemalis* [J]. Biochem Eng J, 2005, 23(2): 185-192

[51] Haijia S, Ying Z, Jia L, et al. Biosorption of Ni^{2+} by the surface molecular imprinting adsorbent [J]. Process Biochem, 2006, 41(6): 1422-1426

[52] Suh J H, Kim D S. Effects of Hg^{2+} and cell conditions on Pb^{2+} accumulation by Saccharomyces cerevisiae [J]. Bioproc Eng, 2000, 23(4): 327-329

[53] Svecova L, Kubal M. Cadmium lead and mercury biosorption on waste fungal biomass issued from fermentation industry. 1. equilibrium studies [J]. Sep Purif Technol, 2006, 52(1): 142-153

[54] Jeliazkov V D. Study on heavy metal adsorption by plants[D]. 2001: 16-168

[55] Bailey E S, Bricka R M, Adrian D D. A review of potentially low-cost sorbents for heavy metals [J]. Water Res, 1999, 33(11): 2469-2479

[56] Guibal E. Interactions of metal ions with chitosan-based sorbents: a review [J]. Sep Purif Technol, 2004, 38(1): 43-74

[57] Wang J L, Chen C. Biosorbents for heavy metals removal and their future [J]. Biotechnol Adv, 2009, 27(2): 195-226

[58] Low K S, Lee C K, Mak S M. Sorption of copper and lead by citric acid modified wood [J]. Wood Sci Technol, 2004, 38(8): 629-640

[59] Aoki N. 6-Deoxy-6-mercaptocellulose and its S-substituted derivatives as sorbents for metal ions [J]. React Funct Polym, 1999, 42(8): 223-233

[60] Maekawa E. Preparation and characterisation of hydroxamic acid derivatives and its metal complexes derived from cellulose [J]. J Applied Polym Sci, 1990, 40(9-10): 1601-1613

[61] Saliba R, Gauthier H, Gauthier R. Adsorption of heavy metal ions on virgin and chemically-modified lignocellulosic materials [J]. Adsorption Sci Technol, 2005, 23(4): 313-322

[62] Hashem A. Amidoximated sunflower stalks (ASFS) as a new adsorbent for removal of Cu

(II) from aqueous solution [J]. Polym-Plast Technol Eng,2006,45(1):35-42

[63] Meena A K. Studies on treatment of contaminated water containing heavy metals in Jaipur and Pali[D]. 2006

[64] Carrott P S,Carrott M R. Lignin-from natural adsorbent to activated carbon: a review [J]. Bioresource Technol,2007,98(12):2301-2312

[65] Wang X,Zheng Y,Wang A. Fast removal of copper ions from aqueous solution by chitosan-g-poly(acrylic acid)/attapulgite composites [J]. J Hazard Mater,2009,168(2-3):970-977

[66] Fujiwara K,Ramesh A,Maki T,et al. Adsorption of platinum (IV),palladium (II) and gold (III) from aqueous solutions onto L-lysine modified crosslinked chitosan resin [J]. J Hazard Mater,2007,146(1-2):39-50

[67] Guibal E,Von O, Sweeney N. Sulfur derivatives of chitosan for palladium sorption [J]. React Funct Polym, 2002,50(2):149-163

[68] Katarina R K,Toshio T,Mitsuko O,et al. Synthesis of a chitosan-based chelating resin and its application to the selective concentration and ultratrace determination of silver in environmental water samples [J]. Anal Chim Acta,2006,558(1-2):246-250

[69] 庞杰. 魔芋葡甘聚糖功能材料研究与应用进展 [J]. 结构化学,2003,22(6):633-642

[70] 牛春梅. 交联羧甲基魔芋葡甘聚糖吸附重金属离子的研究[J]. 离子交换与吸附,2006,22(5):402-408

[71] 周秋菊. 强酸型魔芋葡甘聚糖基离子交换树脂对 Cu^{2+} 的吸附性能研究[J]. 高分子材料科学与工程,2006,22(1):230-236

[72] 牛春梅. 羧甲基魔芋葡甘聚糖的制备及其对铅的吸附研究[J]. 现代化工,2006,26(7):176-178

[73] Long X Y,Luo X G,Wang Y. Sorption of Pb from aqueous solution by konjac glucomannan beads [J]. Sci in China Series E: Technol Sci,2009,52(1):223-226

[74] Niu C,Wu W,Wang Z,et al. Adsorption of heavy metal ions from aqueous solution by crosslinked carboxymethyl konjac glucomannan [J]. Hazard Mater, 2007,141(1):209-214

[75] Liu F,Luo X,Lin X. Removal of copper and lead from aqueous solution by carboxylic acid functionalized deacetylated konjac glucomannan [J]. Hazard Mater, 2009, 171 (1-3):802-808

第 2 章　稻壳基吸附材料的制备

2.1 引　　言

在可利用的生物质资源中，农作物秸秆（含稻壳、麦壳、豆荚、玉米芯等）占有较大的比例。全世界每年农作物秸秆产量 40 多亿 t，解决其利用问题，不仅关系着可再生资源的充分利用，还关系着环境友好的废弃物处理问题。据联合国粮食及农业组织统计，全世界农作物秸秆有 66%直接还田或作为生活能源而被烧掉，19%作为房屋建筑材料或蔬菜生产覆盖材料等，12%作为草食家畜的饲料，另有 3%左右作为手工艺的原料，真正形成工业化规模生产的秸秆资源化利用技术不多，在我国大量的农作物秸秆也没有得到充分的利用。

由于植物（秸秆）纤维组织强度高，容易堵塞膨化机械，膨化量小，因此生产效率极低，不能形成连续工业化生产。设备的消耗性附件寿命短，如螺杆和螺套的所选材料不当、尺寸设计不合理等原因，造成整个设备成本增高，从而使产品的单位生产成本提高，不能形成产业化规模。膨化指数低、膨化处理后粗纤维含量高，使膨化后的植物纤维有用成分少，使用价值降低。温度和压强控制不当（一般膨化机膨化腔内产生的温度为 150 ℃以下，压强为 2～3 MPa），使膨化改性效果较差，达不到工业生产规定的技术指标[1～3]。

工业化生产改性植物纤维，开发系列环境友好的绿色产品，已成为环境绿色高技术研究与开发中的热点领域。以改性植物（秸秆）纤维为主要原料，开发生产油气层保护暂堵剂、吸附剂等系列产品，既可充分利用农业秸秆资源，又可以培养和发展新的经济增长点。

2.1.1　稻壳资源

稻谷是我国最主要的粮食作物，主要分布在黑龙江、江苏、浙江、安徽、江西、湖南、湖北、广东、广西、云南、贵州、四川和重庆等省（自治区、直辖市）。稻壳是碾米厂在稻谷加工过程中的主要副产物，又称粗糠、砻糠。自 2005 年以来，我国稻谷的年产量已经连续 4 年在 1.8 亿 t 以上。稻壳通常占稻谷的 20.0%，照此计算，稻壳年产 3600 多万 t，折合标准煤 1800 多万 t，可见我国稻壳数量十分庞大。

稻壳主要成分是纤维素、木质素和硅，稻谷品种及产地不同，其组成有所差别，大致组成为粗纤维 35.5%～45.0%（其中缩聚戊糖 16.0%～22.0%）、木质素 21%～26%、灰分 13%～22%（其中 85%～90%为二氧化硅）、水分 7.5%～15%、乙醚浸出物0.7%～1.3%、粗蛋白2.5%～3.0%。目前，国内对稻壳的资源化利用进行了广泛的研究，开发了许多可供利用的途径。根据稻壳化学组成及其性质特点，可将其利用途径分为三大类：稻壳的能源利用，加工为成型固体燃料，利用热化学方法（热解、气化、燃烧）获得气体燃料、液体燃料、电能，用于供气、供热、发电；稻壳中硅、碳资源的利用，制备高纯 SiO_2、白炭黑、水玻璃、活性炭、吸附剂等；稻壳中纤维素类物质水解生产木糖、糠醛、乙醇等化工产品或原料。

2.1.2 稻壳吸附剂的资源利用

稻壳是一种木质纤维素原料，主要成分是木质素、纤维素、半纤维素和无定形 SiO_2，其结构非常有特点，所含14%～16%无定形 SiO_2 作为主要的骨架支撑是以网络状分布的，纤维素和木质素填充其中，这一结构使得稻壳成为集木质素、纤维素和 SiO_2 于一体的天然复合材料，非常有利于制备成吸附剂。目前，稻壳吸附剂的一类是利用其本身的结构和化学成分特性或通过各种化学改性制备吸附剂[1,2]；另一类是利用其燃烧后灰分中的碳和无定形 SiO_2 作为吸附材料[3~7]。稻壳吸附剂主要的应用包括以下4个方面。

1. 对有毒染料废水的吸附

孙影芝[8]等对天然稻壳处理水体中的离子型染料的吸附特性和吸附机理进行了研究，结果表明：稻壳吸附剂对阳离子染料的吸附量大于阴离子染料，吸附平衡时间分别为12 h、24 h左右，吸附量为20～40 mg/g。羧基是阳离子染料吸附的主要作用基团，但却阻碍阴离子染料的吸附；羟基在阴离子和阳离子染料的吸附中都是主要的作用基团。将稻壳活性炭用于吸附水溶性染料孔雀绿的研究发现，用NaOH处理获得的中孔稻壳活性炭吸附染料能力大于KOH处理获得的微孔稻壳活性炭[9]。钱俊青[10]等以酸处理稻壳为原料，研究了稻壳吸附剂的活化工艺，所制备的吸附剂对水中芳香化合物和杂环染料均有较好吸附。McKay[11]等的研究结果表明，稻壳对番红精的单层饱和吸附量为838 mg/g，对亚甲基蓝则为312 mg/g。而Khalil[12]等发现用50% H_3PO_4 预处理稻壳后，在400 ℃下炭化所得的活性炭对亚甲基蓝的处理效果较好。

2. 对石油、脂肪酸等物质的吸附

俄罗斯科学家用特制高温炉加工成的稻壳吸附剂能漂浮在水面上，吸附泄漏的石油，吸附量可达6 mg/g，且吸附后仍能长时间漂浮而不沉底，有利于油污的去除和吸附剂的回收[13]。Adam[14]分别用不同浓度的 HNO_3 来处理稻壳，以增加其吸附饱和脂肪酸（C_8、C_{10}、C_{12}、C_{14}、C_{16} 和 C_{18}）的量。Kalapathy则研究了从燃烧的稻壳灰中制取硅酸钠膜，用其来减少煎炸油中的自由脂肪酸。通过改变NaOH和

Si 的比例，煎炸油中自由脂肪酸的浓度最多可从 0.8%减少到 0.55%[15]。另外稻壳还可以漂白油品，一些研究人员分别对稻壳对大豆油、芝麻油的漂白及吸附棕榈油中胡萝卜素的作用进行了探讨[16,17]。

3. 酶的载体

稻壳特有的化学组成结构使其对酶的附着有一些特殊的功效。例如，Tantrakulsiri 发现将稻壳灰在马弗炉中 700 ℃加热 2 h 后再用 10%的硫磺酸滤去其中的金属氧化物，得到的酸化稻壳灰可用来固定假丝酵母圆筒状脂肪酶(*Candida cylindracea* lipase)，固定的脂肪酶的活性残留 30%，耐热性大大增加[18]。另外，经过硫磺酸处理的稻壳灰对牛血清白蛋白的固定能力也会增加。

4. 对重金属废水的吸附

稻壳作为天然高分子吸附材料，其环保、价廉和优秀的吸附性能使其对重金属离子的吸附研究日益受到环保工作者的重视，所涉及的重金属离子种类包括 Cu、Pb、Zn、Cd、Cr、As、Au、Hg、Ni、Co 等[19~26]。目前文献报道的稻壳吸附剂对各种重金属离子的最大吸附量统计如表 2-1 所示[27]。

表 2-1　文献报道稻壳吸附剂对重金属最大吸附量

物质	吸附量/(mg/g)	作者
As^{5+}	18.98	Lee et al.
Au	64.1	Nakbanpote et al.
Cd^{2+}	7	Tarley et al.
Co^{2+}	0.32	Marshall et al.
Cr^{3+}	1.9	Marshall et al.
Cr^{6+}	31.5	Roy et al.
Cu^{2+}	31.85	Wong et al.
Hg	66.66	Tiwari et al.
Ni^{2+}	0.23	Marshall et al.
Pb^{2+}	129.48	Wong et al.
Zn^{2+}	30.8	Mishra et al.

目前报道的稻壳吸附剂改性方法主要集中在化学改性和燃烧产生稻壳活性炭、白炭黑和黑炭黑，吸附效果良好，但成本较高，且容易引起二次污染。因此寻找新的吸附性能良好的稻壳基改性吸附材料，从而降低化学污染和处理成本，对制备高附加值的稻壳基吸附材料有着更加重要的经济作用和环保意义。

2.2　稻壳基吸附材料制备

稻壳是粮食加工的副产物，它是一种量大、面广、价廉的天然可再生资源，我国的稻壳产量居世界首位。由于稻壳的主要组成是纤维素和木质素，蛋白质含量仅为2%～3%，又是难以消化的伸展蛋白，故基本无饲用价值，目前被厂家作为燃料或直接作废弃物处理，远未得到应用。目前已有不少稻壳及其改性材料吸附重金属和各种有毒染料的报道，改性方法主要为化学方法。

稻壳中富含纤维素、木质素及 SiO_2 等物质，而蛋白质、脂肪含量却极低，加之覆盖坚硬的硅酸物和蜡质等，会使动物消化性能恶化引起肠胃疾病，即使将其磨碎也毫无饲用价值。而在秸秆深加工方面，大致有以下5种：水解、酶解、菌解、软化、膨化等。前4种方法的共同特征是：投资大，工艺复杂，成本高，某些深加工技术在生产过程中还会污染环境，纤维分解程度低，利用率不高。

利用膨化机产生的高温高压，使生物质中的水分达到过热状态，但不汽化，当生物质被从膨化腔中突然挤出时，由于内外巨大的压强差，生物质中的过热水分急剧汽化喷射出来，体积急剧膨胀，使结构坚硬的生物质(如农作物秸秆)得以疏松和裂解，从而改变生物质的整体外观结构和内部的分子结构，为生物质膨化裂解改性的规模化工业生产奠定了一定的理论基础。目前，世界上有德国、日本、意大利诸国研制生产了各种专用膨化机，多数为气流膨化型设备，自动化水平较高，成套供应生产线，设备投资一般都在数十万美元左右，即使单机也在数万美元左右。湖南、云南曾引进日本P-30用于稻壳的膨化和改性，但由于技术和工艺的原因未能推广应用。国内曾有秸秆类膨化机应用研究，但由于膨化机制造工艺和性能的限制，目前仍未有能够用于工业化膨化秸秆的成功报道。因此，针对上述问题研究开发出适应我国国情的、并可连续工业化生产的生物质专用膨化裂解改性设备及适应该设备的工艺具有非常重要的意义。

膨化稻壳是天然稻壳经简单的膨化处理后的产物，目前国内膨化稻壳的主要用途包括三方面：一是用以积肥改良土壤；二是作为育苗和培养蘑菇的营养培养基；三是作为粗饲料饲养家禽等。近年来，罗学刚等[28]利用电磁辅助加热助膨化技术加工得到的膨化稻壳配合刚性粒子、变形粒子等制成了钻井液用油气层保护暂堵剂，已在我国中原、江汉、大港等油气田钻采、勘探保护中得到很好的应用。该膨化处理方法产物均一，简单可行，无需进一步的化学改性。实际应用中稻壳来源丰富，膨化工艺简单，生产成本低廉且环保可再生，膨化稻壳有望大规模应用于军用和民用各行业。

2.2.1　稻壳基吸附材料制备的设备

1. 电磁感应辅助加热挤压膨化裂解改性设备的研制

农作物秸秆(如稻壳)组织强度高,容易堵塞膨化裂解改性机械,膨化量小,生产效率极低,不能形成连续工业化生产。设备的消耗性附件寿命短,如螺杆和螺套的所选材料不当、尺寸设计不合理等原因,造成整个设备成本增高,从而使产品的单位生产成本过高,不能形成产业化规模,且膨化指数低,膨化处理后粗纤维含量高,有用成分少,使用价值低。

针对上述问题,本项目对普通膨化机的性能和结构都进行了改进,如加宽螺杆和螺套上螺纹宽度、深度,对螺杆和螺套进行硬质合金喷涂热处理,在普通膨化机上加装电磁感应加热装置等(图 2－1),有效地提高了膨化机的各项性能指标,使其结构趋于合理,可满足工业化连续膨化裂解改性生物质(如秸秆等)的要求。

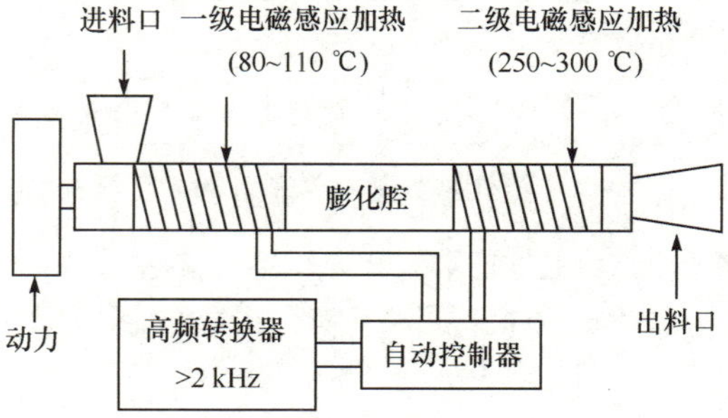

图 2－1　膨化机设备结构示意图

加入两级电磁感应辅助加热装置,利用高频转换器产生的高频电流,从而达到控制温度的作用。一级电磁感应加热、预热生物质,控制温度在 80～110 ℃,温度过高会造成进料反喷,过低影响二级电磁感应加热效果;二级电磁感应加热,为生物质挤压膨化裂解改性加工提供稳定的高温高压条件,控制温度在 250～300 ℃,温度过高会使生物质炭化,堵塞膨化喷口,过低会影响膨化裂解改性效果和膨化量。电磁感应辅助加热彻底改变了国内外膨化机用于生物质(特别是植物纤维)膨化和改性容易堵塞膨化机械、一般膨化机膨化腔内产生的温度不够(150 ℃以下)、压强较低(2～3 MPa)、生物质(如植物纤维)中的水分达不到过热状态、膨化裂解改性效果较差的技术难题。

2. 电磁感应辅助加热挤压膨化机的主要参数

本实验研究用电磁感应辅助加热挤压膨化裂解改性设备是用 PH-400 型普通工业膨化机(成都飞机发动机厂生产)进行改造的。主要参数有:主轴转速

500 r/min,螺杆直径 85 mm,螺杆长度 1100 mm,螺杆牙高 20～25 mm,套筒内径 200 mm,喷口截面面积 785 mm^2;挤压膨化裂解改性温度:进料 60～150 ℃(可控)、出料 200～300 ℃(可控);挤压膨化裂解改性压力 2.5～7 MPa以上;加工量 100～400 kg/h;挤压膨化裂解改性主要易损件硬度 HRA>85。

2.2.2　稻壳基吸附材料制备的工艺流程

以稻壳等生物质为原料,用筛径 6 mm 的锤片式粉碎机进行粉碎后,调节水分使其含水量达到 40%左右。为了提高各种秸秆膨化加工效果,可加入 3%～5%碳酸盐类助膨化剂,进料温度控制在 80～110 ℃,出料温度为 250～300 ℃,即可实现生物质的规模化、工业化膨化裂解改性加工生产。

主要工艺流程如图 2-2 所示。

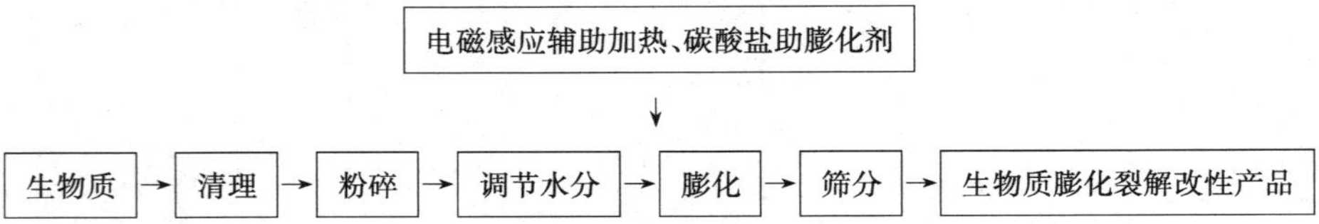

图 2-2　稻壳基吸附材料制备的工艺流程

由于碳酸盐的热分解特性(每克碳酸盐产生气体量 200～600 cm^3),在密闭的膨化腔中,可分解成二氧化碳和水,提高了膨化机内的膨压(6～7 MPa),相应增强了秸秆膨化加工效果。

2.2.3　各因素对稻壳基吸附材料制备的影响

1. 原料加水量对秸秆挤压膨化裂解改性效果的影响

秸秆挤压膨化裂解改性的主要指标有膨化产品粗纤维含量和膨化量等。原料加水量对这些指标的影响见图 2-3(原料平均含水量为 9.4%)。可以看出:原料在 0～30%加水量范围内,随着加水量的增加,膨化裂解改性产品粗纤维含量呈下降趋势。产品粗纤维含量由未加水膨化处理的 36.7%一直降低到加水 30%处理的 18.6%。当原料加水量超过 30%以后,随着加水量增加,膨化裂解产品粗纤维含量升高。

随着原料加水量上升,膨化裂解改性处理量增加,如图 2-3 所示。不连续出料,即原料加水量小于 10%时,秸秆在挤压膨化腔中摩擦增大,气化能不足,容易发生堵塞死机,使膨化裂解改性处理不能连续进行。原料加水量在 10%～30%,膨化量呈直线增加,且膨化产品粗纤维含量也近直线下降。以后随着加水量增加,虽然膨化量有所增加,但产品粗纤维含量逐渐增加。因此原料加水量控制在 30%左右较为适宜。

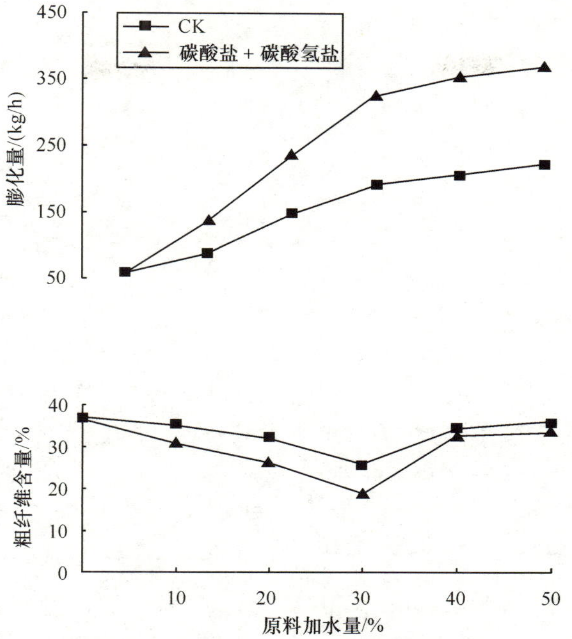

图 2－3　原料加水量对膨化量和粗纤维含量的影响

2. 进出料温度对秸秆膨化裂解改性效果的影响

进出料温度对秸秆膨化裂解改性效果的影响分别见图 2－4 和图 2－5。

随着进料温度增加，膨化裂解改性产品粗纤维含量降低。从 40 ℃的进料温度升高到 120 ℃的进料温度，膨化裂解改性产品粗纤维含量从 24.3％降低到 16.9％。膨化量在 80 ℃的进料温度处理下最高，为 332.7 kg/h。当进料温度超过 80 ℃时，在膨化裂解改性加工时原料易从进料口反喷出来，影响膨化裂解改性加工效果。因此，综合膨化裂解改性产品粗纤维含量和膨化量的变化，选择 80 ℃左右的进料温度较为适宜。

从图 2－5 可以看出，随着出料温度增加，膨化裂解改性产品粗纤维含量降低。从 100 ℃的进料温度到 300 ℃的出料温度，膨化裂解改性产品粗纤维含量从 34.6％降低到 15.4％。膨化量随出料温度的增加而增加，在 300 ℃的出料温度处理下最高，为 413.6 kg/h。当出料温度超过 250 ℃时，挤压膨化腔内维持高温困难，电磁感应辅助加热装置故障增多，秸秆膨化裂解改性产品易出现炭化状况。综合膨化裂解改性产品粗纤维含量和膨化量的变化，选择 250 ℃左右的出料温度较为适宜。

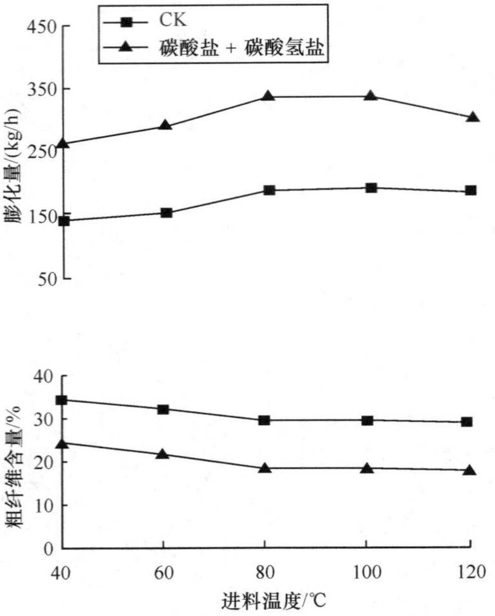

图 2-4　进料温度对膨化量和产品粗纤维含量的影响

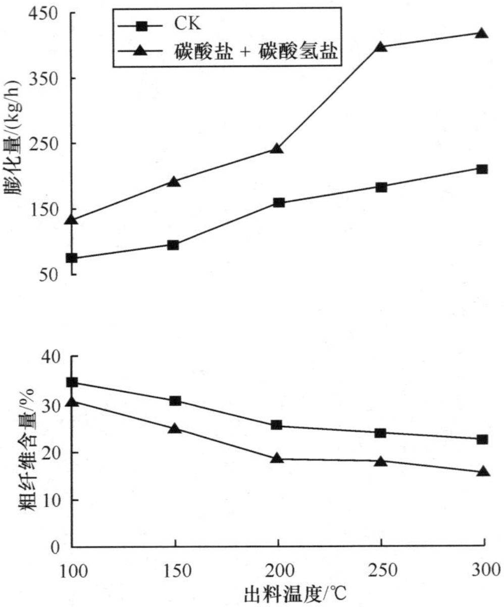

图 2-5　出料温度对膨化量和产品粗纤维含量的影响

3. 碳酸盐类助膨化剂对秸秆膨化裂解改性效果的影响

碳酸盐类助膨化剂对秸秆膨化裂解改性效果的影响见图 2-6。随着碳酸盐类助膨化剂用量的增加，膨化量增加，膨化裂解改性产品粗纤维含量降低，以 6% 的碳酸盐加量处理最好，膨化量为 376.4 kg/h，粗纤维含量为 12.5%。在碳酸盐加量为 1%～10%时，设碳酸盐加量为 X，碳酸盐类助膨化剂对膨化量 Y_1 和产品粗纤维含量 Y_2 变化的关系可表示为

膨化量：　$$Y_1=5.45X+328.01 \qquad R=0.9113 \tag{2-1}$$

产品粗纤维含量：　$$Y_2=-0.95X+17.94 \qquad R=-0.9543 \tag{2-2}$$

式中，R 为线性拟合中的标准偏差。

在秸秆膨化裂解改性时加入碳酸盐（Na_2CO_3、$NaHCO_3$ 等）作助膨化剂，由于碳酸盐的热分解，它在密闭的挤压膨化腔中热分解成二氧化碳和水，增强了膨化裂解改性设备内的高温高压作用，使纤维得以疏松和裂解，大分子的纤维素、木质素膨化裂解为中小分子物质。膨化裂解改性产品中粗纤维、木质素含量显著减少，半纤维素无氮浸出物含量增加。实验结果表明，助膨化效果随碳酸盐浓度的增加而提高，但过量的碳酸盐使助膨化成本提高，且膨化裂解改性产品的 pH 太高，不利于其利用，因此以加入 6%的碳酸盐类助膨化剂为最佳处理。

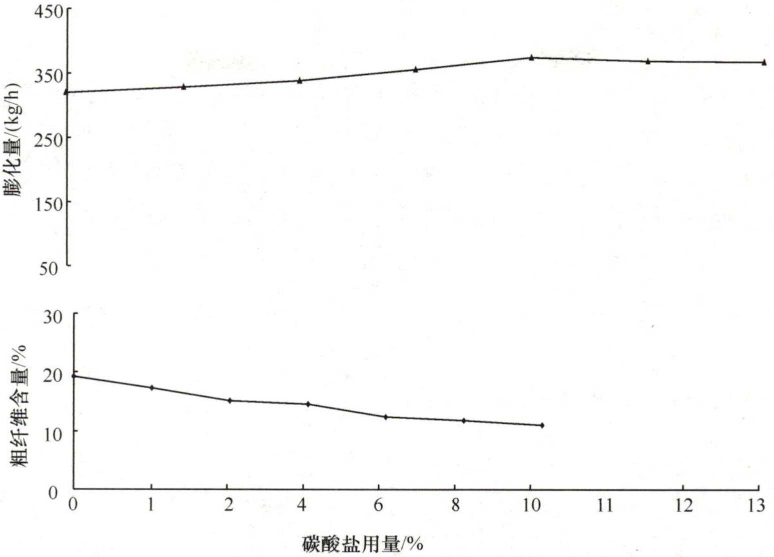

图 2-6　碳酸盐类助膨化剂对膨化量和产品粗纤维含量的影响

2.3　稻壳基吸附材料的检测与表征

2.3.1　膨化稻壳的理化特性表征

1. 含水量的测定

膨化稻壳的含水量(X)[29]是指膨化稻壳达到吸水平衡时所含水的质量占总质量的质量分数。其测定方法是将膨化稻壳在水中浸泡后溶胀完全，然后真空抽滤，直到在滤纸上不出现湿痕，取出一定量的膨化稻壳放入已恒量的称量瓶中，在分析天平上称量膨化稻壳与称量瓶的质量(M_1)，然后敞盖放入烘箱中，在 60～80 ℃下烘干至恒量(M_2)，则含水量的计算如式(2-3)所示。

$$X=\frac{M_1-M_2}{M_1-X}\times 100\% \qquad (2-3)$$

2. 干视密度的测定

膨化稻壳的干视密度也称膨化稻壳的堆积密度，是指单位体积膨化稻壳的质量，它包括了膨化稻壳的颗粒间隙[29]。其测定方法是将干燥至恒量的膨化稻壳 M g 装入一个小量筒中，经敲打敦实至体积不变时，读出体积的刻度数 V(mL)，由式(2-4)计算膨化稻壳的干视密度(g/mL)。

$$\rho_{\pm}=\frac{M}{V} \qquad (2-4)$$

3. 水溶胀度的测定

膨化稻壳的水溶胀度是指膨化稻壳在水中浸泡溶胀后的体积与干膨化稻壳的体积相比，体积变化的百分数[29]。具体测定方法如下：在量筒中加入一定体积的干燥膨化稻壳，经敲打压实体积不变时，读出体积刻度数 V_2（mL），然后加入一定量的水作溶胀剂，使膨化稻壳充分溶胀后读出膨化稻壳的体积 V_1（mL），则水溶胀度按式(2-5)进行计算。

$$\text{水溶胀度} = \frac{V_1 - V_2}{V_2} \times 100\% \tag{2-5}$$

4. 比表面积的测定(BET 法)

BET 法也称低温氮吸附-脱附等温线法[29]。其理论假设是：吸附作用靠的是范德华力；在大多数表面上的吸附为多层吸附。在相对压力为 0.05～0.35 可以按照 BET 方程作出吸附数据的线性关系图。其方程如式(2-6)所示。

$$\frac{1}{X\left[\left(\frac{P_0}{P}\right)-1\right]} = \frac{C-1}{X_m C}\left(\frac{P}{P_0}\right)+\frac{1}{X_m C} \tag{2-6}$$

式中，P 为吸附质的压力；P_0 为吸附质在测盘温度下的饱和平衡蒸气压；P/P_0 为相对压力；C 为与第一层吸附热及凝聚热之差有关的物理常数；X 为吸附剂在某一相对压力下相应的吸附量；X_m 为单分子层饱和吸附量。

由式(2-6)知，$X\left[\left(\frac{P_0}{P}\right)-1\right]$对 P_0/P 作图为直线，其斜率 $a=\frac{C-1}{X_m C}$，截距 $b=\frac{1}{X_m C}$，由此求出

$$X_m = \frac{1}{a+b} \tag{2-7}$$

吸附剂的比表面积 S 可由 X_m 计算得

$$S = \frac{X_m N\zeta}{M} \tag{2-8}$$

式中，N 为阿伏伽德罗常量（$6.023\times10^{23}\ \text{mol}^{-1}$）；$M$ 为吸附质的相对分子质量；ζ 为吸附质分子的横截面。

对于 N_2 吸附质，每个 N_2 分子占有的吸附表面积为 0.162 nm^2，则式(2-8)变为

$$S = 4.36\,\frac{X_m}{W} \tag{2-9}$$

式中，W 为样品的质量(g)。

BET 方程中的常数 C 可表示为

$$C = A\exp\frac{\varepsilon_x - \varepsilon_y}{RT} \tag{2-10}$$

式中，ε_x 为第一层吸附热；ε_y 为凝聚热；A 为指前因子。

在液氮低温下，大多数固体表面对 N_2 的吸附热比凝聚热要大好几倍，这样 $C \geqslant 1$，截距 b 的值很小，可以忽略不计，这时，$X_m = 1/(a+b) \approx 1/a$。则有

$$X_m = X\left(1 - \frac{P}{P_0}\right) \tag{2-11}$$

则比表面积为

$$S = 4.36\,\frac{X_m\left[1 - \left(\frac{P}{P_0}\right)\right]}{W} \tag{2-12}$$

只要测定某一单点相对压力下的吸附量，即可由式(2-12)计算出吸附剂的比表面积。

5. 孔容和平均孔径

1) 孔容的测定——毛细管凝聚法

毛细管凝聚法测定孔容的原理[29]：气体或蒸气在多孔材料上被吸附，当压力较高时会在孔中发生凝聚作用。由 Kelvin 方程式可知，能发生毛细管凝聚的孔的孔半径 r 与相对压力 P/P_0 关系为

$$\ln\frac{P}{P_0} = \frac{-2\sigma V\cos\theta}{rRT} \tag{2-13}$$

式中，σ 为凝聚液的表面能(N/cm)；V 为凝聚液的摩尔体积(mL/mol)；θ 为接触角。

以四氯化碳为凝聚液时，在 25 ℃，$P/P_0 = 0.95$ 的条件下，半径小于 40 nm 的孔都会被充满，凝聚在孔中的四氯化碳的体积则为吸附剂的孔容。

2) 平均孔径的测定

为了便于研究，通常把复杂的孔道简化为圆筒孔模型，即认为所有的孔是一个平均半径为 r，长度为 L 的圆筒孔[29]。这时，单位质量孔体积 $V_{孔容} = \pi r^2 L$，比表面积 $S = 2\pi rL$，因此，平均孔径 R(Å)可由孔容和比表面积计算而得：

$$R = 2V_{孔容}/S \tag{2-14}$$

根据上述表征方法，测得天然稻壳(RH)和膨化稻壳(ERH)的干视密度、水溶胀度、含水率、比表面积、孔容和平均孔径，结果如表 2-2 所示。

表 2-2　膨化稻壳物理特性

吸附剂	干视密度/(g/mL)	水溶胀度/%	含水率/%	比表面积/(m^2/g)	孔容/(cm^3/g)	平均孔径/Å
RH	0.21	1.03	16.2	0.918	0.007 05	140.282
ERH	0.13	1.05	18.33	1.708	0.059 3	102.496

从表 2-2 中可以看出稻壳经膨化后，其干视密度、水溶胀度和孔径受到的影响不是很明显，但其亲水性能有明显的改善，比表面积增大约 1 倍。亲水性的改善和比表面积的增加有利于重金属离子的吸附。

2.3.2 微观形貌表征

为便于直观地表现本实验所涉及的三种吸附剂的微观形貌特征，利用扫描电子显微镜对比观察了天然稻壳、膨化稻壳和高碘值椰壳活性炭的表观形貌。扫描电镜型号：英国剑桥 LTD S400 型。天然稻壳的放大倍数为 1000 和 2000，膨化稻壳和高碘值椰壳活性炭的放大倍数均有 500 和 2000 两个梯度。

天然稻壳、膨化稻壳和高碘值椰壳微观形貌的扫描电镜图表征结果如图 2-7 所示。由图中对比发现，天然稻壳结构致密，表面存在规律排列的小突起状角质，是一种长链羟基羧酸聚合物，起着防水保护作用；天然稻壳经膨化处理后组织结构发生了很大的改变，致密结构被打破，取代以更加疏松的结构，从而增加了比表面积；从图2-7还可以看出膨化稻壳是由一层一层的纤维素网叠加堆积而成，层与层之间的距离形成的空隙导致膨化稻壳容积率增加。较大的比表面积和增加的容积率有利于提高膨化稻壳对重金属离子的吸附性能。另外，因为膨化稻壳的疏松结构暴露出更多的吸附位点，从而也增加吸附位点与重金属离子的接触机会，有利于重金属离子的吸附。高碘值椰壳活性炭则表现出更加发达的孔隙结构和更加丰富的比表面积，其吸附效果主要在于其多孔结构的贡献。

2.3.3 红外吸收光谱测定

采用溴化钾粉末压片法，取适量天然稻壳或膨化稻壳粉末与溴化钾粉末充分研磨，于气压式压片机制备成厚度为 1 cm 左右的透明薄片，利用傅里叶变换红外光谱仪(Nicolet6700 型，美国尼高力仪器公司)在 400～4000 cm^{-1}波谱进行扫描分析。

天然稻壳和膨化稻壳的红外光谱图也能很好地佐证了上述功能基团的存在，红外表征结果如图 2-18 所示。

由图 2-8 分析发现，天然稻壳和膨化稻壳的红外吸收图谱是一致的，从而也证明了膨化处理改变的是天然稻壳的物理结构，而没有改变其化学组成成分。由于稻壳含大量的纤维素、木质素及少量蛋白质、多糖等，组分复杂，官能团丰富，故其红外吸收光谱对应吸收位置较为丰富，峰的简并现象也较严重。谱图中特殊官能团的对应吸收位置[30～32]分别如下：3412 cm^{-1}处的强宽峰为大量羟基和少量氨基的伸缩振动吸收峰；2924 cm^{-1}和 2855 cm^{-1}处的峰为亚甲基的不对称伸缩振动峰；1738 cm^{-1}处的峰是羰基的伸缩振动吸收峰；1630 cm^{-1}附近的“三爪峰”是蛋白质中伯胺、仲胺的 N—H 弯曲振动及亚胺的 N═C 伸缩振动的共同作用特征吸收峰；1512 cm^{-1}处的吸收峰则可能是羧酸盐—COO^- 的反对称伸缩振动吸收峰；

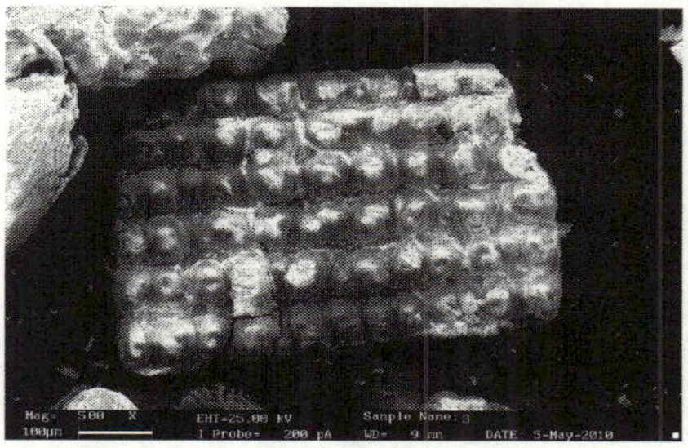

(a) 天然稻壳×500

(b) 膨化稻壳×500

(c) 天然稻壳×1000

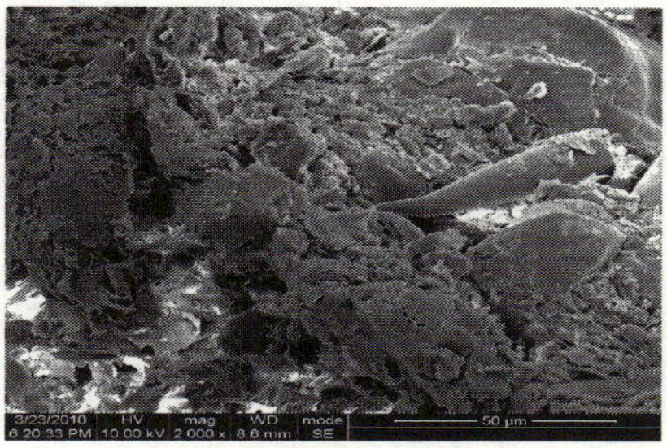

(d) 膨化稻壳×1000

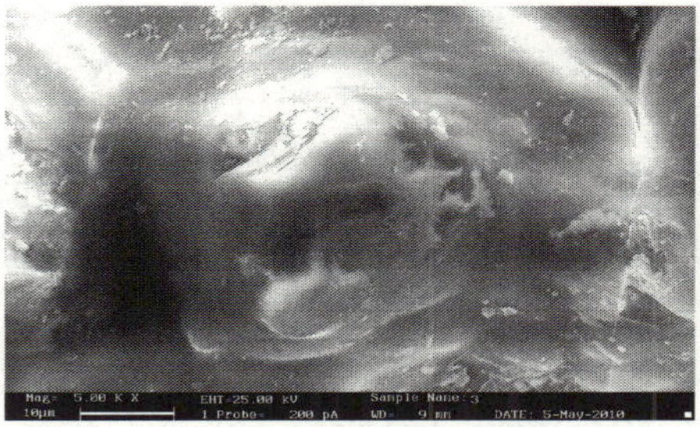

(e) 天然稻壳×5000

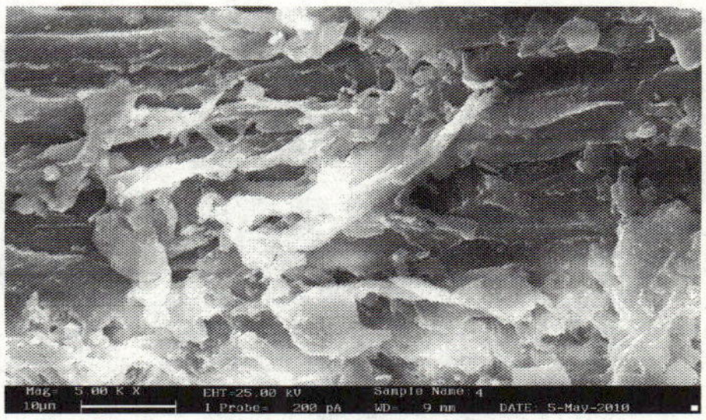

(f) 膨化稻壳×5000

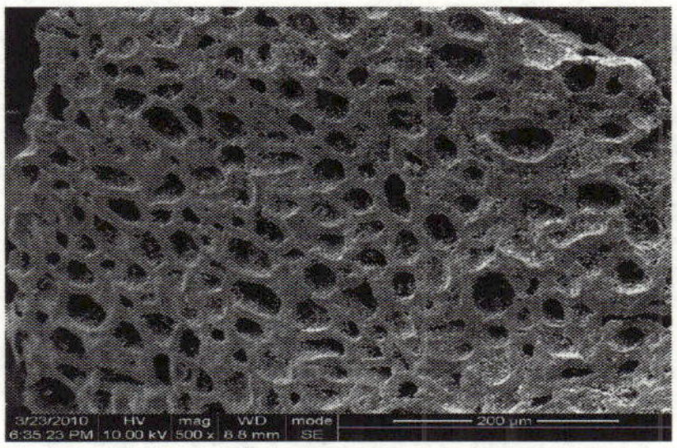

(g) 高碘值椰壳活性炭×500

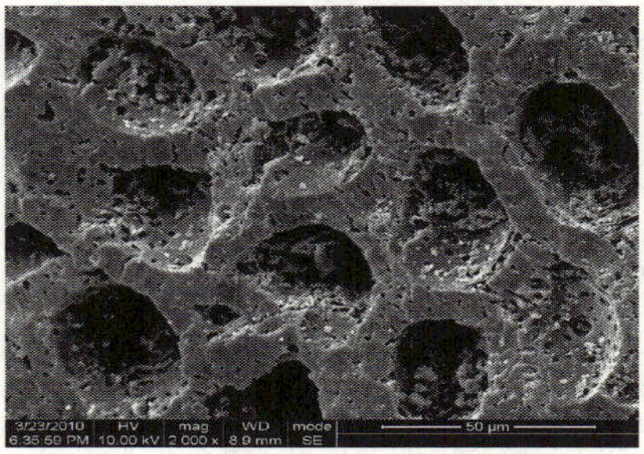

(h) 高碘值椰壳活性炭×2000

图 2-7　天然稻壳、膨化稻壳和高碘值椰壳活性炭扫描电镜图

1108 cm^{-1}附近强烈的吸收峰则主要是由天然稻壳中大量存在的碳水化合物的 C—O—C 对称和非对称伸缩振动、羧基分子缔合体中 O—H 非平面摇摆振动及 SiO_2 中的 Si—O 伸缩振动共同作用的结果。

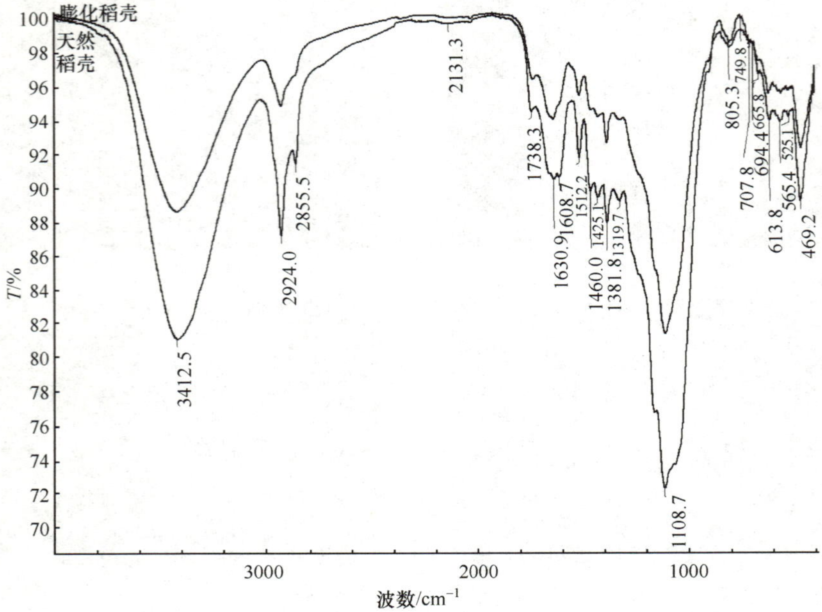

图 2-8　天然稻壳和膨化稻壳的红外图谱

高碘值椰壳活性炭的主要成分为无机碳,其吸附效果绝大部分依赖于其发达的孔隙结构,吸附主要表现为单分子层的物理吸附。膨化稻壳的孔隙结构远远不及高碘值椰壳活性炭发达,然而从膨化稻壳与高碘值椰壳活性炭吸附重金属离子混合溶液的对比实验中可以得知,膨化稻壳对重金属离子的总体吸附效果却明显优于高碘值椰壳活性炭。因此,膨化稻壳对重金属离子的吸附不仅仅表现为单纯的物理吸附,同时也存在氢键吸附、化学吸附及物理化学吸附等的共同作用。

2.3.4　热重分析

取天然稻壳或膨化稻壳样品 5 mg 左右,用热重分析仪于 60 mL/min 流量的氮气环境下进行综合热分析测定,升温速率 10 ℃/min,扫描温度 50～680 ℃,记录曲线。

热重分析法(TGA)已广泛地应用于各种材料热稳定性的评价,是评价材料热性能的主要方法之一。对膨化稻壳进行热重分析,分析其作为吸附剂所使用的温度范围。图 2-9 中所显示的是膨化稻壳热重分析图,由此可知膨化稻壳的分解温度为 280 ℃,与天然稻壳的分解温度几乎相同。分解温度较高,说明膨化稻壳作为吸附材料具有较好的热稳定性,可以在常温和较高温度下使用。

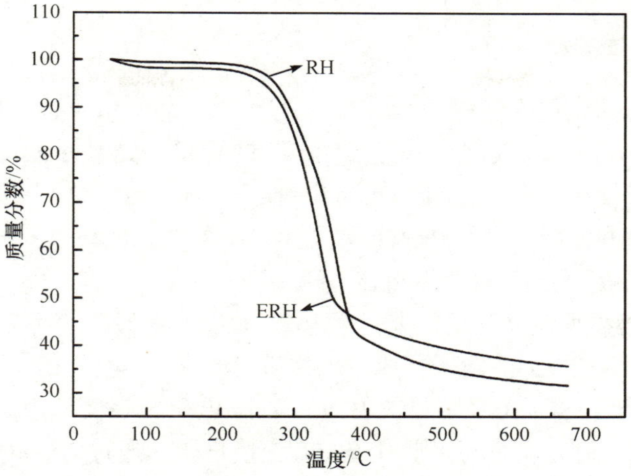

图 2-9　天然稻壳和膨化稻壳的热重分析图

2.3.5　粒度测定

采用粉体粒度分布的测定方法(particle size analyzer，Malvern Instruments Ltd. U. K.)可以得到样品中不同粒径的颗粒占颗粒总量的百分数。

图 2-10 是膨化稻壳的粒径分布图，从图中可以发现膨化稻壳的粒径分布主要在 1～100 μm 和 100～1000 μm 这两个区间，其中大部分粒子的直径在 48 μm 和 280 μm 附近。粒子直径的大小在一定程度上决定了粒子的比表面积的大小；对于吸附材料，较大的比表面积有利于吸附材料的吸附效果，因此较小的粒子直径有利于吸附。但如果吸附材料粒子直径太小，用于吸附柱时，将导致吸附柱堵塞，因此粒子直径也不能太小。而膨化稻壳粒子直径主要在 48 μm 和 280 μm 附近，有较大的比表面积，作为吸附柱填料也不会导致吸附柱的堵塞。

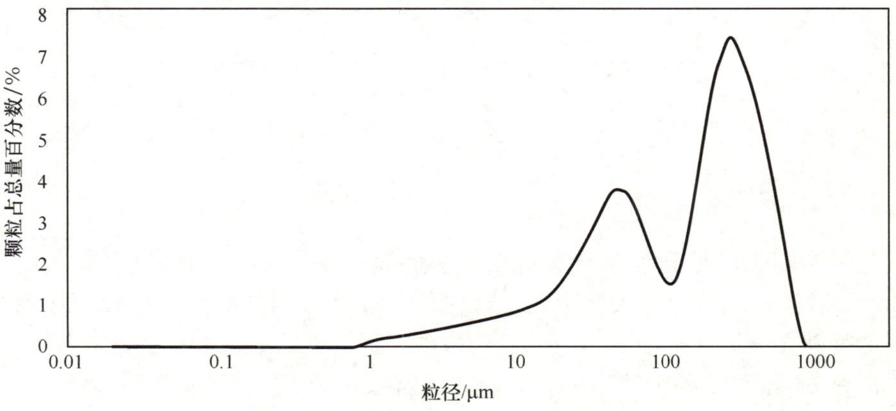

图 2-10　膨化稻壳的粒径分布图

2.3.6　Zeta 电位的测定

称取 0.3 g 膨化稻壳数份，均匀粉碎，分别加入 250 mL 蒸馏水，摇匀，以盐酸或 NaOH 溶液调节 pH，配制成具有不同 pH 的膨化稻壳悬浮液，静置过液，取上清液，然后用 Zeta potential analyzer(Malvern Instruments Ltd. U. K.)测定各悬浮液中膨化稻壳的 Zeta 电位，作 Zeta 电位对 pH 的关系曲线。并通过内差法求得 Zeta 电位等于零时的 pH，称为零电位 pH。

由于带电微粒吸引分散系中带相反电荷的粒子，离颗粒表面近的离子被强烈束缚着，而那些距离较远的离子形成一个松散的电子云，电子云的内外电位差就称为 Zeta 电位。研究离子型吸附材料表面的 Zeta 电位与表面的吸附性质之间的关系，有助于了解吸附剂表面的化学过程及其交换规律。通过对膨化稻壳 Zeta 电位的测定，为吸附过程及吸附机理提供了一定的理论依据。

测定膨化稻壳的 Zeta 电位，结果如图 2-11 所示。从图中可以看出膨化稻壳零电位时 pH=3.8，因此，当溶液的 pH 小于 3.8 时，膨化稻壳表面带正电荷；当溶液的 pH 大于 3.8 时，膨化稻壳表面带负电荷。

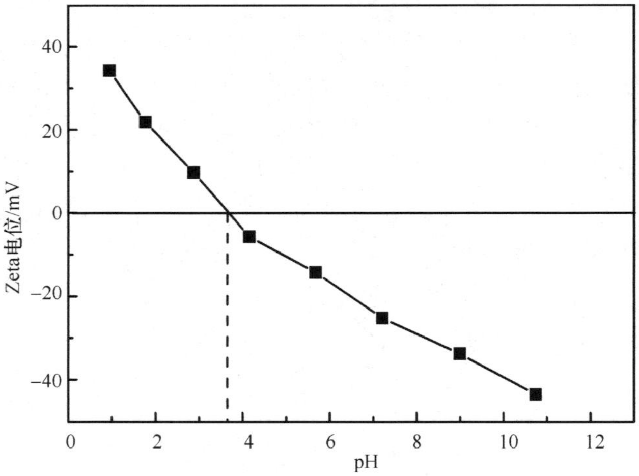

图 2-11　pH 对膨化稻壳 Zeta 电位的影响

2.3.7　润湿性测定

为了考察天然稻壳和膨化稻壳吸水性的对比，采用粉末润湿法(Sigma 700，Finland)对比相同质量的天然稻壳和膨化稻壳粉(40 目)的吸水速率和吸水质量随时间的变化差异。

通过对比天然稻壳和膨化稻壳在相同条件下对 Cu^{2+}、Pb^{2+}、Zn^{2+}、Ag^{+}、Cd^{2+}、Cr^{3+} 6 种重金属离子的吸附效果可以看出，膨化稻壳除了对 Ag^{+} 的吸附效果不及天然稻壳的吸附效果外，对其余 5 种重金属离子的吸附效果均远远好于天然稻壳的吸附效果。这可能是因为膨化稻壳的疏松结构一方面暴露出更多的吸附位点，另一方面也有利于重金属离子随着溶剂进入到吸附剂内部，增加了吸附位点与重金属离子的接触机会，从而提高了吸附效果。在相同条件下，天然稻壳和膨化稻壳粉末润湿性实验结果如图 2－12 所示。

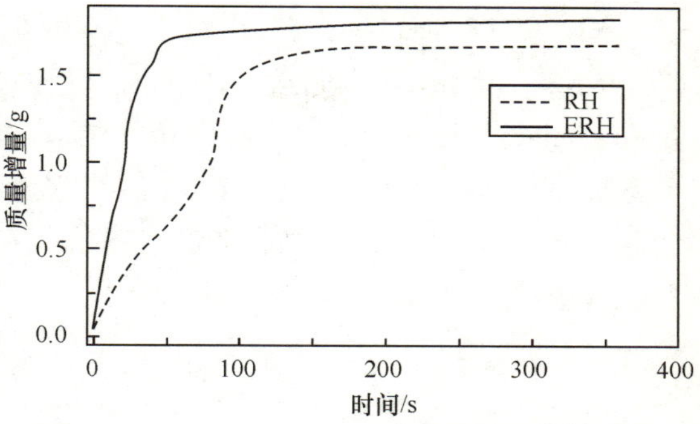

图 2－12　天然稻壳和膨化稻壳的粉末润湿性

由图 2－12 中可以看出，在相同时间内，膨化稻壳对水的吸附速率明显较天然稻壳快，从而印证了天然稻壳和膨化稻壳对重金属离子的差异主要在于膨化稻壳物理结构的改变，其疏松的结构提高了比表面积，有利于重金属溶液浸入到吸附剂的内部，增加吸附位点与重金属离子的接触机会。

2.3.8　化学成分分析

从膨化稻壳与高碘值椰壳活性炭在同样条件下对 Cu^{2+}、Pb^{2+}、Zn^{2+}、Ag^{+}、Cd^{2+}、Cr^{3+} 6 种重金属离子的不同混合溶液的吸附效果的对比中可以看出，膨化稻壳虽然比表面积和空隙率远远不及高碘值椰壳活性炭，但膨化稻壳除了对 Ag^{+} 的吸附不及高碘值椰壳活性炭外，对其余重金属离子的去除效果都与高碘值椰壳活性炭的吸附效果相当，甚至更好。特别是膨化稻壳对 Zn^{2+} 和 Cd^{2+} 的吸附效果是高碘值椰壳活性炭所不及的。因此，膨化稻壳对重金属离子良好的吸附效果不仅是因为增加了孔隙率，而且极有可能与稻壳的化学成分有关。

膨化稻壳是经电磁辅助加热膨化处理的天然稻壳产物，其化学成分与天然稻壳几乎没有差别。诸多文献已经报道，稻壳富含木质素、纤维素、半纤维素、二氧化硅及少量的粗蛋白、粗脂肪等化学成分。基于稻谷品种、生长地区及气候等差异，其化学组成会有所不同。总的来说，天然稻壳的化学成分和含量大致如表 2－3 所示。

表 2－3　天然稻壳化学组成

成分	含量/%(质量分数)
木质素	9～26
纤维素	28～36
半纤维素	12～20
二氧化硅	14～22
粗蛋白质	1.9～5
粗脂肪	0.3～1.3
其他	≤2

木质素有三种结构类型：由紫丁香基丙烷结构单体聚合而成的紫丁香基木质素(syringyl lignin，S-木质素)，由愈创木基丙烷结构单体聚合而成的愈创木基木质素(guajacyl lignin，G-木质素)和由对羟基苯基丙烷结构单体聚合而成的对羟基苯基木质素(hydroxy-phenyl lignin，H-木质素)，它们的结构式分别如图 2－13 中的(a)、(b)、(c)所示。三种木质素结构单元在过氧化酶的作用下，逐步合成二聚体、三聚体直至多聚体，即木质素大分子。

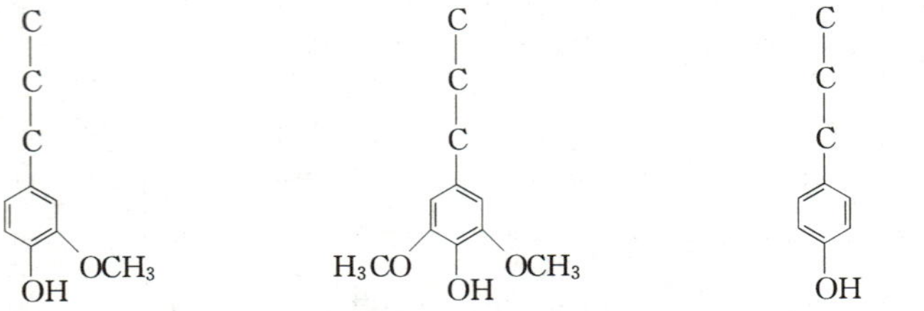

(a)愈创木基丙烷　　(b)对羟基苯基丙烷　　(c)紫丁香基丙烷

图 2－13　木质素的三种基本单元

纤维素的化学结构是由许多 D-吡喃葡萄糖彼此以 β-1，4-糖苷键连接而成的线性巨型分子，其化学式为 $(C_6H_{10}O_5)_n$ (n 为聚合度)，结构式的简单表示如图 2－14所示。

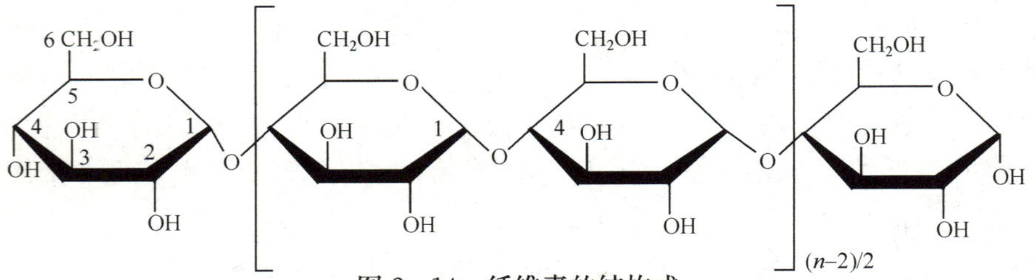

图 2－14　纤维素的结构式

半纤维素也是一种戊糖聚合物，没有统一的结构式，可以参考某木材的半纤维素结构式(图 2－15)。

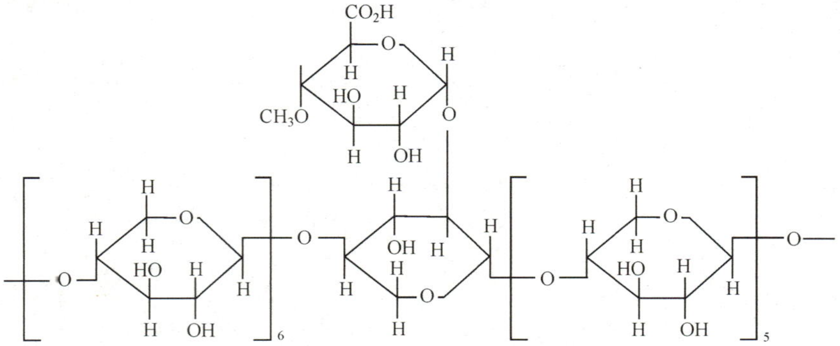

图 2－15　某木材的半纤维素结构式

由上面的几种天然高分子的结构式不难看出，天然稻壳中含有大量的酚羟基、甲氧基、羰基、羧基等官能团，这些功能基团提供了大量参与重金属离子吸附的活性位点。另外，天然稻壳中 SiO_2 的作用也不容忽视。

2.3.9　金属离子特性与吸附量的关系

本节主要考察各种重金属离子半径、离子价态、外层电子构型、配位能力、存在形态等与膨化稻壳吸附重金属量的关系。

实验中发现，同一种吸附剂对不同重金属离子的吸附效果及对不同金属离子混合物中的同一种金属离子的吸附效果各不相同。天然稻壳、膨化稻壳、高碘值椰壳活性炭均有此现象。这不仅与吸附剂本身的理化性质有关，也与重金属离子之间存在的差异有着很大的联系，如金属离子的存在形态、带电情况、离子半径等因素的影响。本研究所涉及的 6 种重金属离子存在着化合价、相对分子质量、离子半径、存在形态等的差异。重金属离子特性与膨化稻壳吸附量之间的对应关系如表 2－4所示。

表 2－4　重金属离子特性与膨化稻壳吸附量的对应关系

离子	相对原子质量	离子半径/Å	离子的电子结构	外层电子构型	吸附量/(mmol/g)(pH,平衡时间)			
					单独	A	B	C
Cu^{2+}	64	0.73	$1s^2 2s^2 p^6\ 3s^2 p^6 d^9$	17e	0.29(5,1 h)	0.13(5,1 h)		0.49(6,1 h)
Pb^{2+}	207	1.19	$1s^2 2s^2 p^6$ $3s^2 p^6 d^{10}$ $4s^2 p^6 d^{10} f^{14}$ $5s^2 p^6 d^{10} 6s^2$	(18＋2)e	0.19(5,1 h)	0.16(5,1 h)		0.28(6,1 h)
Zn^{2+}	65	0.74	$1s^2 2s^2 p^6\ 3s^2 p^6 d^{10}$	18e	0.57(5.5,1 h)	0.16(5,1 h)		0.25(6,1 h)
Ag^{+}	108	1.26	$1s^2 2s^2 p^6\ 3s^2 p^6 d^{10}$ $4s^2 p^6 d^{10}$	18e	0.07(2,3 h)		0.23(4,4 h)	0.12(6,8 h)
Cd^{2+}	112	0.97	$1s^2 2s^2 p^6\ 3s^2 p^6 d^{10}$ $4s^2 p^6 d^{10}$	18e	0.21(4,1/6 h)		0.18(4,4 h)	0.18(6,1 h)
Cr^{3+}	52	0.52	$1s^2 2s^2 p^6\ 3s^2 p^6 d^3$	11e	0.01(4,3 h)		0.24(4,2 h)	0.38(6,1 h)

由表 2－4 可以看出，膨化稻壳对不同重金属离子的吸附量各不相同，对不同溶液中同一种重金属离子的吸附量也不尽相同，造成这种差异的原因可以从以下几方面考虑。

1）水合金属离子存在形态

水合金属离子又称水合离子，是水溶液中的金属离子与水分子配合生成的配离子。金属阳离子均带有大小不同的正电荷；溶剂水分子是极性分子，其氧原子一端带有负电性，容易与金属离子配位成为配位体。在溶剂水中，这种水合金属离子的配位反应则是作为配位体的水分子被其他一些强配位体置换而发生的取代反应。在水环境中,所有的金属阳离子都是以水合金属离子存在的。水合金属离子的形成过程包括溶剂化、水解和聚合,可表示为下列化学式。

$$M^{n+} + mH_2O \rightleftharpoons M(H_2O)_m^{n+}$$

$$M(H_2O)_m^{n+} \rightleftharpoons M(H_2O)_{m-1}^{(n-1)+} + H^+$$

$$aM^{n+} + bH_2O \rightleftharpoons M_a(OH)_b^{(2an-b)+} + bH^+$$

水合金属离子的水合数及稳定状态与离子半径和离子外层电子构型有关,总的规律表明:离子半径大、电荷低的金属离子的水合数低,生成的水合离子比较稳定;反之,离子半径小、电荷高的金属离子水合数高,易发生水解作用,当水解到一定程度后即生成常见的金属氢氧化物沉淀。近年来,利用溶液 X 射线衍射法和中子衍射法等研究手段,得到本实验中所涉及的 Zn^{2+}、Ag^+、Cd^{2+}、Cr^{3+}、Cu^{2+} 5 种重金属离子的水合数分别为 6、2、6、6、4(2)[33]。

水合离子的聚合过程则主要在于与金属离子键合的羟基(OH—)具有桥式官能团的作用,它能通过脱水-二聚化反应,把两个甚至更多的金属离子连接在一起,形成多核羟基配合物。例如,本实验中所涉及的 Pb^{2+}、Cd^{2+} 两种重金属离子的水解和聚合作用较强,而且随着溶液 pH 的升高,两种金属离子的水解和聚合作用进一步增强。

这种羟基的桥接作用对膨化稻壳吸附重金属离子的影响主要体现在两个方面:一方面正是这种桥接作用使得膨化稻壳吸附剂中大量的羟基官能团能与水合金属离子的羟基作用,形成较为稳定的配合物,从而提高金属离子的吸附量;另一方面若金属离子自身的桥接作用加强,桥接的金属离子聚合物越多则空间位阻越大,与膨化稻壳吸附剂的配合机会就小,从而导致吸附量的降低。因此,膨化稻壳对重金属离子的吸附效果较大地取决于水合金属离子的存在形态,水合金属离子与膨化稻壳和水合金属离子自身之间存在着竞争的配合反应。

2) 外层电子构型与配合物稳定性

许多配合物的相对稳定性可以用简单的静电模型加以理解,因此最稳定的配合物将是由带相反电荷的离子构成的。此外,离子上的电荷越大和离子半径越小则稳定性越大[34]。因此,从这个观点来说,膨化稻壳与金属离子所形成配合物的稳定性应随着金属离子半径的减小和金属离子电荷的增加而增大。

3) 溶液 pH 的影响

溶液 pH 的改变不仅是单纯地为溶液中提供了更多的 H^+ 或 OH^-,它对膨化稻壳吸附重金属离子的影响是多方面的。

(1) H^+ 同金属离子一样都是带正电荷的阳离子,存在吸附竞争关系,改变 pH 直接影响 H^+ 和金属阳离子之间的平衡,从而影响膨化稻壳对金属离子的吸附量。

(2) pH 的变化改变了膨化稻壳中羟基、羧基、醛基等官能团的存在状态,甚至膨化稻壳中天然高分子的空间存在状态，进而影响膨化稻壳中各组分的吸附功能基团与重金属离子之间的作用方式。

(3) 同样，从上面的分析中也不难看出，溶液 pH 对重金属离子的存在形态和配合物的稳定性有很大的影响，因此，调节溶液 pH 很大程度上会影响膨化稻壳对不同形态重金属离子的吸附效果。

4) 其他环境因素的影响

投料量的变化主要是改变了吸附位点与重金属离子的比例；而温度则跟 pH 的作用有类似之处，即同时改变膨化稻壳中各组分的存在形态和重金属离子的存在形态；不同金属离子混合溶液则使各种重金属离子相互作用增强，吸附的竞争性和协同性更加激烈。

2.4　小　　结

通过对膨化稻壳和天然稻壳的表观形貌、化学结构等理化性质的对比研究，得到以下结论。

膨化稻壳比表面积约为 1.708 m^2/g，含水率约为 18.33%。而天然稻壳的比表面积约为 0.918 m^2/g，含水率约为 16.2%。相比天然稻壳而言，膨化稻壳比表面积的增加和亲水性的改善，有利于对重金属离子的吸附。

稻壳含有大量的活性基团，而经膨化改性后其活性基团并未发生改变。大量的活性基团有利于重金属离子以离子交换、配合等化学方式被吸附去除。

膨化稻壳的粒子直径大小主要分布在 1～100 μm 和 100～1000 μm 这两个区间，其中大部分粒子的直径在 48 μm 和 280 μm 附近。大多吸附剂粒径都在这个范围内，粒径过大，导致吸附效果下降，而粒径过小，则导致透水性下降。

膨化稻壳的零电位 pH 为 3.8，因此，当溶液的 pH 小于 3.8 时，膨化稻壳表面带正电荷；当溶液的 pH 大于 3.8 时，膨化稻壳表面带负电荷，有利于吸附带电荷的重金属离子。

膨化稻壳的分解温度为 280 ℃，较高的分解温度说明这种吸附材料可以应用于较高温度的环境；离子交换树脂的分解温度为 120 ℃，活性炭的分解温度较高约为 600 ℃。

相比天然稻壳，膨化稻壳润湿性较好，有利于重金属离子随着溶液进入吸附剂内部，增加吸附位点与重金属离子的接触机会，导致对重金属离子吸附性能的提高。

膨化稻壳疏松的结构增加了比表面积，表露出更多的吸附位点，增加了膨化稻壳吸附位点与重金属离子的反应接触机会。良好的吸附效果主要在于膨化稻壳本身所含有的木质素、纤维素、半纤维素中大量的吸附官能团和无定形 SiO_2 的对重金属的配位吸附。而膨化稻壳对不同重金属离子吸附效果的差异及膨化稻壳对同一种金属离子在不同环境中的吸附差异与重金属离子存在形态、配位能力及环境因素等共同作用有关。本实验所涉及的 Cu^{2+}、Pb^{2+}、Zn^{2+}、Ag^{+}、Cd^{2+}、Cr^{3+} 6 种金属离子，虽然其相对分子质量、化合价、离子半径、外层电子构型等都有着比较典型的对比性，但整个吸附过程不仅涉及金属离子的差异性，也涉及膨化稻壳吸附剂本身各组分对重金属离子的作用形式多样，以及环境因素的影响较为复杂。因此，膨化稻壳对重金属离子的吸附是各种作用综合的结果。

参考文献

[1] 谢战锋，常建华，余向阳，等. 稻壳纤维素强酸性阳离子交换剂[J]. 应用化学，2003，20(2)：167-170

[2] 张军平. 稻壳纤维素衍生物的合成及其应用研究 [D]. 西安：西北大学博士论文，2004：1-42

[3] 余梅芳，胡晓斌，姚健萍，等. 稻壳制活性炭及其对污水中铬的吸附能力研究[J]. 西北农业学报，2007，16(1)：26-29

[4] 王立，王领军，姚惠源. 稻壳吸附剂生产技术[J]. 粮食与油脂，2006，20(3)：16-18

[5] 李煜林，陈正行，李晓萱. 稻壳中硅化合物的国内外研究现状[J]. 食品工业科技，2009，10：333-335

[6] 李玥. 稻壳综合利用的研究 [D]. 无锡：江南大学博士论文，2004：1-50

[7] 任素霞. 稻壳资源的综合利用研究 [D]. 长春：吉林大学博士论文，2009：1-128

[8] 孙影芝. 稻壳吸附剂去除水体中的离子型染料及其吸附机理研究[D]. 芜湖：安徽师范大学博士论文，2005：1-47

[9] Garg V K, Gupta R, Bala Y A, et al. Dye removal from aqueous solution by adsorption on treated sawdust [J]. Bioresource Technology, 2003, 89 (2): 121-124

[10] 钱俊青，谢祥茂. 稻壳吸附剂提高啤酒稳定性的研究[J]. 离子交换与吸附，2001，17(2)：145-151

[11] McKay G, Porter J F, Prasad G R. The removal of dye colors from aqueous solution by adsorption on low-cost materials [J]. Water Air and Soil Pollution, 1999, 171 (9): 423-438

[12] Khalil L B. Adsorption characteristics of activated carbon obtained from rice husks by treatment with phosphoric acid [J]. Fuel Science Technology, 1994, 171 (4): 131-136

[13] Mansaray K G, Ghaly A E. Kinetics of the thermal degradation of rice husks in nitrogen atmosphere [J]. Energy-Sources, 1999, 171 (9): 773-784

[14] Adam F. Saturated fatty acid adsorption by acidified rice hull ash [J]. Journal of the American Oil Chemists' Society, 2000, 71 (4): 437-440

[15] Kalapathy U. New method for free fatty acid reduction in frying oil using silicate films produced from rice hull ash [J]. Journal of the American Oil Chemists' Society, 2000, 92 (6): 593-593

[16] Chang Y Y. Rice hull ash structure and bleaching performance produced by ashing at various times and temperatures [J]. Journal of the American Oil Chemists' Society, 2001, 92 (6): 657-660

[17] 红庆慈. 新型吸附剂稻壳灰性能研究[J]. 中国油脂, 2002, 17(1): 29-30

[18] Tantrakulsiri. Utilization of rice hull ash as a support material for immobilization of Candida cylindracea lipase [J]. Journal of the American Oil Chemists' Society, 1997, 89 (2): 173-175

[19] Mohan S. Isotherm studies for heavy metal adsorption on rice husk [J]. Asian Journal of Water, Environment and Pollution, 2007, 5 (2): 71-88

[20] Guo Y, Qi J, Yang S, et al. Adsorption of Cr (Ⅵ) on micro- and mesoporous rice husk-based active crabon [J]. Materials Chemistry and Physics, 2002, 78: 132-137

[21] Mohammad A. Adsorption studies on rice husk: removal and recovery of Cd(Ⅱ) from wastewater [J]. Bioresource Technology, 2003, 86: 147-149

[22] Guo Y P, Zhao J Z, Zhang H, et al. Use of rice husk-based prorous carbon for adsorption of Rhodamine B from aqueous solutions [J]. Dye and Pigments, 2005, 66: 123-128

[23] Srivastava V C, Mall I D, Mishra I M, et al. Characterization of mesoporous rice husk ash (RHA) and adsorption kinetics of metal ions from aqueous solution on RHA [J]. Journal of Hazardous Materials, 2006, B 134: 257-267

[24] Bansal M, Garg U, Singh D, et al. Removal of Cr (Ⅵ) from aqueous solutions using pre-consumer processiong agricultural waste: a case study of rice husk [J]. Journal of Hazardous Materials, 2009, 162: 312-320

[25] Kumar U, Bandyopadhyay M. Fixed bed column study of Cd(Ⅱ) removal from wastewater using treated rice husk [J]. Journal of Hazardous Materials, 2009, B129: 253-259

[26] Mohan S, Sreelakshmi G. Fixed bed column study for heavy metal removal using phosphate treated rice husk [J]. Journal of Hazardous Materials, 2008, 153: 75-82

[27] Chuah T G, Juma siah A, Azni I, et al. Rice husk an a potentially low-cost biosorbent for heavy metal and dye removal: an overview [J]. Desalination, 2005, 175: 305-316

[28] 刘忠泽, 罗学刚, 安丽萍, 等. 钻井液用快速封堵剂[P]. 中国, ZL, 00120613.3, 2002

[29] Liu F, Luo X G, Lin X Y, et al. Removal of copper and lead from aqueous solution by carboxylic acid functionalized deacetylated konjac glucomannan [J]. Hazard Mater, 2009, 171 (1-3): 802-808

[30] 邓芹英. 波谱分析教程 [M]. 2 版. 北京: 科学出版社, 2007: 30-90

[31] 卢涌泉, 邓振华. 实用红外光谱解析[M]. 北京: 电子工业出版社, 1989: 21-34

[32] Gong R, Sun Y, Chen J, et al. Effect of chemical modification on dye adsorption capacity of peanut hull [J]. Dyes and Pigments, 2005, 67(3): 175-181

[33] 方景礼. 电镀配合物理论与研究[M]. 北京: 化学工业出版社, 2008: 29-46

[34] Basolo F, Johnson R C. 配位化学——金属配合物的化学[M]. 宋银柱译. 北京: 北京大学出版社, 1982: 280-281

第3章 稻壳基吸附材料对 Cu^{2+}、Pb^{2+}、Zn^{2+} 的吸附

3.1 引　　言

我国是一个有色金属资源严重短缺的国家，随着中东部铜、铅、锌等金属资源的日益枯竭，目前有色金属矿产资源40%以上分布在青藏高原，其中铜、铅、锌等占全国的50%以上。据预测，到2020年矿产资源需求量为：铜650万t、铅260万t、锌500万t，金属矿产资源对我国国民经济发展的"瓶颈"作用已初步显现。加之在采矿、选矿及电镀、化工等其他行业生产过程中所产生的大量 Cu^{2+}、Pb^{2+}、Zn^{2+} 重金属废水严重地污染了环境，造成生态系统的破坏。

铜是人体所必需的微量元素，缺铜会发生贫血、腹泻等病症，但是过量摄入铜亦会产生危害。铜对低等生物和农作物毒性较大，其浓度达0.1～0.2 mg/L时可使鱼类致死，与锌共存时毒性增加。对于农作物，铜可使植物吸收养分的机能受到阻碍；对于人体，铜对细胞生长、一些酶的活动及内分泌腺功能均有影响，如摄入过量的铜，就会刺激消化系统，引起腹痛和呕吐[1]。

锌也是人体必不可少的有益元素，每升水含数微克锌对人体和温血动物无害，但长时间大剂量摄入锌则会导致贫血、胰腺损伤和体内高密度脂蛋白、胆固醇水平的下降。锌对鱼类等水生生物的影响较大，安全浓度约为0.1 mg/L。此外，锌对水体的自净过程有一定抑制作用[2]。

铅污染物质是当今对人类健康威胁最大的十大类污染物质之一。若每日摄取铅量超标，铅便可在人体内积累，引起贫血、神经炎等[3]，而人类却缺乏主动、有效的防护措施。铅进入人体后，除部分通过粪便、汗液排泄外，其余在数小时后溶入血液中，阻碍血液的合成，导致人体贫血、头痛、眩晕、乏力、困倦、便秘和肢体酸痛等；口中有金属味，动脉硬化、消化道溃疡和眼底出血等症状也与铅污染有关。儿童铅中毒则出现发育迟缓、食欲不振、行走不便和便秘、失眠；若是小学生，还伴有多动、听觉障碍、注意力不集中、智力低下等现象。这是因为铅进入人体后通过血液侵入大脑神经组织，使营养物质和氧气供应不足，造成脑组织损伤所致，严重者可能导致终身残废。铅进入孕妇体内则会通过胎盘屏障，影响胎儿发育，造成畸形等。我国现行污水处理厂将铅作为一类污染物而严格控制其排放，排放日平均量不得超过0.1 mg/L。因此，有效回收各个行业排放废水中所含有的 Cu^{2+}、Pb^{2+}、Zn^{2+} 等重金属离子，不仅是对重金属资源的节约利用，也是对环境污染的有效防治。

本研究首次将膨化稻壳作为天然高分子吸附材料，利用其具有疏松的表面孔隙结构，纤维素、半纤维素和木质素等富含大量吸附官能团的天然高分子填充在无定形 SiO_2 微孔网络中的特殊组成结构等特点，探讨膨化稻壳对多种重金属离子的吸附特性，从而为稻壳和膨化稻壳的应用提供新的思路。本章利用膨化稻壳去除水体中的各种重金属离子，并与天然稻壳和商业高碘值椰壳活性炭在相同吸附条件下的吸附效果做对比研究。结果表明，膨化稻壳对大部分重金属离子的吸附效果明显优于天然稻壳，总体吸附效果甚至优于商业高碘值椰壳活性炭的吸附效果，有利于水体中重金属离子的有效去除和促进水的循环利用。与目前各种重金属废水处理原料相比，其高效吸附、低廉成本和生物可降解性具有很强的吸引力，为农业废弃物稻壳的应用提供了新的思路，具有良好的市场前景和巨大的社会经济效益，有利于实现生态效益、社会效益和经济效益三者的统一。

3.2 实验研究方法

室温约 20 ℃条件下，配制一定浓度的重金属离子溶液，并用 0.1 mol/L 的 NaOH 和 0.1 mol/L 的 HNO_3 调节溶液 pH 至适当值。取 100 mL 配制好的重金属离子溶液加入 250 mL 的磨口锥形瓶中，分别投加一定质量的天然稻壳粉、膨化稻壳粉吸附材料（均为 40 目）后将密封的锥形瓶置于一定温度条件下的振荡培养箱中，在 200 r/min 的恒定振荡速度下振荡吸附一定时间后取出并过滤。用原子吸收分光光度计测定吸附后滤溶液中的重金属离子浓度，并通过式(3-1)计算去除率，用式(3-2)计算吸附量：

$$E(\%) = \frac{C_0 - C_e}{C_0} \times 100 \tag{3-1}$$

$$Q(\text{mg/g}) = \frac{(C_0 - C_e)V}{M} \tag{3-2}$$

式(3-1)和式(3-2)中，C_0(mg/L)和 C_e(mg/L)分别为初始浓度和平衡后的溶液中剩余金属离子的浓度；V(L)为溶液的体积；M(g)为吸附剂的质量。为了减少实验误差，每组实验做三组平行，所得结果取其平均值。以去除率或吸附量为指标，分别从以下几个方面考察影响稻壳吸附材料处理重金属离子吸附特性的因素。

1) 平衡时间的确定及吸附动力学模型的探讨

改变振荡吸附时间，其余实验条件固定不变。具体实验条件如表 3-1 所示。

参考的吸附动力学模型主要有三个。

(1) Lagergren 准一级动力学模型：

$$\ln(1 - Q_t/Q_m) = -k_1 t \tag{3-3}$$

式中，k_1[g/(mg·min)]为准一级速率常数；t(min)为反应时间；Q_t 和 Q_m(mg/g)分别为 t 时刻对应的吸附量和吸附平衡时的最大吸附量。

表 3-1　吸附时间影响吸附效果的实验条件

离子种类	初始浓度/(mg/L)	pH	投料量/g	吸附时间取值梯度/min	相同条件
Cu^{2+}	20、150	5.2	0.5	1、2.5、5、10、20、30、60、90、120、150、180、240	温度(20 ℃)
Pb^{2+}	20、150	5.0	0.3		
Zn^{2+}	5、200	5.5	0.5		

(2) Lagergren 准二级动力学模型：

$$\frac{t}{Q_t}=\frac{1}{k_2Q_m^2}+\frac{t}{Q_m} \tag{3-4}$$

式中，k_2[g/(mg·min)]为准二级速率常数；t(min)为反应时间；Q_t 和 Q_m(mg/g)分别为 t 时刻对应的吸附量和吸附平衡时的最大吸附量。

(3) Elovich 吸附模型：

$$Q_t=\frac{1}{b}\ln(1+abt) \tag{3-5}$$

将式(3-2)带入可得

$$\frac{C_t}{C_0}=1-\frac{M}{bVC_0}\ln(1+abt) \tag{3-6}$$

式中，C_0 和 C_t 分别为溶液初始浓度和 t 时刻对应的平衡浓度；M(g)为吸附剂用量；V(L)为溶液体积；a、b 均为方程参数，a 表示在吸附零点处的化学吸附速率，b 则与表面覆盖度及化学吸附活化能有关。

2) pH 对吸附效果的影响

为了排除金属离子氢氧化物沉淀对稻壳吸附剂对溶液中重金属离子吸附效果的干扰，本实验在参考各种金属离子氢氧化物的溶度积参数的基础上制订了相应离子溶液的 pH 取值梯度。

若以 M^{n+} 表示金属离子，则其氢氧化物的沉淀-溶解平衡方程式如式(3-7)所示。

$$M^{n+}+nOH^-\rightleftharpoons M(OH)_n\downarrow \tag{3-7}$$

反应达平衡时，则有 $K^{\ominus}_{sp,M(OH)_n}=[M^{n+}][OH^-]^n$。由此可推导出各种重金属离子溶液在不同 pH 条件下开始形成氢氧化物沉淀的金属离子浓度。溶度积常数在 18～25 ℃都适用，所得结果如表 3-2 所示。

由表 3-2 所列结果可知，当 Cu^{2+}、Pb^{2+}、Zn^{2+}浓度分别为 10 mg/L、20 mg/L 和 20 mg/L 时，各种重金属离子溶液在形成氢氧化物沉淀之前的 pH 范围各不相同。实验过程中选用的 pH 取值梯度如表 3-3 所示。

表 3-2　pH 与金属离子开始形成氢氧化物沉淀时浓度的对应关系

pH	Cu^{2+}/(mg/L) ($K_{sp}^{\ominus}=2.2\times10^{-20}$)	Zn^{2+}/(mg/L) ($K_{sp}^{\ominus}=1.2\times10^{-17}$)	Pb^{2+}/(mg/L) ($K_{sp}^{\ominus}=1.2\times10^{-15}$)
1	1.3×10^{11}	7.8×10^{13}	2.5×10^{16}
2	1.4×10^{9}	7.8×10^{11}	2.5×10^{14}
3	1.4×10^{7}	7.8×10^{9}	2.5×10^{12}
4	1.4×10^{5}	7.8×10^{7}	2.5×10^{10}
5	1.4×10^{3}	7.8×10^{5}	2.5×10^{8}
6	14	7.8×10^{3}	2.5×10^{6}
7	—	78	2.5×10^{4}
8	—	—	2.5×10^{2}
9	—	—	2.5

表 3-3　pH 影响吸附效果的实验条件

离子种类	初始浓度/(mg/L)	pH 取值梯度	相同条件
Cu^{2+}	10	2、3、4、5、6	投料(0.5 g)、温度(20 ℃)、吸附时间(2 h)
Zn^{2+}	20	3、4、5、6、7	
Pb^{2+}	20	4、5、6、7、8	

3) 吸附剂用量的影响

改变吸附剂投料量，其余实验条件固定不变，具体实验条件如表 3-4 所示。

表 3-4　吸附材料用量影响吸附效果的实验条件

离子种类	初始浓度/(mg/L)	pH	吸附剂投料量梯度/g	相同条件
Cu^{2+}	10	5	0.1、0.3、0.5、0.7、0.9	温度(20 ℃) 时间(2 h)
Pb^{2+}	20	5		
Zn^{2+}	20	5.5		

4) 吸附温度的影响及吸附热的计算

改变吸附过程中的温度，其余实验条件固定不变。具体实验条件如表 3-5 所示。

表 3-5　温度影响吸附效果的实验条件

离子种类	pH	初始浓度/(mg/L)	投料量/g	温度取值梯度/℃	相同条件
Cu^{2+}	5	10	0.5	20、30、40、50、60	时间(2 h)
Pb^{2+}	5	20	0.3		
Zn^{2+}	5.5	20	0.5		

5）等温吸附及吸附模型的探讨

改变重金属离子溶液初始浓度，其余实验条件固定不变。具体实验条件如表 3－6 所示。

表 3－6　等温吸附实验条件

离子种类	pH	投料量/g	初始浓度取值梯度/(mg/L)	相同条件
Cu^{2+}	5	0.5	5、10、20、50、100、150、200、250、300	温度(20 ℃)时间(2 h)
Pb^{2+}	5	0.3		
Zn^{2+}	5.5	0.5		

参考的等温吸附模型主要有两个。

(1) Langmuir 等温吸附模型：

$$\frac{Q_e}{Q_{max}} = \frac{bC_e}{1+bC_e} \tag{3-8}$$

或

$$\frac{C_e}{Q_e} = \frac{1}{Q_{max}} \times C_e + \frac{1}{Q_{max}b} \tag{3-9}$$

(2) Freundlich 等温吸附模型：

$$Q_e = KC_e^{1/n} \tag{3-10}$$

或

$$\lg Q_e = \frac{1}{n}\lg C_e + \lg K \tag{3-11}$$

式中，C_e(mg/L)为平衡后的溶液中剩余金属离子的浓度；Q_e(mg/g)和 Q_{max}(mg/g)分别为平衡吸附量和最大吸附量；b 与吸附强度有关；n 和 K 为 Freundlich 等温吸附模型方程参数，分别与吸附强度和吸附量有关。

6）不同配比的天然稻壳和膨化稻壳混合吸附剂的处理效果

在吸附剂总量为 1 g 的前提下，以 1∶9～9∶1 的配比考察了天然稻壳和膨化稻壳混合吸附剂对重金属离子的处理效果，结果如表 3－7 所示。

表 3－7　不同配比混合吸附剂吸附实验条件

离子种类	pH	初始浓度/(mg/L)	相同配比条件（天然稻壳∶膨化稻壳）	其他共同条件
Cu^{2+}	5	100	1∶9、2∶8、3∶7、4∶6、5∶5、6∶4、7∶3、8∶2、9∶1	总量(1 g)时间(2 h)
Pb^{2+}	5	100		
Zn^{2+}	5.5	100		

3.3　吸附平衡时间的确定及吸附动力学模型

吸附过程是一个动态平衡过程，吸附速率的快慢取决于吸附材料本身的物理化学结构、吸附剂内外重金属离子的浓度、重金属离子的特性、重金属离子的与吸附剂的结合能力、环境温度等因素。图 3－1 表示的是天然稻壳(RH)(a)和膨化稻壳(ERH)(b)在 Cu^{2+}、Pb^{2+}、Zn^{2+} 的初始浓度分别为 20 mg/L、20 mg/L、5 mg/L 时对 3 种重金属离子的去除率随时间的变化趋势，而图 3－2 则显示的是天然稻壳(RH)(a)和膨化稻壳(ERH)(b)在 Cu^{2+}、Pb^{2+}、Zn^{2+} 的初始浓度分别为 150 mg/L、150 mg/L、200 mg/L 时对 3 种重金属离子的去除率随时间的变化趋势。

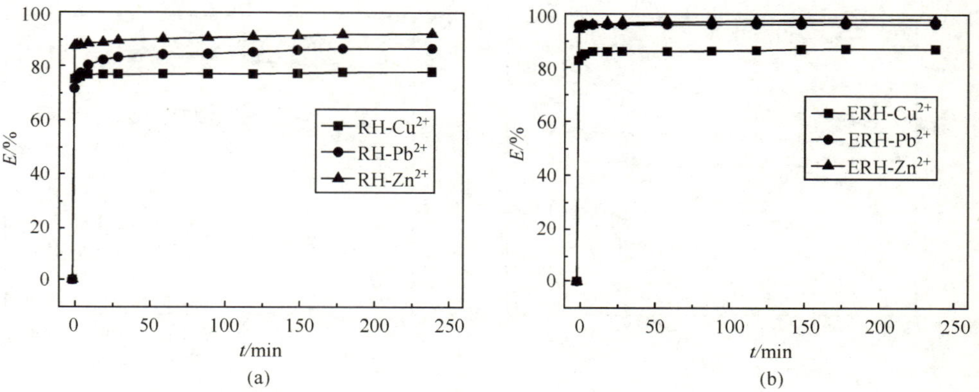

图 3－1　低浓度溶液中天然稻壳(a)和膨化稻壳(b)对 Cu^{2+}、Pb^{2+}、Zn^{2+} 去除率随时间的变化趋势

由图 3－1 中可以看出，天然稻壳在 1 min 以内对 3 种重金属的去除率就能达到 70％以上，吸附迅速，在反应进行到 30 min 到 1 h 左右均能达到吸附平衡。其中，天然稻壳对 Zn^{2+} 的吸附最为迅速，可能是因为 Zn^{2+} 溶液的初始浓度最低，大部分锌离子都能在很短的时间内接触到吸附剂的吸附位点，有利于吸附平衡的快速完成。在相同条件下天然稻壳对 Cu^{2+}、Pb^{2+} 的吸附效果对比可知，天然稻壳对 Cu^{2+} 的吸附速率更快，而对 Pb^{2+} 去除率更高。这可能与金属离子的种类有关。

相应地，膨化稻壳对 3 种重金属离子的吸附几乎在 10 min 之内均能达到平衡，对 Cu^{2+} 的去除率能达到 85％以上，对 Zn^{2+} 和 Pb^{2+} 的去除率能达到 97％以上，其中吸附完成后 Zn^{2+} 的剩余浓度仅为 0.08 mg/L 左右，已完全达到现行国家污水处理厂排放标准(1 mg/L)。而从两种吸附剂的处理效果的对比不难看出，膨化稻壳对重金属的吸附效果明显优于天然稻壳的吸附效果，平衡时间更短，去除率更高。这可能是因为膨化稻壳结构更加疏松，暴露的吸附位点更多，有利于金属离子随溶液进入材料内部，增加了吸附剂和金属离子的接触机会，从而有利于吸附快速达到平衡。

从图 3－2 中可以看出，天然稻壳在高浓度环境下对 3 种金属离子的吸附达到平衡的时间分别为 1 h、3 h 和 1 h，去除率分别约为 46％、75％和 58％。尽管 Zn^{2+} 溶液的初始浓度最高，但天然稻壳对 Zn^{2+} 的吸附速率最快；而对 Pb^{2+} 的吸附速率最慢，但去除率最高。该结果进一步表明稻壳对重金属离子的吸附效果跟金属离子的种类有很大关系。而膨化稻壳对 3 种金属离子的吸附均在 1 h 左右达到平衡，去除率分别约为 60%、87%和 63%，对 Pb^{2+} 的去除率仍保持最高。对比两种吸附剂的吸附效果可以得知，当 Cu^{2+}、Pb^{2+}、Zn^{2+} 溶液的初始浓度分别为 150 mg/L、150 mg/L、200 mg/L 时，膨化稻壳对重金属的吸附效果仍然显著优于天然稻壳的吸附效果，平衡时间短，去除率高。

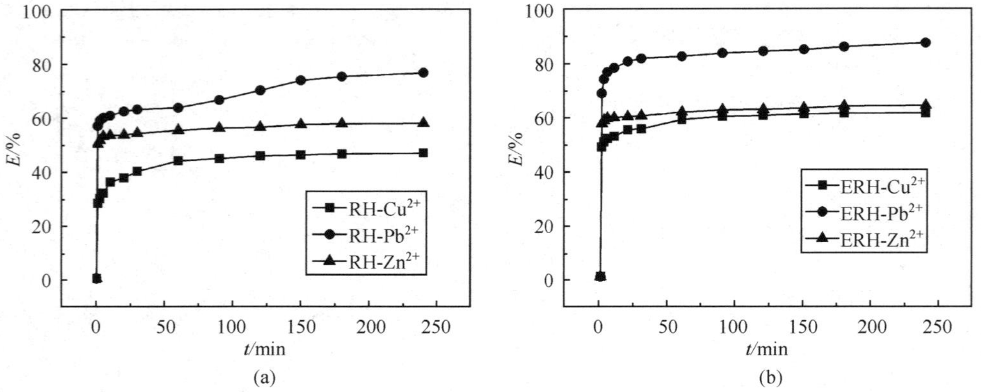

图 3－2　高浓度溶液中天然稻壳和膨化稻壳对 Cu^{2+}、Pb^{2+}、Zn^{2+} 去除率随时间的变化趋势

将图 3－1 和图 3－2 中的动力学数据带入 Lagergren 准一级动力学模型、Lagergren 准二级动力学模型和 Elovich 吸附模型中，发现天然稻壳和膨化稻壳对 Cu^{2+}、Pb^{2+}、Zn^{2+} 的吸附能很好地符合 Lagergren 准二级动力学模型，结果如图 3－3 和图 3－4 所示。

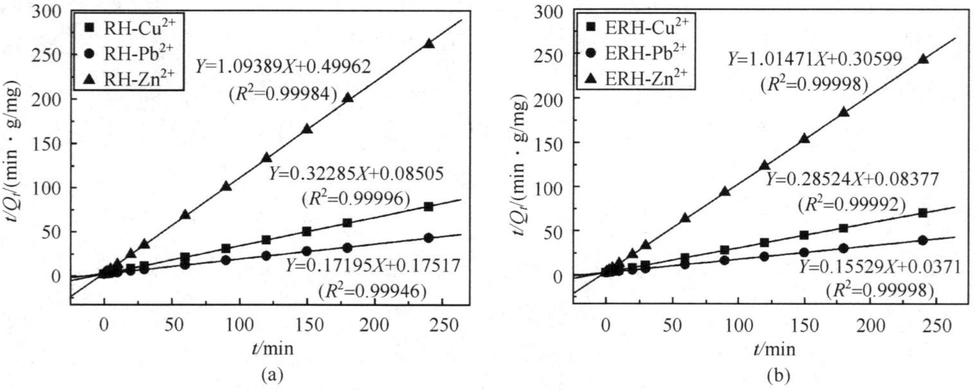

图 3－3　低浓度溶液中天然稻壳(a)和膨化稻壳(b)吸附动力学拟合结果

由图中线性拟合结果可计算出相应的动力学参数如表 3－8 所示。表中最大吸附量和平衡速率所得结果与实验值基本相符。

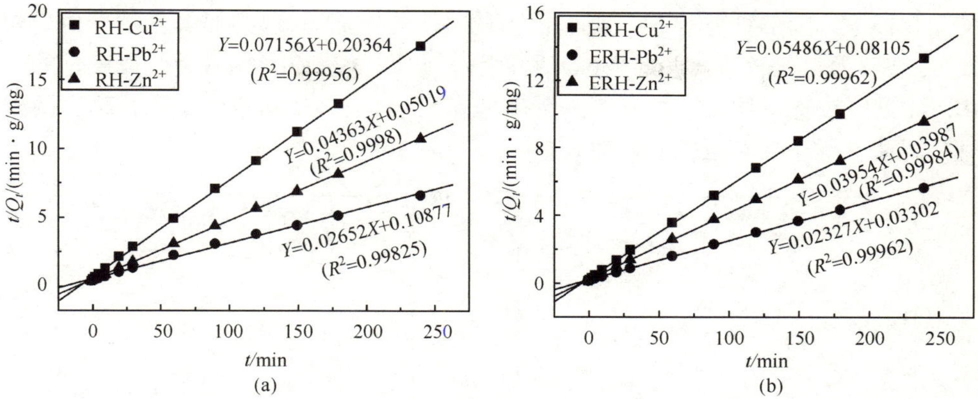

图 3－4　高浓度溶液中天然稻壳(a)和膨化稻壳(b)吸附动力学拟合结果

表 3－8　动力学参数

吸附剂	初始离子浓度	Q_{max}/(mg/g)	k_2/[g/(mg · min)]	R^2
天然稻壳	Cu^{2+}(20mg/L)	3.097	1.226	0.999
	Pb^{2+}(20mg/L)	5.816	0.169	0.999
	Zn^{2+}(5mg/L)	0.914	2.395	0.999
膨化稻壳	Cu^{2+}(20mg/L)	3.506	0.971	0.999
	Pb^{2+}(20mg/L)	6.440	0.650	0.999
	Zn^{2+}(5mg/L)	3.365	0.985	0.999
天然稻壳	Cu^{2+}(150mg/L)	13.98	0.025	0.999
	Pb^{2+}(150mg/L)	37.71	0.006	0.998
	Zn^{2+}(200mg/L)	22.92	0.038	0.999
膨化稻壳	Cu^{2+}(150mg/L)	18.23	0.166	0.999
	Pb^{2+}(150mg/L)	42.97	0.016	0.999
	Zn^{2+}(200mg/L)	25.29	0.039	0.999

3.4　pH 对吸附效果的影响

由于吸附剂酸性和碱性基团的质子化与去质子化作用，以及 pH 对吸附剂表面结构、对金属离子存在形态都有作用，进而影响吸附剂与金属离子之间的相互作用，几乎所有吸附剂对金属的吸附行为都受到 pH 的影响。

图 3－5 表示在不同 pH 条件下，天然稻壳(RH)(a)和膨化稻壳(ERH)(b)对 Cu^{2+}、Pb^{2+}、Zn^{2+} 的去除率(初始浓度分别为 10 mg/L、20 mg/L、20 mg/L)。图中显示，两种吸附剂对 Cu^{2+} 的去除率随 pH 的变化显著，而对 Zn^{2+} 的去除率随 pH

的变化不大。天然稻壳对 Pb^{2+} 的去除率随 pH 的增加而升高，而膨化稻壳呈现相反的趋势，但变化较小。总的来说，两种吸附剂对 Pb^{2+}、Zn^{2+} 两种重金属离子的适用 pH 范围较宽，对 Cu^{2+} 的最佳去除率在 pH 为 4～6，相同条件下膨化稻壳的处理效果明显优于天然稻壳的处理效果。

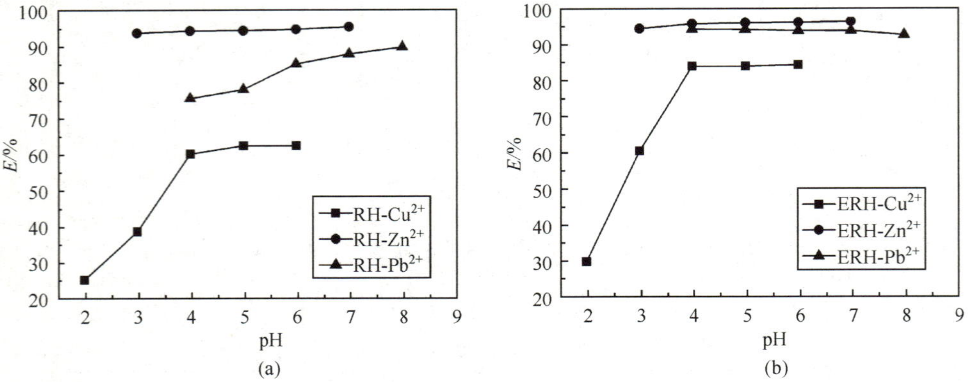

图 3－5　pH 对天然稻壳(a)和膨化稻壳(b)吸附去除率的影响

3.5　吸附剂用量的影响

吸附剂用量在吸附过程中是一个十分重要的影响因素。通常，增大吸附材料用量，由于增加了更多的吸附位点和比表面积，可提高吸附剂对重金属离子的去除率。但这并不意味着无限增加吸附剂用量就能带来更好的去除率和吸附量，当吸附剂对重金属离子的去除率达到平衡时，继续增加吸附剂用量则会使单位质量吸附剂的吸附量降低，即吸附量未达到饱和，从而导致吸附剂的浪费。图 3－6 中所示为不同投料量的天然稻壳(a)和膨化稻壳(b)吸附剂对 Cu^{2+}、Pb^{2+}、Zn^{2+} 的去除率。以去除

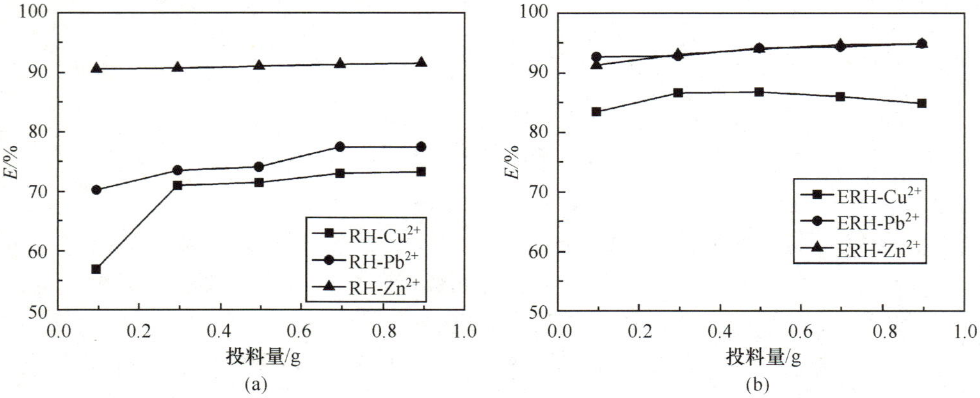

图 3－6　投料量对天然稻壳(a)和膨化稻壳(b)吸附去除率的影响

率为考察指标，从图中可以看出天然稻壳对三种金属离子的最适剂量分别为 7 g/L、7 g/L、1 g/L，去除率分别可达 70%、75%和 90%左右，而膨化稻壳对三种金属离子的最适剂量分别为 3 g/L、5 g/L、5 g/L，去除率分别可达 85%、95%和 95%左右。不难看出，同等条件下膨化稻壳在对 Cu^{2+}、Pb^{2+}、Zn^{2+} 的吸附效果和节约原料方面具有明显的优势。

3.6 温度的影响及吸附热的计算

图 3-7 表示天然稻壳(a)和膨化稻壳(b)两种吸附剂对 Cu^{2+}、Pb^{2+}、Zn^{2+} 的去除率随温度条件的变化情况。由图可知，天然稻壳对 Zn^{2+} 的去除率随温度增高稍有上升，吸热不明显；对 Cu^{2+}、Pb^{2+} 的去除率随温度的升高呈下降趋势，其中 Pb^{2+} 的去除率下降较明显，该吸附为放热反应。而膨化稻壳的吸附效果则显示出完全不同的变化趋势，膨化稻壳对 Pb^{2+} 去除率随温度增高稍有下降，放热不明显；而对 Cu^{2+}、Zn^{2+} 的去除率随温度的上升而上升，分别从 88.7%和 93.2%上升至 89.6%和 95.5%，吸附表现为吸热反应。两种吸附材料的吸附效果随温度的变化差异可能是因为天然稻壳对重金属离子的吸附以物理吸附为主，而膨化稻壳因为暴露更多的吸附官能团而有化学吸附的参与。

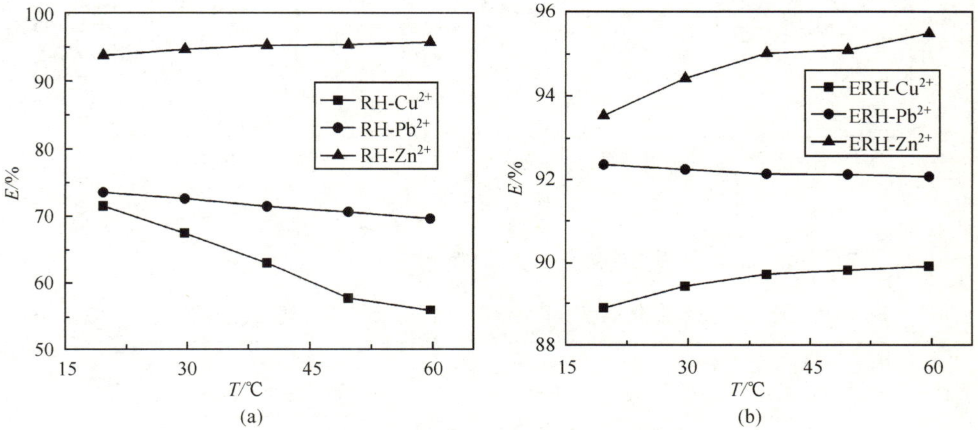

图 3-7 温度对天然稻壳(a)和膨化稻壳(b)吸附去除率的影响

根据吸附实验随温度的变化结果，结合热力学平衡常数和反应吉布斯自由能变、焓变和熵变等基本关系，可整理出相应的热力学数据，为判定天然稻壳和膨化稻壳对重金属离子的反应进行方向提供参考。

平衡常数计算公式

$$K_c = \frac{C_{AC}}{C_e} \tag{3-12}$$

代入热力学基本关系式：

$$\Delta G = -RT\ln K_c \tag{3-13}$$

$$\Delta G = \Delta H - T\Delta S \tag{3-14}$$

即可得出以下线性表达式：

$$\ln K_c = -\frac{\Delta H}{R} \times \frac{1}{T} + \frac{\Delta S}{R} \tag{3-15}$$

式中，K_c 为浓度平衡常数；C_{AC}和 C_e 分别为吸附平衡后吸附剂上和溶液中剩余的金属离子浓度；R[8.314×10^{-3}kJ/(mol·K)]为摩尔气体常量；T(K)为热力学温度；ΔG(kJ/mol)、ΔS[kJ/(mol·K)]和 ΔH(kJ/mol)分别为吸附反应的吉布斯自由能变、焓变和熵变。天然稻壳和膨化稻壳对 Cu^{2+}、Pb^{2+}、Zn^{2+} 三种重金属离子吸附的线性拟合结果如图 3-8 所示。由图中可以看出，实验结果与线性方程拟合度较高，由线性方程的斜率和截距即可计算出相应的吸附反应焓变和熵变，结果如表3-9 所示。

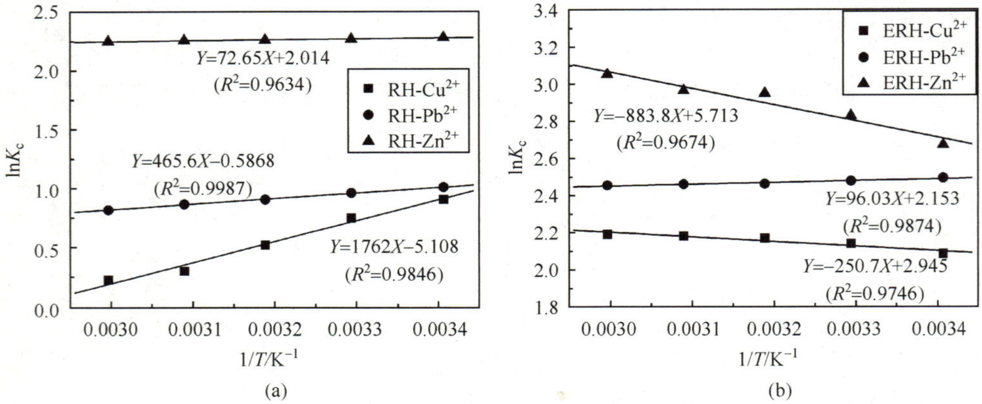

图 3-8 天然稻壳(a)和膨化稻壳(b)吸附实验 $\ln K_c$ 与 $1/T$ 的线性关系

表 3-9 天然稻壳和膨化稻壳吸附 Cu^{2+}、Pb^{2+}、Zn^{2+} 的平衡常数和热力学参数

吸附剂	金属离子	温度/K	K_c	ΔG /(kJ/mol)	ΔS /[kJ/(mol·K)]	ΔH /(kJ/mol)	结论
天然稻壳	Cu^{2+}	293	2.456	−2.189	−0.042	−14.65	在低温下为自发过程
		303	2.034	−1.789			
		313	1.670	−1.334			
		323	1.341	−0.789			
		333	1.247	−0.611			
	Pb^{2+}	293	2.721	−2.438	−0.004	−3.871	在低温下为自发过程
		303	2.593	−2.400			
		313	2.452	−2.334			
		323	2.356	−2.301			
		333	2.249	−2.244			

续表

吸附剂	金属离子	温度/K	K_c	ΔG /(kJ/mol)	ΔS /[kJ/(mol·K)]	ΔH /(kJ/mol)	结论
天然稻壳	Zn^{2+}	293	9.621	−5.515	0.017	−0.604	任何温度下均为自发过程
		303	9.493	−5.669			
		313	9.427	−5.838			
		323	9.395	−6.015			
		333	9.319	−6.179			
膨化稻壳	Cu^{2+}	293	7.960	−4.733	0.025	2.084	高温下为自发过程
		303	8.404	−4.855			
		313	8.668	−4.924			
		323	8.759	−4.946			
		333	8.852	−4.969			
	Pb^{2+}	293	11.99	−3.986	0.018	−0.798	任何温度下均为自发过程
		303	11.80	−4.165			
		313	11.62	−4.344			
		323	11.60	−4.545			
		333	11.52	−4.734			
	Zn^{2+}	293	14.32	−6.484	0.048	7.348	高温下为自发过程
		303	16.77	−7.103			
		313	18.90	−7.649			
		323	19.21	−7.937			
		333	20.96	−8.424			

3.7　等温吸附及吸附模型的探讨

图 3－9 为天然稻壳(a)和膨化稻壳(b)对 Cu^{2+}、Pb^{2+}、Zn^{2+} 的吸附等温线，结果表明，随着初始浓度的增加，吸附材料的平衡吸附量呈明显的上升趋势。这是因

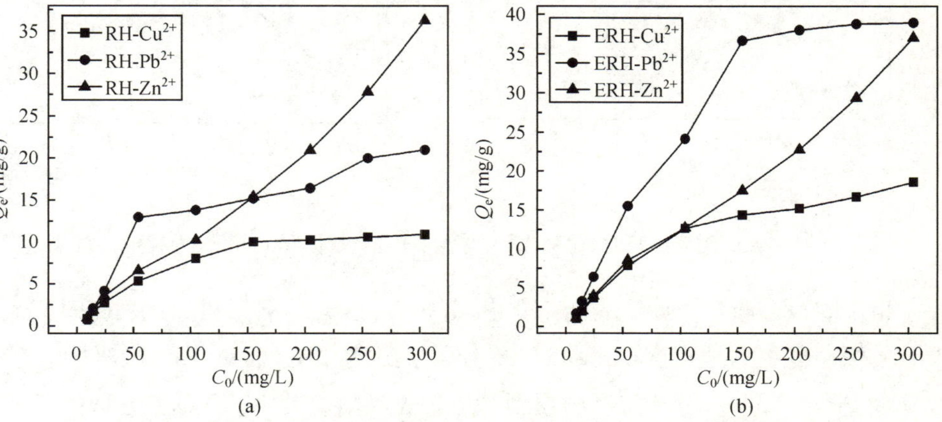

图 3－9　天然稻壳(a)和膨化稻壳(b)对 Cu^{2+}、Pb^{2+}、Zn^{2+} 的吸附等温线

为增加初始浓度提高了吸附反应的推动力，有利于促进更多的重金属离子被吸附到吸附剂上。从两图的对比不难看出，在相同的条件下，膨化稻壳对重金属离子 Cu^{2+}、Pb^{2+} 的吸附随初始浓度的升高其吸附量增加更为显著，较天然稻壳的吸附量增加了 1 倍。即高浓度条件下，膨化稻壳处理 Cu^{2+}、Pb^{2+} 的优势更加明显。

用常见的两个吸附模型 Langmuir 和 Freundlich[式(3-7)～式(3-10)]分别对上述等温吸附实验结果进行拟合，结果分别如图 3-10 和图 3-11 所示。

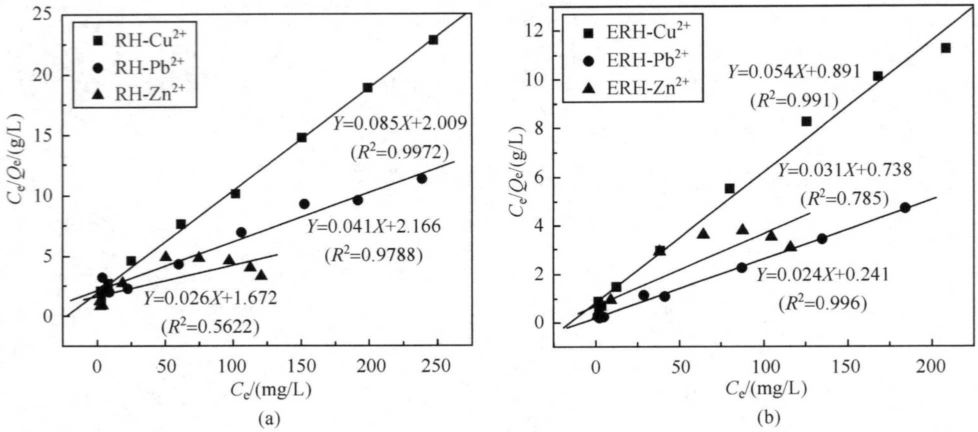

图 3-10　天然稻壳(a)和膨化稻壳(b)等温吸附曲线的 Langmuir 方程拟合结果

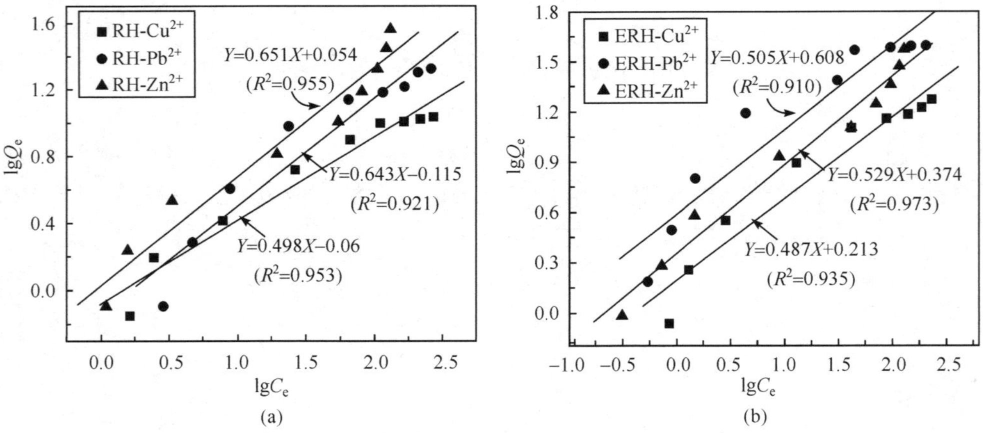

图 3-11　天然稻壳(a)和膨化稻壳(b)等温吸附曲线的 Freundlich 方程拟合结果

相应的拟合参数统计于表 3-10 中，分析发现，天然稻壳和膨化稻壳对 Cu^{2+}、Pb^{2+} 的吸附能更好地符合 Langmuir 单分子层吸附模型，而对 Zn^{2+} 的吸附能较好地符合 Freundlich 多分子层吸附模型。从代表吸附量的 K 值、Q_{max} 值和代表吸附强度的 b 值、n 值对比中不难看出，膨化稻壳对三种重金属离子的吸附量和吸附强度均高于天然稻壳。

表 3-10　天然稻壳和膨化稻壳吸附 Cu^{2+}、Pb^{2+}、Zn^{2+} 的 Langmuir 和 Freundlich 参数

吸附材料	金属离子	Langmuir 参数			Freundlich 参数		
		Q_{max} /(mg/g)	b /(L/mg)	R^2	K	n	R^2
天然稻壳	Cu^{2+}	11.75	0.042	0.997	0.871	2.008	0.953
	Pb^{2+}	24.39	0.019	0.979	0.767	1.556	0.921
	Zn^{2+}	38.46	0.016	0.562	0.132	1.536	0.955
膨化稻壳	Cu^{2+}	18.52	0.606	0.991	1.633	2.053	0.935
	Pb^{2+}	41.67	0.112	0.996	4.055	1.980	0.910
	Zn^{2+}	32.26	0.421	0.785	2.366	1.890	0.973

3.8　不同配比的混合吸附剂的处理效果

天然稻壳无需进一步处理可直接用于重金属的废水处理，透水性较好，但吸附效果明显不及膨化稻壳的吸附效果；膨化稻壳吸水性强，透水性较天然稻壳差，但也许正是因为膨化稻壳结构更为疏松，提供了更多的比表面积和暴露更多的吸附位点，溶液较容易进入膨化稻壳内部增加了重金属离子与吸附剂的接触机会，使得膨化稻壳对 Cu^{2+}、Pb^{2+}、Zn^{2+} 三种重金属的吸附效果较天然稻壳优势显著。为了综合考虑成本和效率，拟以不同配比的天然稻壳和膨化稻壳混合吸附剂分别处理 100 mg/L 的 Cu^{2+}、Pb^{2+}、Zn^{2+} 溶液，以去除率和吸附量为考察指标，结果如图

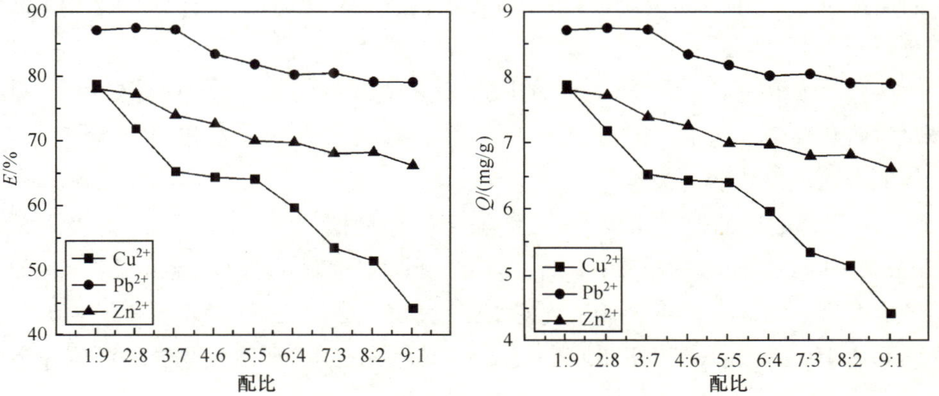

图 3-12　不同配比的稻壳吸附剂(天然稻壳：膨化稻壳)对 Cu^{2+}、Pb^{2+}、Zn^{2+} 的吸附效果的影响

3－12 所示。随着天然稻壳比例的增加，混合吸附剂对三种金属离子的去除效果明显下降，从而再次证明了膨化稻壳对 Cu^{2+}、Pb^{2+}、Zn^{2+} 三种重金属离子处理吸附的绝对优势。当然，在实际应用中可以根据需要调节合适的配比以实现经济和效率的有机统一。

3.9 小　结

本章主要研究了天然稻壳和膨化稻壳对 Cu^{2+}、Pb^{2+}、Zn^{2+} 三种重金属离子的吸附特性，结论如下：

(1) 吸附动力学研究发现，当 Cu^{2+}、Pb^{2+}、Zn^{2+} 三种重金属离子溶液的初始浓度分别为 20 mg/L、20 mg/L、5 mg/L 时，天然稻壳和膨化稻壳的吸附平衡时间分别约为 30 min 和 10 min，去除率分别为 77％、85％、90％和 85％、97％、97％。当 Cu^{2+}、Pb^{2+}、Zn^{2+} 溶液的初始浓度分别为 150 mg/L、150 mg/L、200 mg/L 时，天然稻壳对三种金属离子的吸附平衡时间分别约为 1 h、3 h 和 1 h，去除率分别为 46％、75％和 58％；膨化稻壳的平衡时间均为 1 h，去除率分别约为 60％、87％和 63％。所有实验结果均可以用准二级动力学模型进行描述，计算所得到的平衡吸附量与实测的平衡吸附量相吻合。

(2) 天然稻壳和膨化稻壳对 Pb^{2+}、Zn^{2+} 两种重金属离子的适用 pH 范围较宽，在实验条件下去除效果变化很小。而对 Cu^{2+} 的最佳去除率均在 pH 为 4～6。

(3) 天然稻壳对 Cu^{2+}、Pb^{2+}、Zn^{2+} 三种金属离子的最适剂量分别为 7 g/L、7 g/L、1 g/L，去除率分别可达 70％、75％和 90％左右，而膨化稻壳对三种金属离子的最适剂量分别为 3 g/L、5 g/L、5 g/L，去除率分别可达 85％、95％和 95％左右。

(4) 天然稻壳对 Pb^{2+} 和 Zn^{2+} 的吸附效果受温度的影响较小，对 Cu^{2+} 的吸附表现为放热反应。膨化稻壳对 Cu^{2+} 和 Pb^{2+} 的吸附效果受温度的影响较小，对 Zn^{2+} 的吸附表现为吸热反应。

(5) 等温吸附研究结果表明，天然稻壳和膨化稻壳对 Cu^{2+}、Pb^{2+} 的吸附符合 Langmuir 单分子层吸附模型，而对 Zn^{2+} 的吸附能较好的符合 Freundlich 多分子层吸附模型。实验条件下天然稻壳对 Cu^{2+}、Pb^{2+}、Zn^{2+} 三种重金属离子的吸附量分别可达 10.78 mg/g、20.866 67 mg/g 和 36.14 mg/g，而膨化稻壳的吸附量分别为 18.46 mg/g、38.89 mg/g 和 36.99 mg/g。

总的来说，同等条件下膨化稻壳对 Cu^{2+}、Pb^{2+}、Zn^{2+} 三种重金属离子的吸附效果明显优于天然稻壳的吸附效果。

参 考 文 献

[1] 刘忠泽,罗学刚,安丽萍,等．钻井液用快速封堵剂[P]. 中国,ZL,00120613.3,2002
[2] 史晓莉．凹凸棒石表面特性及其与重金属离子的界面作用[D]. 合肥:合肥工业大学博士论文,2005:1-90
[3] 王茹．胶原纤维固化杨梅单宁对金属离子的吸附研究[D]. 成都:四川大学博士论文,2006:1-132

第 4 章　稻壳基吸附材料对 Cr^{3+}、Cd^{2+}、Ag^{+} 的吸附

4.1 引　言

水体中的铬主要以三价铬和六价铬的形式存在，其毒性与其存在价态相关[1]。三价铬参与糖代谢过程，有激活胰岛素的作用，但不易被消化道吸收，在皮肤表层与蛋白质结合形成稳定的配合物，对肺有损害。六价铬毒性很强，通常认为其毒性是三价铬的 100 多倍[2]，对人和温血动物机体全身有致毒作用，它进入血液后形成氧化铬，致使血红蛋白变成高铁血红蛋白，红细胞携带氧的功能发生障碍，导致细胞内窒息。经常吸入铬化合物会引起呼吸道疾病、肠胃疾病，铬化合物具有明显的致癌、致畸和致突变作用，并引起肺癌、支气管癌和消化道癌等。六价铬在空气中就可以比较容易地被还原成三价铬，通常对六价铬离子的治理是先将其还原成毒性较小的三价铬。因此实际应用中治理毒性较小、处理量较大的三价铬离子更具现实意义。

镉及其化合物的应用始于 20 世纪 30 年代，主要用于电镀、颜料、塑料稳定剂、银锡电池及合金等方面。镉同铅一样被并列为环境检测的重要指标，人体过多地吸收镉会导致肾及肾脏系统损伤、骨骼变形、心血管疾病及高血压[2]。严重者会出现胃肠发炎疼痛、肌肉疼痛、贫血、牙齿变色、嗅觉降低、肝脏及肾脏坏死，因此镉也被认定是致癌物质。

银是一种稀有贵重金属，在军工、印染和摄影行业的应用越来越广泛。全世界每年仅用于电影与摄影事业的银已达 150 t。含银废水的肆意排放不仅是对银资源的浪费，也对自然环境造成了极大的污染。低浓度的银离子具有很好的杀菌效果，但过量的银离子则容易引起重金属中毒。例如，硝酸银短期过量对皮肤黏膜有刺激作用和腐蚀作用，对呼吸道的损害表现为支气管炎、呼吸道黏膜下的银质沉着，银质沉着最早出现于结膜。动物毒性实验表明，硝酸银可导致溶血性贫血及肺水肿，反复小剂量注射银，可引起贫血、骨髓增生，组织器官发生银质沉着，特别是肾小球基膜的银质沉着，可导致基膜增厚。

以膨化稻壳为吸附剂，考察 pH、温度、时间、投料量和初始浓度对膨化稻壳吸附 Cr^{3+}、Cd^{2+}、Ag^{+} 三种重金属离子的影响，进而考察膨化稻壳对这三种重金属离子的动力学模型、等温吸附模型和热力学参数，并与相同条件下天然稻壳的吸附效果作对比研究。

4.2　实验研究方法

方法同第 3 章 3.2 节。以去除率或者吸附量为指标，分别从以下几个方面考察影响稻壳吸附材料处理重金属离子吸附特性的因素。

1）平衡时间的确定及吸附动力学模型的探讨

改变振荡吸附时间，其余实验条件固定不变。具体实验条件如表 4－1 所示。

表 4－1　吸附时间影响吸附效果的实验条件

离子	初始浓度/(mg/L)	pH	投料量/g	吸附时间取值梯度/min	相同条件
Ag^{+}	10	2	1.1	1、5、10、20、30、40、50、60、120、180、240	温度(20 ℃)
Cd^{2+}	15	4	0.7		
Cr^{3+}	25	4	0.4		

吸附动力学模型参考第 3 章 3.2 节。

2）pH 对吸附效果的影响

方法与第 3 章 3.2 节对应，配制 pH 取值梯度分别为 2、3、4、5、6 的 Ag^{+}、Cd^{2+}、Cr^{3+} 溶液各 100 mL(初始浓度分别为 10 mg/L、20 mg/L、20 mg/L)。分别投加 0.5 g 的吸附剂，于 20 ℃条件下振荡吸附 1 h。

3）吸附剂用量的影响

改变吸附剂投料量，其余实验条件固定不变，具体实验条件如表 4－2 所示。

表 4－2　吸附材料投料量影响吸附效果的实验条件

离子	初始浓度/(mg/L)	pH	吸附剂投料量梯度/g	相同条件
Ag^{+}	10	2	0.1、0.3、0.5、0.7、0.9、1.1、1.3	温度(20 ℃)时间(1 h)
Cd^{2+}	10	4	0.1、0.3、0.5、0.7、0.9	
Cr^{3+}	20	4	0.2、0.4、0.6、0.8、1.0	

4）吸附温度的影响及吸附热的计算

改变吸附过程中的温度，其余实验条件固定不变。具体实验条件如表 4－3 所示。

5）等温吸附及吸附模型的探讨

改变重金属离子溶液初始浓度，其余实验条件固定不变。具体实验条件如表 4－4 所示。

表 4-3 温度影响吸附效果的实验条件

离子	pH	初始浓度/(mg/L)	投料量/g	温度取值梯度/℃	相同条件
Ag^{+}	2	10	0.5	20、30、40、50、60	时间(1 h)
Cd^{2+}	4	10	0.5		
Cr^{3+}	4	20	0.5		

表 4-4 等温吸附实验条件

离子	pH	投料量/g	初始浓度取值梯度/(mg/L)	相同条件
Ag^{+}	2	1.1	2、4、6、8、10、20、30、40、50、100、200、400、600、800、1000、1200、1400、1600、1800、2000	温度(20 ℃) 时间(1 h)
Cd^{2+}	4	0.7	1、5、10、15、20、30、50、100、200、300、400、500	
Cr^{3+}	4	0.5	1、5、10、15、20、30、50、100、150、200、500	

吸附模型的探讨参照第 3 章 3.2 节。

6) 不同配比的天然稻壳和膨化稻壳混合吸附剂的处理效果

在吸附剂总量为 1 g 的前提下，以 1∶9～9∶1 的配比考察了天然稻壳和膨化稻壳混合吸附剂对重金属离子的处理效果。实验条件如表 4-5 所示。

表 4-5 不同配比混合吸附剂吸附实验条件

离子	pH	初始浓度/(mg/L)	配比(天然稻壳∶膨化稻壳)	其他共同条件
Ag^{+}	2	10	1∶9、2∶8、3∶7、4∶6、5∶5、6∶4、7∶3、8∶2、9∶1	总量(1 g) 时间(1 h)
Cd^{2+}	4	20		
Cr^{3+}	4	30		

4.3 平衡时间的确定及吸附动力学模型

图 4-1 表示天然稻壳(RH)(a)和膨化稻壳(ERH)(b)对三种重金属离子的去除率随时间的变化趋势。由图可以看出，天然稻壳对 Cr^{3+}、Cd^{2+}、Ag^{+} 的去除率随时间的变化趋势基本一致，吸附非常迅速，在 5 min 以内就可达到很高的去除率，随着时间的推移，去除率增加缓慢，均在 40 min 左右达到平衡，最高去除率分别为 54.66%、80.34%和 99.76%。其中天然稻壳对 Ag^{+} 的去除率非常理想，有望应用于 Ag^{+} 的回收利用中。膨化稻壳对三种重金属离子的吸附随时间的变化趋势有所不同，其中对 Cd^{2+} 的吸附速率最为理想，几乎在 1 min 内即可达到平衡，

去除率在 97.7%以上。膨化稻壳对 Cr^{3+} 的去除效率稍有逊色，在 3 h 左右达到平衡，但去除率明显提高至 76.6%。而它对 Ag^{+} 的吸附速率和去除率均不及天然稻壳，在 3 h 左右达到平衡，去除率约为 61.6%。从两种吸附剂对三种金属元素的吸附效果对比可知，天然稻壳对 Ag^{+} 的吸附具有绝对优势，而膨化稻壳对 Cd^{2+} 的吸附具有绝对优势。实际应用中可根据需要选择合适的吸附剂。

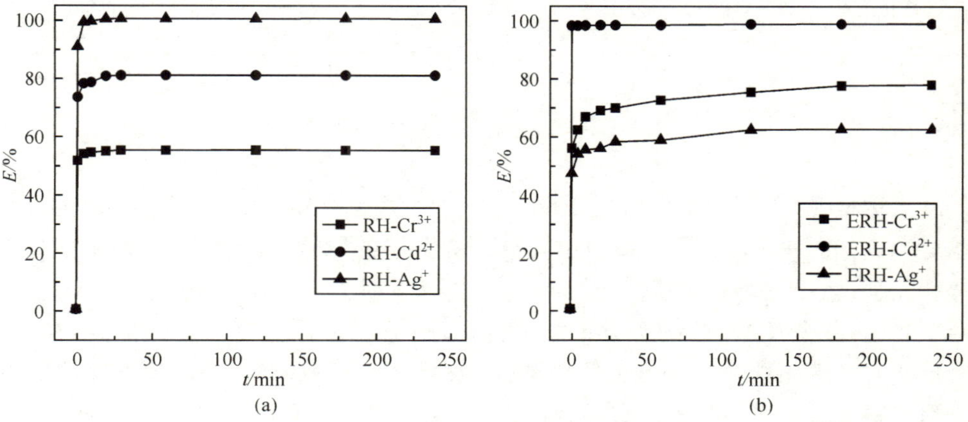

图 4-1 天然稻壳(a)和膨化稻壳(b)对 Cr^{3+}、Cd^{2+}、Ag^{+} 的去除率随时间的变化趋势

参考第 3 章 3.2 节的方法，将图 4-1 中的动力学数据代入 Lagergren 准一级动力学模型、Lagergren 准二级动力学模型和 Elovich 吸附模型中，发现天然稻壳和膨化稻壳对 Cr^{3+}、Cd^{2+}、Ag^{+} 的吸附同样能很好地符合 Lagergren 准二级动力学模型，结果如图 4-2 所示，相关度(R^2)均在 0.999 以上。相应的动力学参数统计如表 4-6 所示，通过计算所得的最大吸附量和平衡速率结果与实验值基本吻合。

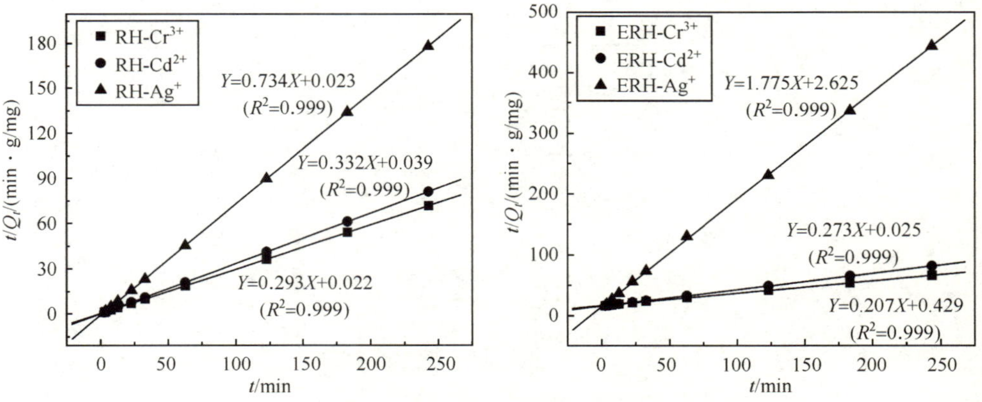

图 4-2 稻壳和膨化稻壳吸附动力学拟合结果

表 4-6 动力学参数

吸附剂	初始离子浓度	Q_{max}/(mg/g)	k_2[g/(mg·min)]	R^2
天然稻壳	Cr^{3+}(10 mg/L)	3.413	3.902	0.999
	Cd^{2+}(15 mg/L)	3.012	2.826	0.999
	Ag^{+}(25 mg/L)	1.362	23.42	0.999
膨化稻壳	Cr^{3+}(10 mg/L)	4.831	0.100	0.999
	Cd^{2+}(15 mg/L)	3.663	2.981	0.999
	Ag^{+}(25 mg/L)	0.563	1.200	0.999

4.4 pH 对吸附效果的影响

天然稻壳(RH)和膨化稻壳(ERH)对 Cr^{3+}、Cd^{2+}、Ag^{+} 的去除率随 pH 的变化趋势分别如图 4-3 所示，可以看出，pH 对去除率的影响比较显著，且两者变化趋势相差甚远。天然稻壳吸附 Cr^{3+} 时在 pH 等于 3 时去除率最低，随后呈上升趋势；对 Cd^{2+} 的去除率随 pH 的上升不断上升；吸附 Ag^{+} 时同样有一个最低点，在 pH 等于 4 时。膨化稻壳对 Cr^{3+} 的吸附则在 pH 等于 4 处取得最佳去除率；对 Cd^{2+} 的去除率跟天然稻壳的趋势一致；而对 Ag^{+} 的去除率在 pH 等于 3 时最低，随后呈上升至平衡。这可能是因为在不同 pH 条件下吸附剂和金属离子存在形态各不相同。联系天然稻壳和膨化稻壳对 Cu^{2+}、Pb^{2+}、Zn^{2+} 三种重金属离子的吸附特性，可以推测吸附效果可能与金属离子价态有关系。

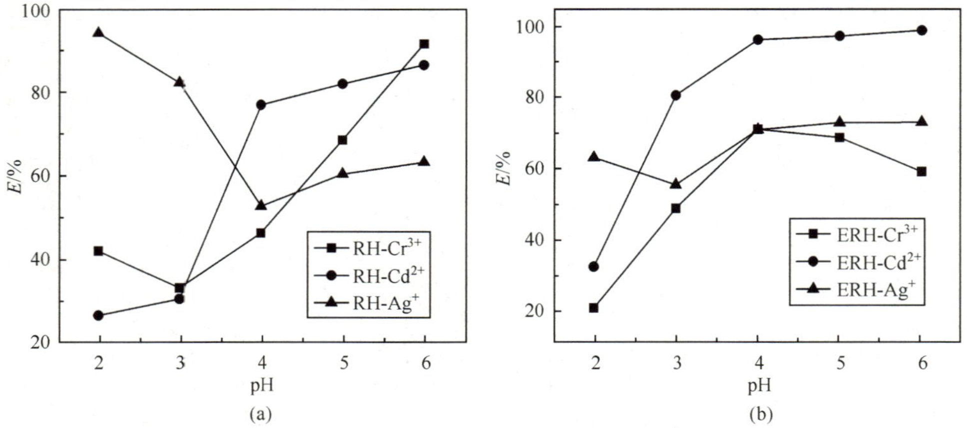

图 4-3 pH 对天然稻壳(a)和膨化稻壳(b)去除率的影响

4.5 吸附剂用量的影响

图 4-4 表示不同用量的天然稻壳(a)和膨化稻壳(b)吸附剂对 Cr^{3+}、Cd^{2+}、

Ag^{+} 的去除率。随着天然稻壳投料量的增加，吸附效果呈上升趋势，当吸附完全后去除率保持恒定。结果表明，当天然稻壳处理 100 mL 初始浓度分别为 20 mg/L、10 mg/L 和 10 mg/L 的 Cr^{3+}、Cd^{2+}、Ag^{+} 溶液的最适投料量分别为 8 g/L、9 g/L、9 g/L，对应的去除率分别为 60%、63.5% 和 98.7%。在同等条件下，膨化稻壳对三种金属离子的最适剂量分别为 4 g/L、7 g/L、5 g/L，去除率分别可达 72%、96% 和 71%左右。天然稻壳对 Ag^{+} 的吸附效果优势明显，而膨化稻壳对 Cd^{2+} 的吸附效果优势明显。其中膨化稻壳对 Cr^{3+} 的吸附现象较为特别，随着膨化稻壳投料量的增加，去除率呈先上升后下降趋势。这可能是因为膨化稻壳吸水性较强，当过多的膨化稻壳投入到溶液中后，膨化稻壳对水的吸附速率超过了对 Cr^{3+} 的吸附速率，从而导致剩余离子浓度的升高。

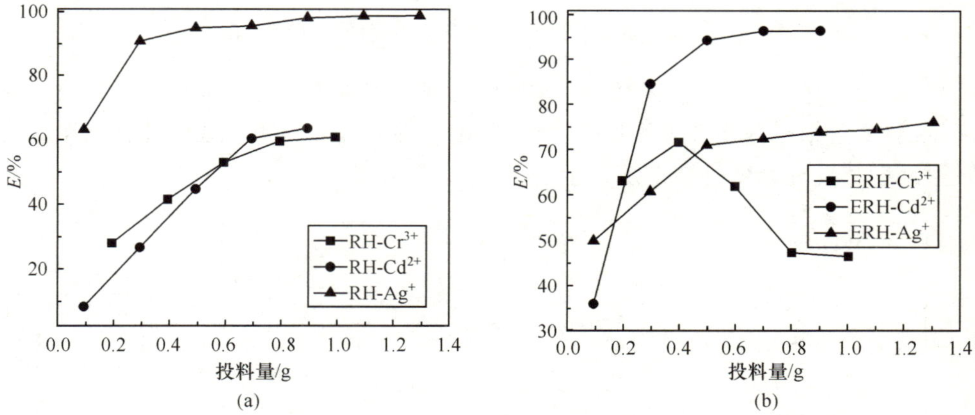

图 4-4　投料量对天然稻壳(a)和膨化稻壳(b)去除率的影响

4.6　温度的影响及吸附热的计算

温度对天然稻壳和膨化稻壳两种吸附剂处理 Cr^{3+}、Cd^{2+}、Ag^{+} 的影响如图 4-5 所示。天然稻壳对 Ag^{+} 的去除率随温度增高而下降，放热不明显；对 Cr^{3+}、Cd^{2+} 的去除率随温度升高呈下降趋势，为放热反应。膨化稻壳对 Cd^{2+} 的去除率随温度增高稍有下降，放热不明显；而对 Cr^{3+} 和 Ag^{+} 的去除率随温度的上升而上升，分别从 59%和 37%上升至 67%和 68%，吸附表现为吸热反应，升高温度有利于两种金属离子的吸附反应。两种吸附材料的吸附效果随温度的变化差异可能是因为天然稻壳对重金属离子的吸附以物理吸附为主，而膨化稻壳因为暴露更多的吸附官能团而有化学吸附的参与。

参考第 3 章 3.2 节的方法，根据吸附实验随温度的变化结果，结合热力学平衡常数和反应吉布斯自由能变、焓变和熵变等基本关系，得出天然稻壳和膨化稻壳对

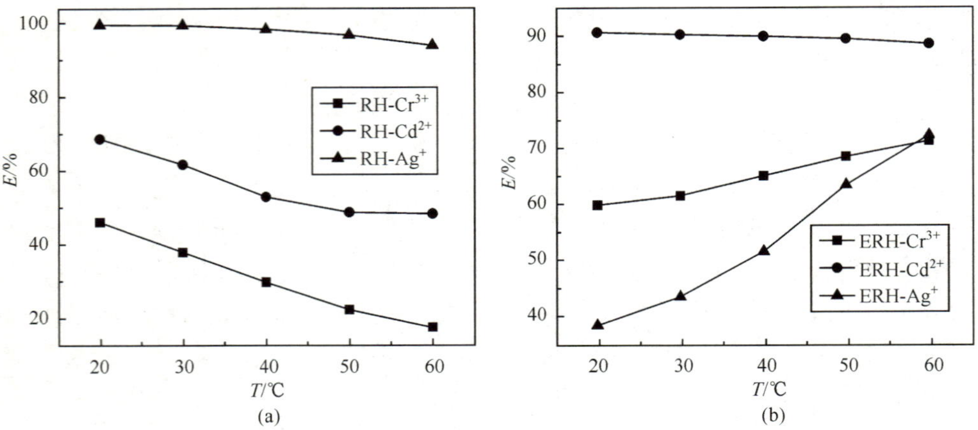

图 4－5　温度对天然稻壳(a)和膨化稻壳(b)去除率的影响

Cr^{3+}、Cd^{2+}、Ag^{+}三种重金属离子吸附的线性拟合结果如图 4－6 所示。由图中可以看出，实验结果与线性方程拟合度较高，由线性方程的斜率和截距计算出相应的吸附反应焓变和熵变等结果统计于表 4－7，计算结果与实际相符。

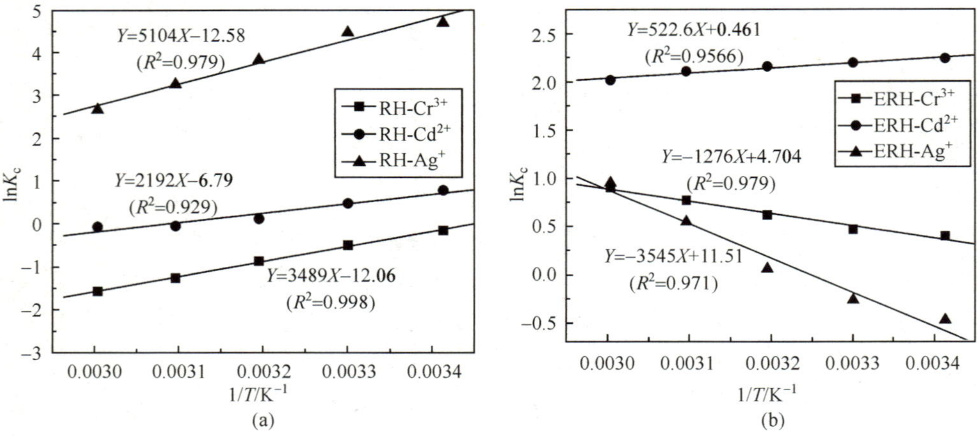

图 4－6　天然稻壳(a)和膨化稻壳(b)吸附实验 $\ln K_c$ 与 $1/T$ 的线性关系

表 4－7　稻壳吸附剂对 Cr^{3+}、Cd^{2+}、Ag^{+} 的平衡常数和热力学参数

吸附剂	金属离子	温度/K	K_c	ΔG/(kJ/mol)	熵变 ΔS/[kJ/(mol·K)]、焓变 ΔH/(kJ/mol)及结论
天然稻壳	Ag^{+}	293	106.5	−11.37	ΔS=−0.105 ΔH=−42.43 实验条件下均为自发反应
		303	85.20	−11.19	
		313	44.87	−9.898	
		323	25.31	−8.677	
		333	14.06	−7.318	

续表

吸附剂	金属离子	温度/K	K_c	ΔG/(kJ/mol)	熵变 ΔS/[kJ/(mol·K)]、焓变 ΔH/(kJ/mol)及结论
天然稻壳	Cd^{2+}	293	2.139	−1.853	$\Delta S=-0.055$ $\Delta H=-18.22$ 40 ℃以下自发反应 50 ℃以上为非自发过程
		303	1.576	−1.146	
		313	1.098	−0.244	
		323	0.930	0.193	
		333	0.915	0.243	
	Cr^{3+}	293	0.836	0.434	$\Delta S=-0.100$ $\Delta H=-29.00$ 40 ℃以下自发反应 50 ℃以上为非自发过程
		303	0.595	1.305	
		313	0.412	2.301	
		323	0.278	3.434	
		333	0.204	4.394	
膨化稻壳	Ag^{+}	293	0.616	1.180	$\Delta S=0.095$ $\Delta H=29.47$ 30 ℃以下为非自发过程 40 ℃以上为自发过程
		303	0.759	0.694	
		313	1.048	−0.123	
		323	1.703	−1.431	
		333	2.556	−2.598	
	Cd^{2+}	293	9.316	−5.436	$\Delta S=0.004$ $\Delta H=-4.345$ 任何温度均为自发过程
		303	8.900	−5.507	
		313	8.569	−5.590	
		323	8.146	−5.632	
		333	7.436	−5.554	
	Cr^{3+}	293	1.470	−0.939	$\Delta S=0.039$ $\Delta H=10.608$ 实验温度下为自发过程
		303	1.573	−1.142	
		313	1.830	−1.573	
		323	2.133	−2.034	
		333	2.435	−2.464	

4.7　等温吸附及吸附模型的探讨

为了考察初始浓度对天然稻壳和膨化稻壳对 Cr^{3+}、Cd^{2+}、Ag^{+} 三种重金属离子的饱和吸附量的影响，将一定量的吸附剂对不同浓度梯度的重金属离子溶液进行吸附研究，吸附等温线如图 4 - 7 所示。

随着初始浓度的增加，吸附材料的平衡吸附量呈明显的上升趋势。这是因为增加初始浓度提高了吸附反应的推动力，有利于促进更多的重金属离子被吸附到吸附剂上。天然稻壳对 Cr^{3+}、Cd^{2+} 的吸附量在较低浓度下达到平衡，吸附量分别为 3 mg/g 和 7.5 mg/g 左右；对 Ag^{+} 的吸附量在初始浓度为 1200 mg/L 时取得，约 41 mg/g。在相同的条件下，膨化稻壳对 Cr^{3+}、Cd^{2+}、Ag^{+} 三种重金属离子的饱和吸附量分别为 5 mg/g、23 mg/g 和 8 mg/g，即膨化稻壳对 Cr^{3+}、Cd^{2+}

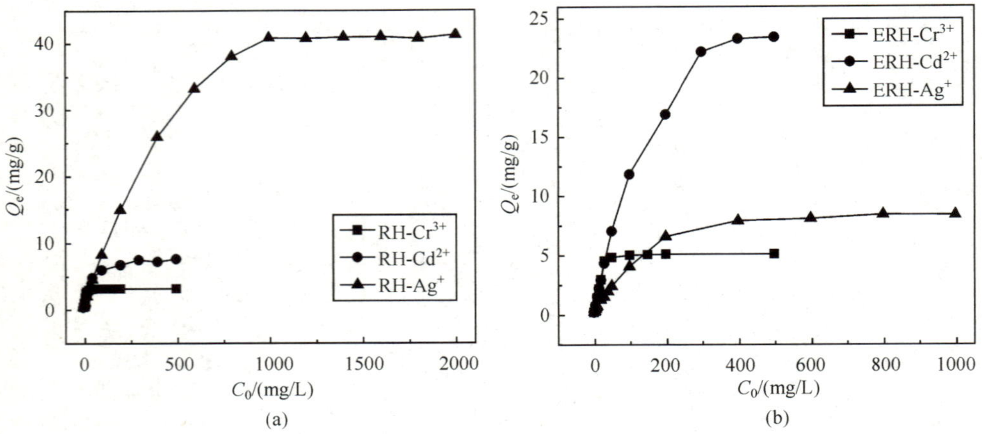

图 4-7　天然稻壳(a)和膨化稻壳(b)对 Cr^{3+}、Cd^{2+}、Ag^{+} 的吸附等温线

的吸附量约为天然稻壳的两倍，而对 Ag^{+} 的吸附量仅对应于天然稻壳吸附量的 1/5 左右。

对上述等温吸附试验结果用 Langmuir 和 Freundlich 吸附方程式(3-7)～式(3-10)分别进行拟合，结果表明两种吸附剂对 Cr^{3+}、Cd^{2+}、Ag^{+} 三种重金属离子的吸附能较好地符合 Langmuir 单分子层吸附模型，而基本上不符合 Freundlich 多分子层吸附模型，故图 4-8 仅显示 Langmuir 单分子层吸附模型的拟合结果。相应的拟合参数统计于表 4-8，计算结果与实验值基本符合。由表 4-8 不难看出，天然稻壳对 Ag^{+} 吸附的绝对优势和膨化稻壳对 Cd^{2+} 吸附的绝对优势。

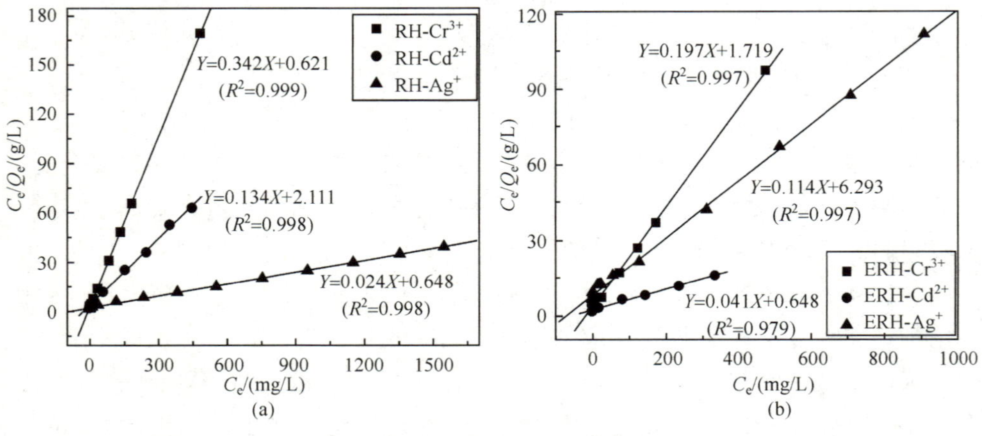

图 4-8　天然稻壳(a)和膨化稻壳(b)等温吸附曲线 Langmuir 方程拟合结果

表 4-8　天然稻壳和膨化稻壳等温吸附的 Langmuir 参数

吸附材料	金属离子	Q_{max}/(mg/g)	b/(L/mg)	R^2
天然稻壳	Ag^{+}	41.67	0.037	0.998
	Cd^{2+}	7.463	0.063	0.998
	Cr^{3+}	2.924	0.551	0.999
膨化稻壳	Ag^{+}	8.772	0.018	0.997
	Cd^{2+}	24.39	0.063	0.979
	Cr^{3+}	5.076	0.115	0.997

4.8　不同配比的混合吸附剂的处理效果

从综合考虑成本和吸附效率的角度出发，拟以不同配比的 1 g 天然稻壳和膨化稻壳混合吸附剂处理初始浓度分别为 30 mg/L、20 mg/L 和 10 mg/L 的 Cr^{3+}、Cd^{2+}、Ag^{+} 溶液，以去除率和吸附量为考察指标，结果如图 4-9(a)和(b)所示。从图 4-9(a)中可以看出随着天然稻壳比例的增加，其对 Ag^{+} 去除效果显著上升，对 Cd^{2+} 的去除效果明显下降，对 Cr^{3+} 的吸附效果呈现先上升后稍有下降的趋势，可能也是由于吸水过多导致剩余浓度反弹升高。由此再次证明了天然稻壳对 Ag^{+}、膨化稻壳对 Cd^{2+} 的去除效果各自表现出绝对优势。这样，可以根据实际需要调节合适的配比以实现经济和效率的有机统一。

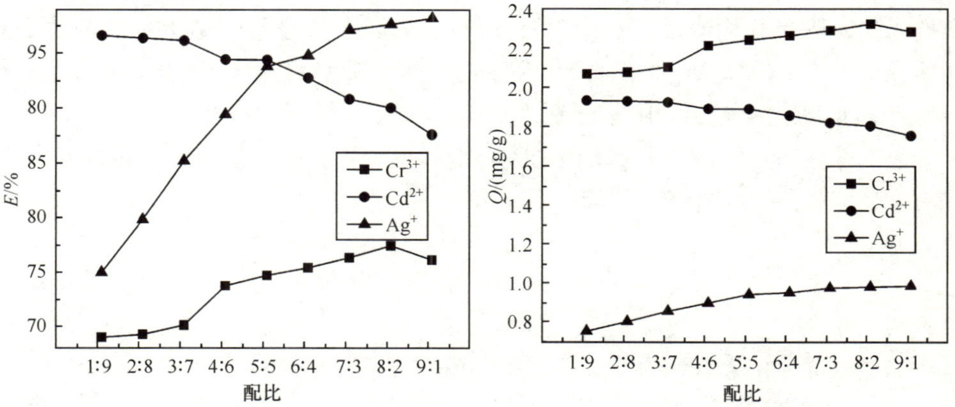

(a)　(b)

图 4-9　不同配比的混合吸附剂对 Cr^{3+}、Cd^{2+}、Ag^{+} 的去除率和吸附量的影响

4.9 小结

本章主要考察了天然稻壳和膨化稻壳对 Cr^{3+}、Cd^{2+}、Ag^{+} 三种重金属离子的吸附特性，结论如下：

(1) 吸附动力学数据表明，天然稻壳对 Cr^{3+}、Cd^{2+}、Ag^{+} 的吸附速率较快，在 40 min 左右达到平衡，最高去除率分别为 54.66%、80.34%和 99.76%。膨化稻壳对 Cd^{2+} 的吸附速率最快，几乎在 1 min 以内即可达到平衡，去除率在 97.7%以上。它对 Cr^{3+} 和 Ag^{+} 的吸附平衡在 3 h 左右，去除率分别为 76.6%和 61.6%。所有实验结果均可以用准二级动力学模型进行描述，计算所得到的平衡吸附量与实测的平衡吸附量相符。

(2) 天然稻壳对 Cr^{3+}、Cd^{2+}、Ag^{+} 三种金属离子的适用 pH 分别为 6、6、1 左右，最适剂量分别为 8 g/L、9 g/L、9 g/L，实验条件下去除率分别可达 60%、63.5%和 98.7%左右。而膨化稻壳对三种金属离子的适用 pH 范围分别为：4 左右、4～6 和 4～6；最适剂量分别为 4 g/L、7 g/L、5 g/L，对应去除率分别可达 72%、96%和 71%左右。

(3) 天然稻壳对对 Ag^{+} 的吸附、膨化稻壳对 Cd^{2+} 的吸附几乎不受温度的影响。升高温度利于膨化稻壳对 Cr^{3+} 和 Ag^{+} 的吸附，利于天然稻壳对 Cr^{3+} 和 Cd^{2+} 的脱附。因此可以通过温度的调节增强稻壳吸附剂对 Cr^{3+}、Cd^{2+}、Ag^{+} 三种金属离子的吸附和脱附。

(4) 等温吸附研究结果表明，天然稻壳和膨化稻壳对 Cr^{3+}、Cd^{2+}、Ag^{+} 三种金属离子的吸附过程均能较好地符合 Langmuir 单分子层吸附模型。实验条件下天然稻壳对 Cr^{3+}、Cd^{2+}、Ag^{+} 三种金属离子的吸附量分别可达 3 mg/g、7.5 mg/g 和 41 mg/g，而膨化稻壳的吸附量分别为 5 mg/g、23 mg/g 和 8 mg/g。

总的来说，同等条件下天然稻壳吸附剂和膨化稻壳吸附剂分别表现出对 Ag^{+} 和对 Cd^{2+} 的绝对吸附优势。

参考文献

[1] 史黎薇．铬化合物的健康效应[J]．中国环境卫生，2003，6(1-3)：125-129

[2] 王茹．胶原纤维固化杨梅单宁对金属离子的吸附研究[D]．成都：四川大学博士论文，2006：1-132

第 5 章　稻壳基吸附材料对金属离子的选择性吸附对比

5.1 引　　言

由第 3 章和第 4 章对实验结果的分析讨论可以看出，膨化稻壳对 Cu^{2+}、Pb^{2+}、Zn^{2+}、Ag^{+}、Cd^{2+}、Cr^{3+} 6 种重金属离子均表现出良好的吸附效果。但实际生产中各行业所产生的重金属废水中的离子种类繁多，重金属离子的毒性也会因离子之间的协同作用加强。因此，考察膨化稻壳对重金属混合溶液的选择吸附和综合吸附效果很有必要。

活性炭在废水吸附剂中占据很重要的地位，因为吸附对象的多样化，其应用范围较广。本研究所涉及的混合溶液有 Cu^{2+}、Pb^{2+}、Zn^{2+} 三元混合溶液，Ag^{+}、Cd^{2+}、Cr^{3+} 三元混合溶液及 Cu^{2+}、Pb^{2+}、Zn^{2+}、Ag^{+}、Cd^{2+}、Cr^{3+} 六元混合溶液，以膨化稻壳为吸附剂，考察 pH、温度、时间、投料量和初始浓度对不同混合溶液中各种重金属离子的吸附特性影响，进而考察膨化稻壳对各种重金属离子的动力学模型、等温吸附模型和热力学参数，并在相同条件下与商业高碘值椰壳活性炭的吸附特性进行对比实验。考察在相同条件下两种吸附剂对不同重金属离子的选择性吸附特性和综合吸附效果，旨在拓宽膨化稻壳的实际应用范围，为其工业化应用提供必要的参考。

5.2 实验研究方法

本实验共配制了三组金属离子的混合溶液，以 A、B、C 分别代表之（以后各章节表示相同），所包含的重金属离子成分分别如下。

混合溶液 A：Cu^{2+}、Pb^{2+}、Zn^{2+}

混合溶液 B：Cr^{3+}、Cd^{2+}、Ag^{+}

混合溶液 C：Cu^{2+}、Pb^{2+}、Zn^{2+}、Ag^{+}、Cd^{2+}、Cr^{3+}

实验方法类似于第 3 章 3.2 节中对单种金属的吸附研究实验。为了考察膨化稻壳和高碘值椰壳活性炭对重金属离子的选择性吸附特性，需保证混合溶液中各种重金属离子摩尔浓度的统一。即室温约 20 ℃条件下，配制一定初始浓度的相同摩尔浓度的重金属离子混合溶液，并用 0.1 mol/L 的 NaOH 和 0.1 mol/L 的 HNO_3 调节溶液 pH 至适当值。取 100 mL 配制好的重金属离子溶液加入 250 mL

的磨口锥形瓶中，分别投加一定质量的高碘值椰壳活性炭、膨化稻壳粉吸附材料（均为 40 目）后将密封的锥形瓶置于一定温度条件下的振荡培养箱中，在 200 r/min 的恒定振荡速度下振荡吸附一定时间后取出并过滤。用原子吸收分光光度计测定吸附前后滤液中的重金属离子浓度，并通过以下方程式计算去除率(E)和吸附量(Q)：

$$E(\%)=\frac{C_0-C_e}{C_0}\times 100 \tag{5-1}$$

$$Q(\mathrm{mmol/g})=\frac{(C_0-C_e)V}{M} \tag{5-2}$$

式(5－1)和式(5－2)中，C_0(mmol/L)和 C_e(mmol/L)分别为初始浓度和平衡后的溶液中剩余金属离子的浓度；V(L)为溶液的体积；M(g)为吸附剂的质量。为了减少实验误差，每组实验做三组平行，所得结果取其平均值。以去除率 E(%)或者吸附量 Q(mmol/g)为指标，分别从以下几个方面考察影响稻壳吸附材料处理重金属离子吸附特性的因素。

1）pH 的影响

本实验过程仍然在酸性条件下进行，pH 取值选定在 2～6，取值间隔为 1。各组混合溶液中的重金属离子初始浓度均为 0.2 mmol/L，投料 0.5 g，室温 20 ℃左右反应 10 h。

2）吸附剂用量的影响

A、B、C 三组混合溶液中的重金属离子初始浓度为 0.2 mmol/L，pH 根据上一步的结果确定，分别为 5、4、6，投料量为 0.1～0.9 g，取值间隔 0.2 g，室温 20 ℃左右反应 10 h。

3）平衡时间的确定及吸附动力学模型的探讨

为了考察膨化稻壳和高碘值椰壳活性炭对各种重金属离子的吸附平衡时间，各组混合液的初始浓度为 0.2 mmol/L，投料 0.5 g，室温 20 ℃左右吸附不同时间的各组混合液进行分析检测。本实验的时间(单位：min)取值包括：1、5、10、20、30、60、90、120、150、180、240、300、360、420、480。

4）吸附温度的影响及吸附热的计算

温度梯度仍然取 20 ℃、30 ℃、40 ℃、50 ℃和 60 ℃，其余实验条件固定不变。相应热力学参数的计算方法同第 3 章 3.2 节。

5）等温吸附及吸附模型的探讨

改变各组重金属离子混合溶液的初始摩尔浓度，其余实验条件固定不变。具体浓度梯度取值为：0.2 mmol/L、1 mmol/L、2 mmol/L、3 mmol/L、4 mmol/L、5 mmol/L。吸附模型仍然参考第 3 章 3.2 节中所涉及的几个等温吸附模型，不仅包括各组重金属离子各自的吸附模型的探讨，也包括每组重金属离子混合溶液总共的吸附模型的探讨。

5.3　pH 对选择吸附效果的影响

由第 3 章和第 4 章的分析可以看出，pH 对各种重金属离子吸附效果的影响各不相同。pH 对高碘值椰壳活性炭和膨化稻壳处理 A、B、C 三组混合溶液中各种重金属离子的去除率的影响分别如图 5-1(a)～(f)所示。其中 CAC 代表高碘值椰壳活性炭，ERH 代表膨化稻壳(以下表示相同)。

图 5-1(a)、(c)、(e)分别表示高碘值椰壳活性炭对 A、B、C 三组混合溶液中各种重金属离子的去除率随 pH 的变化趋势。由三图的对比中可以看出，高碘值椰壳活性炭对各组金属离子混合溶液中各种金属离子的去除率随 pH 的变化趋势一致，除了对 Ag^{+} 的吸附随 pH 的变化很小外，对其他几种重金属离子的去除率均随 pH 的升高而升高。

从图 5-1(a)中可以看出，随着 pH 的升高，高碘值椰壳活性炭对 Cu^{2+}、Pb^{2+} 的去除率远远大于对 Zn^{2+} 的去除率。当 pH 为 6 时，三种重金属离子的去除率分别上升至 86%、83%和 32%。从图 5-1(c)中可以看出，随着 pH 的升高，高碘值椰壳活性炭对 Ag^{+}、Cd^{2+}、Cr^{3+} 三种重金属离子的去除率差别渐渐减小。当 pH 为 2 时，对 Cd^{2+} 的吸附几乎为零，而对 Ag^{+} 具有很强的选择吸附，吸附率高达 99%左右。从图 5-1(e)中可以看出，pH 为 2 时，高碘值椰壳活性炭对 Cu^{2+}、Pb^{2+}、Zn^{2+}、Ag^{+}、Cd^{2+}、Cr^{3+} 6 种重金属离子混合溶液中的 Ag^{+} 保持很强的选择吸附性，去除率仍在 99%左右，而对其余重金属离子的去除率仅在 10%以内。随着 pH 的升高，高碘值椰壳活性炭对 Cu^{2+}、Pb^{2+}、Cr^{3+} 三种重金属离子的去除率增长迅速，在 pH 为 6 时均能达到 95%以上，而对 Zn^{2+}、Cd^{2+} 的去除效果不够理想，均在 50%以下。

图 5-1(b)、(d)、(f)分别表示膨化稻壳对应于高碘值椰壳活性炭在相同条件下对 A、B、C 三组混合溶液中各种重金属离子的去除率随 pH 的变化趋势。由图 5-1(b)中可以看出，随着 pH 值的升高，膨化稻壳对 Cu^{2+}、Pb^{2+}、Zn^{2+} 的去除率逐渐升高然后趋于平衡，去除率分别在 80%、95%和 70%左右。图 5-1(d)则显示出膨化稻壳对 Ag^{+} 和 Cr^{3+} 的去除率随 pH 波动不是很大，保持在 40%～70%，而对 Cd^{2+} 的去除率上升显著，在 pH 为 4～6 时其去除率均保持在 90%左右。在图 5-1(f)中可以看到，pH 为 2 时，膨化稻壳对 Cu^{2+}、Pb^{2+}、Zn^{2+}、Ag^{+}、Cd^{2+}、Cr^{3+} 6 种重金属离子混合溶液中的 Ag^{+} 具有很强的选择吸附性，去除率高达 90%左右，而对其余重金属离子的去除率仅在 30%以内。随着 pH 的升高，膨化稻壳对 Ag^{+} 的去除率保持在 90%左右，而对其余重金属离子的去除率整体上升显著。在 pH 为 6 时，膨化稻壳对 C 组混合溶液中的 Cu^{2+}、Pb^{2+}、Zn^{2+}、Ag^{+}、Cd^{2+}、Cr^{3+} 6 种重金属离子的去除率均能达到 70%以上，特别是对 Cu^{2+}、Pb^{2+}、Cr^{3+} 三种重金属离

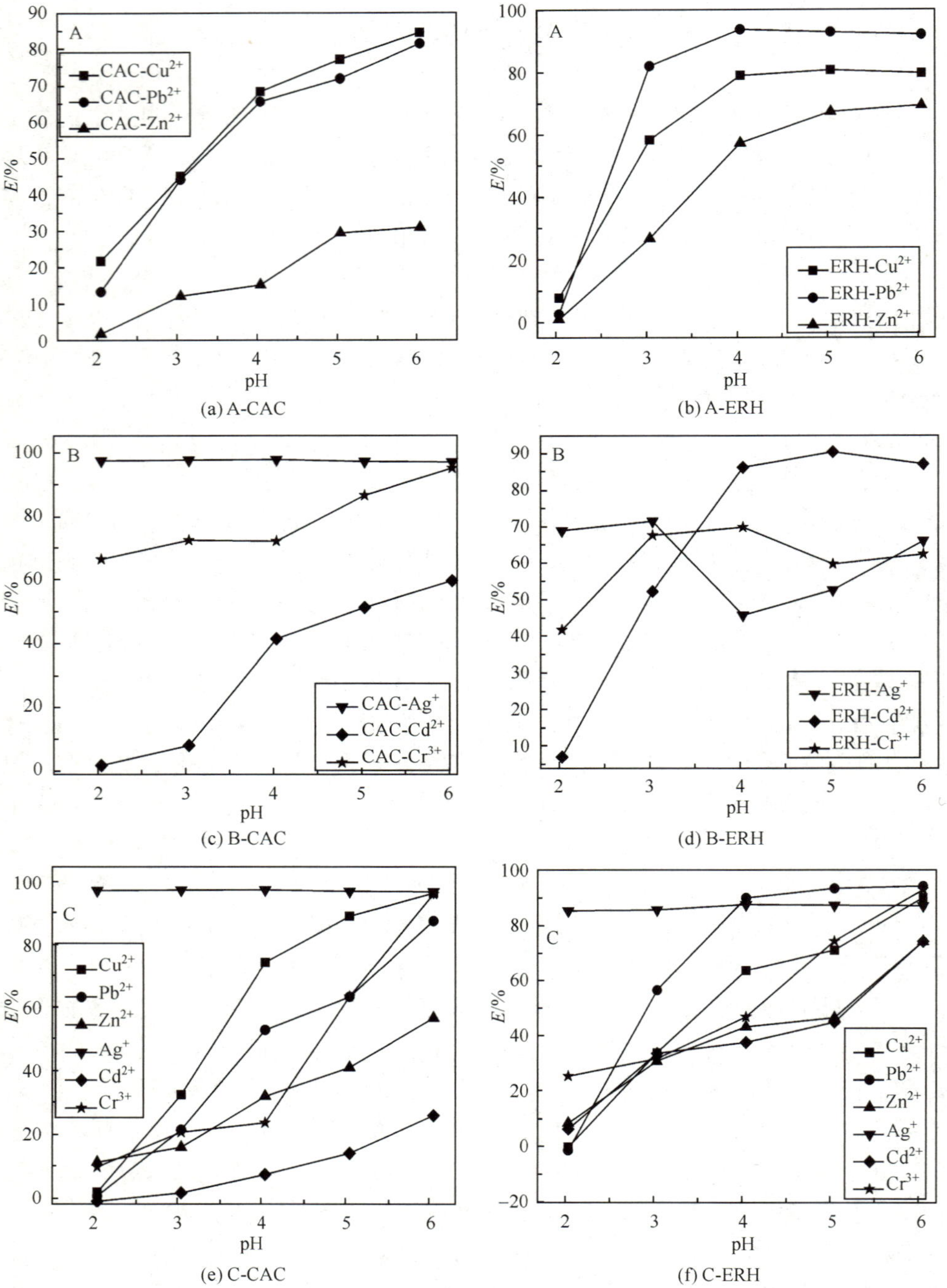

图 5-1　混合溶液中 pH 对高碘值椰壳活性炭和膨化稻壳去除率的影响

子的去除率均高达 95%以上，表现出良好的吸附效果。

在相同实验条件下，对比高碘值椰壳活性炭和膨化稻壳对 A、B、C 三组混合溶液中各种重金属离子的吸附效果不难看出，膨化稻壳对 Ag^+ 的去除率和选择吸附性略为逊色，但对其余 5 种金属的整体去除效果明显优于高碘值椰壳活性炭的去除效果。

5.4　投料量对选择吸附效果的影响

初始浓度一致的同一组溶液中，定量的吸附剂对各种离子的吸附差异更能显示出该吸附剂的吸附选择性。图 5-2(a)～(f)为高碘值椰壳活性炭和膨化稻壳对 A、B、C 三组混合溶液中各种重金属离子的吸附效果随投料量的变化情况。

图 5-2(a)、(c)、(e)分别表示高碘值椰壳活性炭对 A、B、C 三组混合溶液中各种重金属离子的吸附效果随投料量的变化趋势。总的趋势表明，投料量的增加有利于吸附效果的提高。图 5-2(a)显示，增加高碘值椰壳活性炭的剂量有利于 Cu^{2+}、Pb^{2+} 两种离子的吸附，当吸附剂浓度为 9 g/L 时对两者的去除率均可达 90%以上。而增加投料量对提高 Zn^{2+} 的吸附效果贡献不大，这可能是由材料本身对 Zn^{2+} 的吸附局限性所决定。图 5-2(c)显示出高碘值椰壳活性炭对 Ag^+ 的优先吸附，在投料量为 5 g/L 时其去除率可达 99%左右；对 Cd^{2+} 的去除率随投料量的增加变化不大；而对 Cr^{3+} 的吸附随投料量的增加上升显著，在投料量从 3 g/L 增加至 9 g/L 的过程中，去除率从 0.9%陡增至 90%左右。从图 5-2(e)中不难看出，增加高碘值椰壳活性炭的投料量有利于对 C 组混合溶液中各种重金属离子的吸附效果，但即使不断地增加投料量，高碘值椰壳活性炭对 Zn^{2+} 和 Cd^{2+} 的吸附效果仍然不容乐观。

相应地，膨化稻壳对 A、B、C 三组混合溶液中各种重金属离子的吸附效果随投料量的变化趋势分别如图 5-2(b)、(d)、(f)所示。由图 5-2(b)中可以看出，随着投料量的增加，膨化稻壳对 Cu^{2+}、Pb^{2+}、Zn^{2+} 的去除率逐渐升高然后趋于平衡，去除率分别在 70%、80%和 95%左右，其中对 Zn^{2+} 的去除率效果最为显著。图 5-2(d)则显示出膨化稻壳对 Ag^+ 和 Cr^{3+} 的去除率随投料量的增加先增加然后反而减少，这与膨化稻壳处理 Cr^{3+} 单种重金属离子时的现象相同，即可能是因为膨化稻壳吸附水的效果优于吸附 Cr^{3+} 的效果，从而导致溶液浓度的反弹。即便如此，膨化稻壳对 Cd^{2+} 的去除率仍保持显著的上升趋势，在投料量为 9 g/L 时去除率高达 95%以上。图 5-2(f)几乎是图 5-2(b)和图 5-2(d)相叠加的结果，即膨化稻壳对 C 组混合溶液中各种重金属离子的吸附效果随投料量的变化趋势跟其对 A、B 两组混合溶液中对应重金属离子的吸附效果趋势基本一致。所不同的是对 C 组中 Ag^+ 的吸附效果明显优于对 B 组中 Ag^+ 的吸附效果，结合 pH 对膨化稻壳吸附

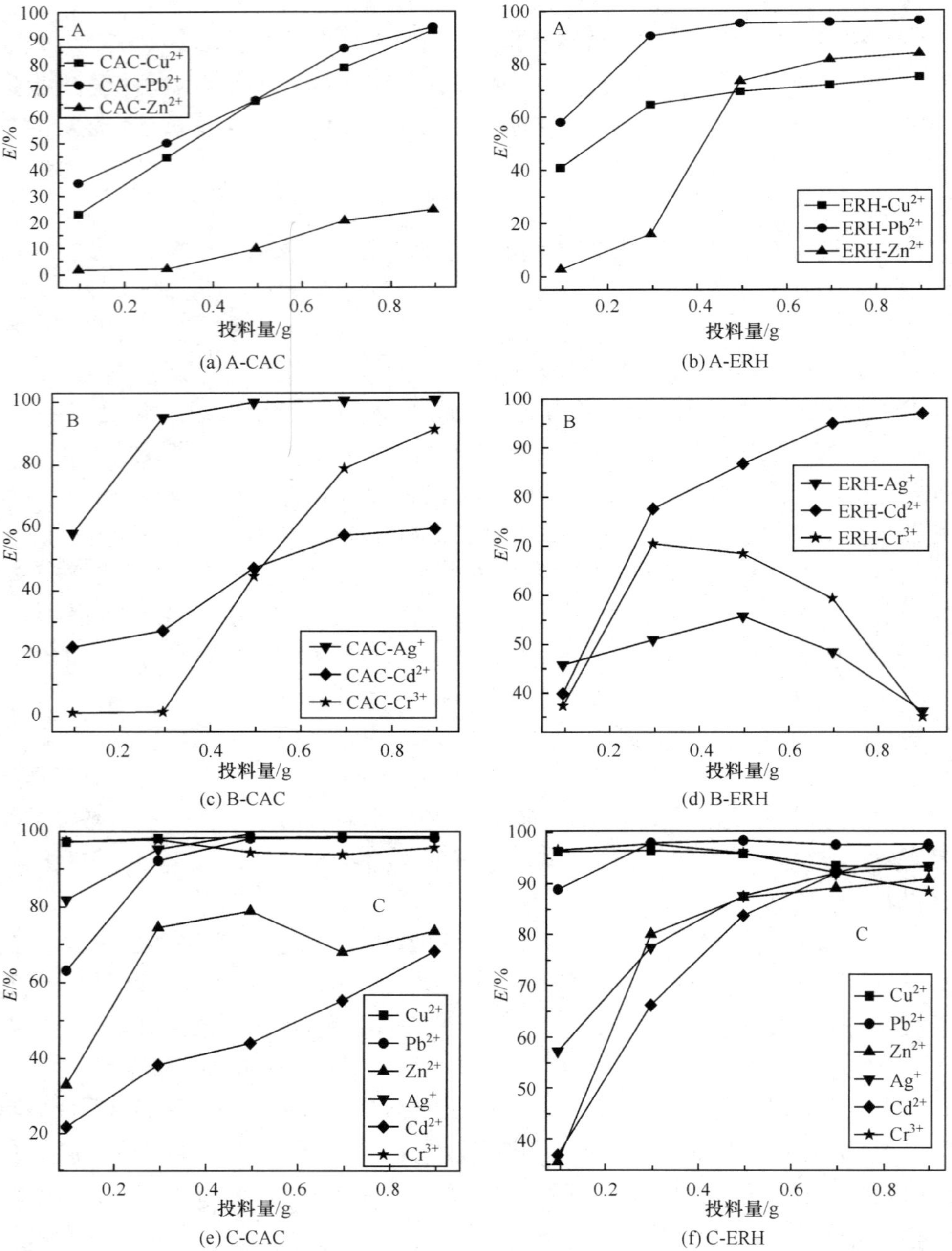

图 5－2　混合溶液中投料量对高碘值椰壳活性炭和膨化稻壳吸附效果的影响

B、C 两组混合溶液中 Ag^{+} 的影响可知，造成这种差异的原因在于两组溶液的 pH 分别为 4 和 6，而后者有利于促进膨化稻壳对 Ag^{+} 的吸附。在投料量仅为 1 g/L

时，膨化稻壳表现为对Cu^{2+}、Pb^{2+}、Cr^{3+}的优先选择吸附特性，随着投料量增加至9 g/L时，该吸附剂对Zn^{2+}、Ag^{+}和Cd^{2+}的去除率分别从36%、57%、37%上升至91%、93%和97%左右。

通过上述分析不难得出，在相同实验条件下，高碘值椰壳活性炭对B组混合溶液中Ag^{+}和Cr^{3+}两种重金属离子的吸附占据比较明显的优势，在对B组混合溶液中的Cd^{2+}及对A、C两组混合溶液中的各种重金属离子的吸附效果中，膨化稻壳的去除效率都跟高碘值椰壳活性炭的去除效率相当甚至更好。特别是膨化稻壳对Zn^{2+}和Cd^{2+}的去除效果更是高碘值椰壳活性炭所不能匹敌的。

5.5　平衡时间的确定及动力学模型的探讨

为了探讨高碘值椰壳活性炭和膨化稻壳对不同重金属离子混合溶液中各种金属离子的平衡吸附时间，将实验结果展示于图5-3(a)～(f)中。从图中可以看出，吸附剂在不同时间段对某些重金属离子具有明显的选择吸附性。

图5-3(a)、(c)、(e)分别为高碘值椰壳活性炭对A、B、C三组混合溶液中各种重金属离子的动力学吸附曲线。总的趋势表明，随着吸附时间的增加，高碘值椰壳活性炭对各重金属离子的吸附逐渐趋于平衡，吸附速率各不相同。从图5-3(a)中可以看出，高碘值椰壳活性炭对Zn^{2+}的平衡时间约为5 h，去除率仅20%左右；对Cu^{2+}和Pb^{2+}的吸附趋势一致，吸附速率较慢，8 h仍未达平衡，去除率约70%。从5-3(c)中可以看到，高碘值椰壳活性炭对Ag^{+}的吸附在1 min左右迅速达到平衡，去除率在99%左右；对Cd^{2+}的平衡时间也比较短，约2 h，去除率在40%左右；对Cr^{3+}的吸附速率较慢，8 h仍未达平衡，去除率可达75%。图5-3(e)显示出高碘值椰壳活性炭对C组中各种重金属离子的吸附速率跟其对A、B两组中相应重金属离子的吸附速率相近。即对Ag^{+}的吸附占绝对的优势，而对Zn^{2+}和Cd^{2+}的吸附速率和去除率都欠佳。

同样实验条件下，膨化稻壳对A、B、C三组混合溶液中各种重金属离子的去除率随反应时间的变化趋势分别如图5-3(b)、(d)、(f)所示。图5-3(b)表明，膨化稻壳对Cu^{2+}、Pb^{2+}、Zn^{2+}的吸附平衡时间基本一致，去除率均在10 min以后随时间的变化波动不大，去除率分别在80%、95%和55%左右。从图5-3(d)中可以看出膨化稻壳对Cd^{2+}的吸附在30 min内迅速达到平衡，去除率维持在87%左右；对Ag^{+}和Cr^{3+}的吸附在4 h左右达到平衡，去除率分别为98%和68%。图5-3(f)则反映出膨化稻壳对C组中除Ag^{+}以外的5种重金属离子的快速吸附，即在吸附反应1 h以后对Cu^{2+}、Pb^{2+}、Cr^{3+}和对Zn^{2+}、Cd^{2+}的去除率随时间的变化波动很小，分别维持在95%～99%和68%～75%。其中一个比较有意思的现象是吸附反应进行到2～7 h，膨化稻壳对Ag^{+}的吸附有一个先升后降的过程，而对Zn^{2+}、Cd^{2+}、

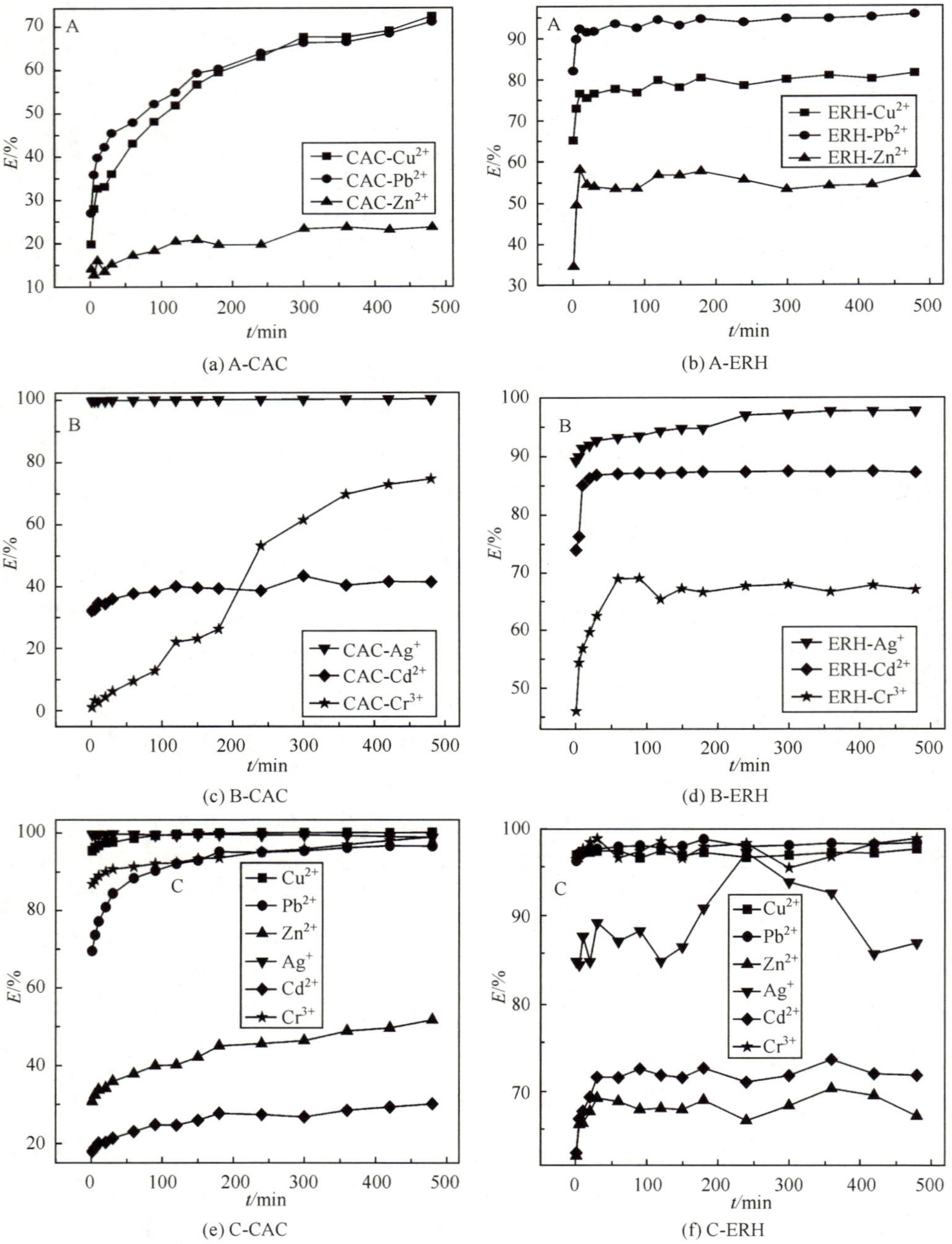

图 5-3　混合溶液中高碘值椰壳活性炭和膨化稻壳的去除率随时间的变化趋势

Cr^{3+}的吸附则相应地经历了一个先降后升的过程。这似乎预示着膨化稻壳对这 4 种重金属离子的吸附在一定时间段内存在强烈的竞争关系。

将各组吸附平衡曲线用第 3 章 3.2 节所提及的 Lagergren 准一级和准二级动力学曲线方程拟合，结果分别如图 5－4(a)～(f)所示。由图可知，除了高碘值椰壳活性炭对 B 组混合溶液中 Cr^{3+} 的吸附能较好地符合 Lagergren 准一级动力学模型外，高

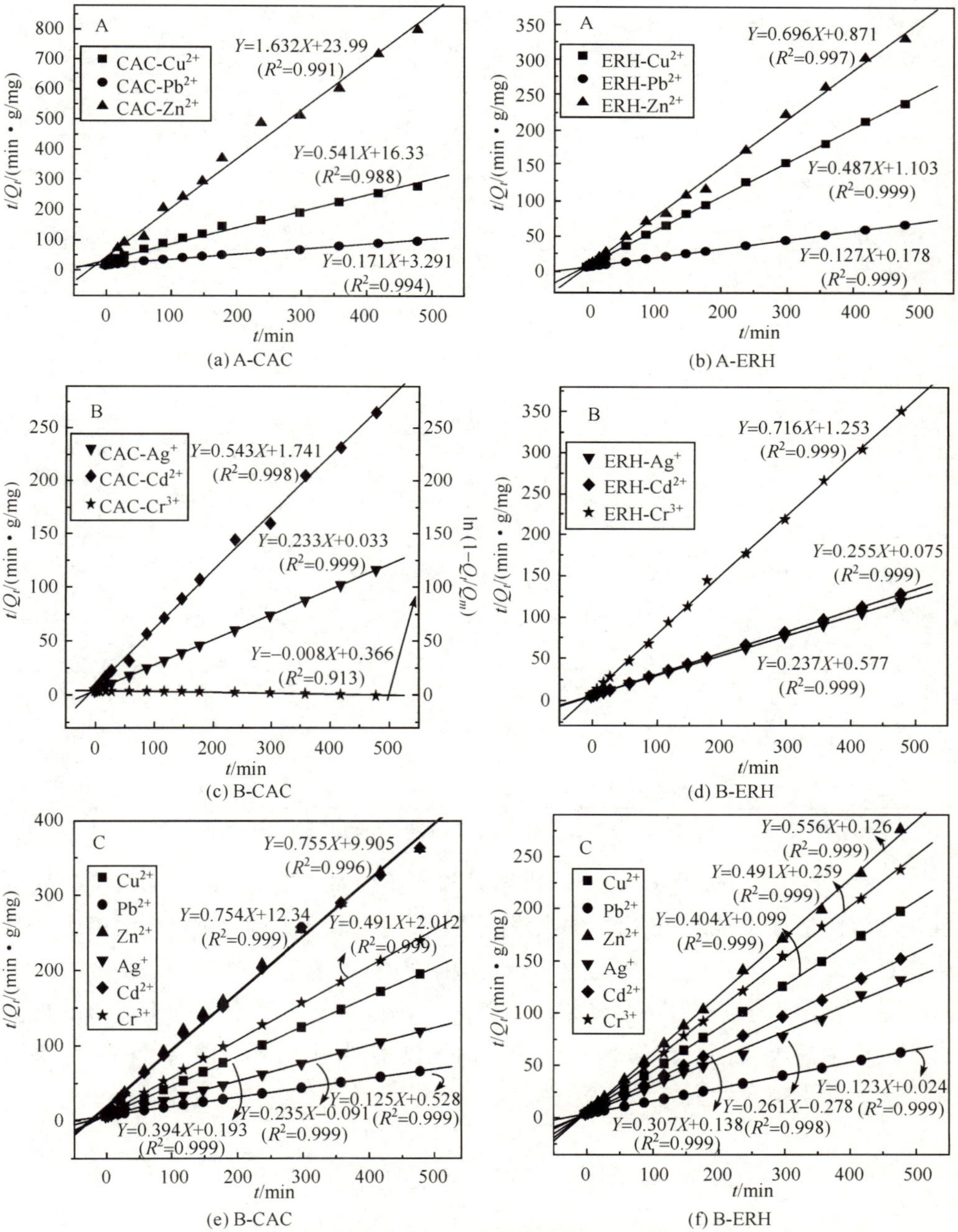

图 5－4　混合溶液中高碘值椰壳活性炭和膨化稻壳的吸附动力学线性拟合图

碘值椰壳活性炭和膨化稻壳对 A、B、C 三组混合溶液中其余重金属离子的吸附动力学均能很好地符合准二级动力学模型。相应的动力学参数统计于表 5－1 中。

表 5－1　动力学拟合参数

吸附剂	混合溶液	金属离子	Q_{max} /(mmol/g)	$k_2\times10^{-4}$ /[g/(mol·min)]	R^2
高碘值椰壳活性炭	A	Cu^{2+}	0.029	2.82	0.988
		Pb^{2+}	0.028	0.429	0.994
		Zn^{2+}	0.009	16.98	0.991
	B	Ag^{+}	0.039	152.5	0.999
		Cd^{2+}	0.016	15.07	0.998
		Cr^{3+}	0.031*	80*	0.913
	C	Cu^{2+}	0.040	126.6	0.999
		Pb^{2+}	0.039	1.428	0.999
		Zn^{2+}	0.020	7.046	0.999
		Ag^{+}	0.040	−56.3	0.999
		Cd^{2+}	0.012	5.12	0.996
		Cr^{3+}	0.039	23.04	0.999
膨化稻壳	A	Cu^{2+}	0.032	33.84	0.999
		Pb^{2+}	0.038	4.373	0.999
		Zn^{2+}	0.022	−85.1	0.997
	B	Ag^{+}	0.039	9.025	0.999
		Cd^{2+}	0.035	77.13	0.999
		Cr^{3+}	0.027	78.69	0.999
	C	Cu^{2+}	0.039	259.5	0.999
		Pb^{2+}	0.039	30.4	0.999
		Zn^{2+}	0.028	375.2	0.999
		Ag^{+}	0.036	−22.72	0.998
		Cd^{2+}	0.029	60.8	0.999
		Cr^{3+}	0.039	179.0	0.999

* 表示 CAC 对 Cr^{3+} 的吸附动力学参数是由 Lagergren 准一级动力学方程计算得出。

由表 5－1 中可以看出：拟合计算结果与实验值基本吻合，除了高碘值椰壳活性炭对混合溶液中 Ag^{+} 和 Cr^{3+} 的吸附速率优胜于膨化稻壳外，对混合溶液中的其余各重金属离子吸附效果都逊色于膨化稻壳的吸附效果，特别是膨化稻壳对 Zn^{2+}、Cd^{2+} 的吸附速率和去除效果均占绝对的优势。其中吸附速率为负值的情况可能是因为离子间存在着竞争吸附，随着时间的增加，吸附剂对该离子的去除率稍有下降所导致拟合计算结果的偏差。

5.6　吸附温度的影响及吸附热的计算

温度对高碘值椰壳活性炭和膨化稻壳吸附重金属离子混合溶液的影响如图

5－5(a)～(f)所示。总的趋势表明，温度对高碘值椰壳活性炭和膨化稻壳两种吸附剂处理 A、B、C 三组混合溶液中各种重金属离子的影响不大，在 20～60 ℃的温度下均能保持特定的去除率。但有一个例外，就是随着温度的增加，高碘值椰壳活

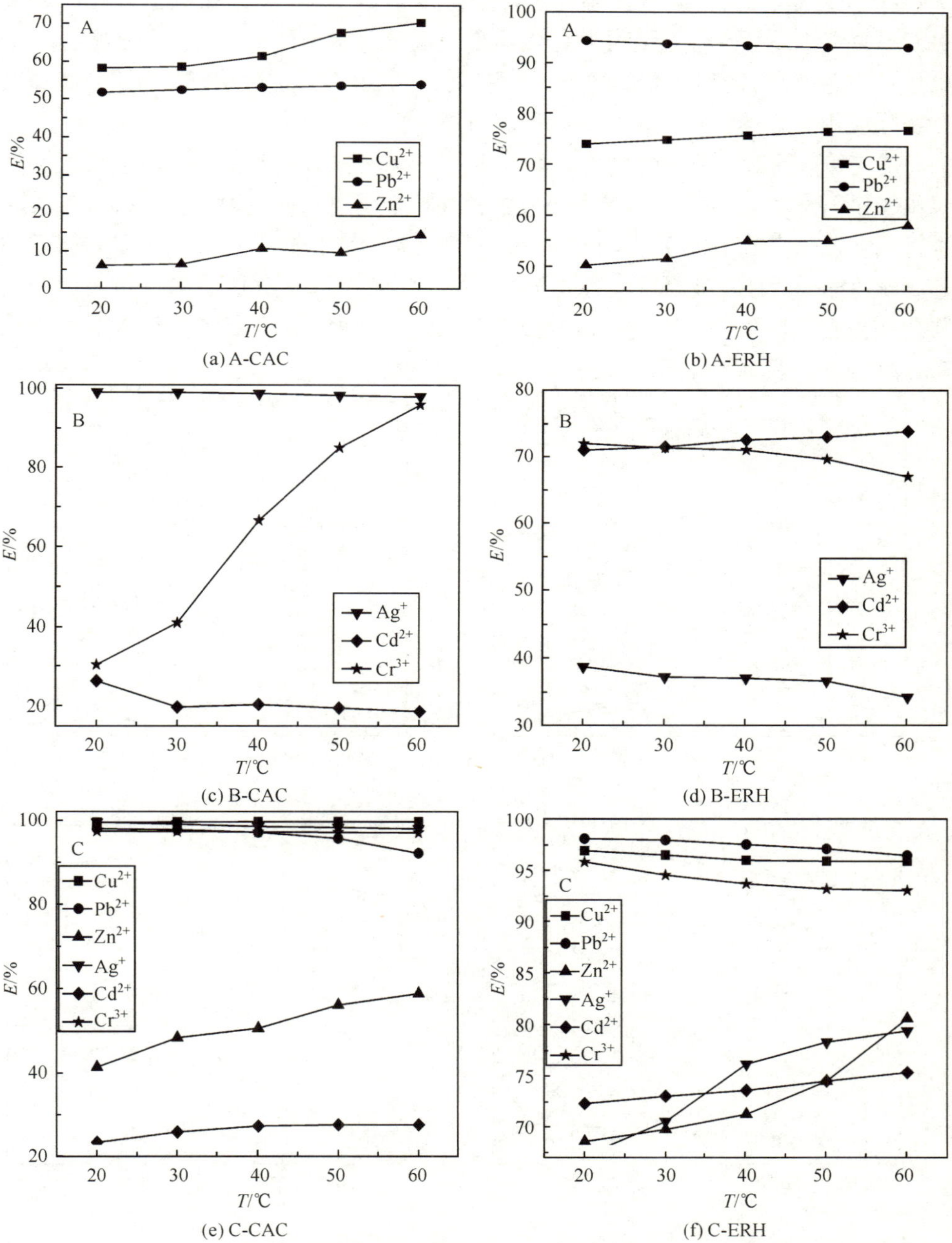

(a) A-CAC　(b) A-ERH

(c) B-CAC　(d) B-ERH

(e) C-CAC　(f) C-ERH

图 5－5　混合溶液中温度对高碘值椰壳活性炭和膨化稻壳吸附去除率的影响

性炭对 B 组重金属混合溶液(pH=4)中 Cr^{3+} 的吸附效果显著升高。在温度从 20 ℃升高至 60 ℃的过程中,其去除率从 30%上升至 95%左右。而在 C 组重金属混合溶液(pH=6)中没有此现象发生,高碘值椰壳活性炭对该组溶液中 Cr^{3+} 的去除率维持在 95%左右。因此,升高温度或者升高溶液 pH 均有利于高碘值椰壳活性炭对 Cr^{3+} 的吸附。另外,膨化稻壳对 C 组重金属混合溶液中的 Zn^{2+}、Ag^{+} 两种重金离子的去除率在升温 40 ℃的情况下分别从 67%和 65%上升至 78%和 80%左右,在实际应用中仍然具有一定的实际利用价值。

参考第 3 章 3.6 节中的热力学关系式(3-12)~式(3-15),将高碘值椰壳活性炭和膨化稻壳对 A、B、C 三组混合溶液中各种重金属离子的吸附特性与温度的关系进行线性拟合,其结果分别如图 5-6(a)~(f)所示。其中,图 5-6(a)、(c)、(e)表示的是高碘值椰壳活性炭吸附特性的拟合关系图,相应的图 5-6(b)、(d)、(f)表示的是膨化稻壳在相同条件下吸附特性的拟合关系图。两种吸附剂的热力学参数计算结果分别统计于表 5-2、表 5-3 中。

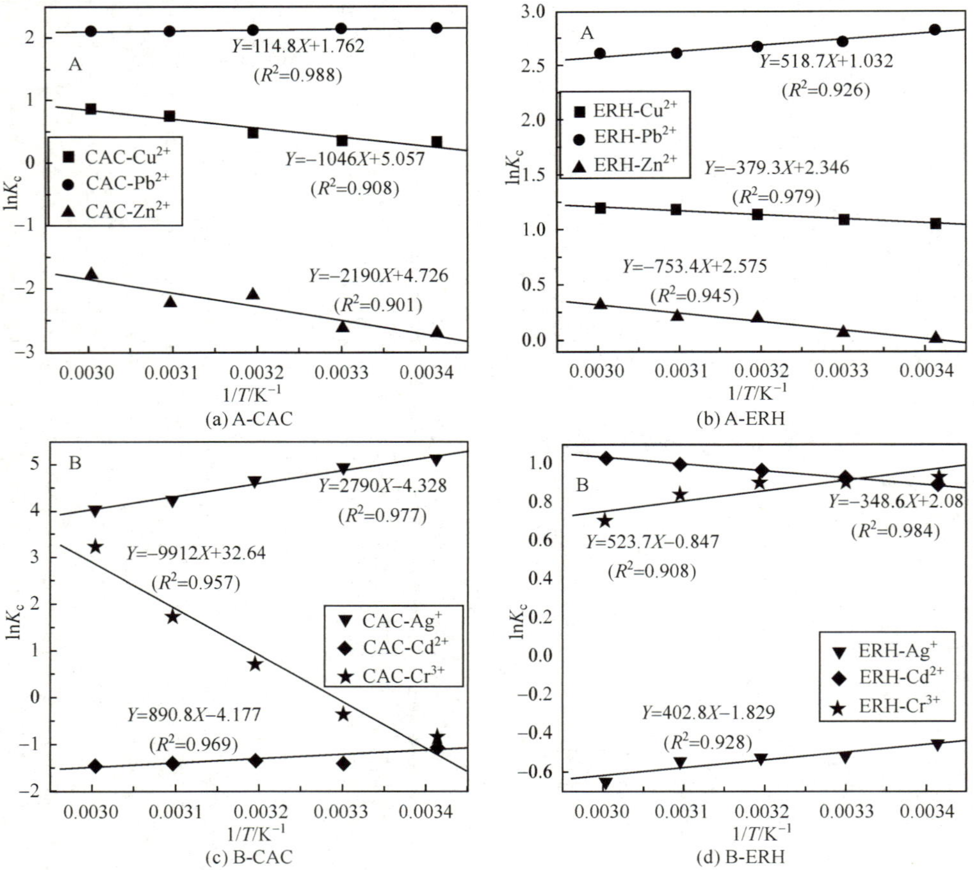

图 5-6 高碘值椰壳活性炭和膨化稻壳对重金属离子的吸附特性和温度的拟合关系图

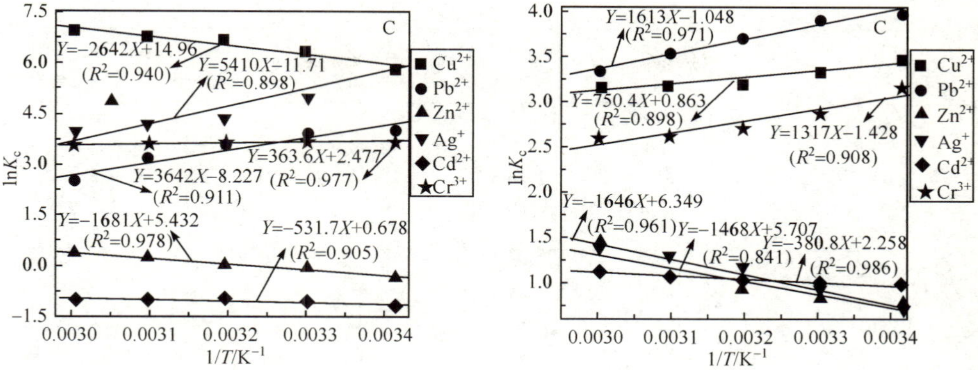

(e) C-CAC　　(f) C-ERH

图 5 - 6(续)

由图 5 - 6(a)～(f)及表 5 - 2 和表 5 - 3 的计算结果中同样可以看出高碘值椰壳活性炭对 B 组混合溶液中 Ag^{+} 的吸附效果良好；对 Cr^{3+} 的吸附受温度影响较大，升温有利于提高其吸附效果。膨化稻壳在 20～40 ℃的温度下，除了对 B 组混合溶液中 Ag^{+} 的吸附效果不及高碘值椰壳活性炭，膨化稻壳对 A、B、C 三组混合溶液中其他各种重金属离子均表现出良好的吸附特性。计算结果与实验现象基本吻合。因此膨化稻壳在处理 Cu^{2+}、Pb^{2+}、Zn^{2+}、Cd^{2+}、Cr^{3+} 等重金属离子方面具有良好的开发价值。

表 5 - 2　高碘值椰壳活性炭选择吸附金属离子的平衡常数和热力学参数

溶液	金属离子	温度/K	K_c	ΔG /(kJ/mol)	ΔH/(kJ/mol)、ΔS/[kJ/(mol·K)]及结论
A	Cu^{2+}	293	1.402	−0.823	ΔH=8.696 ΔS=0.045 实验条件下为自发反应
		303	1.423	−0.889	
		313	1.600	−1.224	
		323	2.104	−1.997	
		333	2.386	−2.408	
	Pb^{2+}	293	8.632	−5.250	ΔH=−0.954 ΔS=0.014 任何温度下均为自发反应
		303	8.508	−5.393	
		313	8.379	−5.532	
		323	8.303	−5.684	
		333	8.241	−5.839	
	Zn^{2+}	293	0.067	6.563	ΔH=18.20 ΔS=0.039 实验条件下均为非自发过程
		303	0.071	6.629	
		313	0.121	5.482	
		323	0.108	5.969	
		333	0.169	4.909	

续表

溶液	金属离子	温度/K	K_c	ΔG /(kJ/mol)	ΔH/(kJ/mol)、ΔS/[kJ/(mol·K)]及结论
B	Ag^+	293	168.8	−12.49	$\Delta H=-23.19$ $\Delta S=-0.035$ 实验条件下为自发过程
		303	140.0	−12.44	
		313	105.8	−12.13	
		323	69.50	−11.38	
		333	57.14	−11.20	
	Cd^{2+}	293	0.360	2.485	$\Delta H=-7.406$ $\Delta S=-0.034$ 实验条件下均为非自发过程
		303	0.249	3.502	
		313	0.259	3.510	
		323	0.245	3.771	
		333	0.231	4.046	
	Cr^{3+}	293	0.439	2.003	$\Delta H=82.41$ $\Delta S=0.271$ 30 ℃以下非自发 40 ℃以上自发
		303	0.697	0.908	
		313	2.004	−1.809	
		323	5.805	−4.723	
		333	25.39	−8.954	
C	Cu^{2+}	293	342.4	−14.21	$\Delta H=21.96$ $\Delta S=0.124$ 实验条件下为自发反应
		303	551.5	−15.90	
		313	793.2	−17.37	
		323	846.2	−18.10	
		333	1058	−19.28	
	Pb^{2+}	293	55.76	−9.795	$\Delta H=-30.27$ $\Delta S=-0.068$ 实验条件下为自发反应
		303	48.51	−9.778	
		313	36.67	−9.373	
		323	23.56	−8.485	
		333	12.12	−6.907	
	Zn^{2+}	293	0.711	0.828	$\Delta H=13.97$ $\Delta S=0.045$ 30 ℃以下非自发 40 ℃以上自发
		303	0.944	0.143	
		313	1.031	−0.078	
		323	1.286	−0.676	
		333	1.439	−1.009	
	Ag^+	293	489.3	−15.08	$\Delta H=-44.97$ $\Delta S=-0.097$ 实验条件下为自发反应
		303	147.7	−12.58	
		313	77.73	−11.32	
		323	65.99	−11.25	
		333	54.60	−11.07	
	Cd^{2+}	293	0.307	2.875	$\Delta H=4.420$ $\Delta S=0.005$ 实验条件下非自发反应
		303	0.350	2.642	
		313	0.377	2.534	
		323	0.383	2.573	
		333	0.383	2.653	
	Cr^{3+}	293	40.76	−9.032	$\Delta H=-3.022$ $\Delta S=0.021$ 任何温度下为自发反应
		303	40.10	−9.299	
		313	37.94	−9.462	
		323	36.67	−9.673	
		333	35.36	−9.871	

表 5-3　膨化稻壳吸附混合溶液中各种金属离子的平衡常数和热力学参数

溶液	金属离子	温度/K	K_c	ΔG /(kJ/mol)	ΔH/(kJ/mol)、ΔS/[kJ/(mol·K)]及结论
A	Cu^{2+}	293	2.850	−2.552	ΔH=3.153 ΔS=0.019 实验条件下为自发反应
		303	2.979	−2.750	
		313	3.129	−2.969	
		323	3.263	−3.176	
		333	3.305	−3.309	
	Pb^{2+}	293	16.89	−6.886	ΔH=−4.312 ΔS=0.008 任何温度下均为自发反应
		303	15.22	−6.860	
		313	14.50	−6.959	
		323	13.72	−7.034	
		333	13.67	−7.242	
	Zn^{2+}	293	1.012	−0.031	ΔH=6.263 ΔS=0.021 实验条件下均为自发反应
		303	1.064	−0.158	
		313	1.226	−0.531	
		323	1.230	−0.556	
		333	1.386	−0.904	
B	Ag^{+}	293	0.634	1.108	ΔH=−3.348 ΔS=−0.015 实验条件下均为非自发反应
		303	0.595	1.306	
		313	0.590	1.372	
		323	0.579	1.464	
		333	0.522	1.799	
	Cd^{2+}	293	2.448	−2.181	ΔH=2.898 ΔS=0.017 实验条件下均为自发反应
		303	2.509	−2.317	
		313	2.647	−2.533	
		323	2.705	−2.673	
		333	2.819	−2.869	
	Cr^{3+}	293	2.570	−2.299	ΔH=−4.354 ΔS=−0.007 实验条件下均为自发反应
		303	2.490	−2.299	
		313	2.451	−2.333	
		323	2.292	−2.228	
		333	2.031	−1.961	
C	Cu^{2+}	293	31.95	−8.438	ΔH=−6.238 ΔS=0.007 任何条件下均为自发反应
		303	28.03	−8.397	
		313	24.29	−8.302	
		323	23.80	−8.512	
		333	23.73	−8.768	
	Pb^{2+}	293	53.07	−9.675	ΔH=−13.41 ΔS=−0.008 实验条件下均为自发反应
		303	49.25	−9.816	
		313	40.45	−9.628	
		323	34.08	−9.476	
		333	27.78	−9.204	
	Zn^{2+}	293	2.189	−1.909	ΔH=13.68 ΔS=0.052 实验条件下均为自发反应
		303	2.313	−2.113	
		313	2.490	−2.374	
		323	2.939	−2.895	
		333	4.169	−3.952	

续表

溶液	金属离子	温度/K	K_c	ΔG /(kJ/mol)	ΔH/(kJ/mol)、ΔS/[kJ/(mol·K)]及结论
C	Ag^+	293	2.052	−1.752	ΔH=12.20 ΔS=0.047 实验条件下均为自发反应
		303	2.404	−2.210	
		313	3.213	−3.037	
		323	3.626	−3.459	
		333	3.866	−3.743	
	Cd^{2+}	293	2.622	−2.348	ΔH=3.165 ΔS=0.018 实验条件下均为自发反应
		303	2.722	−2.522	
		313	2.801	−2.681	
		323	2.937	−2.893	
		333	3.070	−3.105	
	Cr^{3+}	293	23.25	−7.665	ΔH=−10.94 ΔS=−0.011 实验条件下均为自发反应
		303	17.55	−7.218	
		313	15.02	−7.051	
		323	13.78	−7.045	
		333	13.48	−7.202	

5.7 等温吸附及吸附模型的探讨

为了探讨在不同初始浓度条件下，高碘值椰壳活性炭和膨化稻壳对 A、B、C 三组混合溶液中 Cu^{2+}、Pb^{2+}、Zn^{2+}、Ag^+、Cd^{2+}、Cr^{3+} 6 种重金属离子各自的饱和吸附量及每组溶液中总的吸附量，投加一定剂量的吸附剂对不同浓度梯度的重金属离子混合溶液进行吸附研究。图 5-7(a)～(h)分别表示高碘值椰壳活性炭和膨化稻壳对各组混合溶液中各种重金属离子的吸附等温线。其中，图 5-7(a)、(c)、(e)分别为高碘值椰壳活性炭对 A、B、C 三组混合溶液中各种重金属离子的等温吸附曲线，图 5-7(g)为高碘值椰壳活性炭对每组溶液重金属离子总的吸附等温线。相应地，图 5-7(b)、(d)、(f)分别为膨化稻壳对 A、B、C 三组混合溶液中各种重金属离子的等温吸附曲线，图 5-7(h)为膨化稻壳对每组溶液重金属离子总的吸附等温线。

由图 5-7(a)中可以看出，随着复配溶液初始浓度的增加，高碘值椰壳活性炭对 A 组溶液中 Zn^{2+} 的吸附量呈直线上升趋势，在初始物质的量浓度为 5 mmol/L 时，其吸附量可达到 0.26 mmol/g；而对 Cu^{2+}、Pb^{2+} 两种重金属离子的吸附随着浓度的上升变化不大，稍有下降趋势。而在图 5-7(g)中显示出高碘值椰壳活性炭对 A 组混合溶液中金属离子总的吸附量几乎不随初始浓度发生变化，最大可达 0.447 mmol/g。因此，高碘值椰壳活性炭对 Zn^{2+} 的吸附量的上升是以对 Cu^{2+}、Pb^{2+} 两种重金属离子的吸附下降为代价的。

图 5-7(c)显示，高碘值椰壳活性炭对 B 组溶液中 Ag^+ 的吸附量也随初始浓

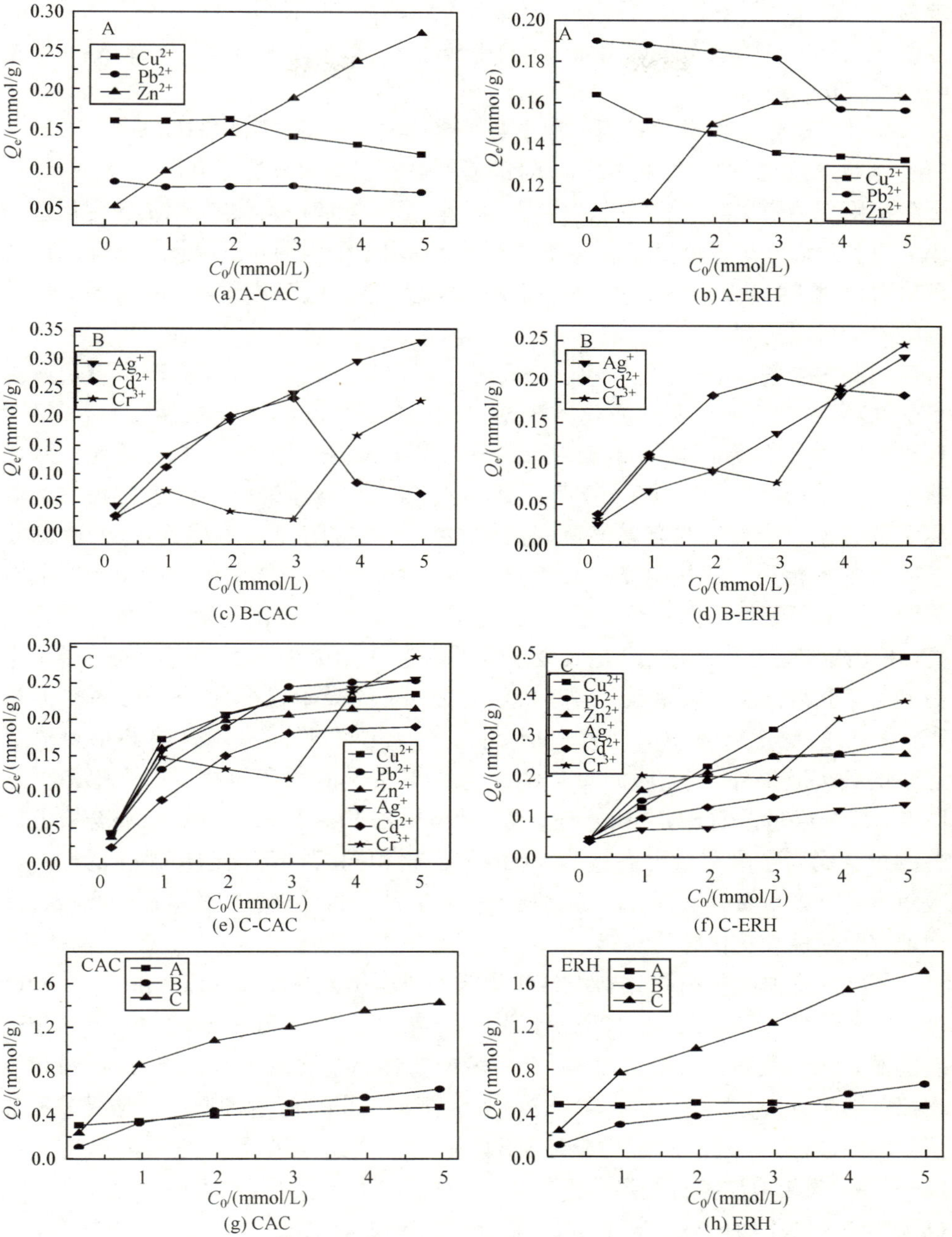

图 5-7　金属离子混合溶液中高碘值椰壳活性炭和膨化稻壳的等温吸附曲线

度的增加而上升，在浓度为 5 mmol/L 时，其吸附量可达到 0.32 mmol/g；而对 Cd^{2+}、Cr^{3+} 两种重金属离子的吸附明显存在强烈的竞争作用，相同浓度条件下表

现为对 Cd^{2+} 的优先吸附，而在初始浓度大于 3 mmol/L 时则表现为对 Cr^{3+} 的吸附量明显上升。总的吸附量如图 5－7(g)中显示，在浓度为 5 mmol/L 时，总吸附量约为 0.6 mmol/g。

高碘值椰壳活性炭对 C 组溶液中各种金属离子的等温吸附曲线如图 5－7(e)所示，随着初始浓度的增加，饱和吸附量基本都表现出明显的上升趋势，对 Cr^{3+} 的吸附量出现一个先减小后回升的过程。因此，提高溶液初始浓度，增加吸附反应的动力有利于增加高碘值椰壳活性炭对各种金属离子的吸附量。从图 5－7(g)中也可以看出，在浓度为 5 mmol/L 时，高碘值椰壳活性炭对 C 组溶液中重金属离子总的吸附量可以达到 1.4 mmol/g。

相同实验条件下，由图 5－7(b)和(h)中可以看出，提高混合溶液中重金属离子的初始浓度有利于提高膨化稻壳对 A 组溶液中 Zn^{2+} 的吸附量，而对 Cu^{2+}、Pb^{2+} 的吸附量有所下降，总的吸附量约为 0.45 mmol/g，与高碘值椰壳活性炭相比略胜一筹。而图 5－7(d)和(h)则显示，膨化稻壳对 B 组混合溶液中各种重金属离子的等温吸附曲线与高碘值椰壳活性炭的等温吸附曲线很接近，总的吸附等温线也基本相同。膨化稻壳对 C 组混合溶液中各种重金属离子的等温吸附曲线如图 5－7(f)所示，由图中可以看出，膨化稻壳对 Cu^{2+} 的吸附量随浓度的升高而升高，在初始浓度为5 mmol/L时，其吸附量可达 0.49 mmol/g，远远高于同等条件下高碘值椰壳活性炭的吸附量。对其余重金属离子的吸附量变化趋势与高碘值椰壳活性炭的变化趋势基本一致，只是除了对 Ag^{+} 的吸附量不及高碘值椰壳活性炭的处理效果外，其余吸附量均稍微优胜于高碘值椰壳活性炭的吸附量。从图 5－7(h)中也能看出，在初始浓度为5 mmol/L时，膨化稻壳对 C 组混合溶液中总的重金属离子吸附量可高达1.7 mmol/g，比相同条件下高碘值椰壳活性炭的吸附量高 0.3 mmol/g。因此，膨化稻壳在处理重金属混合溶液的应用中具有比高碘值椰壳活性炭更优秀的潜能。

将上述等温吸附曲线分别用第 3 章 3.5 节所提及的 Langmuir 和 Freundlich 吸附方程式(3－7)～式(3－10)进行拟合，结果如图 5－8 和图 5－9 所示，其中高碘值椰壳活性炭对 A、B、C 三组混合溶液中各种重金属离子的 Langmuir 吸附模型拟合结果分别如图 5－8(a)、(c)、(e)所示，Freundlich 吸附模型拟合结果分别如图5－9(a)、(c)、(e)所示。相应地，膨化稻壳对 3 组溶液中各种重金属离子的 Langmuir 吸附模型拟合结果分别如图 5－8(b)、(d)、(f)所示，而图 5－9(b)、(d)、(f)则为等温吸附曲线与 Freundlich 吸附模型的拟合结果。

此外，高碘值椰壳活性炭和膨化稻壳对 A、B、C 三组混合溶液中重金属离子总的吸附曲线与 Langmuir 和 Freundlich 吸附方程拟合的结果如图 5－10 所示。为了方便对比，两种吸附剂对应的吸附模型参数结果统计于表 5－4 中。

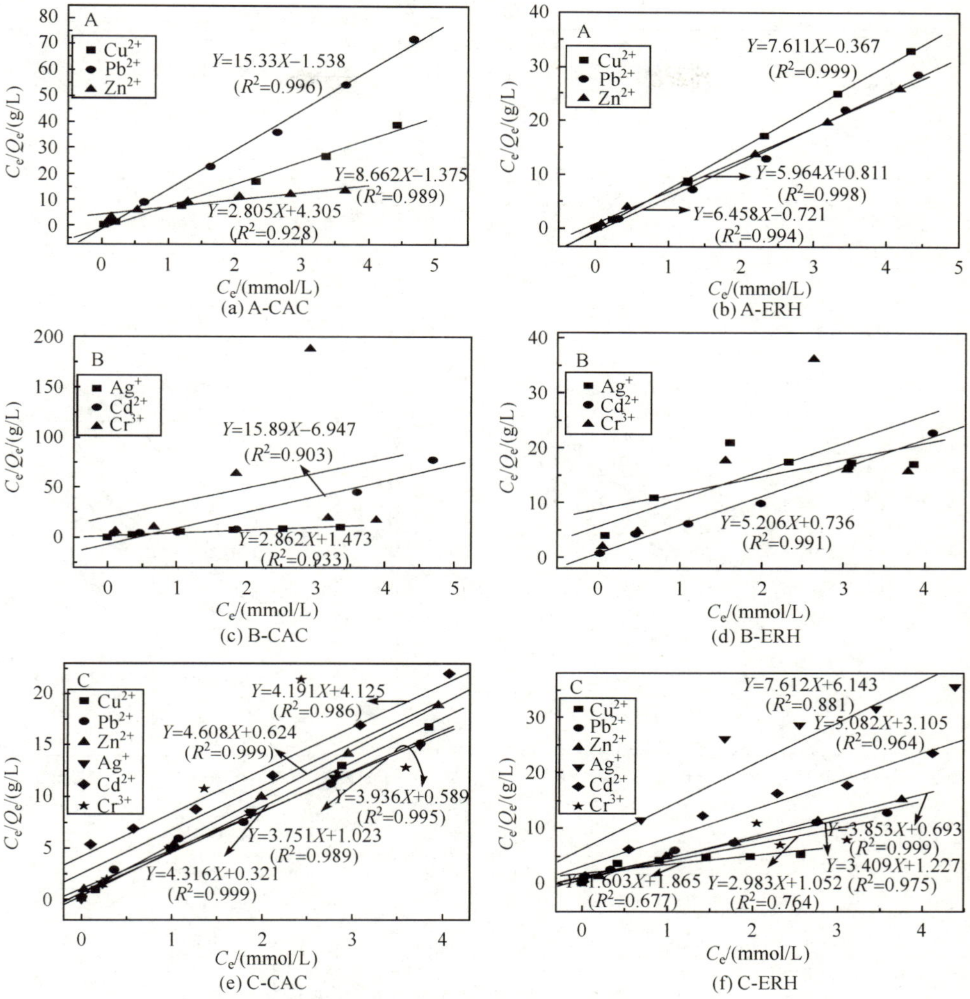

图 5－8　高碘值椰壳活性炭和膨化稻壳等温吸附曲线 Langmuir 方程拟合图

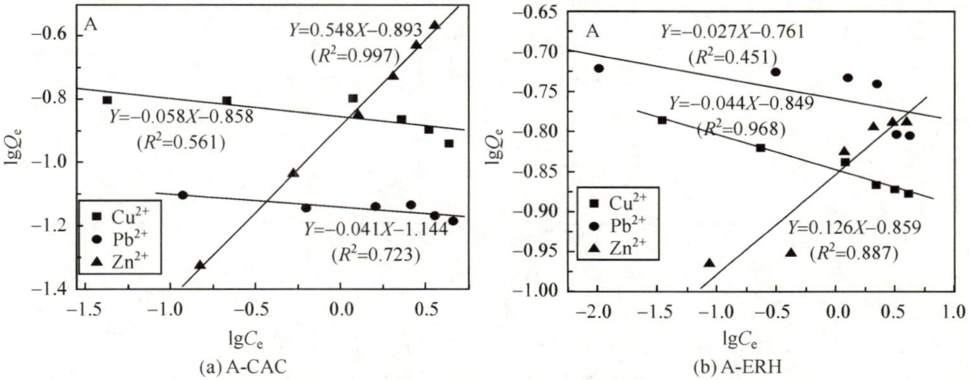

图 5－9　高碘值椰壳活性炭和膨化稻壳等温吸附曲线 Freundlich 方程拟合图

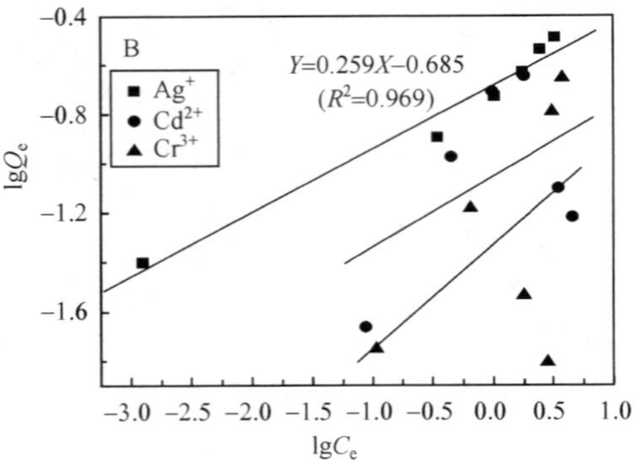

(c) B-CAC

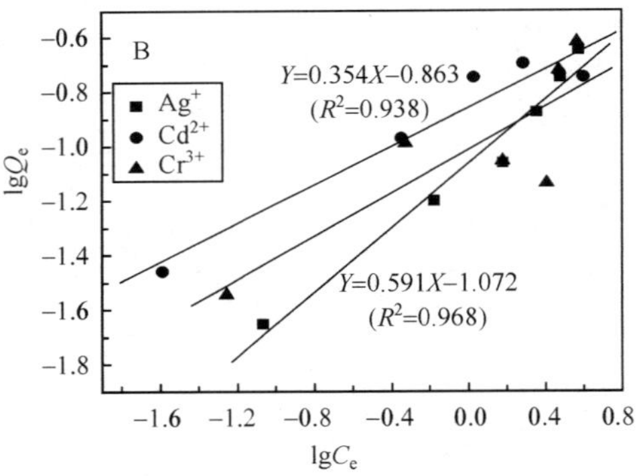

(d) B-ERH

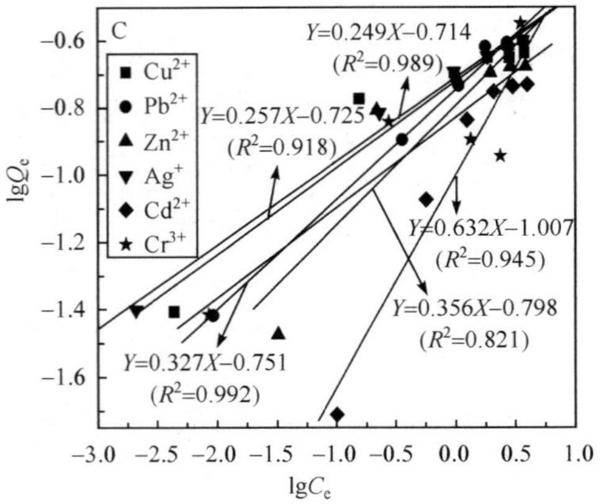

(e) C-CAC

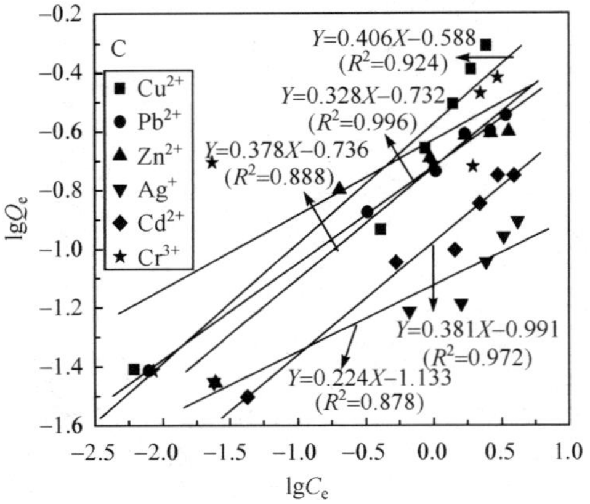

(f) C-ERH

图 5-9(续)

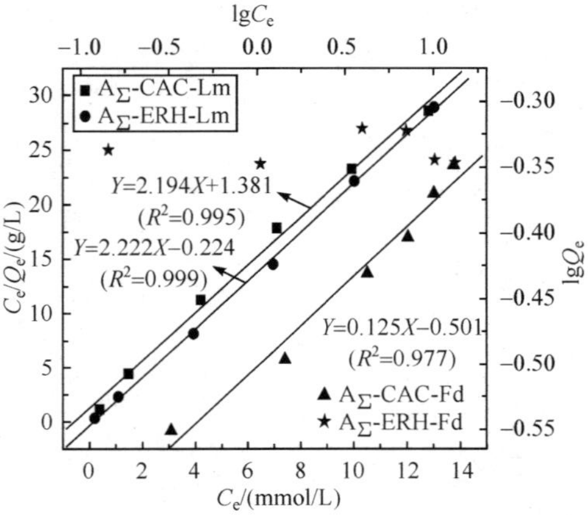

(a)

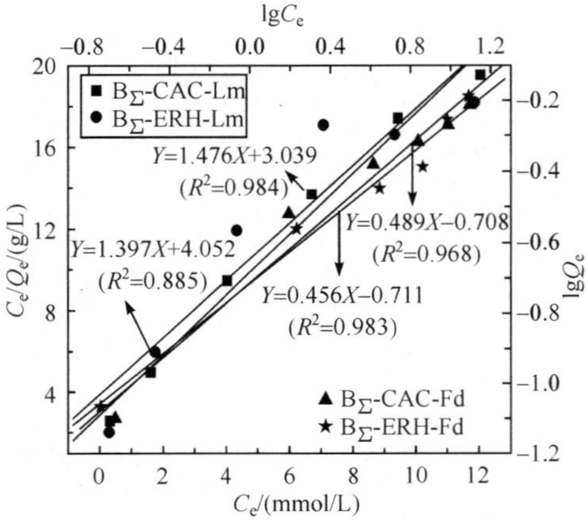

(b)

图 5-10　A、B、C 三组混合溶液中高碘值椰壳活性炭和膨化稻壳总的等温吸附曲线与 Langmuir 和 Freundlich 模型拟合的结果

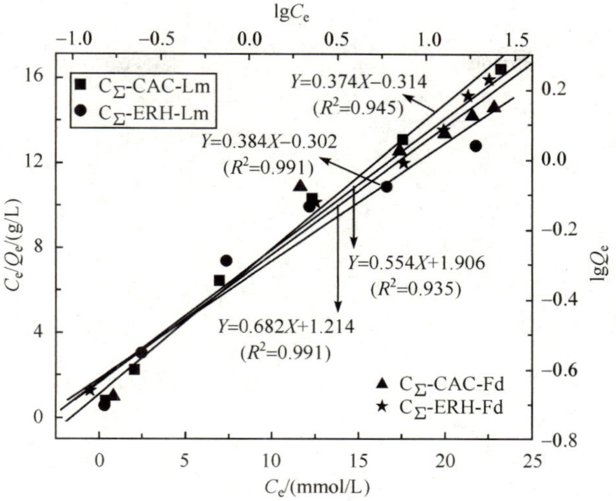

(c)

图 5 - 10(续)

表 5 - 4　椰壳活性炭和膨化稻壳等温吸附的 Langmuir 和 Freundlich 参数

吸附剂	溶液	金属离子	Langmuir 参数			Freundlich 参数		
			Q_{max} /(mmol/g)	b /(L/mg)	R^2	K	n	R^2
高碘值椰壳活性炭	A	Cu^{2+}	0.115	−0.158	0.989	0.138	−17.24	0.561
		Pb^{2+}	0.065	−0.100	0.996	0.071	−24.39	0.723
		Zn^{2+}	0.356	1.534	0.928	0.127	1.8248	0.997
		A_{Σ}	0.455	0.629	0.995	0.315	8	0.977
	B	Ag^{+}	0.349	0.514	0.933	0.206	3.861	0.969
		Cd^{2+}	0.062	−0.437	0.903	—	—	—
		Cr^{3+}	—	—	—	—	—	—
		B_{Σ}	0.677	2.058	0.984	0.195	2.044	0.968
	C	Cu^{2+}	0.231	0.074	0.999	0.188	1.754	0.918
		Pb^{2+}	0.266	0.272	0.989	0.177	3.058	0.992
		Zn^{2+}	0.217	0.135	0.999	0.159	2.808	0.821
		Ag^{+}	0.254	0.149	0.995	0.193	4.016	0.989
		Cd^{2+}	0.238	0.984	0.986	0.098	1.582	0.945
		Cr^{3+}	—	—	—	—	—	—
		C_{Σ}	2.673	−0.839	0.945	16.36	1.466	0.991

续表

吸附剂	溶液	金属离子	Langmuir 参数			Freundlich 参数		
			Q_{max} /(mmol/g)	b /(L/mg)	R^2	K	n	R^2
膨化稻壳	A	Cu^{2+}	0.131	−0.048	0.999	0.141	−22.72	0.968
		Pb^{2+}	0.154	−0.111	0.994	—	—	—
		Zn^{2+}	0.167	0.175	0.998	0.138	7.936	0.887
		A_{Σ}	0.450	0.100	0.999	—	—	—
	B	Ag^{+}	—	—	—	0.084	1.692	0.968
		Cd^{2+}	0.192	0.141	0.991	0.137	2.824	0.938
		Cr^{3+}	—	—	—	—	—	—
		B_{Σ}	0.715	2.901	0.885	0.194	2.192	0.983
	C	Cu^{2+}	0.623	1.163	0.677	0.258	2.469	0.924
		Pb^{2+}	0.293	0.359	0.975	0.185	3.048	0.996
		Zn^{2+}	0.259	0.179	0.999	0.183	2.645	0.888
		Ag^{+}	0.131	0.807	0.881	0.073	4.464	0.878
		Cd^{2+}	0.196	0.611	0.964	0.102	2.624	0.927
		Cr^{3+}	0.335	0.352	0.764	—	—	—
		C_{Σ}	2.604	0.786	0.991	63.97	1.805	0.935

分析发现，高碘值椰壳活性炭对 A 组混合溶液中 Cu^{2+}、Pb^{2+} 的吸附符合 Langmuir 单分子层吸附模型，对 Zn^{2+} 的吸附不仅能较好地符合 Langmuir 单分子层吸附模型，还能更好地符合 Freundlich 多分子层吸附模型，而对 3 种离子总的吸附效果则表现出能很好地符合 Langmuir 单分子层吸附模型。这也从另外一个角度说明 3 种重金属离子之间的竞争吸附。高碘值椰壳活性炭对 B 组混合溶液中 Cd^{2+} 的吸附符合 Langmuir 单分子层吸附模型，对 Ag^{+} 的吸附不仅能较好地符合 Langmuir 单分子层吸附模型，还能更好地符合 Freundlich 多分子层吸附模型，而对 Cr^{3+} 的吸附对两种吸附模型均不能吻合，表现出特殊的无规律吸附特性。但总的吸附效果能很好地符合两种吸附模型。高碘值椰壳活性炭对 C 组混合溶液中 Cr^{3+} 的吸附也表现出特殊的无规律吸附特性，对其余重金属离子的吸附能较好地符合两种吸附模型，且总的吸附效果能很好地符合 Freundlich 多分子层吸附模型，其相关系数 R^2 可达 0.991。

因为膨化稻壳对 A 组混合溶液中 Cu^{2+}、Pb^{2+} 的吸附存在一个下降趋势，故与 Langmuir 单分子层吸附模型拟合的计算结果表现为代表吸附强度的 b 值为负值。它对 Zn^{2+} 的吸附及对 3 种离子总的吸附效果均能很好地符合 Langmuir 单分子层吸附模型。膨化稻壳对 B 组混合溶液中 Ag^+ 和 Cd^{2+} 分别符合 Langmuir 单分子层吸附模型和 Freundlich 多分子层吸附模型，而对 Cr^{3+} 的吸附无法用这两种模型加以拟合。总的吸附效果表明膨化稻壳对 B 组混合溶液中的金属离子综合吸附表现为多分子层吸附模型。膨化稻壳对 C 组混合溶液中 6 种重金属离子的 Zn^{2+}、Ag^+、Cd^{2+} 能较好地符合单分子层吸附模型，而对 Cu^{2+}、Pb^{2+} 的吸附则趋向于更好地符合 Freundlich 多分子层吸附模型。总的吸附效果虽然与 Langmuir 单分子层吸附模型相关性很好($R^2=0.991$)，与 Freundlich 多分子层吸附模型的相关性系数 R^2 约为 0.935。但通过上述分析可知，将膨化稻壳对混合溶液中 6 种重金属离子总的吸附效果理解为符合多分子吸附更为合适。

5.8　小　　结

本章主要考察膨化稻壳对 A 组三元混合溶液(含 Cu^{2+}、Pb^{2+}、Zn^{2+})、B 组三元混合溶液(含 Ag^+、Cd^{2+}、Cr^{3+})及 C 组六元混合溶液(含 Cu^{2+}、Pb^{2+}、Zn^{2+}、Ag^+、Cd^{2+}、Cr^{3+})3 组混合溶液中各种重金属离子的吸附特性，并与相同条件下的商业高碘值椰壳活性炭的吸附效果进行了对比。主要得出以下结论。

(1) 膨化稻壳对 Ag^+、Cd^{2+} 的吸附受 pH 影响小，适用范围较广，而对其余 4 种重金属离子的吸附效果随 pH 的升高而提高。在 pH 为 6 时，膨化稻壳对初始浓度为 0.2 mmol/L 的 3 组混合溶液中各重金属离子的去除率均能达到 65%以上，特别是对 C 组混合液中 Cu^{2+}、Pb^{2+}、Cr^{3+} 3 种重金属离子的去除率均高达 95%以上，表现出良好的吸附效果。与同等条件下商业高碘值椰壳活性炭的吸附效果相比而言，仅对 Ag^+ 的去除率不及高碘值椰壳活性炭，而对其余重金属离子的整体吸附效果均表现出优越的吸附性能。

(2) 相同实验条件下，相同剂量的高碘值椰壳活性炭对 B 组混合溶液中 Ag^+ 和 Cr^{3+} 两种重金属离子的吸附占据比较明显的优势，而在对 B 组混合溶液中的 Cd^{2+} 及对 A、C 两组混合溶液中的各种重金属离子的吸附效果中，膨化稻壳的去除效率都与高碘值椰壳活性炭的去除效率相当甚至更好，特别是膨化稻壳对 Zn^{2+} 和 Cd^{2+} 的去除效果更是高碘值椰壳活性炭所不能匹敌的。除了膨化稻壳对 B 组混合溶液中 Ag^+ 和 Cr^{3+} 的去除率随投料量的增加先上升后下降外，对其他重金属离子的去除率均随着投料量的增加而提高，在投料量为 9 g/L 时，去除率均能达到 90%以上。

(3) 膨化稻壳对所研究的 3 组混合溶液的吸附平衡时间存在一个特例，即对 C 组混合溶液中 Ag^+ 的去除率在 4 h 左右达到一个最高值(去除率 97%)，然后去除率稍有下降，吸附平衡约在 8 h 以后。膨化稻壳可以在很短的时间内完成对其余各种重金属离子的同步吸附，在 30～60 min 基本已经达到吸附平衡。吸附动力学曲线均能很好地符合 Lagergren 准二级动力学模型。

(4) 温度对高碘值椰壳活性炭和膨化稻壳两种吸附剂处理 A、B、C 三组混合溶液中各种重金属离子的影响不是特别明显，在 20～60 ℃的温度下均能保持特定的去除率。升高温度有利于高碘值椰壳活性炭对 Cr^{3+} 的吸附，也有利于膨化稻壳对 C 组重金属混合溶液中的 Zn^{2+}、Ag^{+} 两种重金离子的吸附，在环境温度为 60 ℃时，对两种重金属离子的去除率可分别升高至 78%和 80%左右。

(5) 膨化稻壳除了对 Ag^{+} 的吸附量不及高碘值椰壳活性炭外，其余吸附量均稍微高于高碘值椰壳活性炭的吸附量。相同条件下，膨化稻壳对所研究的 3 组混合溶液中各种重金属离子总的吸附效果明显优于商业高碘值椰壳活性炭的吸附效果。在初始浓度为浓度为 5 mmol/L 时，膨化稻壳对 C 组 6 种重金属离子吸附总量可高达 1.7 mmol/g，比相同条件下高碘值椰壳活性炭的吸附总量高 0.3 mmol/g。膨化稻壳对 A 组 Cu^{2+}、Pb^{2+}、Cr^{3+} 3 种重金属离子混合溶液的吸附符合 Langmuir 单分子层吸附模型，而对有 Ag^{+}、Cd^{2+} 和 Cr^{3+} 参与的 B 组和 C 组混合溶液的吸附符合 Freundlich 多分子层吸附模型。

第6章　稻壳基吸附材料对重金属离子的吸附机理

6.1 引　　言

低浓度的重金属离子，尤其大量排放物中的痕量重金属离子无法用传统的化学沉降法、反渗透法、离子交换树脂法去除，这是废水处理的一大难题。吸附法是解决这个问题的有效方法之一。吸附剂的共同特点是内部微孔丰富，比表面积巨大。用吸附剂处理污、废水时，部分重金属离子迅速在吸附剂表面被活性位点吸附，部分重金属离子进入微孔，被吸附剂内表面活性位点吸附。外表面与部分微孔的吸附活性位点会在短时间内饱和，游离重金属离子需进入微孔更深处被吸附，但由于表浅吸附的重金属离子产生的斥力增强，游离重金属离子进入微孔内部的阻力增加。因此要达到完全的吸附饱和需要的时间比较长。

传统的吸附方法(如活性炭吸附和离子交换树脂吸附等)已经不能满足人们现在对环保和经济效益的要求[1,2]。例如，活性炭吸附法在其吸附量达到饱和后，其再生与更换都需要很复杂的工艺过程，且价格较贵，因此，应用受到了限制。而离子交换树脂中，树脂的秽臭与平衡也存在着难以解决的问题。

利用生物(活的、死的及其衍生物)分离水体系中的金属离子、非金属化合物和固体颗粒的过程定义为“生物吸附”。这是一个吸附和解吸附的可逆过程，被吸附的离子可被其他的离子或螯合剂解吸下来[3]。凡是具有从溶液中分离金属能力的生物体或由生物体制备的衍生物，统称为生物吸附剂。生物吸附应用研究工作最早开始于20世纪60年代，其以高效、廉价的优点逐渐引起了人们的兴趣。

吸附剂对重金属离子的整个吸附过程不仅涉及重金属离子的差异性，也涉及吸附剂本身各组分对重金属离子的作用形式多样，以及较为复杂的环境因素的影响。因此，吸附是各种作用综合的结果，许多吸附剂的吸附机理还有待进一步的深入研究。大部分对吸附机理的研究都从吸附热力学、吸附动力学，以及利用红外光谱、XPS、TEM等方法进行分析。而膨化稻壳作为一种新型的吸附剂，对其重金属离子的吸附机理研究国内外还未见报道。

6.2 重金属离子溶液的理化性质[4]

6.2.1 水的物理性质

水是一种无色无味的液体，当液体较深时，呈淡蓝色。水的质量组成中，氢占

11.11%，氧占 88.89%，其分子式为 H_2O。此外，水是一种强极性分子，因而对许多物质都是一种良好的溶剂。水的一个物理性质是除了含有简单的水分子 H_2O 外，还可有以 2 个、3 个、4 个或更多的分子依靠氢键缔合在一起形成缔合分子，即 $(H_2O)_x$。缔合水分子的结构式如图 6-1 所示。

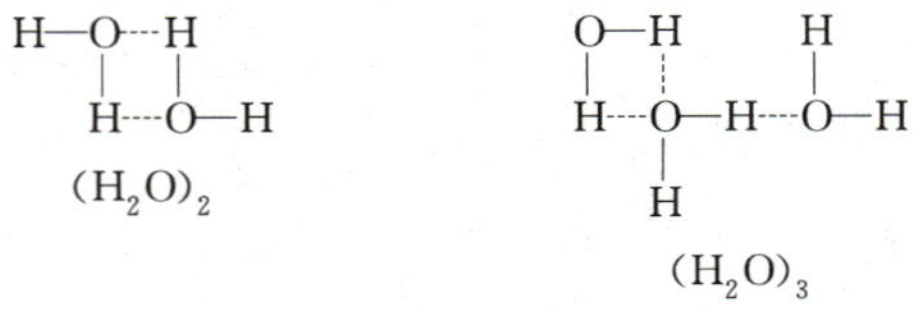

图 6-1　缔合水分子的结构示意图

显然，在水的缔合分子中，双分子 $(H_2O)_2$ 由于同时可能有两个氢键，因而最稳定。氢键的牢固性比普通的化学键要小的多(氢键能约 21 kJ/mol)，因此被吸引在一起的 H_2O 分子可以分离开，然后又重新和其他分子相吸引而形成别的组合，即存在下述平衡：

$$xH_2O \rightleftharpoons (H_2O)_x \qquad (6-1)$$

水中各类缔合分子的含量随温度而改变，如表 6-1 所示。

表 6-1　不同温度下缔合水分子含量(质量分数)　　(单位：%)

形式	0 ℃	4 ℃	38 ℃	98 ℃
H_2O	19	20	29	36
$(H_2O)_2$	58	59	50	51
$(H_2O)_3$	23	21	21	13

水的密度呈现出特殊的性质：在 3.98 ℃时密度最高，1 kg 水的体积为 1000.027 cm^3；此外，温度升高或降低，密度都变小。水的密度和比热容随温度的变化如图 6-2 和图 6-3 所示。

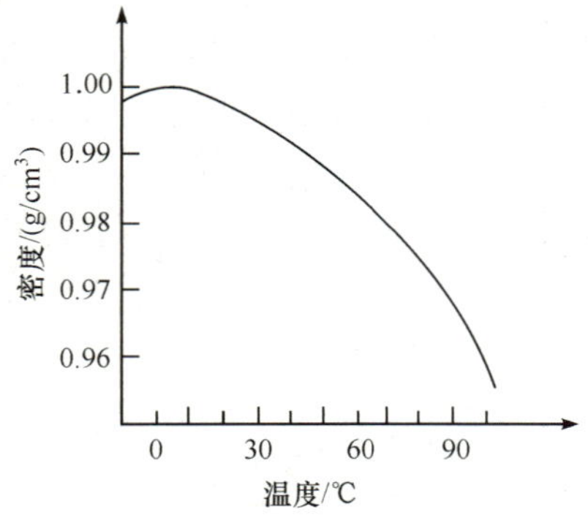

图 6-2　水的密度随温度的变化

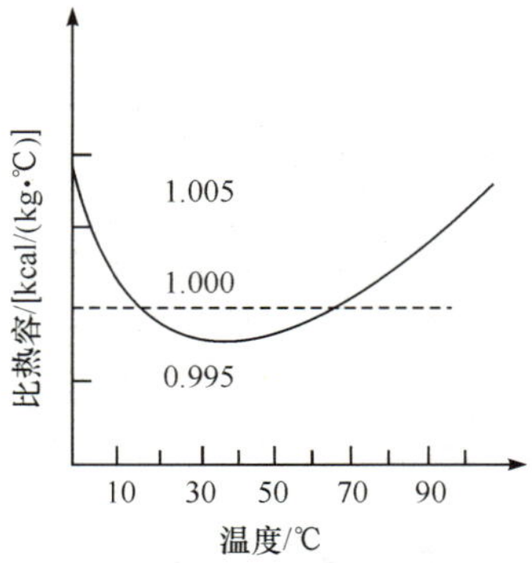

图 6-3　水的比热容随温度的变化
(1 kcal=4.1868 kJ)

在 3.98 ℃时，缔合分子$(H_2O)_2$含量最高，因而密度较大；而升高温度时，简单分子增多，密度减小；降低温度时，$(H_2O)_3$、$(H_2O)_4$ 等含量增加，即缔合分子体积加大，在其间产生了一定空隙，具有像冰的结构，在冰点时，全部分子结合成一个巨大的缔合分子。由于冰的结构是由氧原子形成的大六角形结构，分子间有较大的空隙，因此密度较水小，为 0.92 g/cm^3。冰的密度较水小，因而冰总是浮在水面上，这样就保护了冰下面深厚的水层，使之不至于进一步冷却，这对于保护水中的生物有重大的意义。同质量的水变成冰时体积增大。

在所有的液体和固体物质中，水的热容最大（比同体积的空气的热容大 3300 倍）。也就是说，将水加热或降低到同温度时所消耗或放出的热量大于同质量的其他液体或固体。

水的比热容随温度的变化也呈现出不规则的现象，一般物质的比热容随温度的升高而增大，而水的比热在 10～70 ℃有一极小值范围。水的黏度随温度的升高而很快减小，因此，加热的水比冷的水易于过滤得多。

6.2.2　水的化学性质

水的热稳定性很大，在 2000 ℃以上也仅有百分之几分解为氢气和氧气，并吸收大量的热，如式(6－2)所示。

$$2H_2O \rightleftharpoons 2H_2 + O_2 \quad -572\ kJ/kg \tag{6-2}$$

水是一种极弱的电解质，能电离出少量的 H^+ 和 OH^-，在 25 ℃时离子浓度积为$[H^+]\times[OH^-]=1.02\times10^{-14}$，此常数称为水的离子积。在电解时，水很容易分解为 H_2 和 O_2，如式(6－3)所示。

阴极上：$$2H^+ + 2e^- \longrightarrow H_2\uparrow$$

阳极上：$$4OH^- - 4e^- \longrightarrow 2H_2O + O_2\uparrow \tag{6-3}$$

在应用电解法处理含铬废水时，就是利用阴极上 H^+ 的消耗，使阴极附近废水的 pH 升高而使 Cr^{3+}、Fe^{3+} 生成氢氧化物沉淀。

6.2.3　重金属离子的性质(以 Cu 为例)

金属铜位于周期表ⅠB 族，它属于 ds 区，外层电子结构为 $3d^{10}4s^1$，具体性质如表 6－2 所示。

表 6－2　铜的性质

	原子半径/pm	M^+ 离子半径/pm	M^{2+} 离子半径/pm	第一电离势/(kJ/mol)	第二电离势/(kJ/mol)	M^+ 水合热/(kJ/mol)	M^{2+} 水合热/(kJ/mol)	升华热/(kJ/mol)	电负性
铜	117	96	72	746	1958	－582	－2121	331	1.90

铜的标准电极电势图如式(6－4)所示。

酸性溶液 $\phi_A^{\ominus}/V$　　　　　　碱性溶液 $\phi_B^{\ominus}/V$

$$CuO^{+} \xrightarrow{1.8} Cu^{2+} \xrightarrow{0.152} Cu^{+} \xrightarrow{0.521} Cu \qquad Cu(OH)_2 \xrightarrow{-0.08} Cu_2O \xrightarrow{-0.358} Cu \tag{6-4}$$

（Cu^{2+} → Cu：0.337）

铜在水溶液中的化学活泼性远小于碱金属，在同族元素中它的活泼性最高。其中 d 轨道未充满的 $Cu(H_2O)^{2+}$ 呈蓝色。

6.3　吸附作用力及吸附相关参数[4]

一切物质，不论其聚集状态如何，其分子之间都有相互作用力。在物质的体相，从统计平均的观点来看，任何一个分子在各个方面所受到的作用力是均衡的，相互抵消的，因此分子所受合力为零，而在界面层的分子(或原子、离子)则由于两侧体相中分子对它的作用力不同，而处于不均衡作用力之下，故将受到一个垂直于界面的合力。这就使界面层分子所具有的能量与体相分子不相同，即具有附加的界面能，因而界面层分子有自发吸引其他分子使其所受作用力部分或完全均衡，并降低自己能量的倾向，其结果将使界面层中某种或几种组分分子的浓度与体相不同，这就是吸附作用力产生的原因。

6.3.1　London 色散力

色散力是指固体表面原子和吸附质分子之间或吸附质分子相互之间彼此靠近时，吸附质分子和表面原子的原子核由于同周围轨道的电子产生相对振动，发生瞬间极化，并诱导邻近原子产生极化，在这两个极化原子之间存在约 10^4 J/mol 的弱的电相互作用力。它的大小与 r^{-6} 成正比，r 表示原子间的距离。原子核外的电子数越多，相对原子质量和原子序数越大，则原子或分子的色散力就越大。在国内，秦菲[5]等在利用泥煤吸附 Pb、Cu 和 Cd 时提到了色散力对吸附机理有着重要的影响。同样，吸附分子之间彼此靠近时，它们之间也产生色散力，对吸附产生影响。所有物质之间都存在色散力相互作用。

6.3.2　偶极子相互作用

在吸附分子中或是电负性(电子亲和性)不同的表面原子形成化学键时，电荷偏向电负性大的原子。若偏移的电荷量为＋e、－e，两种电荷的中心距离为 r，则在两个结合原子之间产生电矩 $\mu = er$，称为键矩。这种表面偶极子或具有表面，极性官能团的键矩与偶极子吸附分子发生相互作用，这种作用正比于 r^{-3}，比

London 色散力小。吸附分子或表面分子中有一方存在偶极矩时，都能产生诱导使对方分子产生偶极矩，发生微弱相互作用。

6.3.3　四极子相互作用

表面相邻的原子团发生电荷分布偏移，形成四极子，这里的电位等高线是马鞍形，形成四极矩。具有四极矩的相互吸附分子与表面的四极子发生相互作用，这种四极子相互作用力比偶极子相互作用力更弱。上述的 London 色散力、偶极子相互作用和四极子作用力总称为范德华力。

6.3.4　静电力

静电力与单原子形成 1s,2s,2p,…不连续的不同电子能级，固体内有许多原子，这些原子的能级相互扰动，形成一个连续的能带。当绝缘性固体或绝缘性液体之间相互接触时，在界面产生静电荷，虽然电量很小，但能产生高达几千伏的电场。固体界面也常常带电。吸附质和吸附剂之间或吸附剂相互作用之间也产生静电引力或静电斥力，这种力是长距离弱相互作用。因此，胶体中带异号电荷的粒子之间或不带电荷的粒子之间容易聚集。当固体表面有酸性位或碱性位时，表面就带正电荷或负电荷。例如，表面有酸性官能团或碱性官能团时，用●表示水溶液中的固体表面：

碱性　$●\!-\!NH_2 + H_2O \!=\!=\!= ●\!-\!NH_3^+ + OH^-$

酸性　$●\!-\!OH + H_2O \!=\!=\!= ●\!-\!O^- + H_3O^+$

酸性　$●\!-\!OH + H_3O^+ \!=\!=\!= ●\!-\!OH_2^+ + H_2O$　(6－5)

于是固体表面就带正电荷或带负电荷。溶液的酸性取决于它们的酸常数。这种表面也是离子吸附位或离子交换位。Yoshio Nakano[6]研究单宁吸附溶液中的六价铬离子，得出吸附机理是通过三个步骤，首先是三价的铬离子与单宁发生酯化反应，其次是六价铬离子变成三价铬离子，然后是通过离子交换作用，吸附剂表面的羧基和羟基交换出了氢离子，最终溶液中的铬离子减少。汪洋[22]等使用中国的黄土吸附镉离子，得出溶液的酸性对吸附过程的影响，肯定了离子交换在机理中作用的结论。

虽然离子交换有化学键变化，与吸附定义稍有不同，但广义上也包含在吸附中。Moreno-Castilla 等[7]使用处理过的碳表面吸附重金属离子，质子影响着吸附过程中内外表面的酸性基团。表面官能团，如羟基(—OH)、羧基(—COOH)、磺酸基(—SO_3H)等酸性基团或氨基(—NH_2)等碱性基团在水溶液中与电解质阳离子或阴离子发生如下的离子交换反应：

$$●\!-\!OH + M^+ + X^- \!=\!=\!= ●\!-\!OM + H^+ + X^-$$

$$●\!-\!OH + M^+ + OH^- \!=\!=\!= ●\!-\!OM + H_2O$$

$$●\!-\!NH_2 + M^+ + X^- + H_2O \!=\!=\!= ●\!-\!NH_3X + M^+ + OH^-$$

$$●\!-\!NH_2 + H^+ + X^- \!=\!=\!= ●\!-\!NH_3X \quad (6-6)$$

采用离子交换剂很容易除去水溶液中的微量离子。高分子和氧化物的离子交换效率高，可用于水的精制、海水中稀有元素的提炼、稀土元素混合物的工业分离和精制。

6.3.5 氢键作用

固体表面往往存在含氢原子的极性官能团，如羟基(—OH)、羧基(—COOH)、磺酸基(—SO_3H)、巯基(—SH)、磷杂醇基(—POH)、氨基(—NH_2)和亚氨基(—NH—)。这些表面官能团上的氢原子同吸附分子中电负性大的原子，如氧、硫、氮、氟、氯的孤对电子作用，形成(H—O···H)，键角约为180°，如图6-4所示。同样，结合在表面官能团中氢原子上的氧、氮、氟等原子的孤对电子也可以与吸附分子中的氢原子作用形成氢键。氢键与前面所述的静电引力作用不同。地球生物圈内到处都存在大量的水，吸附质内有时也含有水，水与固体表面形成氢键吸附是极其重要的现象。Al-Ghouti[8]在文中提到了吸附亚甲基蓝的吸附机理为氢键和电子吸引。氢键的强度是范德华力的5～10倍，通过氢键吸附的分子在室温很难脱附。从这个意义上，可以说氢键吸附是准可逆吸附。表面官能团中存在氢键时，由于含偶极矩，偶极子相互作用也常见。李建平等[9]使用在桂林附近发现的植物——多年生禾本科李氏禾进行研究，发现其对铬具有明显的超积累特性。通过吸附动力学实验和XPS表征手段证明它的吸附机理是电荷转移。

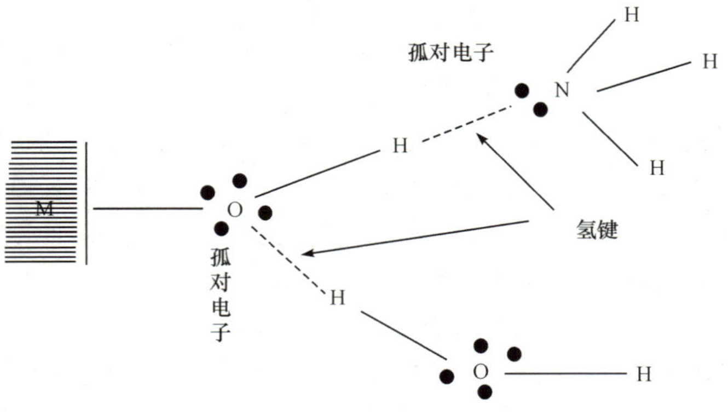

图6-4 氢键的形成

6.3.6 酸、碱、π轨道相互作用

当吸附剂表面存在杂质原子X时，如果杂原子X的原子价或电负性与吸附剂的主要原子M不同，如X原子的电子过剩时，就是给电体，也称为路易斯酸；如果X原子的电子不足，就是受电子体，也称为布朗斯台德酸。当表面原子中含有未成对电子时，表面的反应活性就高，表面具有给电子性质。Zhou[10]等利用纤维素和

壳质做成珠子吸附重金属离子铅，并且探讨了它的吸附机理，得出主要的吸附作用是配位作用。

Zhan[11]等利用自然浓缩的单宁合成吸附剂吸附溶液中的二价铅离子，提出了吸附机理为酸、碱、π 轨道相互作用。例如，表面杂质和负载在表面的过渡元素，这些原子的 d 轨道或 f 轨道上存在未成对电子，表面原子和表面官能团被紫外线、X 射线、γ 射线等高能粒子激发或热激发，化学键被破坏，在表面产生不稳定的未成对电子。这些未成对电子或自由基的反应活性很高，表面具有给电子性质。这种吸附型配合物分子的电子轨道反应活性高，可以作不饱和烃聚合、分解、还原等接触反应的催化剂。

6.3.7　表面修饰

如果把反应活性低的物质覆盖在极性表面，或者用非极性官能团置换表面的极性官能团，极性表面就变成非极性表面，表面的吸附性质和反应性质也随之改变。Wang[12]等用强酸处理过的阳离子交换树脂吸附镉离子，通过这种表面修饰得出它的吸附机理。用氧化剂或还原剂处理活性炭能够改变活性炭的表面官能团、表面积和空隙。Wan[13]等通过改变置换基团的种类及其表面浓度，能够改变表面的化学、物理性质(如孔径、亲水性或憎水性)，获得具有不同选择吸附性质的表面。

Zhou[14]等通过表面修饰改变了壳聚糖，在其表面加上了酮戊二酸改性过的磁性纳米涂层，改变了吸附剂表面的化学基团，从而大大提高了改材料的吸附量。Yang[15]等利用化学试剂改性，增加了吸附剂的官能团，修饰了吸附剂的表面，增大了吸附剂的吸附量[16]。

6.4　吸附相关参数[4]

6.4.1　吸附等温线

对重金属离子的吸附与解吸作用的研究及认识，可从宏观和微观两个角度进行概括。从宏观上对吸附作用的研究又是从热力学和动力学两个方面进行描述的。从热力学方面开展的研究，在简单体系中，通常是把重金属离子在固体表面的吸附密度或吸附量作为状态函数，把体系的 pH、离子强度、温度等环境因素及重金属离子浓度作为自变量，用图形、数学解析方程或列表的形式来描述吸附密度和这些自变量之间的关系。实验数据主要是根据批量平衡技术来获得，关系等温线和浓度关系等温线是主要获得的结果。对浓度关系等温线的模拟通常采用方程(6－7)和方程(6－8)等典型等温吸附方程，把固体浓度、离子强度和 pH 都恒定下来，只把吸附质的浓度作为自变量，通过模拟得到等温吸附系数、单分子层饱和吸附密度和吸附热几个热力学参数或其他几个经验参数。

在溶液中，当吸附质在吸附剂表面达到动态平衡时，吸附速率与解吸速率相等，吸附质在吸附剂及溶液中的浓度都不再改变，此时吸附质在溶液中的浓度就称为平衡浓度。达到吸附平衡时，单位质量的吸附剂所吸附的吸附质的量称为吸附量，一般以 Q(mg/g)表示吸附量，由式(6-7)计算。

$$Q(\text{mg/g}) = \frac{(C_0 - C_e)V}{M} \tag{6-7}$$

式中，溶液的体积 V，单位 L；原溶液中吸附质的浓度 C_0，单位 mg/L；吸附平衡时溶液中剩余吸附质浓度 C_e，单位 mg/L；吸附剂的质量 M，单位 mg。

不同的固体表面与吸附质组合得到各种不同的吸附等温线。这些等温线的形状反映了固体表面的结构、孔结构和固体-吸附质的相互作用，通过这些等温线就能知道吸附相互作用和表征固体表面。

当吸附剂、溶液一定，在恒温条件下吸附达到平衡时，吸附质在吸附剂表面和在溶液中的浓度按一定规律分配，存在一定的函数关系。这种关系称为吸附等温式或吸附等温线，常用的有以下两个：

(1) Langmuir 吸附等温式

$$\frac{Q_e}{Q_{max}} = \frac{bC_e}{1 + bC_e} \tag{6-8}$$

或

$$\frac{C_e}{Q_e} = \frac{1}{Q_{max}} \times C_e + \frac{1}{Q_{max} b} \tag{6-9}$$

(2) Freundlich 吸附经验式

$$Q_e = KC_e^{1/n} \tag{6-10}$$

或

$$\lg Q_e = \frac{1}{n} \lg C_e + \lg K \tag{6-11}$$

式中，C_e(mg/L)为平衡后的溶液中剩余金属离子的浓度；Q_e(mg/g)和 Q_{max}(mg/g)为代表平衡吸附量和最大吸附量；b 与吸附强度有关；n 和 K 为 Freundlich等温吸附模型方程参数，分别与吸附强度和吸附量有关。

在吸附质浓度适中时，吸附等温式与实际过程是相符的。虽然吸附等温式得到了广泛应用，但严格来说它们只是描述固-气吸附规律的经验公式，而且这两个方程都是在某些特定的假设条件下建立的。由于固-液吸附远比气-固吸附复杂，所以这些方程只能作为数据处理的一种方法，而不能完全解释复杂体系中吸附反应的机理。

6.4.2　吸附动力学方程

参考的吸附动力学模型主要有以下 6 个。

(1) Lagergren 准一级动力学模型：

$$\ln(1 - Q_t/Q_m) = -k_1 t \tag{6-12}$$

式中，k_1[g/(mg · min)]为准一级速率常数；t(min)为反应时间；Q_t 和 Q_m(mg/g)分别为 t 时刻对应的吸附量和吸附平衡时的最大吸附量。

(2) Lagergren 准二级动力学模型：

$$\frac{t}{Q_t}=\frac{1}{k_2Q_m^2}+\frac{t}{Q_m} \tag{6-13}$$

式中，k_2[g/(mg · min)]为准二级速率常数；t(min)为反应时间；Q_t 和 Q_m(mg/g)分别为 t 时刻对应的吸附量和吸附平衡时的最大吸附量。

(3) Elovich 吸附模型：

$$Q_t=\frac{1}{b}\ln(1+abt) \tag{6-14}$$

将式(6－7)代入公式中可得

$$\frac{C_t}{C_0}=1-\frac{M}{bVC_0}\ln(1+abt) \tag{6-15}$$

式中，C_0 和 C_t 分别为溶液初始浓度和 t 时刻对应的平衡浓度；M(g)为吸附剂用量；V(L)为溶液体积；a、b 均为方程参数，a 表示在吸附零点处的化学吸附速率，b 则与表面覆盖度以及化学吸附活化能有关。

(4) Elovich 方程：

$$Q_t=a+k\ln t \tag{6-16}$$

(5) 双常数方程：

$$\ln Q_t=a+k\ln t \tag{6-17}$$

(6) 抛物线扩散方程：

$$Q_t=a+kt^{1/2} \tag{6-18}$$

式中，k 为动力学方程的吸附速率常数；Q_t(m/g)为 t 时间的吸附量；Q_e 为平衡时的吸附量。上述模型根据来源不同，可大致分为两类，一类是建立在化学动力学模型基础上，如一级动力学方程和抛物线扩散方程；另一类属经验性方程，如 Elovich 方程和双常数方程。与化学反应动力学模型不同的是，经验方程得出的参数意义多不确切，难以用作反应机理的分析。Cheung 等[17]利用吸附动力学方程探讨了合成的吸附剂吸附过程的抛物线扩散方程，说明该过程是一个扩散控制的交换反应过程。而方程显示吸附解吸过程是非均相扩散过程，双常数方程即修改的方程。

6.4.3　吸附热力学参数

体系的任何变化都一定会伴随着能量的变化。大部分能量变化以热的形式表现出来，因此，通过测量体系的温度变化就能够知道体系的能量变化。单分子层吸附发生在吸附等温线的低压区或低浓度区，这时吸附剂和吸附质直接发生相互作用，因此，测定吸附热和脱附热是研究吸附机理的重要手段。

吸附热可以用量热法求得，也可以从吸附等温线算得，显然这都是相当大量和复杂的工作。温度在吸附过程中起到非常重要的作用。我们在不同温度下，进行了一系列的实验，希望通过实验结果进一步掌握温度在生物质吸附剂吸附重金属的过程中产生的影响。在不同的温度下，热力学参数可以通过热力学平衡常数随温度的变化计算出来，热力学平衡常数的公式如式 6－19 所示。

$$K_d = \frac{(C_0 - C_t)V}{C_t W} \tag{6-19}$$

式中，W 为吸附剂质量；K_d 为热力学平衡常数。求取了不同温度下的 $\ln K_d$ 值，对 $1/T$ 作图。从图中可以得出 ΔH、ΔS，通过计算可以得出 ΔG 的值。

6.5　稻壳基吸附材料的表征

6.5.1　红外图谱

由于稻壳含大量的纤维素、木质素及少量蛋白质、多糖等，组分复杂，按文献将谱带进行归属。参照韩润平、曲荣军、Gong Renmin 等学者的红外光谱分析，在天然稻壳的红外光谱中(图 6－5)，3416 cm^{-1}处的强宽峰为羟基和胺基的混合伸缩振动吸收峰，2924 cm^{-1}处的峰为 CH_2、CH_3 的不对称伸缩振动峰，1635 cm^{-1}处的峰为伯胺类的 N—H 弯曲振动，1182 cm^{-1}处的吸收峰是由细胞壁中存在的碳水化合物或醇中的 C—O 伸缩振动引起的，也可能是 C—O—S 伸缩振动峰或是羰基的 C═O 伸缩振动峰，SO_4^{2-} 的特征吸收峰在 618 cm^{-1}处，该位置有一弱吸收峰，说明生物质材料中很可能存在少量硫酸酯。膨化稻壳的红外谱图如图 6－6 所示，对比天然稻壳红外谱图 6－5，主要吸收峰位置变化不大，这说明经膨化前后，稻壳的化学官能团变化不大，当然这种结论不是绝对的，不排除大的吸收峰掩盖掉一些小的吸收峰，或是发生变化的基团较少，红外的最低检测灵敏度未超过基团的检测度。2855 cm^{-1}处的吸收峰可能是甲基和亚甲基的伸缩，膨化后使更多的甲基和亚甲基暴露。

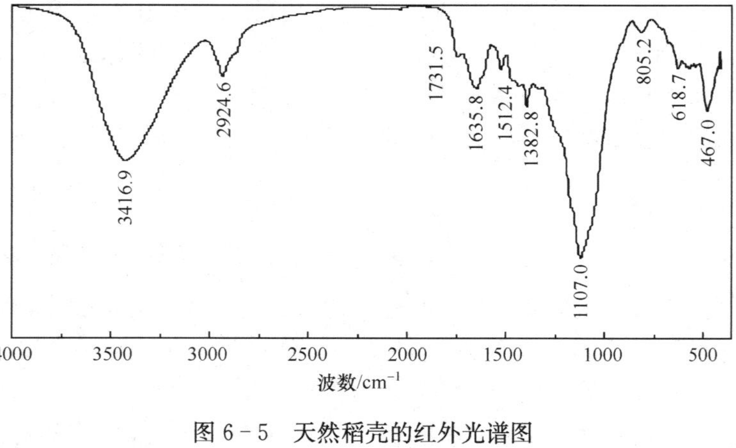

图 6－5　天然稻壳的红外光谱图

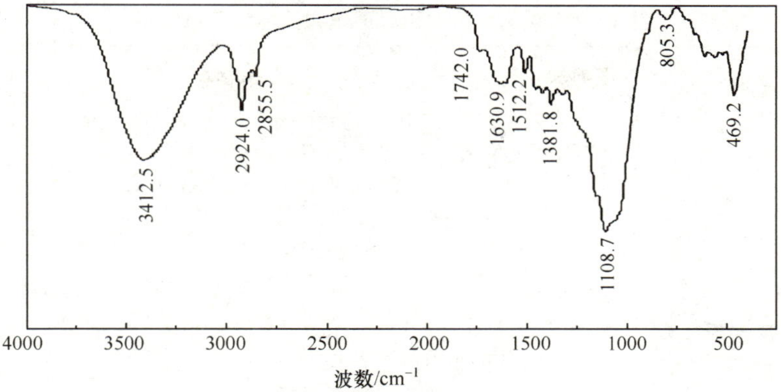

图 6-6　膨化稻壳的红外光谱图

6.5.2　比表面积和孔隙分析

如表 6-3 和表 6-4 所示，膨化稻壳较天然稻壳的比表面积大，但是比表面积不是稻壳吸附效果较好的主要原因。天然稻壳的平均孔直径为 35.45 nm，膨化稻壳的平均孔直径为 27.96 nm。这两种孔直径都属于中孔(表 6-5)。

表 6-3　稻壳的比表面积和孔体积分析结果

比表面积分析结果：	
	BET 多点法比表面积：0.88 m^2/g
	BET 单点法(P/P_0=0.19916)比表面积：0.72 m^2/g
	Langmuir 法比表面积：1.69 m^2/g
	T-Plot 法微孔比表面积：0.00 m^2/g
	T-Plot 法外比表面积：0.88 m^2/g
孔体积(孔容)分析结果：	
	总孔体积(P/P_0=0.9995)：0.007 8 cm^3/g
	BJH 法(圆筒孔模型)孔体积：0.003 3 cm^3/g
	MK-Plate 法(平行板孔模型)孔体积：0.002 8 cm^3/g
	T-Plot 法微孔体积：0.000 00 cm^3/g
	MP 法微孔体积：0.000 00 cm^3/g
	DR 法微孔体积：0.000 5 cm^3/g
孔径分析结果：	
	平均孔直径：35.45 nm
	BJH 法(圆筒孔模型)平均孔直径：12.43 nm
	MK-Plate 法(平行板孔模型)平均层间距：17.23 nm

表 6-4　膨化稻壳的比表面积和孔体积分析结果

比表面积分析结果：
BET 多点法比表面积：0.93 m^2/g
BET 单点法（P/P_0=0.199 16）比表面积：0.80 m^2/g
Langmuir 法比表面积：1.67 m^2/g
T-Plot 法微孔比表面积：0.00 m^2/g
T-Plot 法外比表面积：0.93 m^2/g
孔体积（孔容）分析结果：
总孔体积（P/P_0=0.999 5）：0.006 5 cm^3/g
BJH 法（圆筒孔模型）孔体积：0.002 5 cm^3/g
MK-Plate 法（平行板孔模型）孔体积：0.002 1 cm^3/g
T-Plot 法微孔体积：0.000 00 cm^3/g
MP 法微孔体积：0.000 00 cm^3/g
DR 法微孔体积：0.000 4 cm^3/g
孔径分析结果：
平均孔直径：27.96 nm
BJH 法（圆筒孔模型）平均孔直径：11.35 nm
MK-Plate 法（平行板孔模型）平均层间距：11.35 nm

表 6-5　孔的分类

分类	直径
极微孔（ultramicropore）	<0.5 nm
超微孔（supermicropore）	0.5～2.0 nm
中孔（mesopore）	2.0～50 nm
大孔（macropore）	>50 nm

6.5.3　Zeta 电位

天然稻壳和膨化稻壳在水中分散，从 Zeta 电位（图 6-7 和图 6-8）可得出天然稻壳和膨化稻壳颗粒表面带负电荷。从胶体化学的观点看，它们均属于“阴离子悬浮体系”，膨化稻壳比天然稻壳的表面电负性更强。

6.5.4　元素分析和 XRF

元素分析如表 6-6 所示。

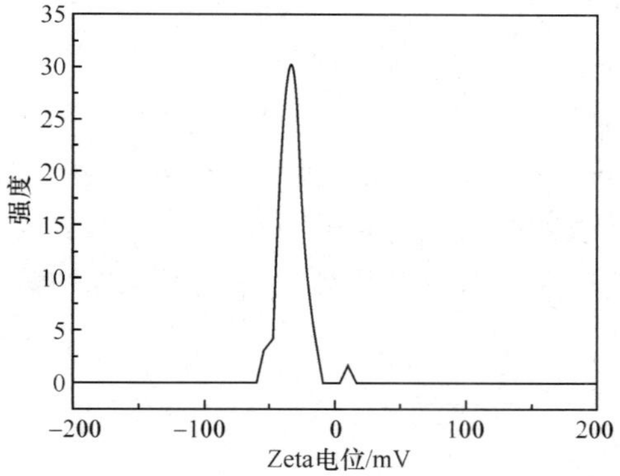

图 6－7　稻壳 Zeta 电位图

稻壳 Zeta 电位＝－32.4 mV

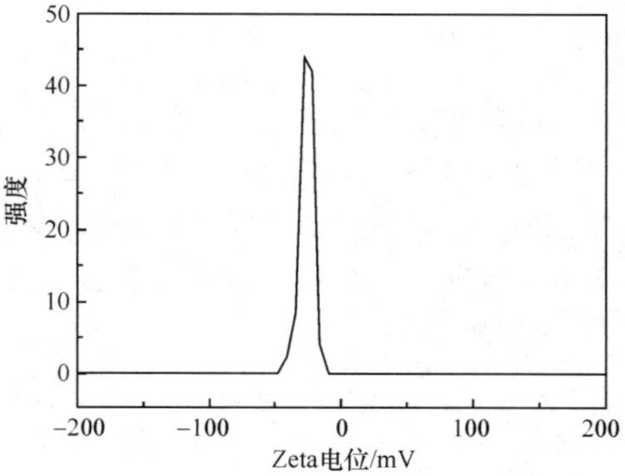

图 6－8　膨化稻壳 Zeta 电位图

膨化稻壳 Zeta 电位＝－25.8 mV

表 6－6　天然稻壳和膨化稻壳的元素分析数据　（单位：%）

	C	H	O	N	Cl	S
天然稻壳	42.165	5.328	38.936	0.48	0.085	0.287
膨化稻壳	40.945	5.138	39.200	0.57	0.32	0.465

元素分析数据显示天然稻壳和膨化稻壳的基本元素含量差别较小，元素 C、O 的含量最高，其次是 H 和 N。结合红外图谱可以分析得出天然稻壳和膨化稻壳含有少量的胺基。

XRF 分析如表 6－7 和表 6－8 所示。

表 6－7　天然稻壳的 XRF 分析结果

样品名称	含量/%	样品名称	含量/%	样品名称	含量/%
Al_2O_3	1.202	Fe_2O_3	0.993	MnO	0.283
CaO	2.455	K_2O	3.400	Na_2O	4.352
SO_3	6.595	SiO_2	77.105	P_2O_5	1.996
Cl	0.718	MgO	0.872	ZnO	0.029

表 6－8　膨化稻壳的 XRF 分析结果

样品名称	含量/%	样品名称	含量/%	样品名称	含量/%
Al_2O_3	0.794	Fe_2O_3	0.601	MnO	0.209
CaO	3.375	K_2O	4.387	Na_2O	0.110
SO_3	2.566	SiO_2	82.935	P_2O_5	3.009
Cl	1.105	MgO	0.888	ZnO	0.020

6.5.5 XRD

材料的物相是由化学成分和晶体结构两部分所决定的。图 6-9 和图 6-10 分别为天然稻壳和膨化稻壳的 XRD 图。可以看出，天然稻壳和膨化稻壳属于非晶态物质，这类非晶物质的衍射图由少数漫散射峰组成。从非晶衍射图也可以得出一些信息。当非晶物质中出现部分晶态物质时，就会在漫散射峰之上叠加明锐的结晶峰。

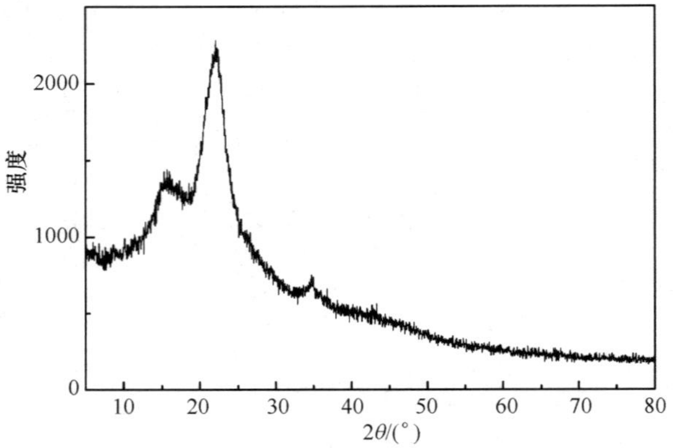

图 6-9　天然稻壳的 XRD 分析数据

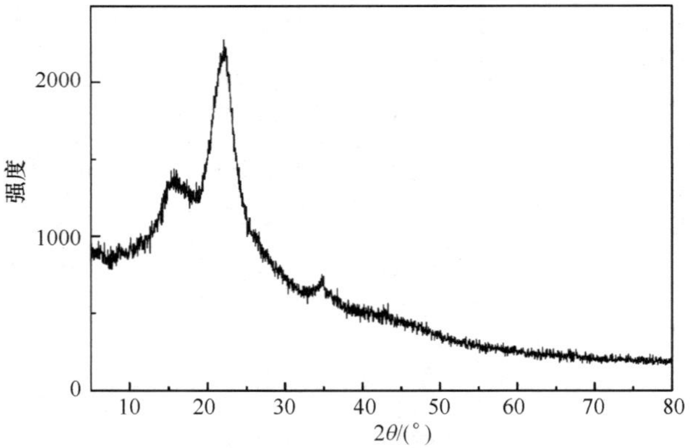

图 6-10　膨化稻壳的 XRD 分析数据

6.5.6 材料润湿性

材料与水的润湿效果，直接反映了材料在水中的存在形式。由表 6-9 可知，膨化稻壳的润湿角小于天然稻壳的。这说明膨化稻壳比天然稻壳更易溶于水中。

表 6-9　吸附剂的润湿角

吸附剂	θ/(℃)	对比液
天然稻壳	67.347	正己烷
膨化稻壳	45.285	正己烷

6.5.7　材料导电能力

材料的导电能力可以间接地反映材料传递电子的能力。从表 6-10 可知，膨化稻壳的电导率大于天然稻壳的电导率。而用水清洗过的天然稻壳和膨化稻壳的电导率都有一定范围的下降，其中以膨化稻壳的电导率下降得最多，导电能力下降。

表 6-10　吸附剂的电导率

吸附剂	电阻	电压	电阻率	电导率
天然稻壳	4.83 GΩ	500 V	2.683×10^9 Ω·M	0.373×10^{-9} S·m^{-1}
膨化稻壳	577 MΩ	500 V	0.166×10^9 Ω·M	6.024×10^{-9} S·m^{-1}
水洗天然稻壳	20 GΩ	2500 V	6.394×10^9 Ω·M	0.156×10^{-9} S·m^{-1}
水洗膨化稻壳	18.65 GΩ	2500 V	11.00×10^9 Ω·M	0.09×10^{-9} S·m^{-1}

6.5.8　TG

图 6-11 和图 6-12 分别为天然稻壳和膨化稻壳的 TG 图。如图所示，天然稻壳的分解温度为 307.49℃，膨化稻壳的分解温度为 294.39℃。天然稻壳的失重率为 66.33%，高于膨化稻壳的失重率 59.27%，经膨化处理，虽然分解温度降低了，但是物质的热稳定性有所提高。

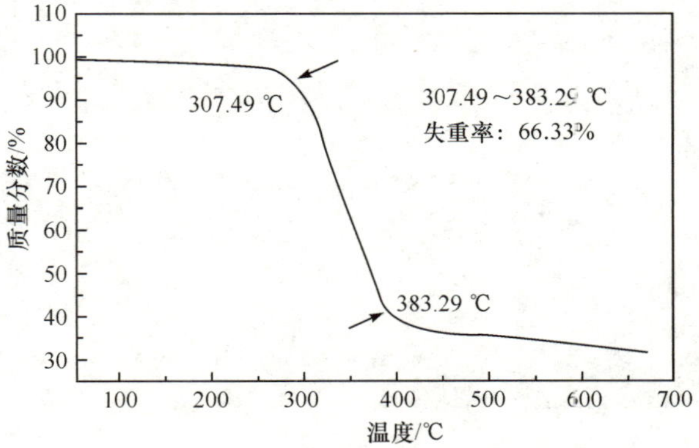

图 6-11　天然稻壳的热重分析图

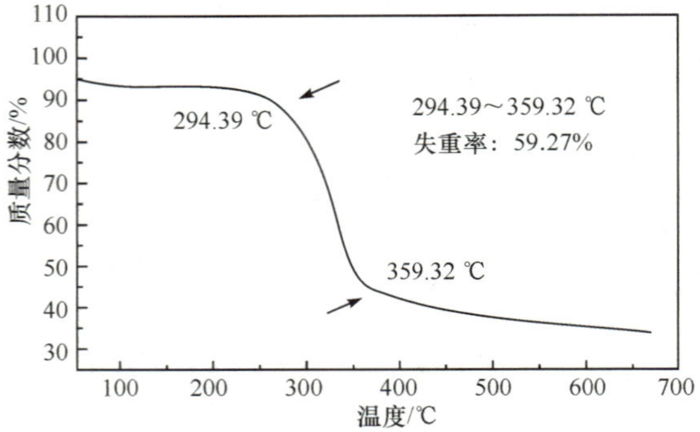

图 6－12　膨化稻壳的热重分析图

6.5.9　SEM

图 6－13 为天然稻壳、膨化稻壳和活性炭的 SEM 图。如图所示，放大 500 倍的天然稻壳结构非常规整，结构紧密；放大 500 倍的膨化稻壳内部较为疏松；放大 500 倍的活性炭孔结构非常丰富。放大 2000 倍的天然稻壳可清晰见其单元结构，表面隆

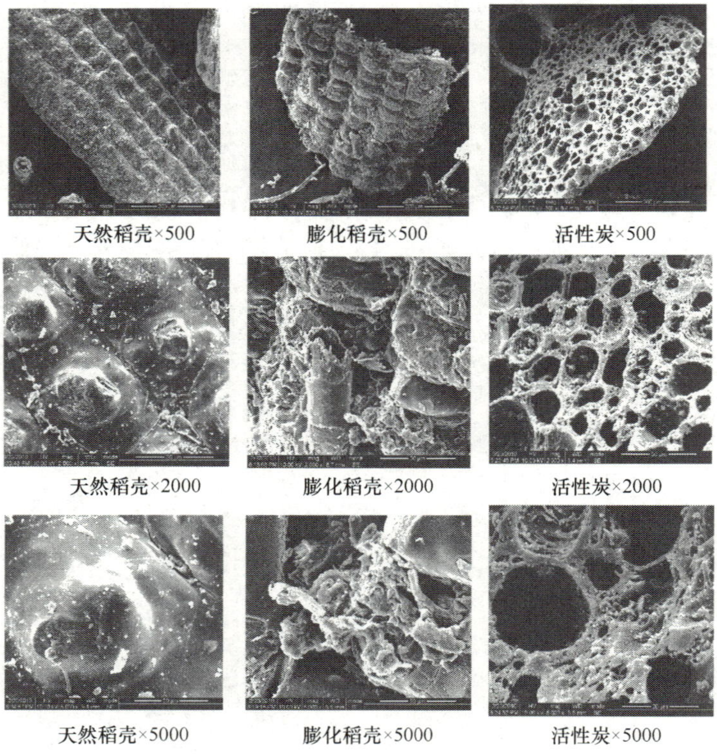

图 6－13　吸附剂的 SEM 图谱

起为部分硅质;放大 2000 倍的膨化稻壳表面较天然稻壳结构均匀无隆起状结构,表面疏松;放大 2000 倍的活性炭表面多孔,从图中可看出孔直径在 18～50 μm。放大 5000 倍的天然稻壳清晰可见表面隆起结构,其内部结构致密。放大 5000 倍的膨化稻壳已经可以看出表面的疏松结构层层多变,结构粗糙;放大 5000 倍的活性炭,表面孔结构清晰,而且大孔壁上附有小孔,1～50 μm 直径大小的孔数量不等。

6.5.10　XPS 分析测试

图 6－14 和图 6－15 分别为天然稻壳和膨化稻壳的 XPS 全谱图。表 6－11 为天然稻壳的 XPS 含量分析。表 6－12 为膨化稻壳的 XPS 含量分析。

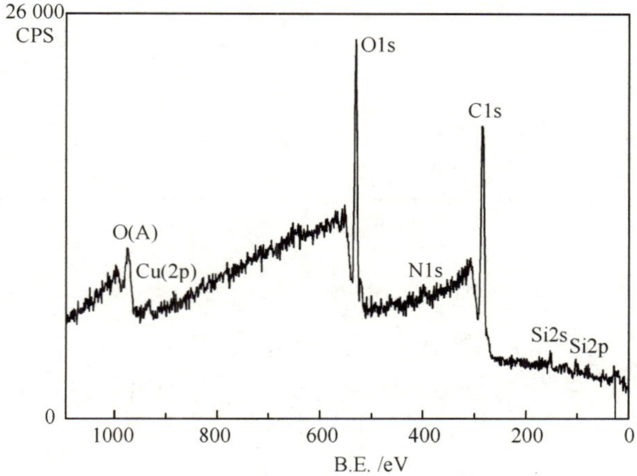

图 6－14　天然稻壳的 XPS 全谱图

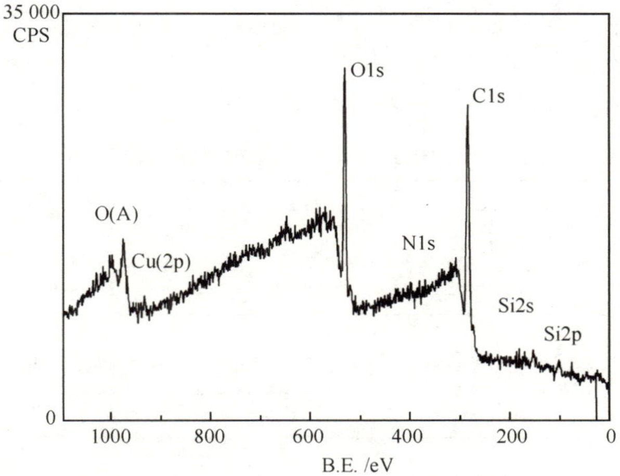

图 6－15　膨化稻壳的 XPS 全谱图

表 6-11　天然稻壳的 XPS 含量分析

元素	面积	Q因子	A/Q	原子分数%
C1s	2714.5	0.493	5506.1	59.7
O1s	2902.0	0.914	3175.1	34.4
Si2p	81.5	0.433	188.2	2.0
Cu2p	319.2	1.6	199.5	2.2
N1s	108.8	0.724	150.3	1.6
			9219.1	100.0

表 6-12　膨化稻壳的 XPS 含量分析

元素	面积	Q因子	A/Q	原子分数%
C1s	6 877.7	0.493	13 950.7	66.0
O1s	5 175.0	0.914	5661.9	26.8
Si2p	269.5	0.433	622.4	2.9
Cu2p	893.5	1.6	588.4	2.6
N1s	237.5	0.724	328.0	1.6
			21 121.5	100.0

6.5.11　EDS 分析

通过 EDS 对天然稻壳和膨化稻壳的分析，如表 6-13、表 6-14 所示。在相似区域里，分析采集选中图样（图 6-16～图 6-19）的表面元素含量。天然稻壳的表面含元素 Si 更多。

处理选项：所有经过分析的元素（已归一化）。

重复次数：4 标准样品。

C　$CaCO_3$　1-Jun-1999 12：00 AM

O　SiO_2　1-Jun-1999 12：00 AM

Si　SiO_2　1-Jun-1999 12：00 AM

表 6-13　天然稻壳 EDS 图谱采集区域的含量分析表

元素	C K	O K	Si K	
质量（质量分数）	16.81	44.27	38.91	（总量）100.0
原子（原子分数）	25.21	49.84	24.95	

表 6-14　膨化稻壳 EDS 图谱采集区域的含量分析表

元素	C K	O K	Si K	
质量（质量分数）	18.38	45.11	36.51	（总量）100.0
原子（原子分数）	27.09	49.91	23.01	

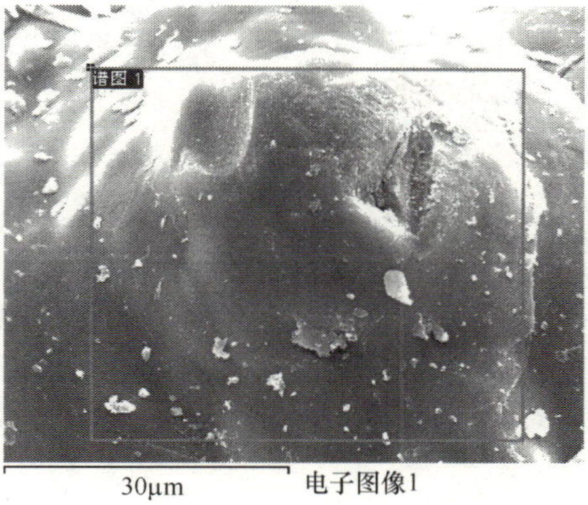

图 6-16　天然稻壳的 EDS 图谱采集区域

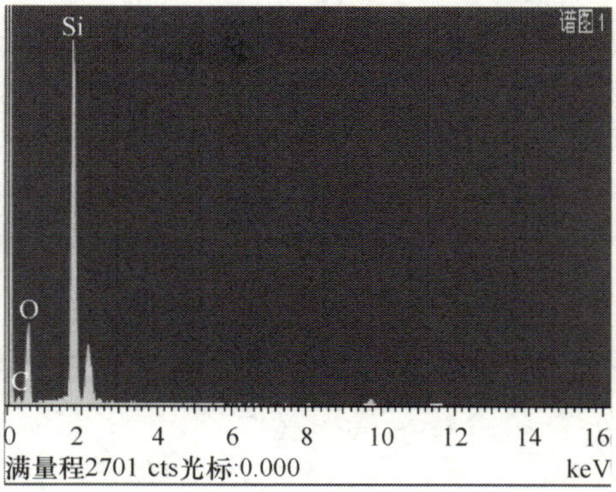

图 6-17　天然稻壳的 EDS 图谱采集区域的含量分析

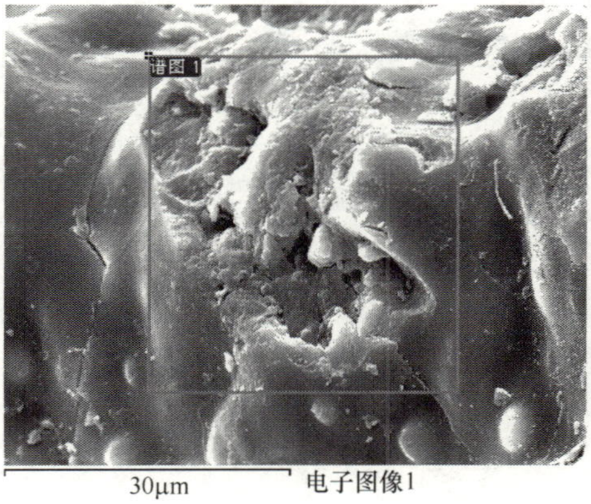

图 6-18　膨化稻壳的 EDS 图谱采集区域

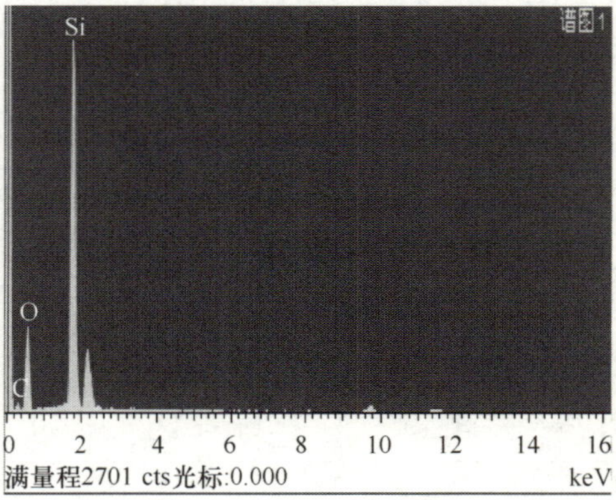

图 6-19　膨化稻壳的 EDS 图谱采集区域的含量分析

6.6　实验研究方法

室温约 20 ℃条件下，配制一定浓度的重金属单离子溶液（以 Cu 为例），并用 0.1 mol/L 的 NaOH 和 0.1 mol/L 的 HNO_3 调节溶液 pH 至适当值。取 100 mL 配制好的重金属离子溶液加入 100mL 的磨口锥形瓶中，分别投加一定质量的天然稻壳粉、膨化稻壳粉吸附材料（均为 40 目）后将密封的锥形瓶置于一定温度条件下的振荡培养箱中，在 150 r/min 的恒定振荡速度下振荡吸附一定时间后取出并过滤。用原子吸收分光光度计测定吸附后滤液中的重金属离子浓度，并通过式（6-20）和式（6-21）计算去除率和吸附量。

$$E(\%) = \frac{C_0 - C_e}{C_0} \times 100 \tag{6-20}$$

$$Q(mg/g) = \frac{(C_0 - C_e)V}{M} \tag{6-21}$$

式中，C_0(mg/L)和C_e(mg/L)分别为初始浓度和平衡后的溶液中剩余金属离子的浓度；V(L)为溶液的体积；M(g)为吸附剂的质量。为了减少实验误差，每组实验做三组平行，所得结果取平均值。以去除率或吸附量为指标，分别从以下几个方面考察影响稻壳吸附材料处理重金属离子吸附特性的因素。

6.6.1 pH 影响实验

为了排除金属离子氢氧化物沉淀对稻壳吸附剂吸附溶液中重金属离子效果的干扰，本实验在参考各种金属离子氢氧化物的溶度积参数的基础上制定了相应离子溶液的 pH 取值梯度。

若以 M^{n+} 表示金属离子，则其氢氧化物的沉淀-溶解平衡方程式如式(6－22)所示。

$$M^{n+} + nOH^- \rightleftharpoons M(OH)_n \downarrow \tag{6-22}$$

反应达平衡时，则有 $K^{\ominus}_{sp,M(OH)_n} = [M^{n+}][OH^-]^n$。由此可推导出各种重金属离子溶液在不同 pH 条件下开始形成氢氧化物沉淀的金属离子浓度。溶度积常数在 18～25 ℃都适用，所得结果对应如表 6－15 所示。

表 6－15　pH 与铜离子开始形成氢氧化铜沉淀时浓度的对应关系

pH	1	2	3	4	5	6	7	8	9
Cu^{2+}/(mg/L) ($K^{\ominus}_{sp}=2.2\times10^{-20}$)	1.3×10^{11}	1.4×10^{9}	1.4×10^{7}	1.4×10^{5}	1.4×10^{3}	14	—	—	—

由表 6－15 所列结果可知，当 Cu^{2+} 浓度不同时在形成氢氧化物沉淀之前的 pH 也各不相同。实验过程中选用的 pH 取值梯度如表 6－16 所示。

表 6－16　pH 值影响吸附效果的实验条件

离子种类	初始浓度/(mg/L)	pH 取值梯度	相同条件
Cu^{2+}	10	2、3、4、5、6	投料量(0.5 g)、温度(20 ℃)、吸附时间(24 h)

6.6.2 浓度影响实验

改变重金属离子溶液初始浓度，其余实验条件固定不变。具体实验条件如表 6－17所示。

表 6-17　等温吸附实验条件

离子种类	pH	投料量/g	初始浓度取值梯度/(mg/L)	相同条件
Cu^{2+}	5.5	0.5	5、10、20、50、100、150、200、250、300、	温度(20 ℃) 时间(24 h)

参考的等温吸附模型主要有 Langmuir 等温吸附模型和 Freundlich 等温吸附模型。

6.6.3　温度对吸附过程的影响

改变吸附过程中的温度，其余实验条件固定不变。具体实验条件如表 6-18 所示。

表 6-18　温度影响吸附效果的实验条件

离子种类	pH	初始浓度/(mg/L)	投料量/g	温度取值梯度/℃	相同条件
Cu^{2+}	5.5	10	0.5	5、15、25、35、45、55、60	时间(24 h)

根据吸附实验随温度的变化结果，结合热力学平衡常数和反应吉布斯自由能变、焓变和熵变等基本关系，可整理出相应的热力学数据，为判定天然稻壳和膨化稻壳对重金属离子的反应进行方向提供参考。

将平衡常数计算公式：

$$K_c=\frac{C_0-C_e}{C_e} \tag{6-23}$$

代入热力学基本关系式：

$$\Delta G=-RT\ln K_c \tag{6-24}$$

$$\Delta G=\Delta H-T\Delta S \tag{6-25}$$

即可得出以下线性表达式：

$$\ln K_c=-\frac{\Delta H}{R}\times\frac{1}{T}+\frac{\Delta S}{R} \tag{6-26}$$

式中，K_c 为浓度平衡常数；C_0 和 C_e 分别为吸附液的初始浓度和吸附平衡后溶液中剩余的金属离子浓度；R[8.314×10^{-3} kJ/(mol·K)]为摩尔气体常量；T(K)为热力学温度；ΔG(kJ/mol)、ΔH(kJ/mol)和 ΔS[kJ/(mol·K)]分别为吸附反应的吉布斯自由能变、焓变和熵变。天然稻壳和膨化稻壳对 Cu^{2+} 重金属离子吸附的线性拟合结果在相应的数据分析中。由线性方程的斜率和截距即可计算出相应的吸附反应焓变和熵变。

6.6.4 吸附动力学方程

参考的吸附动力学模型主要有 Lagergren 准一级动力学模型、Lagergren 准二级动力学模型和 Elovich 吸附模型。

6.7 常用参照吸附剂的吸附性能比较

6.7.1 活性炭

很早以前人类就把多孔性碳素材料作吸附剂使用了，开始主要使用木炭作吸附剂。1910 年，由木炭在二氧化碳中煅烧制成的活性炭首先在欧洲销售。木炭在二氧化碳中煅烧后吸附性能大大提高，此后一直被作为典型的吸附剂使用。本节主要介绍在吸附对照实验中所使用的活性炭的物理性质和活性炭的吸附现状。

活性炭的组成元素因原料而异，含碳 90%～95%，含氧 2%～5%，含氢在 1.5%以下，几乎不含氮和硫。如果以木材类作为原料，活性炭中含金属化合物 1%～2%，以煤作原料时，金属化合物的含量很高，达 5%～10%。由于活性炭大部分是由碳组成，所以活性炭表面的化学性质基本上是憎水的。当活性炭表面含有少量氧时，这些氧原子以羧基、酚羟基和羰基等亲水团分布在表面，所以其表面也具有一定的亲水性。石墨粉末是不沾水的，活性炭粉末可以分散在水中。活性炭和木炭的表面官能团种类及其含量随着热处理温度变化，温度低时酸性基团多，温度高时酸性基团减少，碱性基团增加。

6.7.2 活性炭的结构和性质

活性炭是以碳为主要成分的吸附材料，结构比较复杂，既不像石墨、金刚石那样具有碳原子按一定规律排列的分子结构，又不像一般含碳物质那样具有复杂的大分子结构，一般认为活性炭是由类似石墨的碳微晶按“螺层形结构”排列，由于微晶间的强烈交联形成了发达的孔结构，活性炭的孔结构与原料、生产工艺有关。一般认为活性炭的孔由大孔、中孔和微孔组成，大孔孔径 50～2000 nm，中孔孔径 2～50 nm，微孔孔径小于 2 nm。

活性炭粒子内的细孔分布是分形的，大孔的壁上分布有中孔，中孔的壁上又分布有微孔。吸附质分子首先在大孔和中孔内扩散，再吸附在微孔中。纤维状活性炭由于纤维表面微孔是开口的，与粒状活性炭相比，吸附和脱附速率都很快。

活性炭的吸附性能不仅和空隙结构有关，而且与活性炭的化学组成和化学结构有关。活性炭表面的不饱和价和结构缺陷，不仅对活性炭吸附非极性物质有影响，而且对极性物质在活性炭表面的吸附也有很大的影响。

活性炭表面化学性质与活性炭加工工艺有关，在高温下用水蒸气活化制得的颗粒活性炭表面多含碱性化合物，而用氯化锌法制得的活性炭表面多含酸性化合物。

活性炭的化学性质非常稳定，耐酸、碱，能在比较大的酸碱度范围内应用；活性炭不溶于水和其他溶剂，所以能在水溶液和许多溶剂中使用；活性炭能经受高温和高压的作用，在有机合成中常用作催化剂或载体。

碳原子具有 $2s^2$、$2p^2$ 两种价电子，化学结合时形成 sp、sp^2、sp^3 三种杂化轨道。特别是构成活性炭的基本结构单元的结构，是由 sp^2 杂化轨道所形成的，结合角为 120°的平面的一种二元格结构。由这样排列的碳原子所形成的基底面规则性的积层结构所构成的三元结晶称为石墨。二元格子却没有采取石墨那样规则性的积层结构，而是形成乱层结构，即活性炭内部碳结构不存在严格意义上的三元性规则结构。结晶的本来定义是原子具有三元空间性规则排列结构的固体，活性炭孔壁中的固体并非由纯粹的晶态石墨组成。通常所有的碳质吸附剂都属于非石墨化碳。由于活性炭为非晶质固体，其孔隙的成因、起源、形状及细孔间结构的千差万别，因此，使得对非晶质固体炭吸附材料的空隙解释非常困难。活性炭使用失效后，可以用各种方法进行再生，使其恢复原来的吸附能力，活性炭一般能进行多次反复再生，如果再生方法合适，其吸附能力不会显著降低。活性炭的 SEM 表面形貌图如图 6－20 所示。

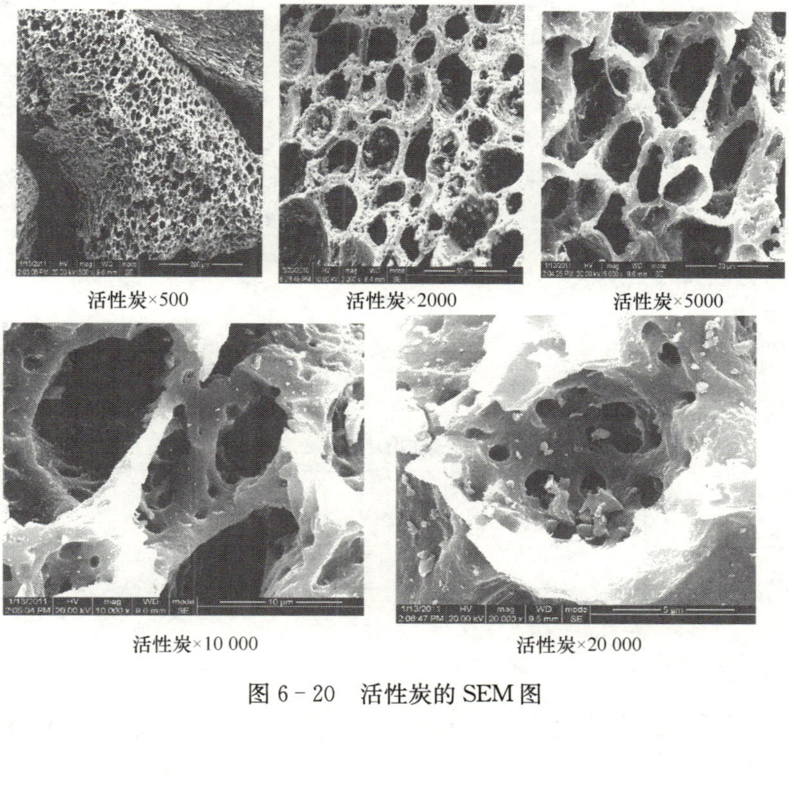

活性炭×500　活性炭×2000　活性炭×5000

活性炭×10 000　活性炭×20 000

图 6－20　活性炭的 SEM 图

6.7.3 活性炭吸附铜离子溶液对比研究方法

1. pH 对实验的影响

通过调节 pH，探讨 pH 对实验的影响，其中实验环境与膨化稻壳和天然稻壳的实验环境一致，吸附剂使用活性炭，这也是为了对比这三种材料的吸附效果。具体的溶液环境如表 6－19 所示。

表 6－19 pH 影响吸附效果的实验条件

离子种类	初始浓度/(mg/L)	pH 取值梯度	相同条件
Cu^{2+}	10	2、3、4、5、6	投料量(0.5 g)、温度(20 ℃)、吸附时间(24 h)

2. 浓度影响实验

改变重金属离子溶液初始浓度，其余实验条件固定不变。吸附剂使用活性炭。具体实验条件如表 6－20 所示。

表 6－20 等温吸附实验条件

离子种类	pH	投料量/g	初始浓度取值梯度/(mg/L)	相同条件
Cu^{2+}	5.5	0.5	5、10、20、50、100、150、200、250、300、	温度(20 ℃) 时间(24 h)

参考的等温吸附模型主要有 Langmuir 等温吸附模型和 Freundlich 等温吸附模型。

3. 温度对实验的影响

改变吸附过程中的温度，其余实验条件固定不变。吸附剂使用活性炭。具体实验条件如表 6－21 所示。

表 6－21 温度影响吸附效果的实验条件

离子种类	pH	初始浓度/(mg/L)	投料量/g	温度取值梯度/℃	相同条件
Cu^{2+}	5.5	10	0.5	5、15、25、35、45、55、60	时间(24 h)

4. 吸附动力学方程

参考的吸附动力学模型主要有 Lagergren 准一级动力学模型、Lagergren 准二级动力学模型和 Elovich 吸附模型。

6.7.4　活性炭吸附对比研究结果分析

1. pH 对吸附实验的影响

由于吸附剂酸性和碱性基团的质子化与去质子化作用，以及 pH 对吸附剂表面结构、金属离子存在形态都有作用，进而影响吸附剂与金属离子之间的相互作用，几乎所有吸附剂对金属的吸附行为都受到 pH 的影响。

图 6-21 表示在不同 pH 条件下，活性炭对 Cu^{2+} 的去除率（初始浓度均为 10 mg/L）。图中显示，活性炭吸附剂对 Cu^{2+} 的去除率随 pH 的变化显著(60%～99%)。对 Cu^{2+} 的最佳去除率在 pH 为 4～6。

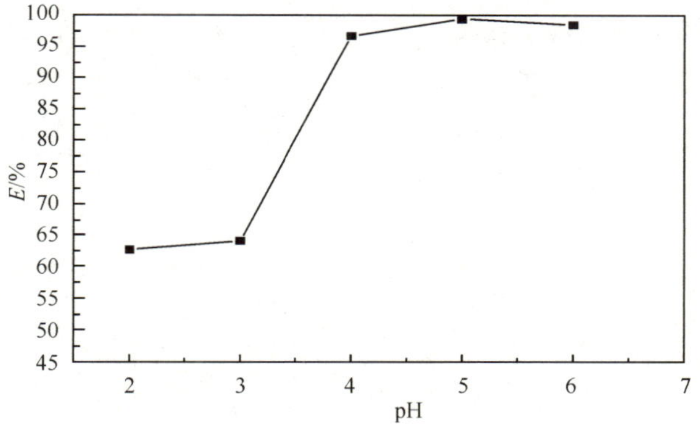

图 6-21　pH 对活性炭吸附去除率的影响

2. 等温曲线

图 6-22 和图 6-23 为活性炭等温吸附曲线的 Langmuir 方程和 Freundlich 方程拟合结果。可以看出，Langmuir 方程拟合的相关性系数 R^2 更大，因此活性炭的等温吸附符合 Langmuir 单层吸附。

3. 温度的影响及吸附热的计算

图 6-24 为温度对活性炭吸附去除率的影响。可以看出，活性炭吸附去除率随温度升高呈下降趋势，为放热反应。根据吸附实验随温度的变化结果，结合热力学平衡常数和反应吉布斯自由能变、焓变和熵变等基本关系，得出活性炭吸附的线性拟合结果，如图 6-25 所示。由图中可以看出，实验结果与线性方程拟合度较高。

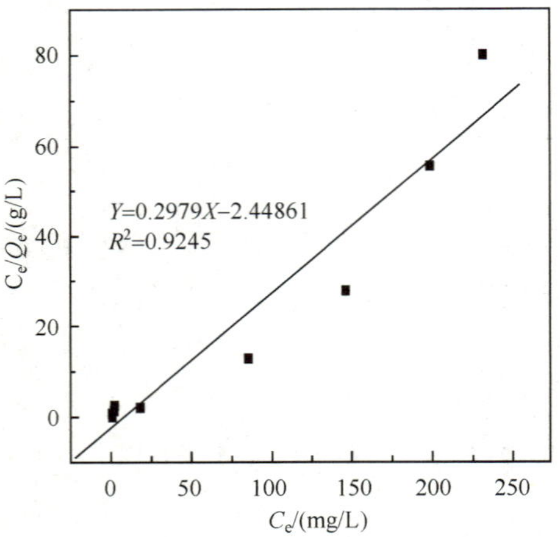

图 6-22　活性炭等温吸附曲线的 Langmuir 方程拟合结果

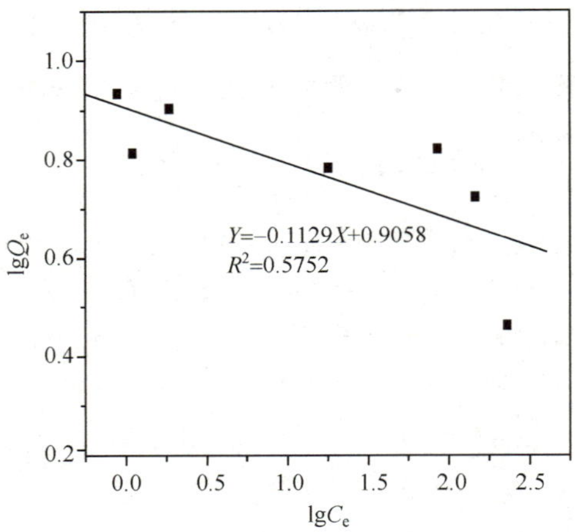

图 6-23　活性炭等温吸附曲线的 Freundlich 方程拟合结果

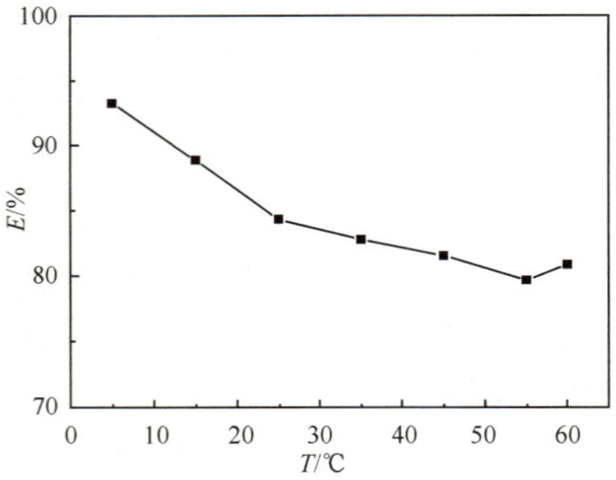

图 6-24　温度对活性炭吸附去除率的影响

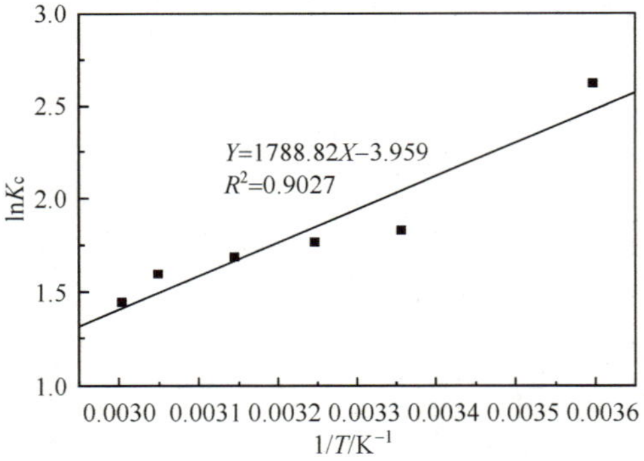

图 6-25　活性炭吸附实验 lnK_c 与 1/T 的线性关系

4. 吸附动力学模型

图 6-26 为低浓度溶液中活性炭对 Cu^{2+} 的吸附动力学曲线，图 6-27 为低浓度溶液中活性炭吸附 Cu^{2+} 的准一级动力学模型拟合结果，图 6-28 为准二级动力学模型模拟结果。可以看出，准二级动力学模型的相关性系数 R^2 较大，更符合活性炭的吸附。

6.7.5　膨润土

膨润土是一种以蒙脱石为主要成分的价格低廉的黏土矿物，具有水化膨胀性、吸附性、阳离子交换性等性质。我国的膨润土矿产资源，总储量居世界首位。膨润

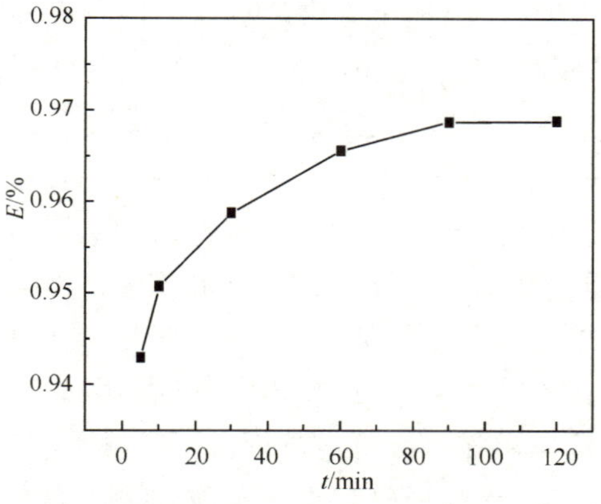

图 6-26　低浓度溶液中活性炭对 Cu^{2+} 的吸附动力学曲线

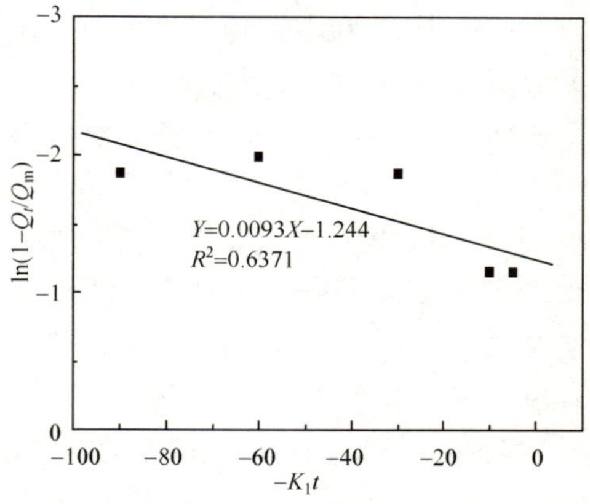

图 6-27　低浓度溶液中活性炭吸附 Cu^{2+} 的准一级动力学模型拟合结果

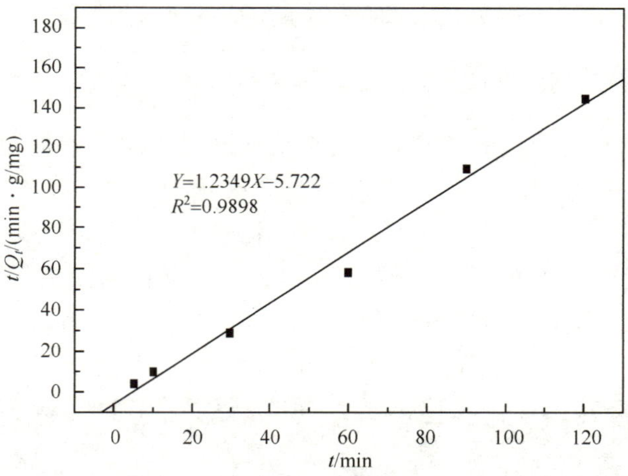

图 6-28　溶液中活性炭吸附 Cu^{2+} 的准二级动力学模型拟合结果

土价格低、来源广、吸附能力强，膨润土固有的特性使人们认识到膨润土在环境处理方面的巨大潜力。

膨润土又名斑脱岩或膨土岩，有时也称皂土或白泥，而“膨润土”属于商业名称。它是一种以蒙脱石为主要成分的黏土，其中含有不同量的杂质，如石英、长石、云母、沸石等，其纯度因产地而有所差异。它的应用主要是由所含蒙脱石的性质决定的。

目前，国内外对膨润土作吸附剂处理重金属离子废水进行了较为广泛的研究。从 1980 年日本开始有利用膨润土作重金属离子吸附剂的研究报道。美国也有利用黏土作重金属吸附剂的专利发表[18]。

我国自 20 世纪 90 年代也开始了以膨润土处理废水与污水方面为主的研究。

许多研究表明，利用膨润土处理重金属废水是一个处理该废水的有效方法。许多研究者直接用蒙脱石除去重金属离子，并且探讨了吸附机理，分析了反应动力学和反应热力学。何宏平等研究了蒙脱石对 Cu^{2+} 的吸附，经 XRD 证实，蒙脱石的 $d(001)$面由 1.479 nm 增大到 1.523 nm，说明水合 Cu^{2+} 进入蒙脱石的层间。研究表明，在 pH 小于 4.5、痕量浓度条件下，蒙脱石对 Cu^{2+} 吸附包括两种方式：交换吸附和专性吸附。Bereket 等用膨润土除去重金属 Pb^{2+}、Cd^{2+}、Zn^{2+} 和 Cu^{2+}。实验温度分别为20 ℃、35 ℃和 50 ℃。研究人员发现最大吸附量出现在 20 ℃。吸附速率顺序为 $Zn^{2+}>Cu^{2+}>Cd^{2+}>Pb^{2+}$，吸附热力学除了 Zn^{2+} 遵守 Freundlich 型外，其余都遵守 Langmuir 型。动力学显示反应遵守一级可逆方程，并且利用实验结果计算出了吉布斯自由能、焓变、熵变。Naseem 等用膨润土从硝酸、盐酸、高氯酸溶液中除去铅离子，在优化条件下，发现 0.5 g 膨润土能够除去 98%的铅离子，分别测定了25 ℃、30 ℃、40 ℃和 50 ℃下的实验数据，发现吸附热力学符合 Langmuir 模型和 Freundlich 模型，并计算得到了反应的 ΔH 和 ΔS。

6.7.6　膨润土的结构和性质

蒙脱石为层状的铝硅氧酸盐，其主要晶胞系由二层硅氧四面体片夹一层铝氧八面体片组成，属 2∶1 型层状硅酸盐矿物。其理论化学式为 $Na_x(H_2O)_4\{Al_2[Al_xSi_{4-x}O_{10}](OH)_2\}$，半个晶胞中总阴离子电荷$[O_{10}](OH)_2$ 为 22 个，八面体中存在的阳离子数为 2，四面体中存在的阳离子数为 4。一般硅氧四面体和铝氧八面体中存在如 Ca^{2+}、Fe^{3+}、Mg^{2+}、Al^{3+} 等阳离子类质同晶置换。图 6－29 为膨润土的 SEM 图。

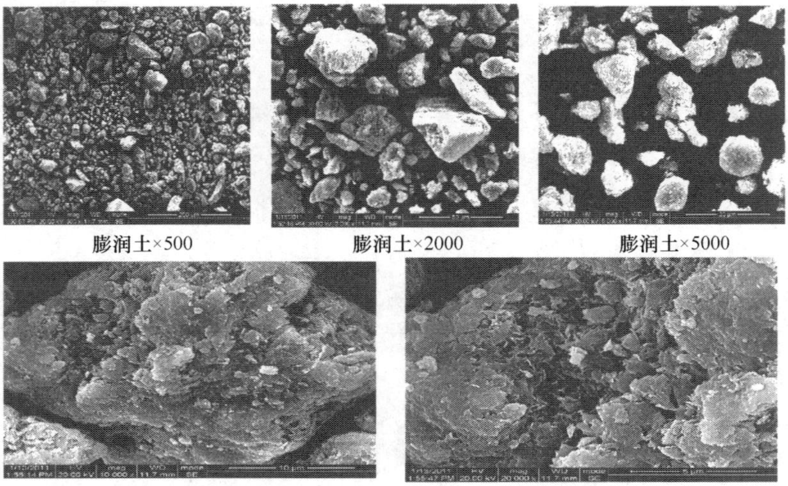

图 6－29　膨润土的 SEM 图

6.7.7 膨润土吸附铜离子溶液对比研究方法

1. pH 对实验的影响

表 6-22 pH 影响吸附效果的实验条件

离子种类	初始浓度/(mg/L)	pH 取值梯度	相同条件
Cu^{2+}	10	2、3、4、5、6	投料量(0.5 g)、温度(20 ℃)、吸附时间(24 h)

2. 浓度影响实验

改变重金属离子溶液初始浓度，其余实验条件固定不变。具体实验条件如表 6-23 所示。

表 6-23 等温吸附实验条件

离子种类	pH	投料量/g	初始浓度取值梯度/(mg/L)	相同条件
Cu^{2+}	5.5	0.5	5、10、20、50、100、150、200、250、300、	温度(20 ℃) 时间(24 h)

参考的等温吸附模型为 Langmuir 等温吸附模型和 Freundlich 等温吸附模型。

3. 温度对实验的影响

改变吸附过程中的温度，其余实验条件固定不变。具体实验条件如表 6-24 所示。

表 6-24 温度影响吸附效果的实验条件

离子种类	pH	初始浓度/(mg/L)	投料量/g	温度取值梯度/℃	相同条件
Cu^{2+}	5.5	10	0.5	5、15、25、35、45、55、60	时间(24 h)

4. 吸附动力学方程

参考的吸附动力学模型主要有 Lagergren 准一级动力学模型、Lagergren 准二级动力学模型和 Elovich 吸附模型。

6.7.8 膨润土吸附对比研究结果分析

1. pH 对吸附实验的影响

由于吸附剂酸性和碱性基团的质子化与去质子化作用，以及 pH 对吸附剂表面结构、金属离子存在形态都有作用，进而影响吸附剂与金属离子之间的相互作用，几乎所有吸附剂对金属的吸附行为都受到 pH 的影响。

图 6－30 表示在不同 pH 条件下，膨润土对 Cu^{2+} 的去除率（初始浓度均为 10 mg/L）。图中显示，膨润土吸附剂对 Cu^{2+} 的去除率随 pH 的变化显著（70%～96%），对 Cu^{2+} 的最佳去除率在 pH 为 3～6。

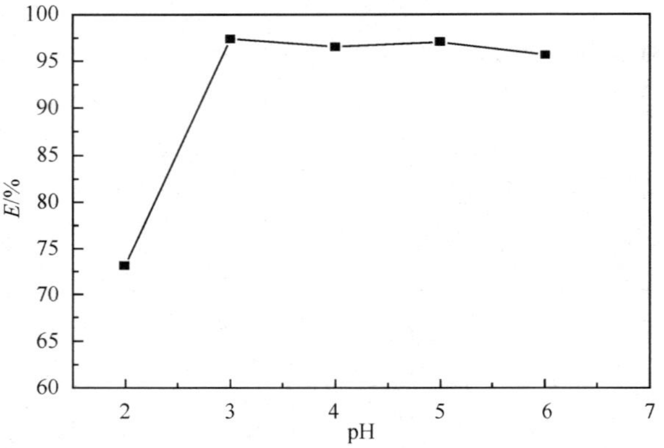

图 6－30　pH 对膨润土对吸附去除率的影响

2. 等温曲线

图 6－31 和图 6－32 分别为膨润土等温吸附曲线的 Langmuir 方程拟合结果和 Freundlich 方程拟合结果。可以看出，Freundlich 方程拟合的相关性系数 R^2 较大，因此膨润土的等温吸附更符合 Freundlich 多分子层吸附。

3. 温度的影响及吸附热的计算

图 6－33 为温度对膨润土吸附去除率的影响。可以看出，随着温度的升高，吸附去除率呈锯齿形的变化，显示为吸热反应和放热反应交叉的过程。根据吸附实验随温度的变化结果，结合热力学平衡常数和反应吉布斯自由能变、焓变和熵变等基本关系，得出膨润土吸附的线性拟合结果，如图 6－34 所示。由图中可以看出，实验结果与线性方程拟合度较高。

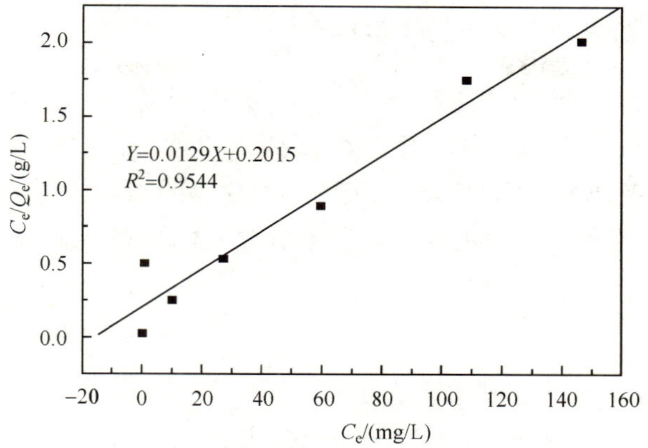

图 6-31　膨润土等温吸附曲线的 Langmuir 方程拟合结果

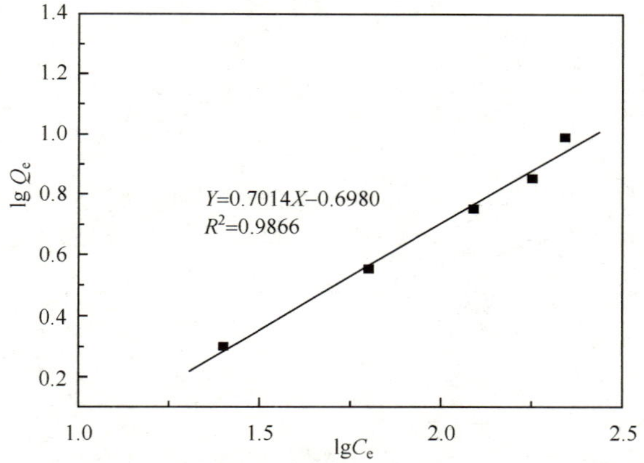

图 6-32　膨润土等温吸附曲线的 Freundlich 方程拟合结果

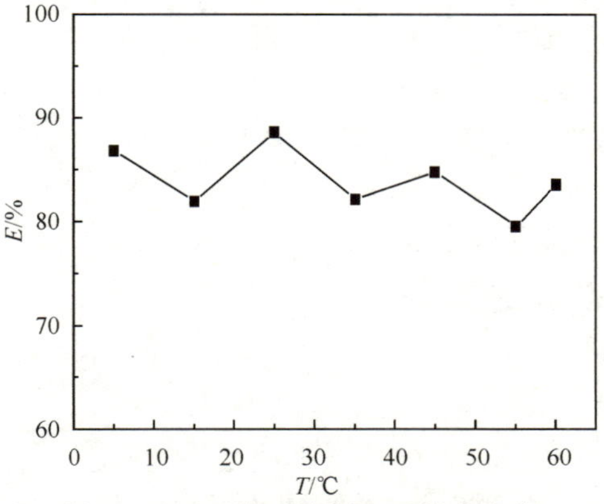

图 6-33　温度对膨润土吸附去除率的影响

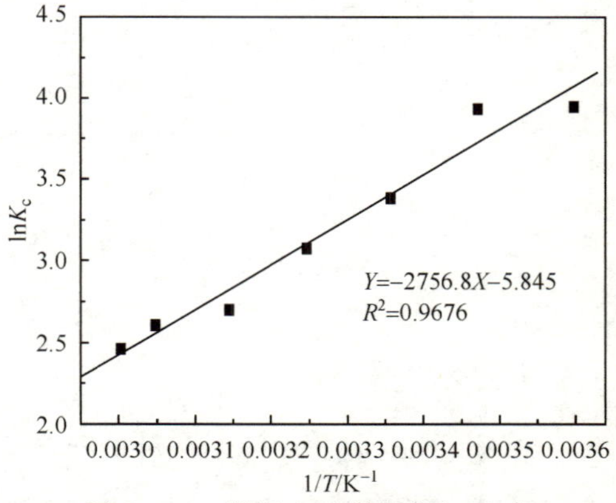

图 6-34　膨润土吸附实验 $\ln K_c$ 与 $1/T$ 的线性关系

4. 平衡时间的确定及吸附动力学模型

图 6－35 为低浓度溶液中膨润土对 Cu^{2+} 的吸附动力学曲线。图 6－36 为溶液中膨润土吸附 Cu^{2+} 的准一级动力学模型拟合结果。有关溶液中膨润土吸附铜离子溶液的准一级动力学模型和准二级动力学模型的拟合如图 6－37 所示。可以看出,准二级动力学模型拟合的相关性系数 R^2 较大,更符合膨润土的吸附。

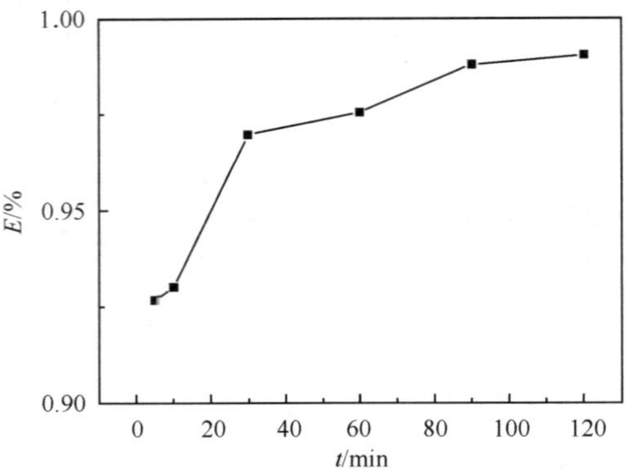

图 6－35　低浓度溶液中膨润土对 Cu^{2+} 的吸附动力学曲线

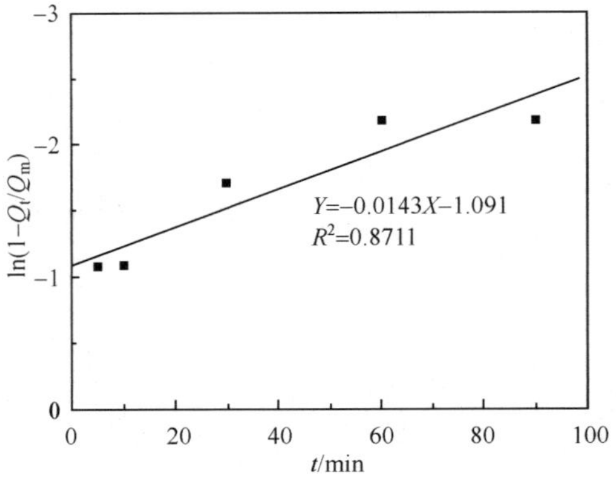

图 6－36　溶液中膨润土吸附 Cu^{2+} 的准一级动力学模型拟合结果

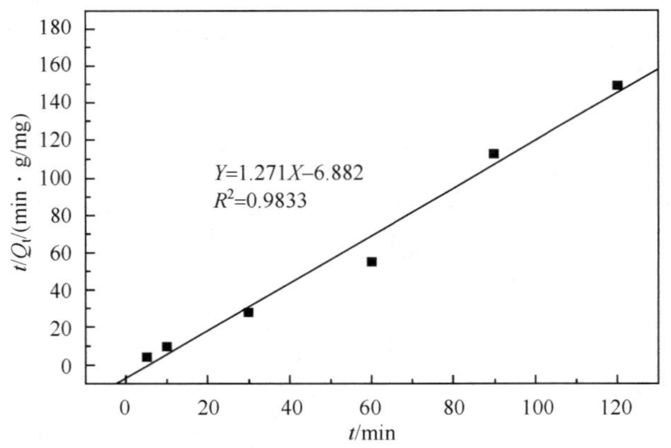

图 6－37　溶液中膨润土吸附 Cu^{2+} 的准二级动力学模型拟合结果

6.7.9　硅藻土

硅藻土是一种生物成因的硅质沉积岩,主要由古代硅藻及其他微生物(放射虫、海绵等)的硅质遗骸组成,其主要成分为蛋白石及其变种,化学式为 $SiO_2 \cdot H_2O$(含水氧化硅)。硅藻土中的硅藻有许多不同形状,如圆盘状、针状、筒状、羽状等。外壳上有无数微细间隙的小孔，孔隙率极高，达 80%～90%。因此硅藻土有细腻、松散、质轻、多孔、吸水和渗透性强等特性。

硅藻土的主体硅藻体表面被大量硅羟基所覆盖，并有氢键存在。这些羟基是使硅藻土具有表面活性、吸附性及酸性的本质原因。硅藻土的特殊结构及它的独特性质使它获得了广泛的应用，主要用作助滤剂、填料、催化剂载体、吸附剂、建筑材料和隔音隔热材料、色谱固定相和载体等。

在国内，沈岩柏等研究了吉林长白硅藻土吸附水相中 Pb^{2+} 的吸附过程，讨论了各实验因素对吸附效果的影响。实验结果表明：吉林长白硅藻土对 Pb^{2+} 有较好的吸附效果。该吸附过程进行得很快，在 5 min 左右就达到吸附平衡。与酸性条件下的吸附效果相比，pH 为 6.5 时的吸附效果最佳。温度对吸附效果影响不大。吸附过程中吸附剂用量少，对 100 mL 铅离子质量浓度为 50 mg/L 的溶液，经过 0.4 g 的硅藻土二次吸附后，铅离子去除率接近 100%。

6.7.10　硅藻土的结构和性质

纯净干燥的硅藻土呈白色土状，而含杂质可呈灰白、黄色、灰色和黑色等颜色，而且有机质含量越高，湿度越大，颜色越深。硅藻土一般固结程度很差，硬度低，微孔结构发育，使得其有较小的密度和很大的比表面积，而且硅藻土的种类不同，其一些性质尤其是物理性质往往有比较大的差异。图 6－38 为硅藻土的 SEM 图。

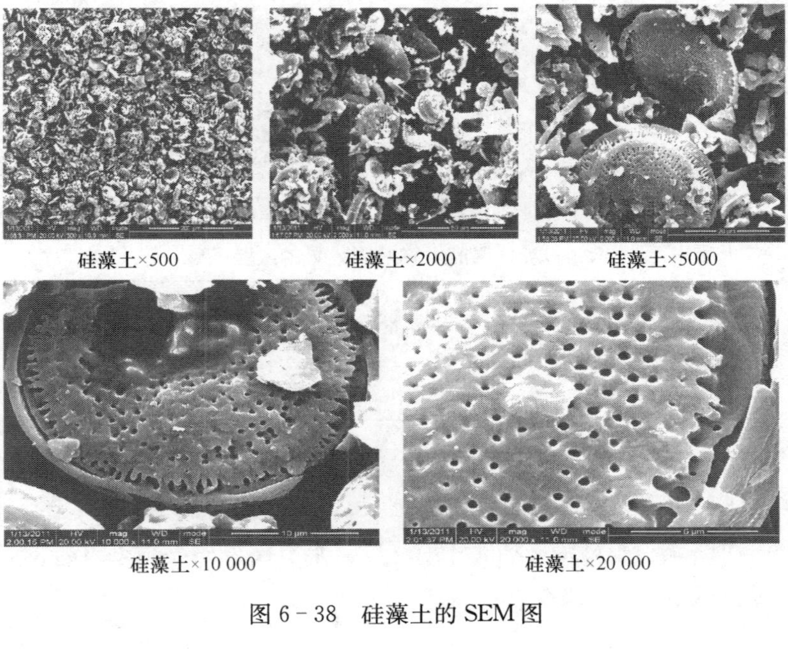

图 6－38　硅藻土的 SEM 图

6.7.11　硅藻土吸附铜离子溶液对比研究方法

1. pH 对实验的影响

表 6-25　pH 影响吸附效果的实验条件

离子种类	初始浓度/(mg/L)	pH 取值梯度	相同条件
Cu^{2+}	10	2、3、4、5、6	投料量(0.5 g)、温度(20 ℃)、吸附时间(24 h)

2. 浓度影响实验

改变重金属离子溶液初始浓度，其余实验条件固定不变。具体实验条件如表 6-26 所示。

表 6-26　等温吸附实验条件

离子种类	pH	投料量/g	初始浓度取值梯度/(mg/L)	相同条件
Cu^{2+}	5.5	0.5	5、10、20、50、100、150、200、250、300、	温度(20 ℃) 时间(24 h)

参考的等温吸附模型为 Langmuir 等温吸附模型和 Freundlich 等温吸附模型。

3. 温度对实验的影响

改变吸附过程中的温度，其余实验条件固定不变。具体实验条件如表 6-27 所示。

表 6-27　温度影响吸附效果的实验条件

离子种类	pH	初始浓度/(mg/L)	投料量/g	温度取值梯度/℃	相同条件
Cu^{2+}	5.5	10	0.5	5、15、25、35、45、55、60	时间(24 h)

4. 吸附动力学方程

参考的吸附动力学模型主要有 Lagergren 准一级动力学模型、Lagergren 准二级动力学模型和 Elovich 吸附模型。

6.7.12　硅藻土吸附对比研究结果分析

1. pH 对吸附实验的影响

由于吸附剂酸性和碱性基团的质子化与去质子化作用，以及 pH 对吸附剂表面结构、金属离子存在形态都有作用，进而影响吸附剂与金属离子之间的相互作用，几乎所有吸附剂对金属的吸附行为都受到 pH 的影响。

图 6－39 表示在不同 pH 条件下，硅藻土对 Cu^{2+} 的去除率(初始浓度均为 10 mg/L)。图中显示，硅藻土吸附剂对 Cu^{2+} 的去除率随 pH 变化显著(50%～80%)。对 Cu^{2+} 的最佳去除率在 pH 为 5 左右。过高或过低的 pH 不利于吸附实验的进行。

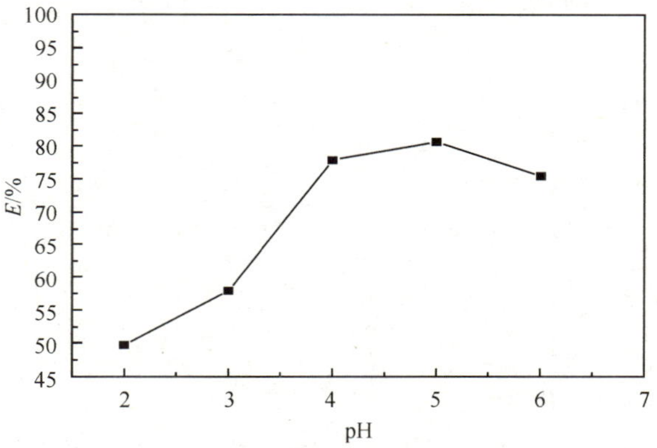

图 6－39　pH 对硅藻土对吸附去除率的影响

2. 等温曲线

图 6－40 和图 6－41 分别为硅藻土等温吸附曲线的 Langmuir 方程拟合和 Freundlich 方程拟合结果。可以看出，Langmuir 方程拟合的相关性系数 R^2 较大。因此，硅藻土的吸附为单分子层吸附。

3. 温度的影响及吸附热的计算

图 6－42 为温度对硅藻土吸附去除率的影响。可以看出，随着温度的升高，去除率增加，吸附为吸热反应。根据吸附实验随温度的变化结果，结合热力学平衡常数和反应吉布斯自由能变、焓变和熵变等基本关系，得出硅藻土吸附的线性拟合结果，如图 6－43 所示。由图中可以看出，实验结果与线性方程拟合度较高。

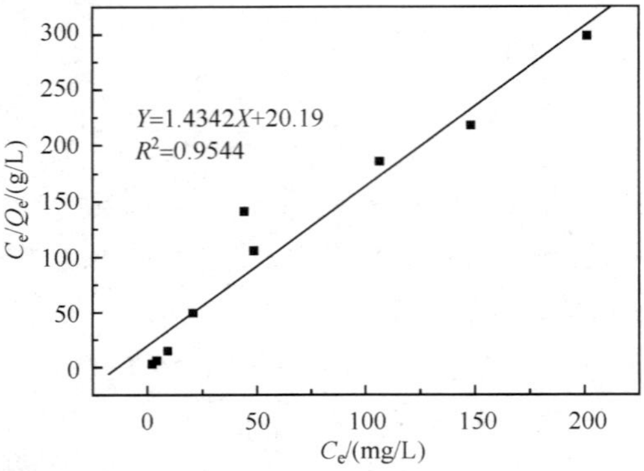

图 6－40　硅藻土等温吸附曲线的 Langmuir 方程拟合结果

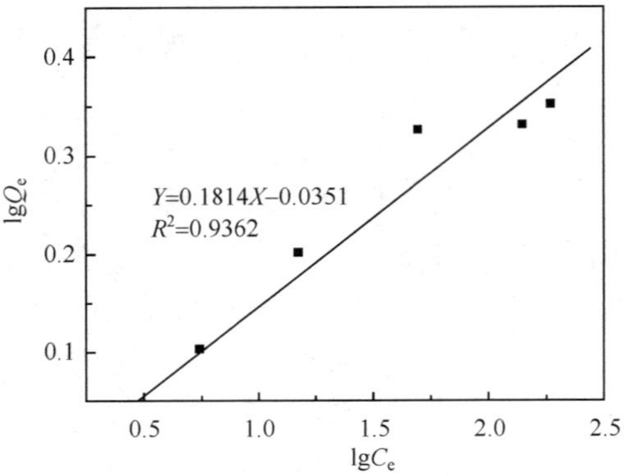

图 6－41　硅藻土等温吸附曲线的 Freundlich 方程拟合结果

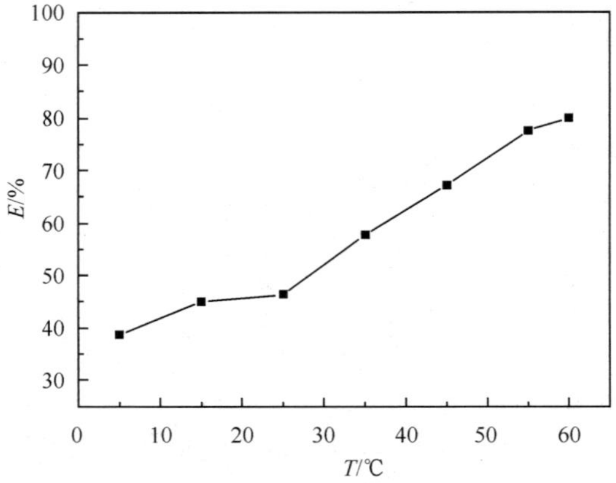

图 6－42　温度对硅藻土吸附去除率的影响

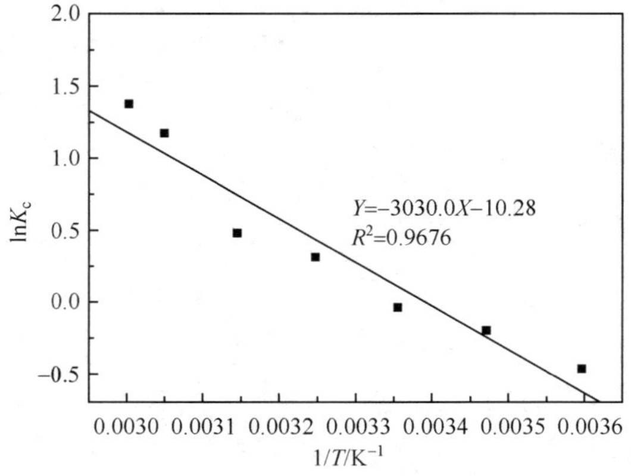

图 6－43　硅藻土吸附实验结果与线性方程拟合关系

4. 平衡时间的确定及吸附动力学模型

图 6-44 为低浓度溶液中硅藻土对 Cu^{2+} 的吸附动力学曲线。吸附剂硅藻土吸附 Cu^{2+} 的准一级动力学模型拟合和准二级动力学模型拟合结果如图 6-45、图 6-46 所示。可以看出,准二级动力学模型拟合的相关性系数 R^2 较大,更符合硅藻土对 Cu^{2+} 的吸附。

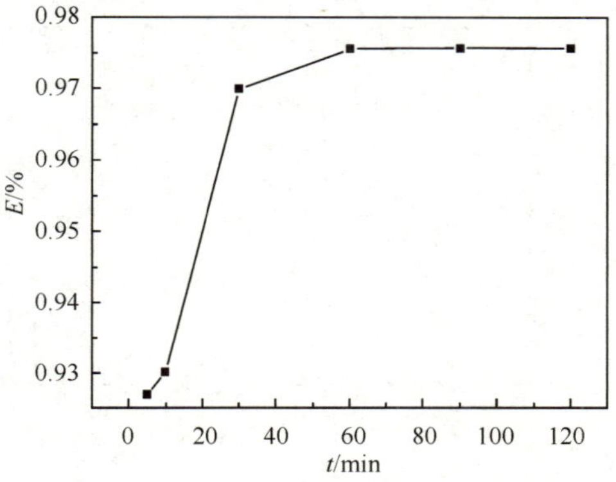

图 6-44　低浓度溶液中硅藻土对 Cu^{2+} 的吸附动力学曲线

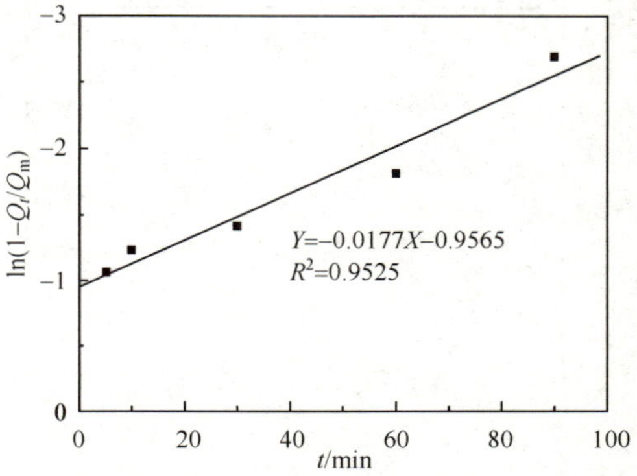

图 6-45　溶液中硅藻土吸附 Cu^{2+} 的准一级动力学模型拟合结果

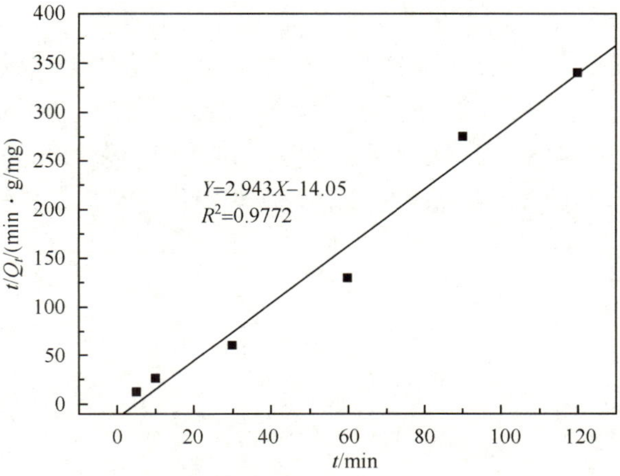

图 6-46　溶液中硅藻土吸附 Cu^{2+} 的准二级动力学模型拟合结果

6.8　稻壳基吸附材料对比研究结果分析

6.8.1　pH 对吸附实验的影响

由于吸附剂酸性和碱性基团的质子化与去质子化作用,以及 pH 对吸附剂表面结构、金属离子存在形态都有作用，进而影响吸附剂与金属离子之间的相互作用，几乎所有吸附剂对金属的吸附行为都受到 pH 的影响。

图 6-47 和 6-48 表示在不同 pH 条件下，天然稻壳(RH)和膨化稻壳(ERH)对 Cu^{2+} 的去除率(初始浓度均为 10 mg/L)。图中显示，两种吸附剂对 Cu^{2+} 的去除率随 pH 的变化显著。对 Cu^{2+} 的最佳去除率在 pH 为 4～6，相同条件下膨化稻壳的处理效果明显优于天然稻壳的处理效果。

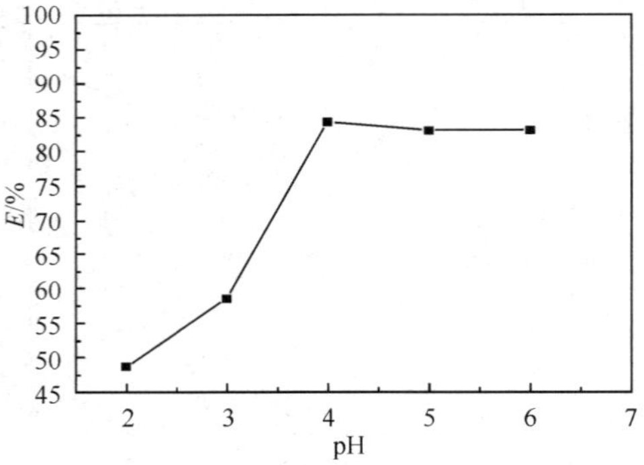

图 6-47　pH 对天然稻壳吸附去除率的影响

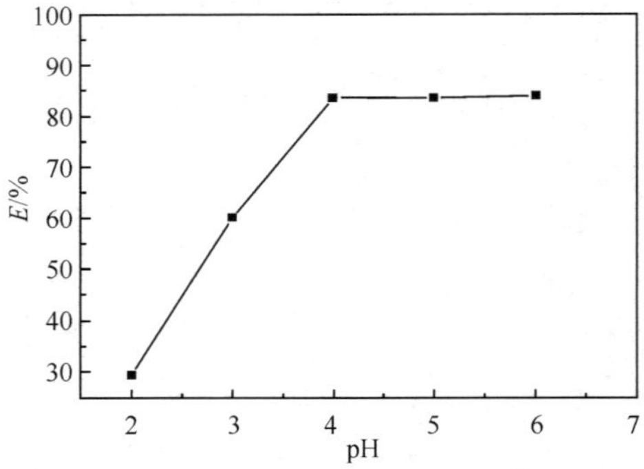

图 6-48　pH 对膨化稻壳吸附去除率的影响

6.8.2　等温曲线

图 6-49 和图 6-50 分别为天然稻壳和膨化稻壳等温吸附曲线的 Langmuir 方程拟合结果。图 6-51 和图 6-52 分别为天然稻壳和膨化稻壳等温吸附曲线的 Freundlich 方程拟合结果。可以看出，天然稻壳和膨化稻壳的等温吸附 Langmuir 方程拟合的相关性系数 R^2 更大，因此天然稻壳和膨化稻壳的吸附均更符合单分子层吸附。

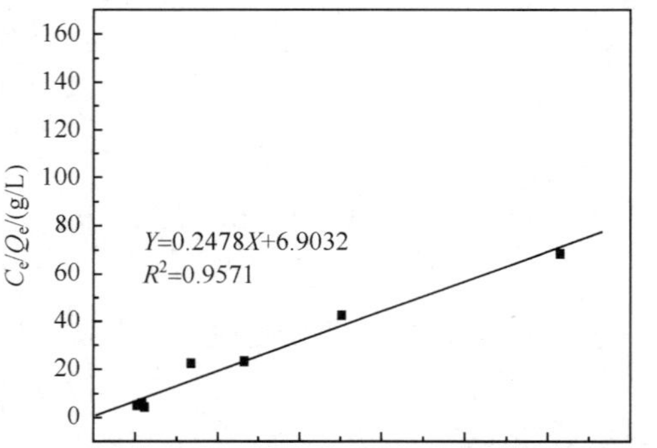

图 6-49　天然稻壳等温吸附曲线的 Langmuir 方程拟合结果

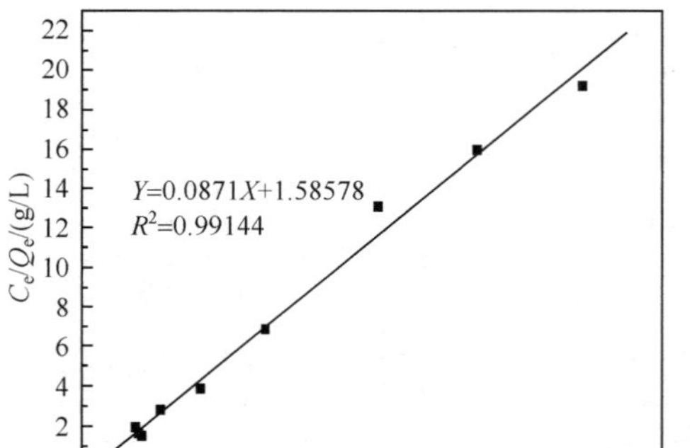

图 6-50　膨化稻壳等温吸附曲线的 Langmuir 方程拟合结果

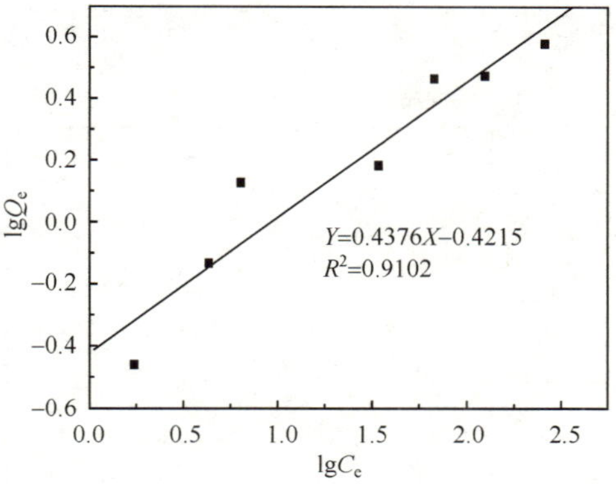

图 6－51　天然稻壳等温吸附曲线的 Freundlich 方程拟合

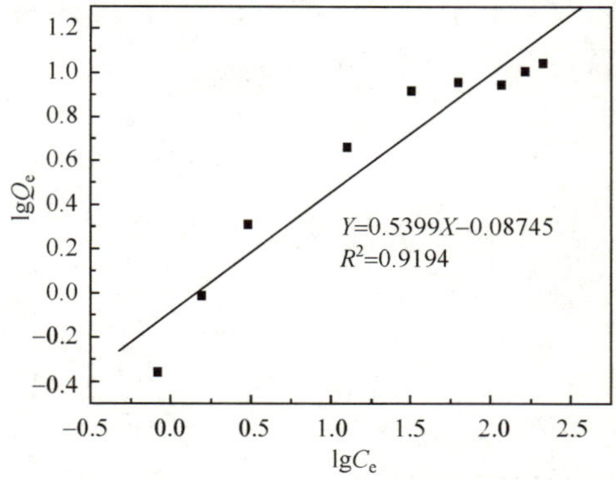

图 6－52　膨化稻壳等温吸附曲线的 Freundlich 方程拟合

6.8.3　温度的影响及吸附热的计算

根据吸附实验随温度的变化结果，结合热力学平衡常数和反应吉布斯自由能变、焓变和熵变等基本关系，得出天然稻壳和膨化稻壳吸附的线性拟合结果，分别如图 6－53 和图 6－54 所示。由图中可以看出，天然稻壳的实验结果与线性方程拟合度较高，而膨化稻壳实验结果的线性拟合度较差。

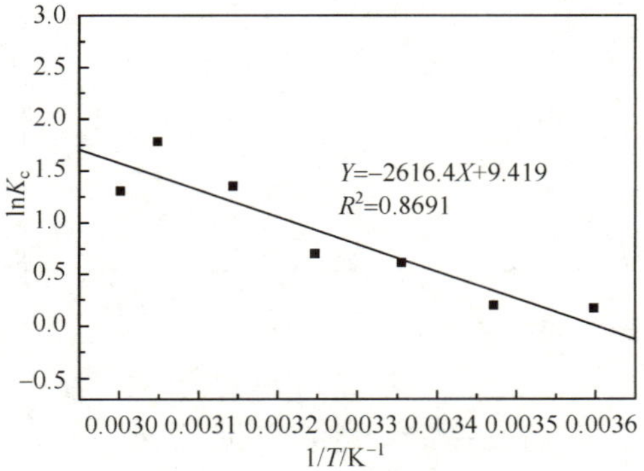

图 6－53　天然稻壳吸附实验线性拟合结果

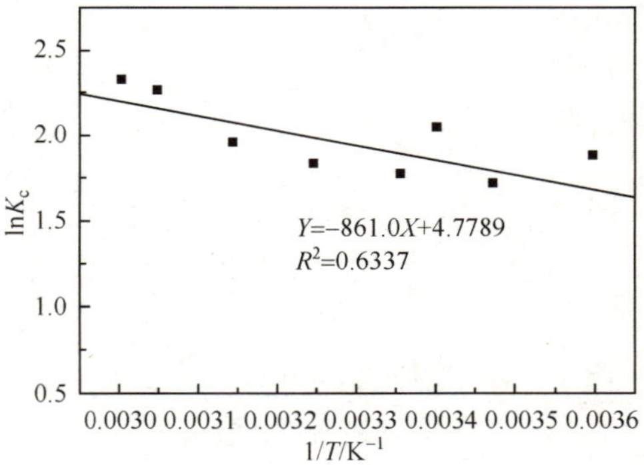

图 6－54　膨化稻壳吸附实验线性拟合结果

6.8.4　平衡时间的确定及吸附动力学模型

吸附过程是一个动态平衡过程，吸附速率的快慢取决于吸附材料本身的物理化学结构、吸附剂内外重金属离子的浓度、重金属离子的特性、重金属离子与吸附剂的结合能力、环境温度等因素。图 6－55 和图 6－56 中表示的是天然稻壳(RH)

和膨化稻壳(ERH)在 Cu^{2+} 溶液的初始浓度分别为 10 mg/L 时对重金属离子的去除率随时间的变化趋势。

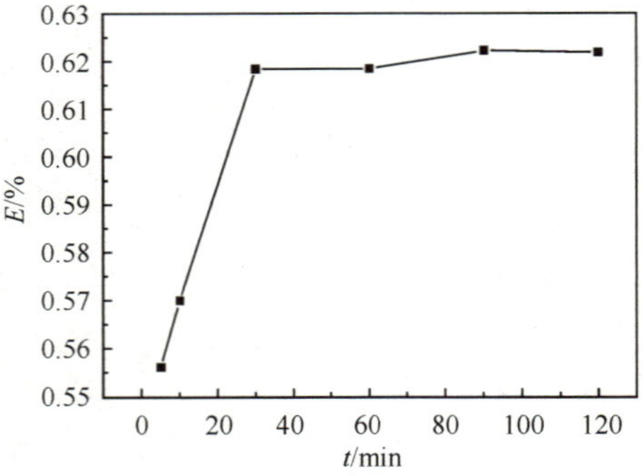

图6-55 低浓度溶液中天然稻壳对 Cu^{2+} 的吸附去除率随时间变化趋势

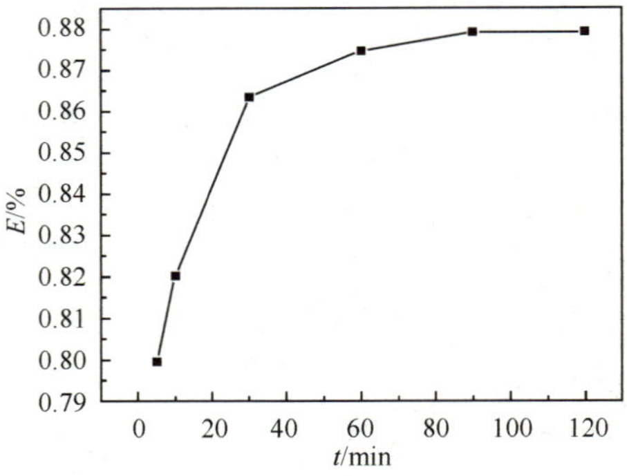

图 6-56 低浓度溶液中膨化稻壳对 Cu^{2+} 的吸附去除率随时间变化趋势

图 6-57 和 6-58 为准一级动力学模型拟合，图 6-59 和 6-60 为准二级动力学模型拟合。

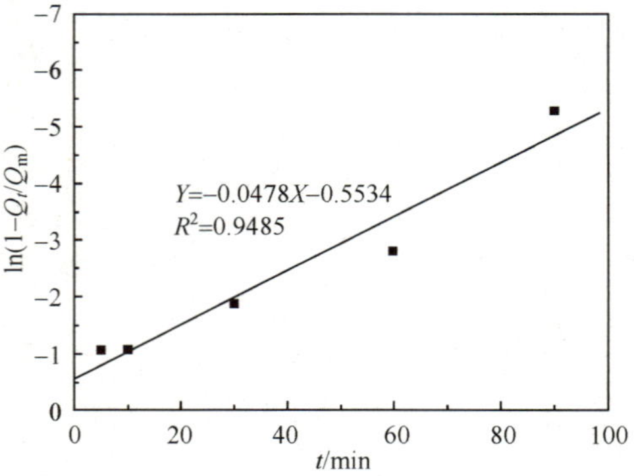

图 6-57 溶液中稻壳吸附 Cu^{2+} 的准一级动力学模型拟合结果

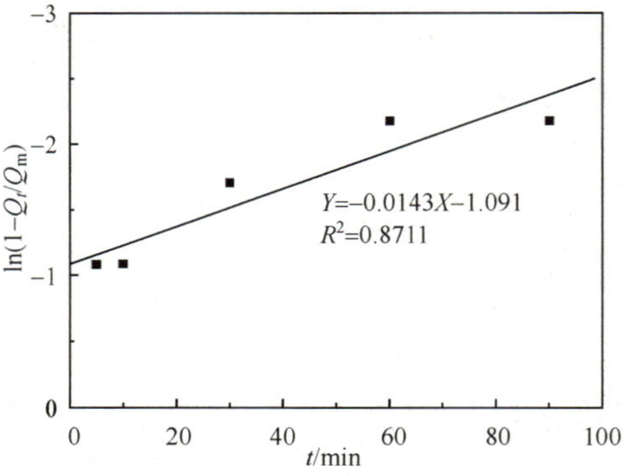

图 6-58 溶液中膨化稻壳吸附 Cu^{2+} 的准一级动力学模型拟合结果

由图 6-57～图 6-60 中可以看出，天然稻壳吸附和膨化稻壳吸附速率差别不大都很迅速，在反应进行到 30 min～1 h 均能达到吸附平衡。在相同条件下天然稻壳和膨化稻壳对 Cu^{2+} 吸附效果对比可知，天然稻壳对 Cu^{2+} 的吸附速率更快，这可能与金属离子的种类有关。

相应地，膨化稻壳对三种重金属离子的吸附几乎在 10 min 之内均能达到平衡，对 Cu^{2+} 的去除率能达到 87%以上。而从两种吸附剂的处理效果的对比不难看出，膨化稻壳对重金属的吸附效果明显优于天然稻壳的吸附效果，平衡时间更短，去除率更高。这可能是因为膨化稻壳结构更加疏松，暴露的吸附位点更多，有利于金属离子随溶液进入材料内部，增加了吸附剂和金属离子的接触机会，从而有利于吸附快速达到平衡。

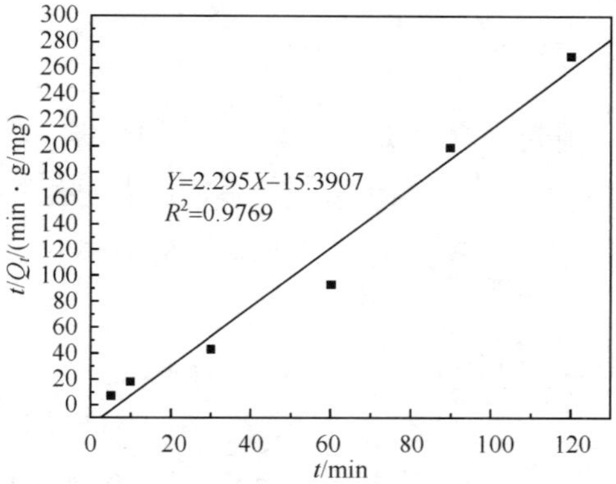

图 6-59　溶液中天然稻壳吸附 Cu^{2+} 的准二级动力学模型拟合结果

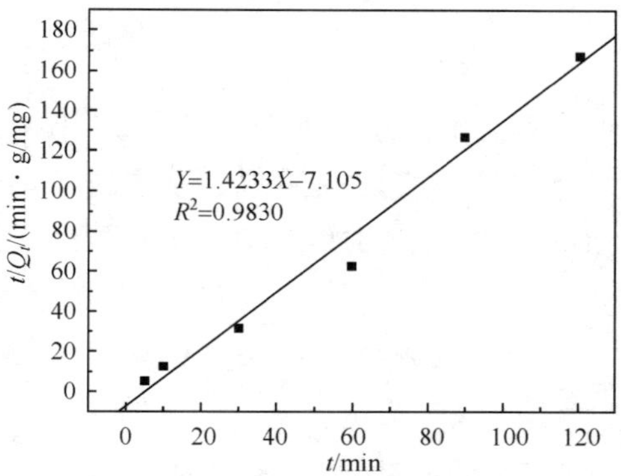

图 6-60　溶液中膨化稻壳吸附 Cu^{2+} 的准二级动力学模型拟合结果

6.9　稻壳基吸附材料对重金属离子吸附机理的探讨

6.9.1　离子交换

称取膨化稻壳各 0.2 g 于 250 mL 锥形瓶中，然后分别加入 100 mL 不同浓度的各种重金属离子溶液（加入前分别测出各种重金属离子溶液的 pH）。在恒温摇床中 25 ℃下振荡 24 h，使吸附达到平衡，分别用 pH 计和原子吸收分光光度计测定吸附后残液的 pH 和浓度。

空白实验 1：在不加入膨化稻壳的情况下重复上面的实验，在恒温摇床中 25 ℃ 下振荡 24 h 后，用 pH 计分别测定吸附后残液的 pH。

空白实验 2：称取膨化稻壳各 0.2 g 于 250 mL 锥形瓶中，然后分别加入 100 mL 的蒸馏水，利用氢氧化钠或盐酸调节 pH，使之分别与前面加入的重金属离子溶液的 pH 相同。在恒温摇床中 25 ℃下振荡 24 h 后，用 pH 计分别测定溶液的 pH。

6.9.2　酸碱沉淀

在 250 mL 锥形瓶中，分别加入 100 mL 不同的重金属离子溶液，用氢氧化钠或盐酸分别调节重金属离子溶液的 pH，在恒温摇床中 25 ℃下振荡 24 h，使重金属离子溶液的 pH 分别与上面空白实验 2 结束后的 pH 一一对应，然后用原子吸收分光光度计测定吸附后残液的重金属离子浓度。

6.9.3　化学吸附

1. 离子交换

1）稻壳组分分析

稻壳组分分析见第 2 章 2.3.1 节。天然稻壳中含有大量的酚羟基、甲氧基、羰基、羧基等官能团，这些功能基团提供了大量参与重金属离子吸附的活性位点。有大量的文献报道了酚羟基、羧基和羟基对重金属离子的吸附性能，其吸附机理如下所示：

$$N\{\equiv R—OH\}+M^{n+}\rightleftharpoons\{\equiv R—O\}_n—M+nH^+ \quad (6-27)$$

$$(n-1)\{\equiv R—OH\}+M(OH)^{(n-1)+}\rightleftharpoons\{\equiv R—O\}_{(n-1)}+M(OH)_n+(n-1)H^+ \quad (6-28)$$

$$N\{\equiv R—C_6H_5—OH\}+M^{n+}\rightleftharpoons\{\equiv R—C_6H_5—O\}_n—M+nH^+ \quad (6-29)$$

$$(n-1)\{\equiv R—C_6H_5—OH\}+M(OH)^{(n-1)+}\rightleftharpoons\{\equiv R—C_6H_5—O\}_{(n-1)}+M(OH)_n+(n-1)H^+ \quad (6-30)$$

式中，R 为稻壳中的连接羟基和羧基的固定基团；M^{n+} 为重金属离子。

式(6-27)和式(6-28)是纤维素、半纤维素连接的羟基上的 H^+ 与重金属离子发生离子交换反应；式(6-29)和(6-30)是木质素苯环连接的羟基上的 H^+ 与重金属离子发生离子交换反应。

$$n\{\equiv R—COOH\}+M^{n+}\rightleftharpoons\{\equiv R—COO\}_n—M+nH^+ \quad (6-31)$$

$$(n-1)\{\equiv R—COOH\}+M(OH)^{(n-1)+}\rightleftharpoons\{\equiv R—COO\}_{(n-1)}+M(OH)_n+(n-1)H^+ \quad (6-32)$$

式(6-31)和式(6-32)是羧基上的 H^+ 与重金属离子发生离子交换反应。

$$\{\equiv R—COOH\}+M(OH)_n\rightleftharpoons\{\equiv R—COO\}M(OH)_nH \quad (6-33)$$

$$\{\equiv R—OH\}+M(OH)_n\rightleftharpoons\{\equiv R—O\}M(OH)_nH \quad (6-34)$$

式(6-33)和式(6-34)为线性大分子对重金属离子氢氧化物的捆绑作用。

膨化稻壳对重金属离子的吸附能力之所以优于天然稻壳，是因为天然稻壳经膨化以后，更多的活性位点被暴露，增加了与重金属离子的接触机会，有利于重金属离子的吸附。

2）吸附前后 pH 的变化

根据 6.3 节的实验方法，所测得吸附前后具体的 pH 列入表 6-28 中。从表中可以看出，吸附后 pH 下降，这用实验验证了前面的离子交换机理，即溶液中的重金属离子置换出羧基和羟基上的 H^+，使得溶液中的 H^+ 浓度增加，从而导致吸

注：文中“≡”不代表具体的化学键，只象征此处有化学键(连接)。

附后溶液的 pH 下降。空白实验 1 中 pH 前后没有变化。空白实验 2，加入蒸馏水振荡 24 h 后，pH 明显增大，这是因为膨化稻壳显碱性。

表 6-28　吸附前后的 pH

离子种类	Cu^{2+}	Pb^{2+}	Zn^{2+}	Cr^{3+}	Cd^{2+}	Ag^{+}
吸附前 pH	5.45	5.8	5.45	4.6	5.45	5.45
吸附后 pH	5.23	5.59	5.24	4.11	5.3	5.46
空白实验 1	5.45	5.8	5.45	4.6	5.45	5.45
空白实验 2	8.81	8.78	8.81	7.94	8.81	8.81

3）吸附前后浓度的变化

根据 6.3 节的实验方法，所测得吸附前后各种重金属离子的浓度变化分别列入表 6-29 中。

表 6-29　吸附前后重金属离子的浓度

离子种类	Cu^{2+}	Pb^{2+}	Zn^{2+}	Cr^{3+}	Cd^{2+}	Ag^{+}
吸附前浓度/(mg/L)	10	26	12.8	11.75	10	16.41
吸附后浓度/(mg/L)	1.26	1.76	0.62	2.98	1.67	3.85
总吸附量/mg	0.874	2.424	1.218	0.877	0.833	1.256
单位吸附量/(mg/g)	4.37	12.12	6.09	4.385	4.165	6.28

注：吸附剂质量为 0.2 g，溶液体积为 100 mL。

4）离子交换产生的吸附量

根据表 6-28 加重金属离子溶液与加蒸馏水空白实验对比的 pH 的变化，计算出溶液中 H^+ 的浓度变化，再换算成与 H^+ 置换的重金属离子的浓度，从而计算出离子交换产生的吸附量。计算公式如式(6-35)～式(6-38)所示：

$$C_{H^+} = 1\times 10^{pH_1} - 1\times 10^{pH_2} \tag{6-35}$$

式中，C_{H^+} 为 H^+ 的浓度(mol/L)；pH_1 为加重金属离子溶液后的 pH；pH_2 为加蒸馏水后的 pH。

$$C_{M^{n+}} = \frac{C_{H^+}}{n}\times M\times 1000 \tag{6-36}$$

式中，C_{M^+} 为重金属离子的浓度(mg/L)；n 为重金属离子所带电荷数；M 为重金属离子的摩尔质量，(g/mol)。

$$总吸附量 = C_{M^{n+}}\times 0.1 \tag{6-37}$$

$$单位吸附量(Q) = \frac{总吸附量}{0.2} \tag{6-38}$$

根据上式计算出的具体吸附参数列入表 6-30 中。

表 6-30　吸附参数

离子种类	Cu^{2+}	Pb^{2+}	Zn^{2+}	Cr^{3+}	Cd^{2+}	Ag^{+}
C_{H^+}/(mol/L)	5.886×10^{-6}	2.568×10^{-6}	5.752×10^{-6}	7.761×10^{-5}	5.01×10^{-6}	3.456×10^{-6}
$C_{M^{n+}}$/(mg/L)	0.187	0.266	0.188	1.345	0.282	0.374
总吸附量/mg	0.187	0.266	0.188	0.1345	0.282	0.374
单位吸附量/(mg/g)	0.935	1.33	0.94	0.673	1.41	1.87
占吸附总量的分数/%	21.396	10.974	15.435	15.336	33.854	29.777

2. 静电引力

通过对膨化稻壳表面电荷的测定，发现膨化稻壳为零电位时 pH 为 3.8，当 pH 大于 3.8 时，膨化稻壳带负电荷。各种重金属离子实验条件下的 pH 均大于 3.8，因此在实验条件下膨化稻壳带负电荷。膨化稻壳对重金属离子的吸附能力，其中一部分归功于带负电荷的膨化稻壳与带正电荷的重金属阳离子之间的静电引力作用。

3. 酸碱沉淀

膨化稻壳显碱性，有利于重金属离子形成氢氧化物，从而从溶液中沉淀，达到去除的目的。通过酸碱沉淀试验，所测得的具体参数列入表 6-31 中。

表 6-31　酸碱沉淀参数

离子种类	Cu^{2+}	Pb^{2+}	Zn^{2+}	Cr^{3+}	Cd^{2+}	Ag^{+}
初始 pH	5.45	5.8	5.45	4.6	5.45	5.45
调节后 pH	8.81	8.78	8.81	7.94	8.81	8.81
初始浓度/(mg/L)	10	26	12.8	11.75	10	16.41
残液浓度/(mg/L)	8.9	24.3	11.79	10.35	9.06	15.4
总吸附量/mg	0.11	0.17	0.101	0.14	0.094	0.101
占吸附总量的分数/%	12.586	7.013	8.292	15.964	11.285	8.041

4. 其他化学吸附

木质素分子中含有甲氧基、羟基和羰基，这些功能基可作为金属离子的吸附位点。这些基团中氧原子上的未共用电子对能与重金属离子的外层空电子轨道形成配位键,生成木质素-金属螯合物,表现出对金属离子的吸附性。木质素对重金属离子吸附能力的大小与其酚羟基、羧基、氨基等配位基含量和空间网络结构有关,其中影响最大的是羟基含量。另外,木质素含有痕量还原型的铁和其他金属,它们可与那些电化学序列中排在其后的金属反应,引起金属在木质素表面的沉积。越来越多的研究表明,木质素及其衍生物可用于吸附金属阳离子,也可用于吸附水中的阴离子。

纤维素分子和半纤维素分子中含有羟基、羰基、甲氧基等活性基团,这些基团可提供孤对电子,与重金属离子在吸附剂表面形成配合物或螯合物,使溶液中的重金属离子被吸附。

6.9.4　物理吸附

通过膨化稻壳和天然稻壳扫描电镜图的分析,可以明显地看出膨化稻壳的结构比天然稻壳的结构要疏松得多,从而导致膨化稻壳的比表面积增加。而且在膨化过程中,稻壳中的部分水分变成水汽,从稻壳中跑出来,形成气孔,因此膨化后的稻壳(即膨化稻壳)中含有大量的气孔,导致膨化稻壳的比表面积增加。

膨化稻壳的微纤维呈网状结构,一层一层地叠加堆积,层与层之间形成大量的空隙。因此,比较天然稻壳而言,膨化稻壳有较大的比表面积和孔容量,而比表面积和孔容量与重金属离子的吸附量成正比。膨化稻壳的表面物理特性,有利于重金属离子的吸附。

由于膨化稻壳的复杂性,其机理作用较为复杂,膨化稻壳吸附剂的吸附机理主要有静电引力吸附作用、离子交换、配位作用、氧化还原作用、物理吸附等。它可能通过上述作用机理中的一种或多种吸附某一重金属离子,而对不同的重金属离子的吸附机理也可能不同。总之,膨化稻壳吸附剂的吸附机理主要由其本身的化学组成、被吸附离子的性质和溶液的环境决定。

6.10　小　　结

通过对稻壳基吸附材料吸附重金属离子的机理分析,主要从化学吸附和物理吸附两方面得出以下结论。

1）化学吸附

(1) 膨化稻壳含有大量的羟基和酚羟基,还有少量的羧基,这些基团上的 H^+ 与重金属离子发生离子交换反应,使得重金属离子被吸附。膨化稻壳对 Cu^{2+}、Pb^{2+}、Zn^{2+}、Cr^{3+}、Cd^{2+}、Ag^+ 吸附由离子交换产生的吸附量分别占总吸附量的21.396%、10.974%、15.435%、15.336%、33.854%、29.777%。Larous、Meniai

等提出锯末对铜离子的吸附是由羟基与 Cu^{2+}、$Cu(OH)^+$、$Cu(OH)_2$ 发生离子交换反应而产生的。其反应方程式为 $2(—ROH)+Cu^{2+}\longrightarrow 2(—RO)Cu+2H^+$；$(—ROH)+Cu(OH)^+\longrightarrow(—RO)Cu(OH)+H^+$；$2(—ROH)+Cu(OH)_2\longrightarrow(—RO)_2Cu(OH)_2H$。周少丽等[19]在研究黄腐酸对 Cu^{2+} 的吸附机理中表明黄腐酸对 Cu^{2+} 的吸附机理可表示为 $R—COOH+Cu^{2+}\longrightarrow[R—COO]_2Cu+2H^+$。

(2) 在实验的 pH 条件下，膨化稻壳带负电荷，与带正电荷的重金属离子产生静电引力，从而去除重金属离子。

(3) 膨化稻壳显碱性，与溶液中的重金属离子发生酸碱沉淀，达到去除的目的。膨化稻壳对 Cu^{2+}、Pb^{2+}、Zn^{2+}、Cr^{3+}、Cd^{2+}、Ag^+ 吸附由酸碱沉淀产生的吸附量分别占总吸附量的 12.586%、7.013%、8.292%、15.964%、11.285%、8.041%。

(4) 膨化稻壳本身复杂的组成成分，以及大量的活性基团(如羧基、羟基等)和大分子，与重金属离子形成配合物或者螯合物。天然稻壳经膨化后暴露了更多的活性位点，增加了与重金属离子的接触机会，有利于重金属离子的吸附。张瑶、张克荣[20]等在活性炭对金属离子的吸附机理研究中提出活性炭对铅、镉、镍和钴离子的吸附表现为一种表面配位现象，而这种配位现象正是由活性炭颗粒表面各种含羟基的基团与溶液中金属离子的各种形态形成表面配位而将其吸附。

2) 物理吸附

(1) 膨化稻壳结构疏松、含有大量的气孔，从而增加了比表面积和孔容量，有利于重金属离子的吸附。最常见的活性炭吸附剂，拥有巨大的表面积和复杂的孔隙结构，非常容易吸收、收集各种有害物质。活性炭巨大的比表面积，可以产生强大的引力，就像磁力一样，所有的分子之间都具有相互引力，从而达到将有害物质吸引到表面及孔中的目的。活性炭对重金属离子的物理吸附过程正是在这些孔隙中和表面上进行的。

(2) 膨化稻壳对重金属离子的整个吸附过程不仅涉及重金属离子的差异性，也涉及膨化稻壳吸附剂本身各组分对重金属离子作用的形式多样性，以及环境因素的影响也较为复杂。因此，膨化稻壳对重金属离子的吸附是各种作用综合的结果，详尽的吸附机理还有待进一步的深入研究。

参考文献

[1] 闵庆文，成升魁．全球化背景下的中国水资源安全与对策[J]. 资源科学，2002，(24)：49-55

[2] 洪阳．中国 21 世纪的水安全[J]. 环境保护，1999，(10)：29-31

[3] Babel S. Low-cost adsorbents for heavy metals uptake from contaminated water：a review [J]. J Hazard Mater，2003，97 (1-3)：219-243

[4] 孟祥，胡国飞．重金属废水处理[M]. 北京：化学工业出版社，2000：1-4

[5] Qin F, Wen B, Shan X Q. Mechanisms of competitive adsorption of Pb, Cu and Cd on peat [J]. Environmental Pollution, 2006, (144): 669-680

[6] Yoshio N, Takeshita K. Adsorption mechanism of hexavalent chromium by redox within condensed-Tannin gel[J]. Water Research, 2001, 35(2): 496-500

[7] Moreno-Castilla C, Alvarez-Merino M A. Adsorption mechanisms of metal cations from water on an oxidized carbon surface[J]. Journal of Colloid and Interface Science, 2010, (345): 461-466

[8] Al-Ghouti M A, Li J, Salamh Y, et al. Adsorption mechanisms of removing heavy metals and dyes from aqueous solution using date pits solid adsorbent[J]. Journal of Hazardous Materials, 2010, (176): 510-520

[9] Li J, Lin Q, Zhang X. Mechanism of electron transfer in the bioadsorption of hexavalent Chromium within Leersia hexandra Swartz Granules by X-ray photoelectron spectroscopy [J]. Journal of Hazardous Materials, 2010, (304): 612-624

[10] Zhou D, Zhang L, Guo S. Mechanisms of lead biosorption on cellulose/chitin beads [J]. Water Research, 2005, (39): 3755-3762

[11] Zhan X, Zhao X. Mechanism of lead adsorption from aqueous solutions using an adsorbent synthesized from natural condensed tannin[J]. Water Research, 2003, (37): 3905-3912

[12] Wang F, Wang L. Adsorption behavior and mechanism of cadmium on strong-acid cation exchange resin[J]. Trans Nonferrous Met Soc China, 2009, (19) : 740-744

[13] Wan N W S, Hanafiah M A K M. Removal of heavy metal ions from wastewater by chemical modified plant wastes as adsorbents: a review[J]. Bioresource Technology, 2008, (99) 3935-3948

[14] Zhou Y T, Branford-White C. Adsorption mechanism of Cu^{2+} from aqueous solution by chitosan-coated magnetic nanoparticles modified with α-ketoglutaric acid[J]. Colloids and Surfaces B: Biointerfaces, 2009, (74): 244-252

[15] Yang L, Luo Y, Wang L, et al. Preparation and adsorption performance of a novel bipolar PS-EDTA resin inaqueous phase[J]. Journal of Hazardous Materials, 2010, 180: 98-105

[16] 近藤精一,石川达雄,安部郁夫．吸附科学[M]. 李国希译. 北京:化学工业出版社,2006: 17-30

[17] Cheung C W, Porter J F. Sorption kinetic analysis for the removal of cadmium ions from effluents using bone char[J]. Wat Res, 2001, 35(3): 605-612

[18] Dhiraj S, Garima M. Agricultural waste material as potential adsorbent for sequestering heavy metal ions from aqueous solutions: a review[J]. Bioresource Technology, 2008, (99): 6017-6027

[19] 周少丽,贺燕. 黄腐酸对铁吸附行为的研究[D]. 上海:中国科学院上海冶金研究所博士学位论文,2000:6-166

[20] 张瑶,张克荣,罗永义,等. 活性炭对铅镉镍钴离子的吸附机理探讨[D]. 上海:中国科学院上海冶金研究所博士学位论文,2000:8-108

第 7 章　稻壳基吸附材料柱吸附重金属离子

7.1 引　　言

吸附材料工业应用时常采用吸附柱技术，当从吸附柱中吸附剂层上部流入含有某一吸附质(浓度 C_0)的流体时，吸附反应在吸附剂层的上部迅速而有效地进行着，残留的吸附质在紧接着的吸附层内被吸附完毕。这样在填充层内的某一时刻，吸附大部分是在比较狭隘的带状部分进行的，这一正在工作的部分称为吸附带或吸附区。此时，位于吸附带上部的吸附层的吸附量几乎与 C_0 成平衡，吸附带本身的吸附量沿着高度急速下降，而在它下部的吸附层则全然处于没有吸附的状态。

若溶液连续地以一定的流速注入吸附柱的吸附剂层内，吸附带以较之流体线速度更为缓慢的恒定速度向前推移。当吸附带的下端到达吸附剂层底部时，流出液中出现吸附质，随后其浓度迅速上升，当增加到允许的吸附质出水最高浓度 C_d(运行时间 t_d)时，吸附柱即刻停止运行，柱内的吸附剂需经再生恢复活性后，才能重复使用。以流出液流量或工作时间为横坐标，以流出液的吸附质浓度 C_e 为纵坐标所得到的浓度变化曲线称为穿透曲线，其形状一般为 S 形曲线，如图 7－1 所示，其斜率则根据平衡关系与操作条件而变化。当 C_e 到达某一容许值 C_c 的点称为穿透点，它相应的运行时间 t_c 称为穿透时间。作为穿透点，多选择流出浓度为进水浓度的 5%～10%。允许的最高出水浓度 C_d 则称为吸附柱的耗竭浓度，它相应的运行时间 t_d 称为耗竭时间。如果将已达到 C_d 的吸附柱继续通过原柱，出水的吸附质浓度迅速上升，以致很快接近进水浓度 C_0，说明吸附柱已经耗竭。当出水完全达到 C_0 的时间较长时，一般用 0.95% C_0 或其他适宜浓度(C_x)代替 C_0，称为吸附柱的耗竭浓度，它相应的运行时间 t_x 称为穿透时间。穿透曲线分析主要是确立吸附区的吸附量比数及吸附带的高度 X_0，这些参数可以用来表示吸附柱的有效吸附量。

以稻壳基吸附材料为吸附剂，考察不同吸附柱设计参数(如填料高度、流速和重金属离子初始浓度)分别对稻壳基吸附材料柱吸附 Cu^{2+}、Pb^{2+}、Zn^{2+}、Cd^{2+}、Cr^{3+} 和 Ag^{+} 6 种重金属离子的影响，且用 Bohrat-Adams 模型拟合不同填料高度下的实验数据；在相同条件下稻壳基吸附材料吸附柱与天然稻壳和椰壳活性炭吸附柱作对比研究，进而对稻壳基吸附材料柱进行脱附再利用实验。

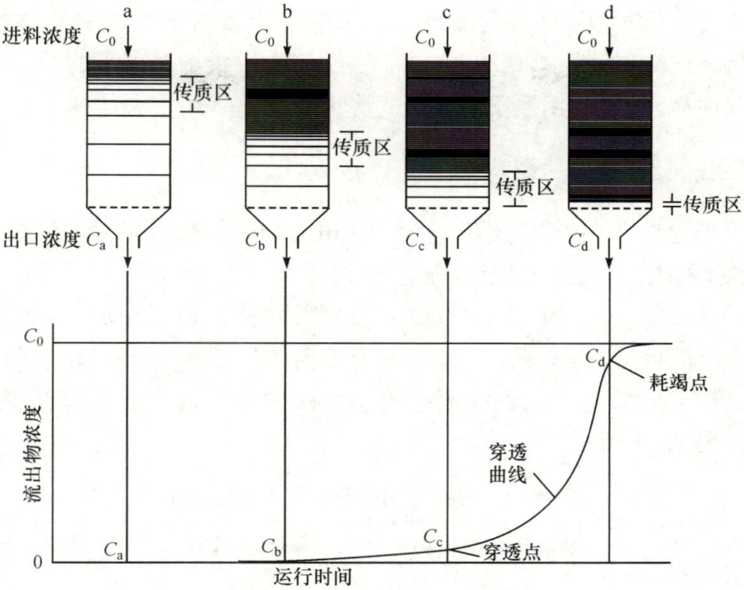

图 7-1　吸附柱技术及穿透曲线

7.2　柱吸附实验装置及条件设置

7.2.1　柱吸附实验装置

实验装置如图 7-2 所示，采用小型玻璃吸附柱(直径 3 cm，高 30 cm)，从吸附柱的上端口加入一定量的膨化稻壳，让重金属离子废水从下面进水，上面出水，即

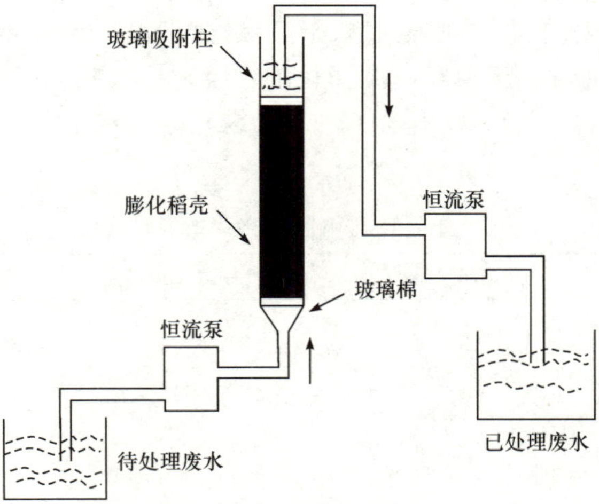

图 7-2　柱吸附实验装置图

采用升流式连续流过膨化稻壳吸附柱，废水中重金属离子与柱中的填料（膨化稻壳）充分接触，从而吸附重金属离子，达到去除废水中重金属离子的目的。最后，取出不同时间的滤出液，利用原子吸收分光光度计测定其中重金属离子的残留浓度。

7.2.2 柱高对吸附效果的影响

利用恒流泵（BT-100）控制流速为 10 mL/min，让不同初始质量浓度的重金属离子溶液，采用升流式分别连续流过填料高度为 3 cm、6 cm 和 9 cm（对应的膨化稻壳质量为 5 g、10 g 和 15 g）的膨化稻壳吸附柱，进行柱动态实验。最后，以吸附柱通水时间（t）为横坐标，出水中重金属离子质量浓度与进水质量浓度之比（C_e/C_0）为纵坐标，绘制出稻壳吸附柱吸附废水中重金属离子的穿透曲线。具体实验条件如表 7－1 所示。

表 7－1 柱高影响吸附效果的实验条件

离子种类	初始浓度/(mg/L)	柱高取值梯度/cm	流速/(mL/min)
Cu^{2+}	10	3、6、9	10
Pb^{2+}	40.26	3、6、9	10
Zn^{2+}	12.8	3、6、9	10
Cr^{3+}	11.75	3、6、9	10
Cd^{2+}	10	3、6、9	10
Ag^{+}	16.41	3、6、9	10

7.2.3 流速对吸附效果的影响

让质量浓度相同的同种重金属离子溶液，分别以 5 mL/min、10 mL/min 和 15 mL/min 流速通过一定填料高度膨化稻壳吸附柱，进行柱动态吸附实验。最后，以吸附柱通水时间（t）为横坐标，C_e/C_0 为纵坐标，绘制出穿透曲线。具体实验条件如表 7－2 所示。

表 7－2 流速影响吸附效果的实验条件

离子种类	初始浓度/(mg/L)	柱高/cm	流速取值梯度/(mL/min)
Cu^{2+}	10	9	5、10、15
Pb^{2+}	40.26	6	5、10、15
Zn^{2+}	12.8	6	5、10、15
Cr^{3+}	11.75	6	5、10、15
Cd^{2+}	10	6	5、10、15
Ag^{+}	16.41	6	5、10、15

7.2.4　初始浓度对吸附效果的影响

利用恒流泵控制流速为 10 mL/min，分别让不同初始质量浓度的重金属离子溶液，通过一定填料高度的膨化稻壳吸附柱，进行柱动态吸附实验。最后，以吸附柱通水时间(t)为横坐标，C_e/C_0 为纵坐标，绘制出穿透曲线。具体实验条件如表 7－3 所示。

表 7－3　初始浓度影响吸附效果的实验条件

离子种类	浓度取值梯度/(mg/L)	柱高/cm	流速/(mL/min)
Cu^{2+}	10、20、50	9	10
Pb^{2+}	26、40.26、110	6	10
Zn^{2+}	12.8、25、35	6	10
Cr^{3+}	8.5、11.75、30	6	10
Cd^{2+}	10、20、30	6	10
Ag^{+}	7.5、16.41、33.23	6	10

7.2.5　稻壳基吸附材料的吸附性能与天然稻壳和活性炭的比较

让质量浓度相同的同种重金属离子溶液，以 10 mL/min 的流速，分别通过一定填料高度的膨化稻壳、天然稻壳和椰壳活性炭吸附柱，进行柱动态吸附实验。最后，以吸附柱通水时间(t)为横坐标，C_e/C_0 为纵坐标，绘制出穿透曲线。具体实验条件如表 7－4 所示。

表 7－4　膨化稻壳、天然稻壳和活性炭的实验条件

离子种类	初始浓度/(mg/L)	柱高/cm	流速/(mL/min)	吸附剂种类
Cu^{2+}	10	9	10	ERH、RH、CAC
Pb^{2+}	40.26	6	10	ERH、RH、CAC
Zn^{2+}	12.8	6	10	ERH、RH、CAC
Cr^{3+}	11.75	6	10	ERH、RH、CAC
Cd^{2+}	10	6	10	ERH、RH、CAC
Ag^{+}	16.41	6	10	ERH、RH、CAC

7.2.6 稻壳基吸附材料的脱附及重复使用

1. 脱附实验

采用0.01 mol/L的盐酸，以8 mL/min的流速，流过膨化稻壳吸附柱，脱附速度比吸附速度要低一些，这样会使脱附液尽可能地在足够少的体积内，脱附足够多的重金属离子。然后用蒸馏水通过膨化稻壳吸附柱，洗掉残留的盐酸溶液，再用0.01 mol/L的氢氧化钠溶液活化膨化稻壳吸附柱，最后再用蒸馏水清洗膨化稻壳吸附柱，洗掉残留的氢氧化钠溶液，使其达到中性(以上所有的溶液均采用升流式通过吸附柱)。

2. 重复实验

吸附饱和的膨化稻壳吸附柱脱附后，再次吸附相同浓度的同种重金属离子，吸附达饱和后再脱附再吸附，一直这样循环下去，直到吸附柱中膨化稻壳的总吸附量减少到第一次使用时总吸附量的50%以下为止。

7.2.7 计算公式

1. 吸附量的计算

吸附量是表现吸附材料吸附性能最直观和最重要的参数，也作为选择柱设计参数的重要依据。吸附量的推导方程式是通过实验所得的穿透曲线积分所得，其计算公式如式(7-1)和式(7-2)所示[1,2]：

$$Q_{\text{total}} = \frac{qA}{1000} = \frac{q}{1000}\int_{t=0}^{t=t_{\text{total}}} C_{\text{ad}}\,\mathrm{d}t \tag{7-1}$$

$$C_{\text{ad}} = C_0(\text{进水浓度}) - C_t(t\ \text{时间的出水浓度}) \tag{7-2}$$

式中，q为流速(mL/min)；Q_{total}为总吸附量(mg)；t_{total}为运行时间(h)；C_{ad}为吸附的浓度，A为穿透曲线的面积。

由式(7-1)得到单位吸附量的计算公式(7-3)。

$$Q_{\text{eq}}(\exp) = \frac{Q_{\text{total}}}{X} \tag{7-3}$$

式中，X为吸附剂干重(g)；$Q_{\text{eq}}(\exp)$为单位吸附量(mg/g)。

2. Bohrat-Adams模型

用Bohrat和Adams推导的方程式(7-4)可评述连续式吸附柱的性能[3~7]。

$$\ln\left(\frac{C_0}{C_B}-1\right) = \ln\left(e^{\frac{VKN_0X}{t}}-1\right) - KC_0t \tag{7-4}$$

式中，C_0为进水重金属离子的浓度(mg/L)；C_B为出水重金属离子的浓度(mg/L)；

V 为空床线速度(cm/h)；t 为工作时间(h)；K 为速率常数[L/(mg · h)]；N_0 为吸附量(mg/L)；X 为吸附柱填料高度(cm)。

$$t = \frac{N_0}{C_0 V}X - \frac{1}{C_0 K}\ln\left(\frac{C_0}{C_B} - 1\right) \tag{7-5}$$

设 $t=0$，解出 X，即可求得 X_0，由于指数项 $e^{\frac{KN_0X}{t}}$ 通常比 1 大得多，式(7-4)右边括号内的 1 可以忽略不计，则得到

$$X_0 = \frac{V}{KN_0}\ln\left(\frac{C_0}{C_B} - 1\right) \tag{7-6}$$

用模型实验膨化稻壳吸附柱，确立参数 N_0、K、X 等，其步骤如下。

设计时采用方程(7-5)表明，含有参数 V 的 X-t 图形为一直线，其斜率为 a，截距为 b，则有

$$a = \frac{N_0}{C_0 V} \tag{7-7}$$

$$b = -\frac{1}{KC_0}\ln\left(\frac{C_0}{C_B} - 1\right) \tag{7-8}$$

由式(7-7)和式(7-8)可以求出 N_0 和 K，然后利用式(7-6)求出 X_0。

7.3　吸附柱高对吸附的影响

由图 7-3 可知，随着吸附柱中填料高度的增加，穿透点和耗竭点都推后，这是因为随着吸附柱中膨化稻壳质量的增加，吸附柱中吸附重金属离子的吸附活性位点也增加，则处理重金属离子废水的体积也增加，吸附周期增长。所以，在柱动态吸附操作过程中，填料高度不宜太低，一般大于传质区的 1.5 倍。不同填料高度的穿透曲线参数列于表 7-5。

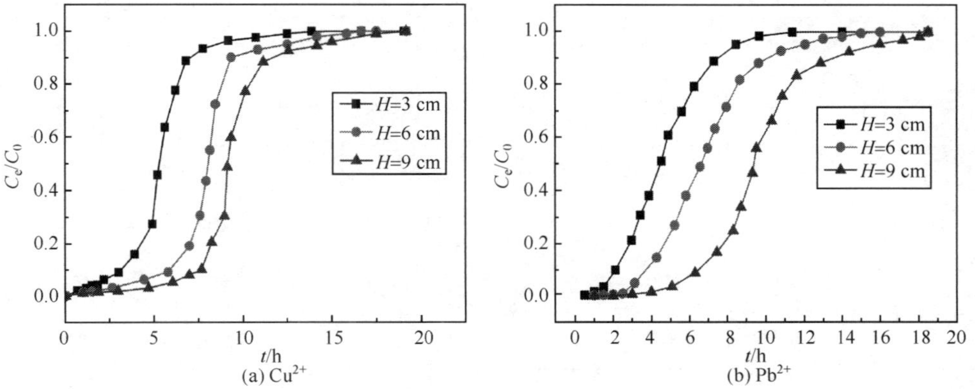

图 7-3　不同填料高度下的穿透曲线

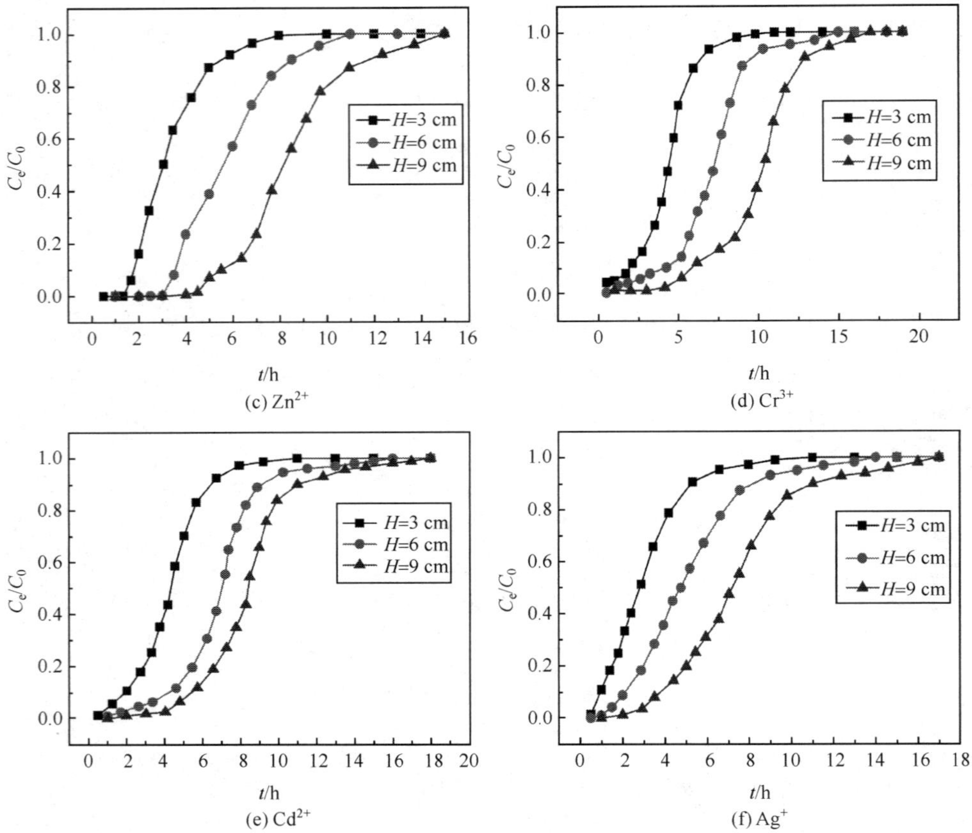

(c) Zn^{2+}　(d) Cr^{3+}　(e) Cd^{2+}　(f) Ag^{+}

图 7-3(续)

表 7-5　不同填料高度的穿透曲线参数

金属	H/cm	t_a/h	t_b/h	Q_{eq}/(mg/g)
Cu^{2+}	3、6、9	3、5、6.6	16、16.667、19.167	5.951、4.389、3.54
Pb^{2+}	3、6、9	2.1、4.0、6.4	10、16、18.5	25.677、18.87、17.985
Zn^{2+}	3、6、9	1.8、3.6、5.5	9、11、15	5.181、4.447、4.33
Cr^{3+}	3、6、9	2、4.2、6	11、15、17	6.111、5.005、4.687
Cd^{2+}	3、6、9	2、4.4、5.9	11、16、18	5.15、4.154、3.366
Ag^{+}	3、6、9	0.8、2.6、4.2	10.5、14、17	6.034、4.997、4.869

7.4　流速对吸附的影响

由图 7-4 可知，随着流速的提高，曲线的斜率减小，即吸附带增长。同时随着流速的提高，穿透点和耗竭点都提前，这是因为随着流速的增加，影响溶质向膨化稻壳表面扩散，重金属离子来不及扩散到膨化稻壳的内表面就会发生漏过，相应吸附效率下降；而流速较低时，溶质能够进行充分扩散，膨化稻壳的处理体积增大，工作吸附量增大，吸附效率升高。动态吸附的流速越低，膨化稻壳的动态工作吸附量越大。在动态吸附操作过程中，流速不宜过高，过高会影响吸附效率；但也不宜过低，过低会导致处理废水量下降，则影响工作效率。所以在选择流速时，既要考虑吸附效率，同时也要考虑工作效率。不同流速的穿透曲线参数列于表 7-6。

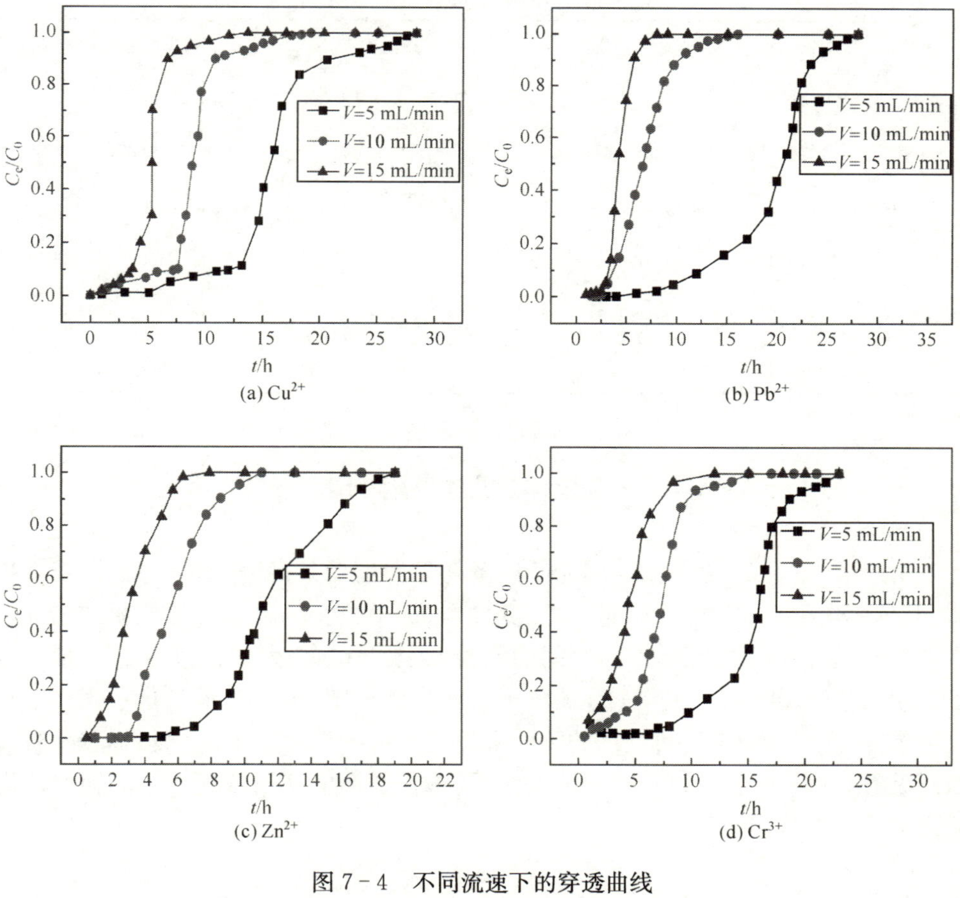

图 7-4　不同流速下的穿透曲线

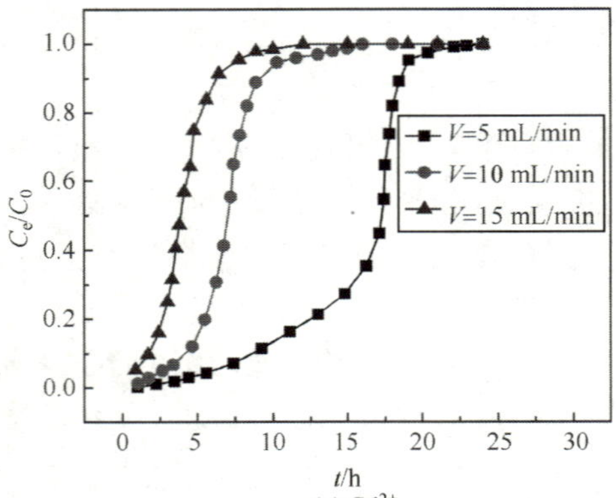

(e) Cd^{2+}

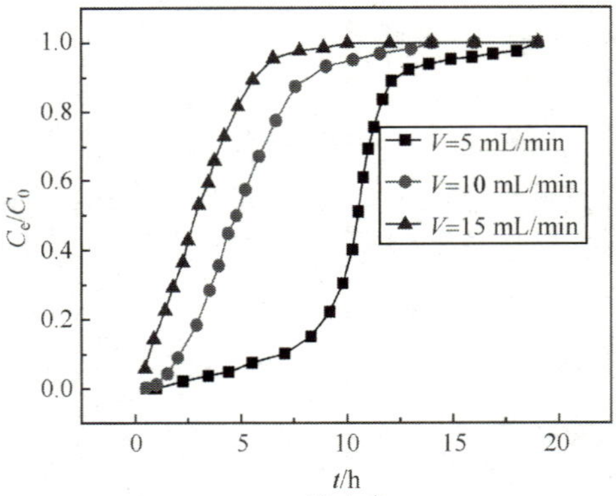

(f) Ag^{+}

图 7-4(续)

表 7-6　不同流速的穿透曲线参数

金属	V/cm	t_a/h	t_b/h	Q_{eq}/(mg/g)
Cu^{2+}	5、10、15	12、6.6、3.4	28.33、19.167、13.667	3.763、3.54、3.005
Pb^{2+}	5、10、15	12、4.0、3.0	28、16、9.0	26.886、18.87、17.982
Zn^{2+}	5、10、15	8.2、3.6、1.5	19、11、7.863	4.51、4.447、3.807
Cr^{3+}	5、10、15	9.8、4.2、1.8	23、15、12	5.313、5.005、4.722
Cd^{2+}	5、10、15	9、4.4、2	24、16、12	4.624、4.154、3.639
Ag^{+}	5、10、15	7、2.6、0.8	19、14、10	5.008、4.997、4.558

7.5　初始浓度对吸附的影响

由图 7-5 可知，随着重金属离子溶液初始浓度的升高，穿透点和耗竭点都提前，但是膨化稻壳的工作吸附量会随之增加，而吸附效率却下降。吸附量的增加可能是由于随着溶液浓度的增大，吸附的推动力(浓度差)增大，因而有可能形成双分子层或多分子层吸附。提高重金属离子溶液初始浓度，虽然会提膨化稻壳的工作吸附量，但同时膨化稻壳可处理的重金属离子废水的体积会下降，吸附周期缩短，因而吸附效率下降。所以在选择浓度时，要选择适当的初始浓度。不同初始浓度的穿透曲线参数列于表 7-7。

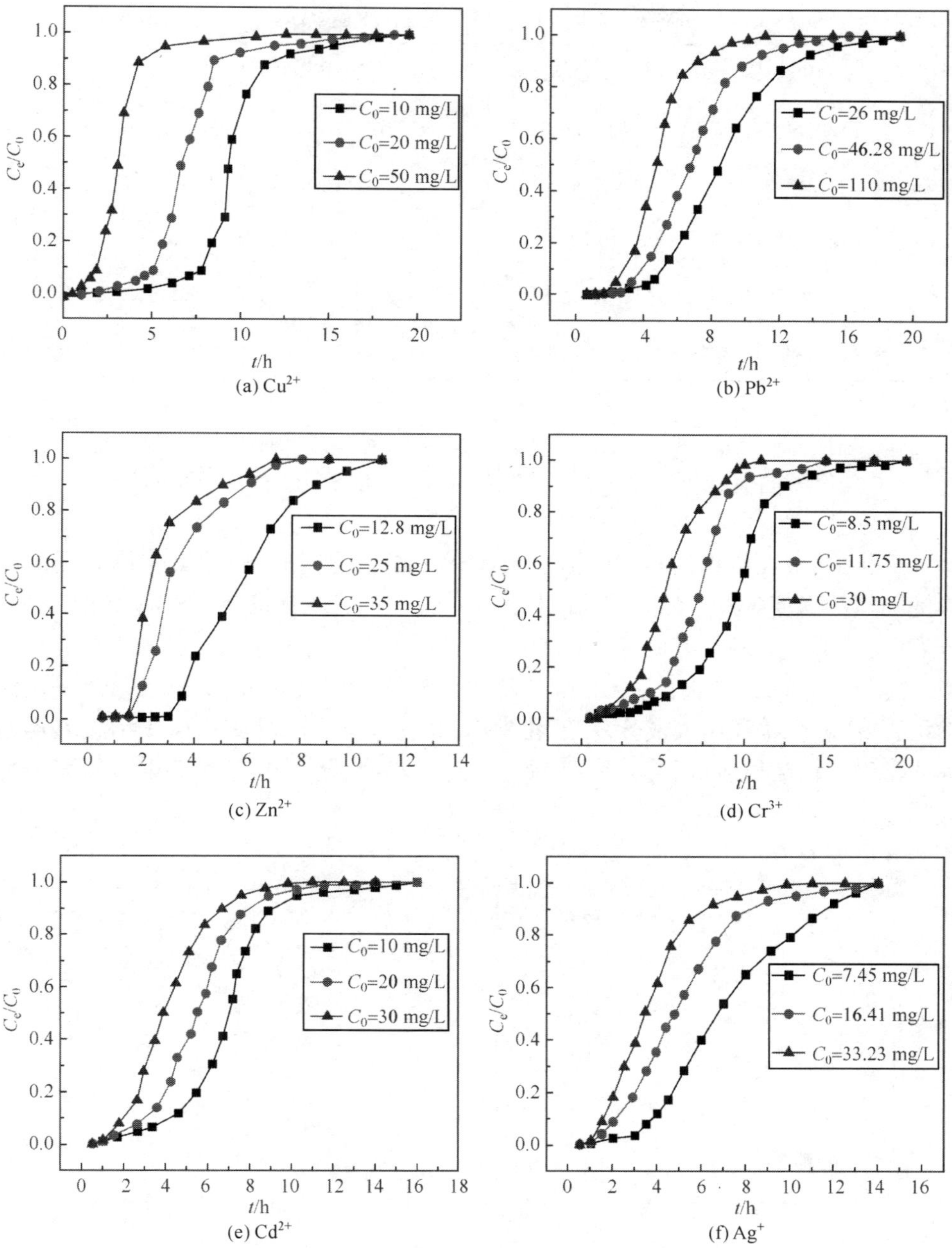

图 7 - 5　不同初始浓度下的穿透曲线

表 7-7　不同初始浓度的穿透曲线参数

金属	C_0/(mg/L)	t_a/h	t_b/h	Q_{eq}(mg/g)
Cu^{2+}	10、20、50	6.6、5、1.833	19.167、18.33、12.33	3.54、5.497、6.333
Pb^{2+}	26、46.28、110	5.6、4.0、2	19、16、11	13.44、18.87、31.196
Zn^{2+}	12.8、25、35	3.6、1.9、1.6	11、8、7	4.447、4.88、5.752
Cr^{3+}	8.5、11.75、30	5.8、4.2、2.6	20、15、11	4.762、5.005、9.579
Cd^{2+}	10、20、30	4.4、3、1.9	16、13、11	4.154、6.630、7.512
Ag^{+}	7.45、16.41、33.23	3.8、2.6、1.6	14.5、14、11	3.211、4.997、7.354

7.6　稻壳基吸附材料的吸附能力与稻壳和活性炭的比较

膨化稻壳、天然稻壳和椰壳活性炭(CAC)在相同流速、初始重金属离子溶液浓度和填料高度条件下的穿透曲线如图 7-6 所示,其具体的运行时间和吸附量列入表 7-8 中。可以看出,膨化稻壳的运行时间和吸附量大于天然稻壳和椰壳活性炭。这是因为单位质量下膨化稻壳的比表面积比天然稻壳大,所以吸附效果比天然稻壳好;膨化稻壳组成成分复杂,化学基团较多,虽然物理吸附不如活性炭,但是其化学吸附比活性炭好得多。则以膨化稻壳作为吸附剂更有利于重金属离子的吸附。

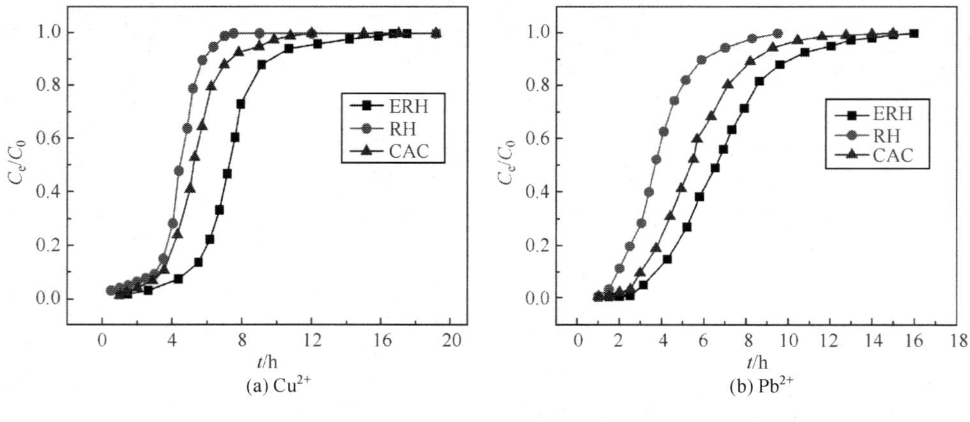

图 7-6　膨化稻壳、天然稻壳和活性炭吸附重金属离子的穿透曲线

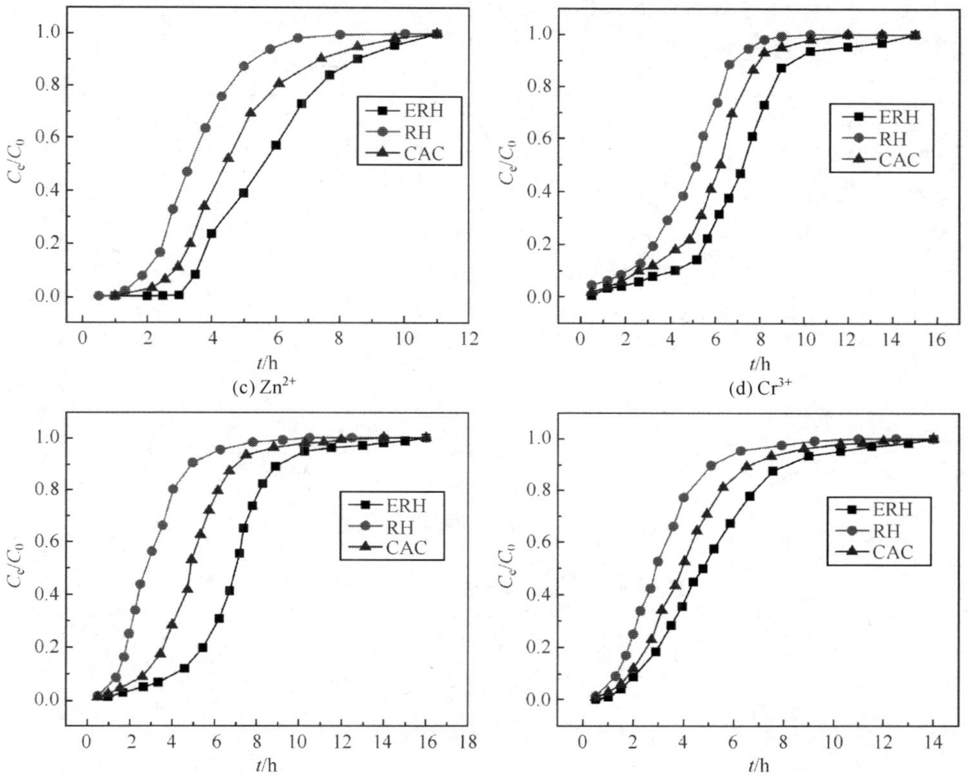

(c) Zn^{2+}　(d) Cr^{3+}　(e) Cd^{2+}　(f) Ag^{+}

图 7-6(续)

表 7-8　膨化稻壳、天然稻壳和活性炭的穿透曲线参数

金属	吸附剂	t_a/h	t_b/h	Q_{eq}/(mg/g)
Cu^{2+}	ERH、RH、CAC	5、3.2、3.6	16.667、7.5、12	4.389、2.634、3.184
Pb^{2+}	ERH、RH、CAC	4、1.8、3	16、9.5、15	18.87、10.755、15.458
Zn^{2+}	ERH、RH、CAC	3.6、2、2.9	11、10、11	4.447、2.714、3.664
Cr^{3+}	ERH、RH、CAC	4.2、2.2、2.6	15、10.3、12	5.005、3.387、4.148
Cd^{2+}	ERH、RH、CAC	4.4、1.6、3	16、10.5、14	4.154、1.86、2.99
Ag^{+}	ERH、RH、CAC	2.6、1.3、1.8	14、11、14	4.997、3.106、4.121

7.7　Bohrat-Adams 模型

用 Bohrat(博哈特)- Adams(亚当斯)(BDST)模型，拟合不同柱高得到的吸附参数，拟合图形见图 7-7，拟合方程和相关系数列入表 7-9 中，由表 7-9 可知，$R^2>0.98$，相关性较好，可以用 BDST 拟合膨化稻壳吸附柱参数。其根据 7.3.3

节中的公式，计算得出的具体参数列入表 7-10 中，由表可知，膨化稻壳作为重金属离子吸附剂，吸附效果相当好。

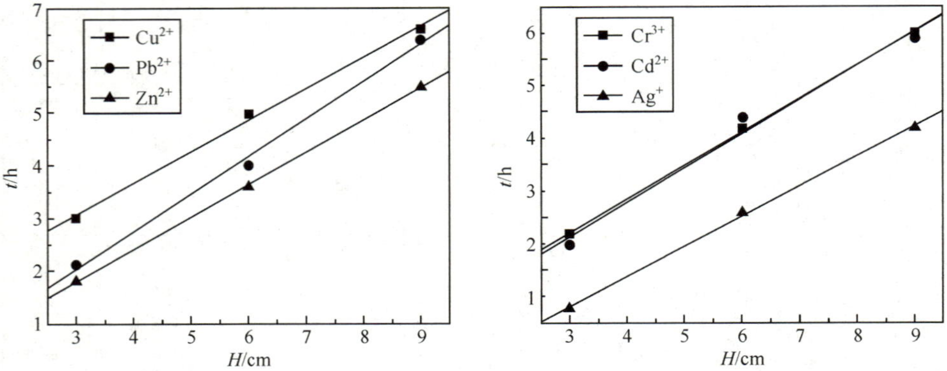

(a) Cu^{2+}、Pb^{2+}、Zn^{2+}　(b) Cr^{3+}、Cd^{2+}、Ag^{+}

图 7-7　金属离子的 BDST 拟合

表 7-9　重金属离子的 BDST 拟合方程

金属	拟合方程	R^2
Cu^{2+}	$y=1.267+0.6x$	0.996
Pb^{2+}	$y=-0.133+0.717x$	0.996
Zn^{2+}	$y=-0.122+0.617x$	0.999
Cr^{3+}	$y=0.333+0.633x$	0.999
Cd^{2+}	$y=0.0667+0.667x$	0.983
Ag^{+}	$y=0.2+0.65x$	0.998

表 7-10　重金属离子的 BDST 参数

金属	N_0/(mg/L)	K/[L/(mg·h)]	X_0/cm
Cu^{2+}	509.556	0.174	2.104
Pb^{2+}	589.839	0.147	2.159
Zn^{2+}	670.353	1.407	0.198
Cr^{3+}	631.958	0.561	0.526
Cd^{2+}	552.019	1.099	0.308
Ag^{+}	789.731	0.154	1.529

7.8　稻壳基吸附材料柱的脱附和重复使用

7.8.1　对重金属离子的脱附

图 7-8 为重金属离子的脱附曲线，一些详细的参数列入表 7-11 中(Q_{Des} 为重金属离子的脱附量；t 为脱附时间)。由表 7-11 可以得知，Cu^{2+}、Pb^{2+}、Zn^{2+}、Cr^{3+}、Cd^{2+} 和 Ag^{+} 都能够较好地被脱附，脱附率分别达到了 96.424%、84.176%、87.047%、92.209%、83.45% 和 89.166%。随着脱附的进行，出水浓度越来越低，到 1 h 后，脱附液中重金属离子的浓度已经降到了很低，即在短时间内(1 h)，吸附剂中的重金属离子有超过 60%(Cu^{2+} 62.24%；Pb^{2+} 60.884%；Zn^{2+} 68.461%；Cr^{3+} 67.311%；Cd^{2+} 68.207%；Ag^{+} 68.154%)被脱附，这有利于重金属离子的回收利用。

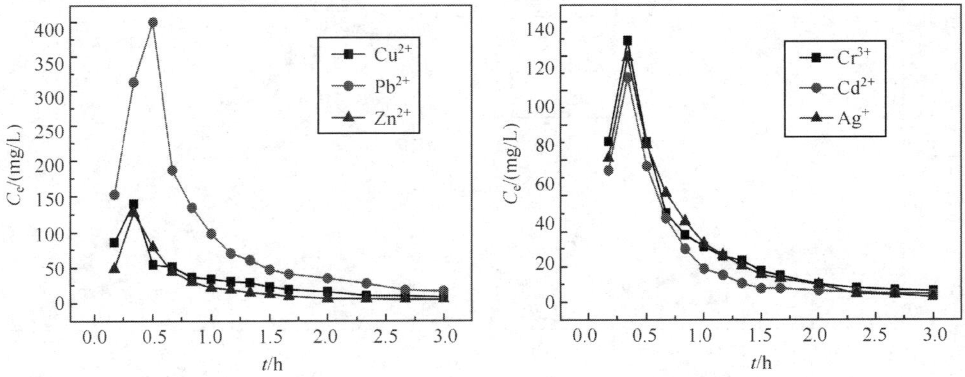

(a) Cu^{2+}、Pb^{2+}、Zn^{2+}　　(b) Cr^{3+}、Cd^{2+}、Ag^{+}

图 7-8　对重金属离子的脱附曲线

表 7-11　重金属离子的脱附参数

被脱附离子	H/cm	t/h	Q_{Des}/mg	q_{total}/mg	脱附率/%
Cu^{2+}	6	3	51.201	53.1	96.424
Pb^{2+}	6	3	158.84	188.7	84.176
Zn^{2+}	6	3	38.71	44.47	87.047
Cr^{3+}	6	3	46.151	50.05	92.209
Cd^{2+}	6	3	34.686	41.54	83.45
Ag^{+}	6	3	44.556	49.97	89.166

7.8.2 膨化稻壳吸附柱的重复性

膨化稻壳柱吸附各种重金属离子的重复使用次数与相应的总吸附量的关系见图 7－9。由图 7－9 可知，膨化稻壳柱重复使用的前几次的总吸附量略大于第一次使用的总吸附量，这是因为活化膨化稻壳柱用的氢氧化钠溶解了部分膨化稻壳中的脂类、蛋白质、纤维素和多糖等，使得膨化稻壳的孔径变大，孔容量增加，增加了膨化稻壳对重金属离子的物理吸附量。但是随着循环次数的逐渐增加，重金属离子在膨化稻壳上残留的量越来越多，则膨化稻壳柱的总吸附量逐渐减少，所以增加到一定循环次数以后，总吸附量呈下降趋势。直到第 20 次重复使用时，膨化稻壳柱的对 Cu^{2+}、Pb^{2+}、Zn^{2+}、Cr^{3+}、Cd^{2+} 和 Ag^{+} 总吸附量分别为第一次总吸附量的 41.412%、25.661%、35.979%、33.232%、30.433 和 28.017%。这说明膨化稻壳有较好的重复再生性能。

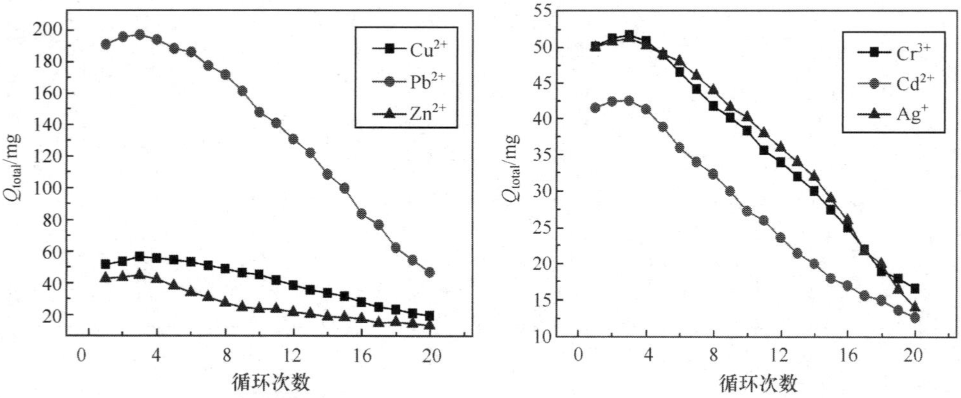

(a) Cu^{2+}、Pb^{2+}、Zn^{2+}　　(b) Cr^{3+}、Cd^{2+}、Ag^{+}

图 7－9　膨化稻壳柱的重复使用

7.9 小　　结

通过膨化稻壳对 6 种重金属离子在不同吸附柱设计参数下的吸附性能的研究，主要得出以下结论：

(1) 柱填料高度、设计流速和重金属离子初始浓度对重金属离子的吸附有较大影响。穿透时间随填料高度的增加而增加，随流速和初始浓度的增加而减少；单位吸附量随填料高度和流速的增加而减少，随初始浓度的增加而增加。单位吸附量的这种变化趋势与 Emine Malkoc、Yasar Nuhoglu 等对利用吸附柱处理重金属废水的研究结果一致。随着柱高的增加，吸附剂的质量增大，因此参与竞争吸附重金属离子的量增加，导致单位吸附量减少；随着流速的增加，重金属离子与膨化稻壳的接触时间减少，吸附剂还未达到吸附平衡，重金属离子就已经流走了，导致单位吸附量减少，随着浓度的增加，吸附的推动力（浓度差）增大，因而有可能形成双分子层或多分子层吸附，导致单位吸附量增加。

（2）在相同条件下，膨化稻壳吸附柱与天然稻壳和椰壳活性炭吸附柱作比较，发现活性炭的吸附能力比天然稻壳好，膨化稻壳的吸附能力比椰壳活性炭好。膨化稻壳柱对 Cu^{2+}、Pb^{2+}、Zn^{2+}、Cr^{3+}、Cd^{2+}、Ag^{+} 的单位吸附量分别为 4.389 mg/g、18.87 mg/g、4.447 mg/g、5.005 mg/g、4.154 mg/g、4.997 mg/g。膨化稻壳虽然没有活性炭的比表面积大、孔结构多（活性炭微孔的孔隙容积一般只有 0.25～0.9 mL/g，孔隙数量约为 1020 个/g，全部微孔表面积约为 500～1500 m^2/g，甚至高达 3500～5000 m^2/g），但是膨化稻壳丰富的活性基团导致其对重金属离子吸附量的增加。

（3）用 Bohrat-Adams 模型拟合不同填料高度下的实验数据，拟合参数表明，膨化稻壳对重金属离子有较好的吸附能力。膨化稻壳对 Cu^{2+}、Pb^{2+}、Zn^{2+}、Cr^{3+}、Cd^{2+}、Ag^{+} 的吸附量（N_0）分别达到了 509.556 mg/L、589.839 mg/L、670.353 mg/L、631.958 mg/L、552.019 mg/L、789.731 mg/L；吸附柱填料高度（X_0）分别为 2.104 cm、2.159 cm、0.198 cm 、0.526 cm、0.308 cm、1.529 cm。

（4）利用浓度为 0.01 mol/L 的盐酸脱附膨化稻壳柱，对 Cu^{2+}、Pb^{2+}、Zn^{2+}、Cr^{3+}、Cd^{2+}、Ag^{+} 的脱附率分别达到了 96.424%、84.176%、87.047%、92.209%、83.45%、89.166%；通过多次脱附再利用重复循环实验，到第 20 次循环时，膨化稻壳柱对 Cu^{2+}、Pb^{2+}、Zn^{2+}、Cr^{3+}、Cd^{2+}、Ag^{+} 的总吸附量分别为第一次使用时总吸附量的 41.412%、25.661%、35.979%、33.232%、30.433%、28.017%。表明膨化稻壳有较好的重复再生性能，且重金属离子很容易从吸附剂上脱附。很多吸附剂的脱附都采用酸脱附，利用 H^{+} 离子置换吸附剂上的金属离子。活性炭脱附的方法有高温脱附、置换脱附、超声波脱附等，但是脱附效果都不理想，造成后处理难、成本高等困难。

参 考 文 献

[1] Malkoc E, Nuhoglu Y. Removal of Ni(Ⅱ) ions from aqueous solutions using waste of tea factory: adsorption on a fixed-bed column [J]. J Hazard Mater, 2006, B135: 328-336

[2] Padmesh T V N, Vijayaraghavan K, Sekaran G, et al. Batch and column studies on biosorption of acid dyes on fresh water macro alga Azolla filiculoides [J]. J Hazard Mater, 2005, 125 (1-3): 121-129

[3] Kumar U, Bandyopadhyay M. Fixed bed column study for Cd(Ⅱ) removal from wastewater using treated rice husk [J]. J Hazard Mater, 2006, B129: 253-259

[4] Mohan S, Sreelakshmi G. Fixed bed column study for heavy metal removal using phosphate

treated rice husk [J]. J Hazard Mater, 2008, 153: 75-82

[5] Goel J, Kadirvelu K, Rajagopal C, et al. Removal of lead(Ⅱ) by adsorption using treated granular activated carbon: batch and column studies [J]. J Hazard Mater, 2005, 125 (1-3): 211-220

[6] Liao X, Zhang M, Shi B. Collagen-fiber-immobilized tannins and their adsorption of Au(Ⅲ) [J]. Ind Eng Chem Res, 2004, 43: 2222-2227

[7] Aksu Z, Gönen F. Biosorption of phenol by immobilized activated sludge in a continuous packed bed: prediction of breakthrough curves [J]. Process Biochem, 2004, 39: 599-613

第 8 章 稻壳基吸附材料柱对重金属离子吸附的穿透曲线

8.1 引 言

柱吸附过程是一个复杂的过程，对吸附结果的影响因素也较多，如填料高度、流速、进水浓度等参数，所以对吸附柱出水浓度、最大吸附量和运行时间的预测是实验中非常重要的参数，同时也是实际水处理中的重要参数。Thomas 模型和 Yoon-Nelson 模型是最为广泛用来拟合吸附柱穿透曲线的两种模型，其中可以用 Thomas 模型预测吸附柱出水浓度、最大吸附量，而 Yoon-Nelson 模型可以预测出 50%运行时间。通过这两种模型的转换公式都可以得到不同条件下的理论穿透曲线，从而得到理论吸附柱出水浓度、最大吸附量和运行时间。

本章利用被最广泛用来拟合吸附柱穿透曲线的两种模型：Thomas 模型和 Yoon-Nelson 模型，分别对膨化稻壳柱在不同设计参数（填料高度、流速、重金属离子初始浓度）下吸附重金属离子所得到的实验数据进行拟合，并做出理论穿透曲线图。

8.2 计 算 方 法

8.2.1 Thomas 模型

很多数学模型可以用来拟合吸附柱穿透曲线，而 Thomas 模型是最为普通，最为广泛的一种模型，可以用来预测出水浓度和最大吸附量[1,2]。Thomas 模型如式(8－1)所示[3]。

$$\frac{C_t}{C_0}=\frac{1}{1+\exp\left(\frac{K_{\mathrm{Th}}}{q}Q_0X-C_0V_{\mathrm{eff}}\right)} \tag{8-1}$$

式中，K_{Th}为 Thomas 速率常数[mL/(min・mg)]；Q_0 为平衡吸附量(mg/g)；V_{eff}为流出液体体积(mL)；X 为吸附剂质量(g)；q 为液体流动速度(mL/min)。

Thomas 模型经过计算可以变换为式(8－2)的形式。

$$\ln\left(\frac{C_0}{C_t}-1\right)=\frac{K_{\mathrm{Th}}Q_0X}{q}-\frac{K_{\mathrm{Th}}C_0V_{\mathrm{eff}}}{q} \tag{8-2}$$

这种形式可以看成是以 $\ln\left(\frac{C_0}{C_t}-1\right)$ 为因变量，V_{eff} 为自变量的直线方程，以穿透曲线的数据来拟合，获得的直线方程，令斜率为 a，截距为 b，则有

$$a = \frac{K_{\mathrm{Th}}Q_0}{q} \tag{8-3}$$

$$b = \frac{K_{\mathrm{Th}}C_0}{q} \tag{8-4}$$

由式(8－3)和式(8－4)计算出相应的 K_{Th} 和 Q_0。把得到的 K_{Th} 和 Q_0 代入式(8－1) 中，可以得到以运行时间 t(由 V_{eff} 转换而来)为横坐标，以 C_0/C_t 为纵坐标的 Thomas 模型理论穿透曲线。

8.2.2 Yoon-Nelson 模型

Yoon-Nelson 模型也常被用来拟合穿透曲线，该模型建立在一个假设的基础上，即每个吸附质分子被吸附的概率的减少率与吸附质的吸附概率和吸附剂的穿透概率成一定的比例关系。其等式具体描述如式(8－5)[1,4]。

$$\ln\frac{C_t}{C_0-C_t} = K_{\mathrm{YN}}t - \tau K_{\mathrm{YN}} \tag{8-5}$$

式中，K_{YN} 为 Yoon-Nelson 速率常数(L/h)；τ 为 50%穿透时间(h)；t 为运行时间(h)；C_t 为出口浓度(mg/L)；C_0 为入口浓度(mg/L)。

这种形式可以看成是以 $\ln\frac{C_t}{C_0-C_t}$ 为因变量，t 为自变量的直线方程，以穿透曲线的数据来拟合，获得的直线方程，令斜率为 a，截距为 b，则有

$$a = K_{\mathrm{YN}} \tag{8-6}$$

$$b = \tau K_{\mathrm{YN}} \tag{8-7}$$

由式(8－6)和式(8－7)可以计算出相应的 K_{YN} 和 τ。

Yoon-Nelson 模型经过计算可以变换为另一种形式：

$$\frac{C_t}{C_0} = \frac{1}{\frac{1}{\exp(K_{\mathrm{YN}}t - \tau K_{\mathrm{YN}})}+1} \tag{8-8}$$

把 K_{YN} 和 τ，代入式(8－8)就可以得到以运行时间 t 为横坐标，C_t/C_0 为纵坐标的 Yoon-Nelson 模型理论穿透曲线。

8.3 Thomas 拟合模型

8.3.1 不同柱高下的 Thomas 拟合曲线

图 8－1 是利用 Thomas 模型对不同柱高下不同重金属离子拟合得到的理论

穿透曲线和实验穿透曲线。可以看出，Thomas 理论穿透曲线与实验穿透曲线随着柱高的变化而变化的趋势一致，而且相同条件下（同柱高、同时间、同流速、同种重金属离子浓度）的理论出水浓度与实验出水浓度大小相差不大，误差较小。则膨化稻壳吸附柱在不同柱高下符合 Thomas 模型。

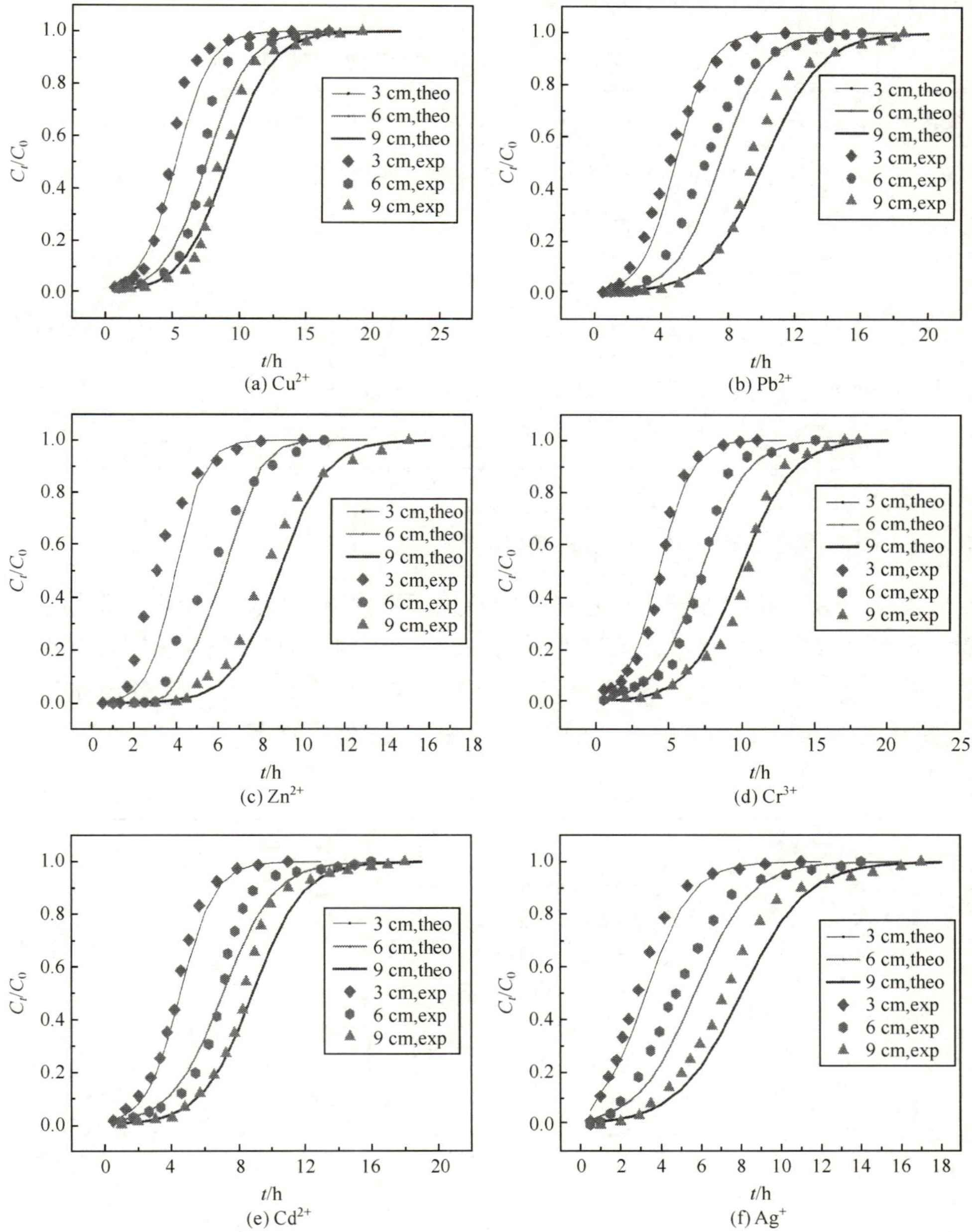

图 8－1　不同柱高下实验穿透曲线与 Thomas 模型拟合的理论曲线的比较

不同柱高下 Thomas 模型的预测参数列入表 8-1 中。可以看出，Thomas 速率常数(K_{TH})随着填料高度的增加而减少；理论吸附量(Q_{cal})随着填料高度的增加也减少，与实验吸附量(Q_{exp})变化趋势一致，且 Q_{cal} 与 Q_{exp} 在数字上相差不大，误差较小，相关系数(R^2)为 0.955～0.985，则可以用 Thomas 模型预测膨化稻壳吸附柱在不同柱高下的吸附量和出水浓度。

表 8-1　不同柱高下 Thomas 模型的预测参数

金属	H/cm	K_{Th}/[mL/(h·mg)]	Q_{cal}/(mg/g)	Q_{exp}/(mg/g)	R^2
Cu^{2+}	3、6、9	1.3、1.08、1	6.316、4.532、3.633	5.951、4.389、3.54	0.966、0.955、0.962
Pb^{2+}	3、6、9	0.363、0.274、0.212	26.76、20.83、18.74	25.68、18.87、17.99	0.976、0.958、0.974
Zn^{2+}	3、6、9	2.211、1.805、1.188	5.43、4.941、4.551	5.181、4.447、4.33	0.983、0.975、0.976
Cr^{3+}	3、6、9	1.249、0.911、0.804	6.013、5.056、4.637	6.111、5.005、4.687	0.979、0.98、0.985
Cd^{2+}	3、6、9	1.62、1.09、0.811	5.45、4.256、3.548	5.15、4.154、3.366	0.976、0.982、0.978
Ag^{+}	3、6、9	0.889、0.725、0.628	6.422、5.54、5.268	6.034、4.997、4.869	0.964、0.978、0.981

8.3.2　不同流速下的 Thomas 拟合曲线

图 8-2 是利用 Thomas 模型对不同流速下不同重金属离子拟合得到的理论穿透曲线和实验穿透曲线。可以看出，Thomas 理论穿透曲线与实验穿透曲线随着不同流速的变化趋势一致，而且相同条件下的理论出水浓度与实验出水浓度大小相差不大，误差较小。则膨化稻壳吸附柱在不同流速下符合 Thomas 模型。

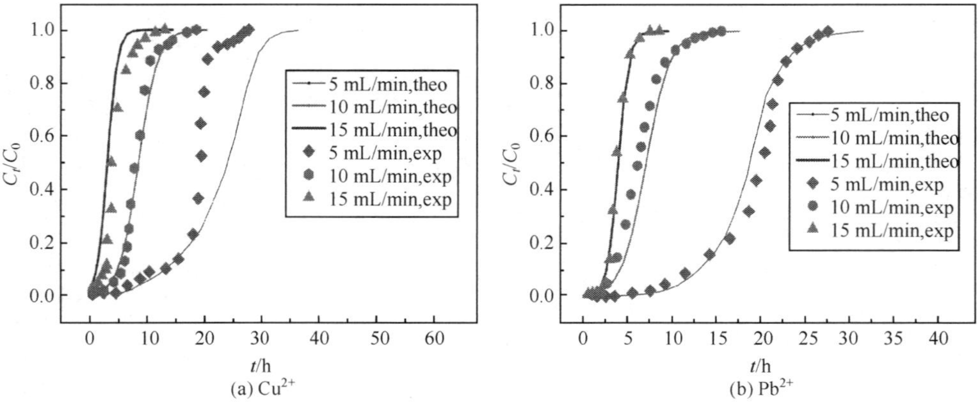

图 8-2　不同流速下实验穿透曲线与 Thomas 模型拟合的理论曲线的比较

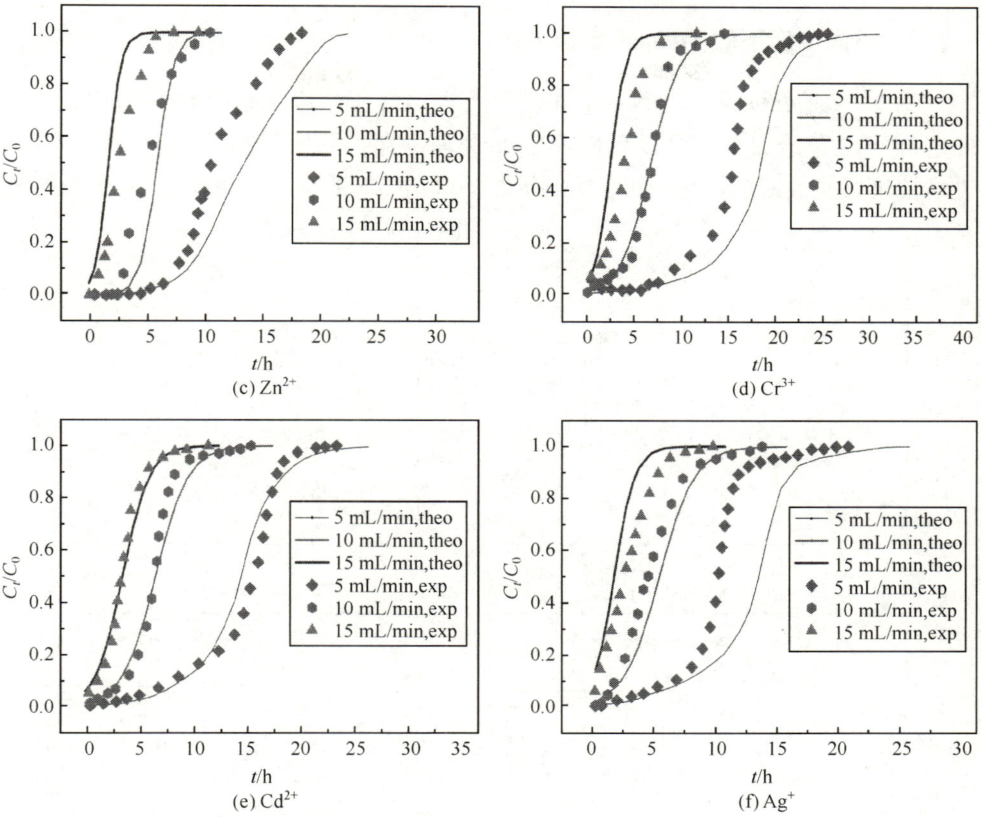

图 8-2(续)

不同柱高下 Thomas 模型的预测参数列入表 8-2 中。可以看出，K_{Th} 随着流速的增加而增加；理论吸附量（Q_{cal}）随着流速的增加而减少，与实验吸附量（Q_{exp}）变化趋势一致，且 Q_{cal} 与 Q_{exp} 在数字大小上相差不大，误差较小，R^2 为 0.887～0.989，则可以用 Thomas 模型预测出膨化稻壳吸附柱不同流速下的吸附量和出水浓度。

表 8-2　不同流速下 Thomas 模型的预测参数

金属	V/(mL/min)	K/[mL/(h·mg)]	Q_{cal}/(mg/g)	Q_{exp}/(mg/g)	R^2
Cu^{2+}	5、10、15	0.302、1、1.95	7.094、3.633、2.15	3.763、3.54、3.005	0.963、0.962、0.972
Pb^{2+}	5、10、15	0.154、0.274、0.6	25.52、20.83、18.219	26.886、18.87、17.982	0.887、0.958、0.982
Zn^{2+}	5、10、15	0.418、1.805、2.369	9.19、4.941、2.515	4.51、4.447、3.807	0.978、0.975、0.988
Cr^{3+}	5、10、15	0.269、0.911、1.774	10.146、5.056、3.056	5.313、5.005、4.722	0.976、0.98、0.989
Cd^{2+}	5、10、15	0.74、1.09、1.344	4.321、4.256、3.594	4.624、4.154、3.639	0.951、0.982、0.973
Ag^{+}	5、10、15	0.278、0.725、1.234	9.82、5.54、2.979	5.008、4.997、4.558	0.983、0.978、0.961

8.3.3　不同浓度下的 Thomas 拟合曲线

图 8-3 是 Thomas 模型对不同进水重金属离子浓度下拟合得到的理论穿透曲线和实验穿透曲线。可以看出，Thomas 理论穿透曲线与实验穿曲线随着不同进水浓度的变化趋势一致，而且相同条件下（同柱高、同时间、同流速、同种重金属

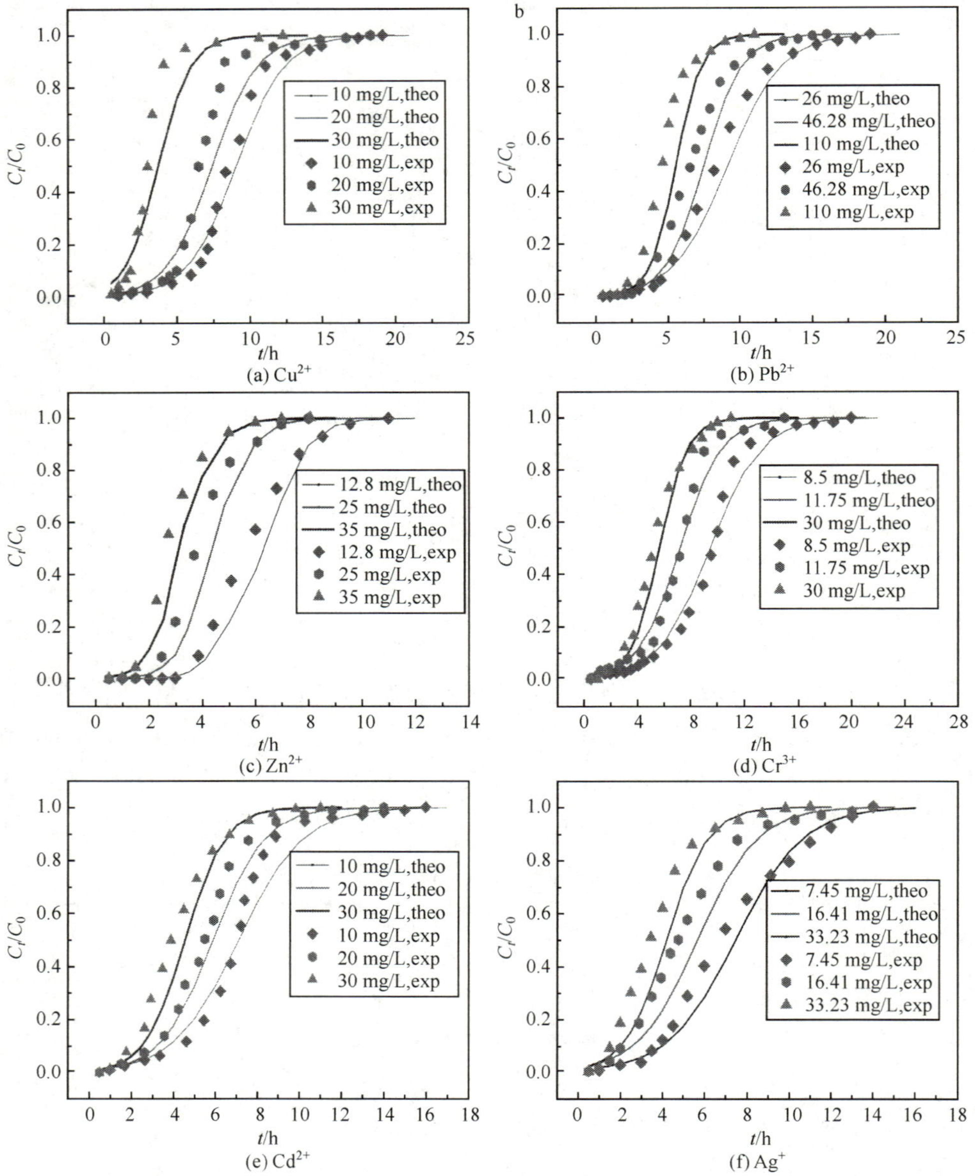

图 8-3　不同初始浓度下实验穿透曲线与 Thomas 模型拟合的理论曲线的比较

离子浓度)的理论出水浓度与实验出水浓度大小相差不大,误差较小。则膨化稻壳吸附柱在不同浓度下符合 Thomas 模型。

不同柱高下 Thomas 模型的预测参数列入表 8-3 中。可以看出,K_{Th}随着进水浓度的增加而减少;理论吸附量(Q_{cal})随着浓度的增加而增加,与实验吸附量(Q_{exp})变化趋势一致,且 Q_{cal}与 Q_{exp}在数字大小上相差不大,误差较小,相关系数(R^2)为 0.941～0.985,则可以用 Thomas 模型预测出膨化稻壳吸附柱不同进水浓度的理论吸附量和理论出水浓度。

表 8-3　不同初始浓度下 Thomas 模型的预测参数

金属	C_0/(mg/L)	K/[mL/(h·mg)]	Q_{cal}/(mg/g)	Q_{exp}/(mg/g)	R^2
Cu^{2+}	10、20、50	1、0.54、0.298	3.633、5.941、7.456	3.54、5.497、6.333	0.962、0.984、0.972
Pb^{2+}	26、46.28、110	0.346、0.274、0.171	14.27、20.83、36.68	13.44、18.87、31.196	0.976、0.958、0.941
Zn^{2+}	12.8、25、35	1.805、1.056、0.806	4.941、6.52、7.08	4.447、4.88、5.752	0.975、0.985、0.958
Cr^{3+}	8.5、11.75、30	1.027、0.911、0.527	4.806、5.056、10.09	4.762、5.005、9.579	0.976、0.98、0.969
Cd^{2+}	10、20、30	1.09、0.685、0.593	4.256、7.054、8.181	4.154、6.630、7.512	0.982、0.975、0.963
Ag^{+}	7.45、16.41、33.23	1.423、0.725、0.512	3.343、5.54、8.362	3.211、4.997、7.354	0.984、0.978、0.971

8.4　Yoon-Nelson 拟合模型

8.4.1　不同柱高下的 Yoon-Nelson 拟合曲线

利用 Yoon-Nelson 模型对不同填料高度下的实验数据进行拟合,得到的理论穿透曲线如图 8-4 所示。可以看出,由 Yoon-Nelson 模型拟合得到的理论穿透曲线随填料高度的变化趋势与实验穿透曲线的变化趋势一致,且相同条件(同柱高、同时间、同流速、同种重金属离子浓度)下所得到的出水重金属离子浓度大小相差

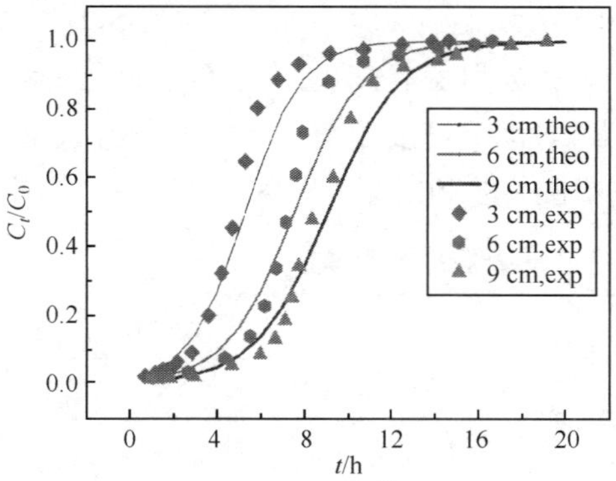

(a) Cu^{2+}

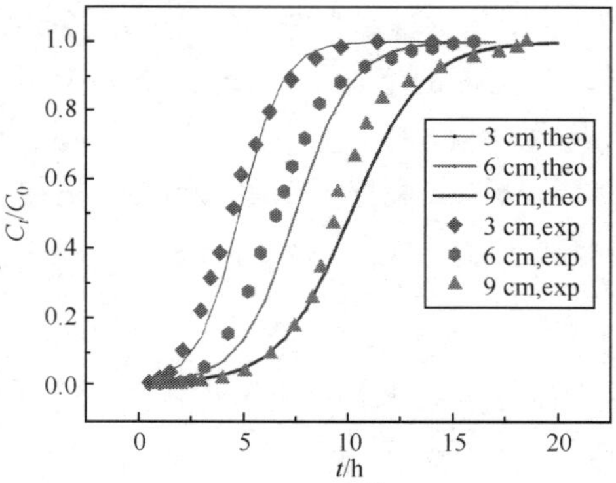

(b) Pb^{2+}

图 8-4　不同柱高下实验穿透曲线与 Yoon-Nelson 模型拟合的理论曲线的比较

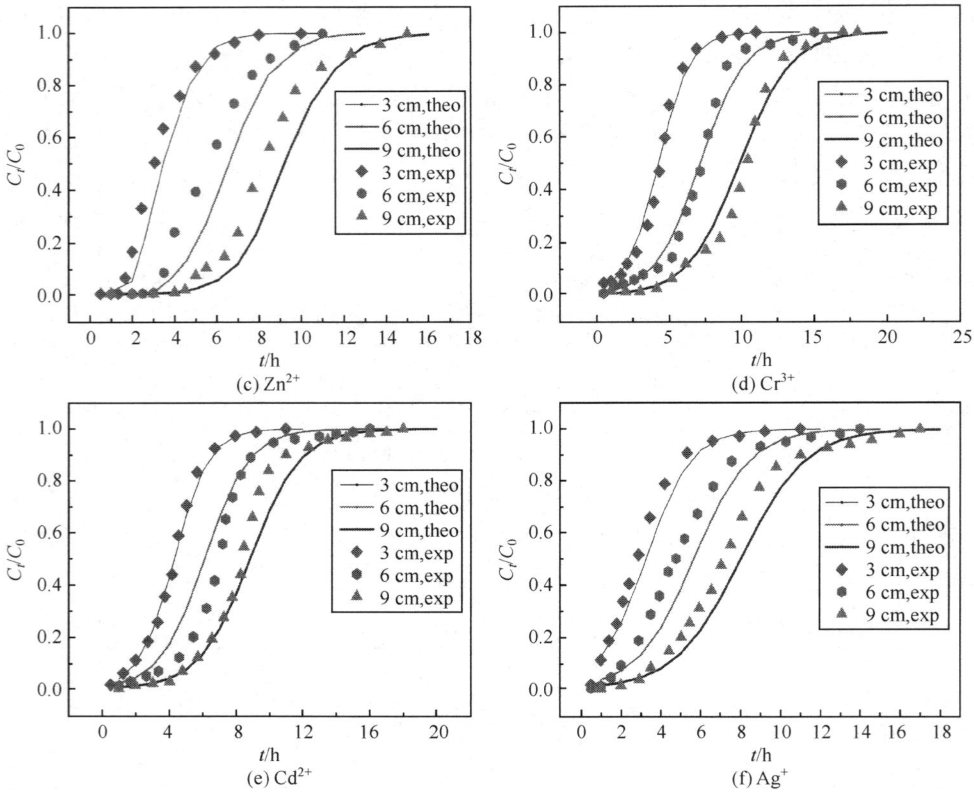

图 8－4(续)

不大，误差较小。则 Yoon-Nelson 模型可以用以拟合膨化稻壳吸附柱在不同填料高度下的穿透曲线。

不同填料高度下 Yoon-Nelson 模型的预测参数列入表 8－4 中。可以看出，Yoon-Nelson 速率常数(K_{YN})随填料高度的增加而减少，理论 50%穿透时间(τ_{cal})随填料高度的增加而增加，这与实验所得的 50%穿透时间(τ_{exp})随柱高的变化趋势一致，且 τ_{cal}与 τ_{exp}大小相近，误差较小，拟合的相关系数 R^2 为 0.916～0.989。Yoon-Nelson 模型可以用来预测膨化稻壳吸附柱的 50%穿透时间。

表 8－4　不同柱高下 Yoon-Nelson 模型的预测参数

金属	H/cm	K_{YN}/(L/h)	τ_{cal}/h	τ_{exp}/h	R^2
Cu^{2+}	3、6、9	0.781、0.648、0.599	5.3、7.554、9.097	5.286、7.53、9.01	0.985、0.983、0.989
Pb^{2+}	3、6、9	1.008、0.763、0.591	4.819、7.494、10.13	4.522、6.94、9.851	0.966、0.955、0.962
Zn^{2+}	3、6、9	1.511、1.386、0.913	3.975、6.434、8.882	3.078、6.32、8.5	0.916、0.923、0.950

续表

金属	H/cm	K_{YN}/(L/h)	τ_{cal}/h	τ_{exp}/h	R^2
Cr^{3+}	3、6、9	0.912、0.644、0.567	4.265、7.151、9.866	4.405、7.266、9.961	0.945、0.985、0.987
Cd^{2+}	3、6、9	0.973、0.656、0.637	4.325、6.955、9.005	4.328、7.077、8.488	0.976、0.982、0.978
Ag^{+}	3、6、9	0.878、0.715、0.618	3.254、5.673、8.026	2.885、5.167、7.518	0.967、0.945、0.953

8.4.2　不同流速下的 Yoon-Nelson 拟合曲线

利用 Yoon-Nelson 模型对不同流速下的实验数据进行拟合，得到的理论穿透曲线如图 8－5 所示。可以看出，由 Yoon-Nelson 模型拟合得到的理论穿透曲线随流速的变化趋势与实验穿透曲线的变化趋势一致。且相同条件(同柱高、同时间、同流速、同种重金属离子浓度)下所得到的出水重金属离子浓度大小相差不大，误差较小。则 Yoon-Nelson 模型可以用来拟合膨化稻壳吸附柱在不同流速下的穿透曲线。

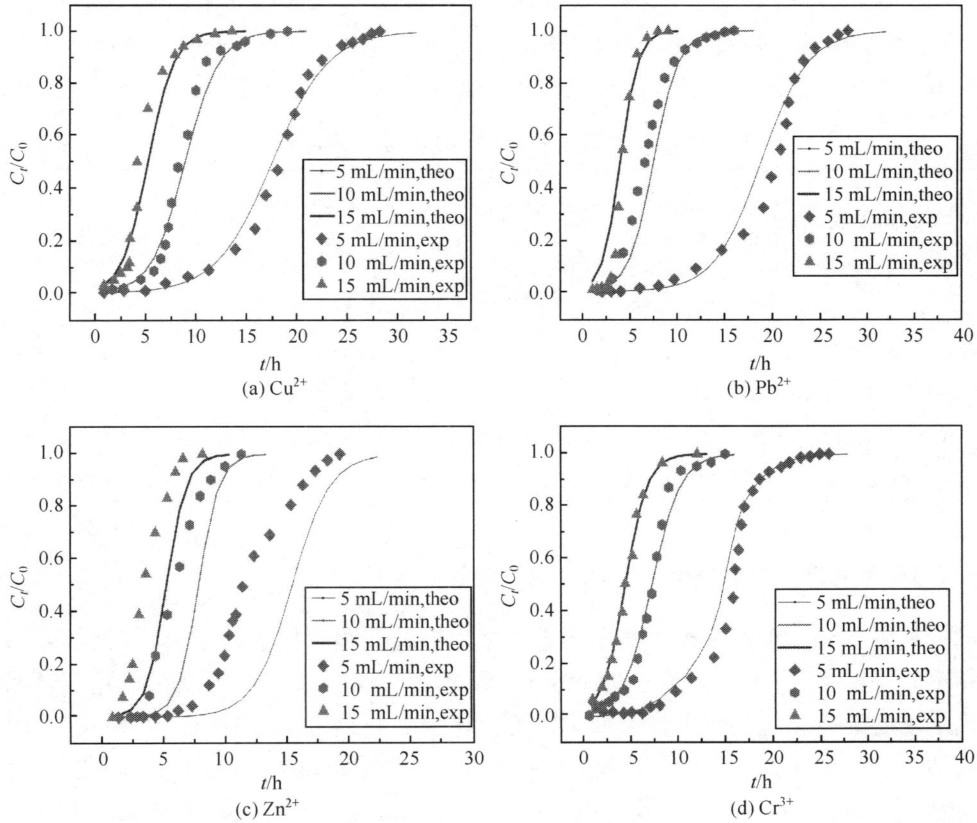

图 8－5　不同流速下实验穿透曲线与 Yoon-Nelson 模型拟合的理论曲线的比较

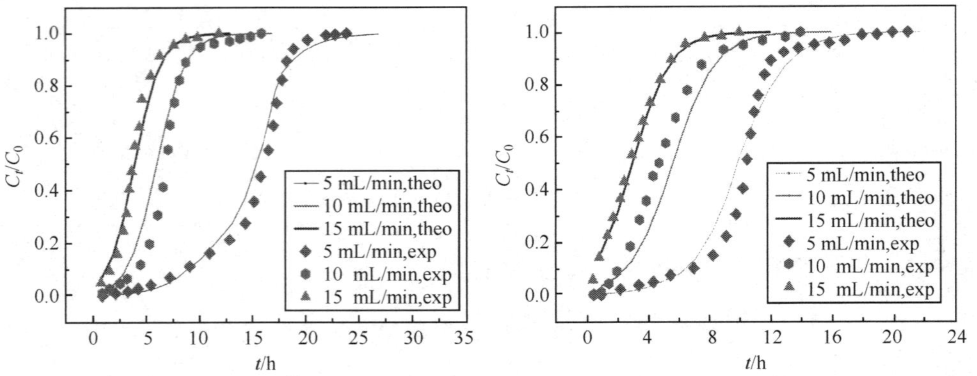

(e) Cd^{2+}　　(f) Ag^{+}

图 8-5(续)

不同流速下 Yoon-Nelson 模型的预测参数列入表 8-5 中。可以看出，Yoon-Nelson 速率常数(K_{YN})随着流速的增加而增加，理论 50%穿透时间(τ_{cal})随着流速的增加而减少，这与实验所得的 50%穿透时间(τ_{exp})随柱高的变化趋势一致，且 τ_{cal} 与 τ_{exp}大小相近，误差较小，拟合的相关系数 R^2 为 0.916～0.989。Yoon-Nelson 模型可以用来预测膨化稻壳吸附柱在不同流速下的 50%穿透时间。

表 8-5　不同流速下 Yoon-Nelson 模型的预测参数

金属	V/(mL/min)	K_{YN}/(L/h)	τ_{cal}/h	τ_{exp}/h	R^2
Cu^{2+}	5、10、15	0.363、0.599、0.777	17.725、9.097、5.395	18.48、9.01、5.19	0.969、0.989、0.981
Pb^{2+}	5、10、15	0.407、0.763、1.668	18.889、7.494、4.334	19.35、6.94、4.22	0.953、0.962、0.982
Zn^{2+}	5、10、15	0.642、1.386、1.414	11.97、6.434、2.807	11.829、6.32、2.909	0.986、0.923、0.991
Cr^{3+}	5、10、15	0.437、0.644、0.835	13.632、7.151、4.329	15.839、7.266、4.316	0.954、0.985、0.996
Cd^{2+}	5、10、15	0.437、0.656、0.825	14.009、7.072、4.058	15.991、7.077、4.06	0.958、0.982、0.988
Ag^{+}	5、10、15	0.605、0.715、0.809	9.846、5.673、2.985	10.238、5.167、2.98	0.979、0.945、0.992

8.4.3　不同浓度下的 Yoon-Nelson 拟合曲线

利用 Yoon-Nelson 模型对不同进水浓度下的实验数据进行拟合，得到的理论穿透曲线如图 8-6 所示。可以看出，由 Yoon-Nelson 模型拟合得到的理论穿透曲线随浓度的变化趋势与实验穿透曲线的变化趋势一致，且相同条件(同柱高、同时间、同流速、同种重金属离子浓度)下所得到的出水重金属离子浓度大小相差不大，误差较小，则 Yoon-Nelson 模型可以用来拟合膨化稻壳吸附柱在不同浓度下的穿透曲线。

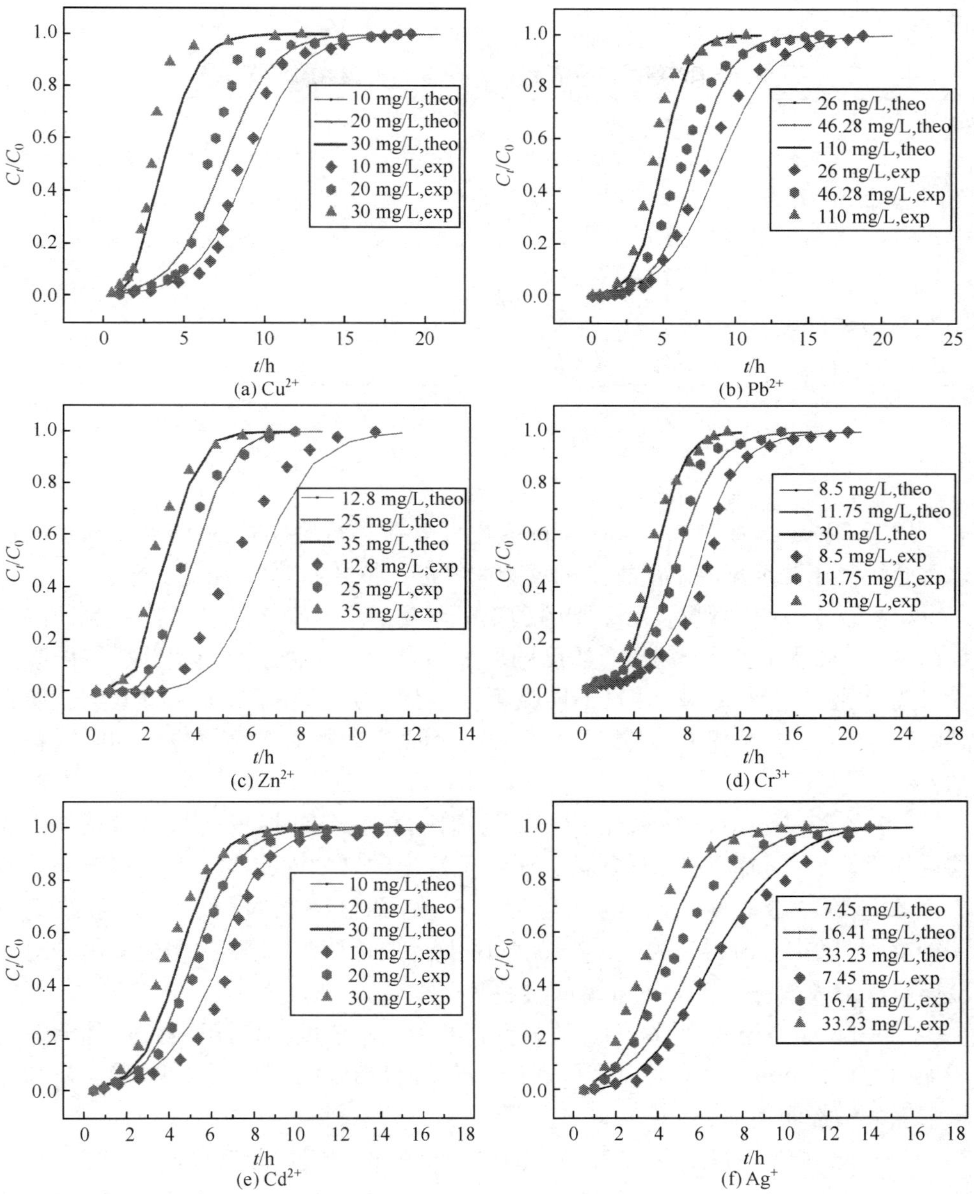

图 8－6　不同初始浓度下实验穿透曲线与 Yoon-Nelson 模型拟合的理论曲线的比较

不同初始浓度下 Yoon-Nelson 模型的预测参数列入表 8－6 中。可以看出，Yoon-Nelson 速率常数(K_{YN})随着进水浓度的增加而增加，理论 50％穿透时间(τ_{cal})随着浓度的增加而减少，这与实验所得的 50％穿透时间(τ_{exp})随浓度的变化趋势一致，且 τ_{cal} 与 τ_{exp} 大小相近，误差较小，拟合的相关系数 R^2 为 0.923～0.989。Yoon-Nelson 模型可以用来预测膨化稻壳吸附柱在不同浓度下的 50％穿透时间。

表 8-6　不同初始浓度下 Yoon-Nelson 模型的预测参数

金属	C_0/(mg/L)	K_{YN}/(L/h)	τ_{cal}/h	τ_{exp}/h	R^2
Cu^{2+}	10、20、50	0.599、0.647、0.896	9.097、7.437、3.717	9.01、6.8、3.2	0.989、0.960、0.925
Pb^{2+}	26、46.28、110	0.54、0.763、1.131	9.144、7.494、5.241	9.094、6.94、4.687	0.976、0.955、0.941
Zn^{2+}	12.8、25、35	1.386、1.854、1.88	6.434、4.347、3.25	6.32、4.274、2.914	0.923、0.965、0.967
Cr^{3+}	8.5、11.75、30	0.524、0.644、0.947	9.42、7.151、5.616	9.617、7.266、5.45	0.970、0.985、0.981
Cd^{2+}	10、20、30	0.656、0.922、1.089	7.072、5.249、4.579	7.077、5.33、4.022	0.982、0.973、0.954
Ag^{+}	7.45、16.41、33.23	0.634、0.715、1.017	7.502、5.673、4.207	7.112、5.167、3.65	0.984、0.945、0.940

8.5　小　结

通过 Thomas 模型和 Yoon-Nelson 模型分别对不同柱高、不同流速和不同进水重金属离子浓度条件下所得到的穿透曲线进行拟合，其主要结论如下：

(1) Thomas 模型拟合所得到的理论吸附量(Q_{cal})，随着填料高度和流速的增加而减少，随着进水重金属离子浓度的增加而增加。变化趋势与实验所得的吸附量(Q_{exp})的变化趋势一致，并且不同吸附柱设计参数下用 Thomas 模型拟合所得到的 Q_{cal} 与 Q_{exp} 大小相近，误差较小，则膨化稻壳吸附柱对重金属离子的吸附符合 Thomas 模型。

(2) Yoon-Nelson 模型拟合所得到的理论 50%穿透时间(τ_{cal})，随着填料高度的增加而增加，随着流速和进水重金属离子浓度的增加而减少。变化趋势与实验所得的 50%穿透时间(τ_{exp})的变化趋势一致，并且不同吸附柱设计参数下用 Thomas 模型拟合所得到的 τ_{cal} 与 τ_{exp} 大小相近，误差较小，则膨化稻壳吸附柱对重金属离子的吸附符合 Yoon-Nelson 模型。

(3) Thomas 速率常数(K_{Th})随填料高度和进水浓度的增加而减少，随流速的增加而增加；Yoon-Nelson 速率常数(K_{YN})随填料高度的增加而减少，随流速和进水浓度的增加而增加。

Thomas、Yoon-Nelson 模型是最为广泛用来预测吸附量和运行时间的模型。Emine Malkoc、Chun Yang Yin 等使用 Thomas 和 Yoon-Nelson 模型拟合实验数据，所得 Q_{cal} 和 τ_{cal} 分别随柱高、流速及浓度变化趋势分别与上述拟合结果一致。原因同第 3 章由穿透曲线计算出的吸附量结果相同。

参 考 文 献

[1] Aksu Z, Gönen F. Biosorption of phenol by immobilized activated sludge in a continuous

packed bed: prediction of breakthrough curves [J]. Process Biochem, 2004, 39: 599-613

[2] Rao J R, Viraraghavan T. Biosorption of phenol from aqueous solution by *Aspergillus niger-biomass* [J]. Bioresour Technol, 2002, 85: 165-171

[3] Fu Y, Viraraghavan T. Column studies for biosorption of dyes from aqueous solutions on immobilised Aspergillus niger fungal biomass [J]. Water SA, 2003, 29: 465-472

[4] Lin S H, Juang R S, Wang Y H . Adsorption of acid dye from water onto pristine and acid-activated clays in fixed beds [J]. J Hazard Mater, 2004, B113: 195-200

第 9 章　稻壳基吸附材料对重金属离子的吸附动力学

9.1 引　　言

动力学的研究一直是吸附领域的一个研究难点。吸附动力学的理论、机理和有关参数的实验测定是吸附领域的重要组成部分，而且也是吸附分离过程的应用设计所必须研究的基础内容。

关于离子交换动力学的研究已比较系统。对吸附过程的研究，许多研究者往往借用离子交换速率方程。吸附过程一般包括以下 3 个步骤[1]，即

(1) 重金属离子从溶液本体向膨化稻壳表面的迁移(膜扩散)；

(2) 重金属离子从膨化稻壳表面向内部的扩散(粒内扩散)；

(3) 重金属离子在膨化稻壳的活性位点上吸附。

从这 3 个步骤来看，吸附过程包括膜扩散和粒内扩散(外扩散和内扩散)，两种扩散可能成为吸附的控制步骤。与离子交换一样，吸附质在吸附位点被吸附一步一般很快，不会成为吸附的控制步骤，主要的控制步骤仍然是外扩散或内扩散。

利用膨化稻壳吸附不同温度和不同浓度下的重金属离子溶液，定时取样，分别用原子吸收分光光度计测得不同时间下残液的剩余重金属离子浓度，然后用粒内扩散方程和膜扩散方程分别处理膨化稻壳动态吸附实验所得数据。

9.2 扩散控制理论

9.2.1 粒内扩散控制

吸附动力学问题一般都是传质问题，不仅与吸附剂的性质有关，也与实验条件相关，在以下情况可能会出现粒内扩散控制[2]：

(1) 溶液中吸附质的浓度较高。

(2) 吸附剂的粒径较大。

(3) 搅拌速率较快。

对于离子交换过程推导出了下面的粒内扩散方程：

$$F(t)=\frac{Q_t}{Q_e}=1-\frac{1}{\pi^2}\sum_{n=1}^{\infty}\frac{1}{n^2}\exp\left(-\frac{n^2\pi^2 Dt}{r_0^2}\right) \tag{9-1}$$

式中，$F(t)$为离子交换的程度；Q_t 为吸附剂 t 时刻的吸附量(mg/g)；Q_e 为吸附剂

吸附平衡时的吸附量(mg/g)；D 为粒内扩散系数；r_0 为吸附剂颗粒的平均半径(cm)；n 为自然数。

令 B 为粒内扩散速率常数，$B=\frac{D\pi^2}{r_0^2}$ (9－2)

则式(9－1)可表示为

$$F(t)=\frac{Q_t}{Q_e}=1-\frac{1}{\pi^2}\sum_{n=1}^{\infty}\frac{1}{n^2}\exp(-n^2Bt) \tag{9-3}$$

若离子交换过程为粒内扩散控制，则以 Bt 对 t 作图，为一直线，直线斜率为 B。且由 B 值可以求出粒内扩散系数 D。该式现已被用于研究吸附过程。

在实际计算中，式(9－3)有如下近似形式[3]：

$F>0.8$ 时，

$$F(t)=1-\frac{6}{\pi^2}\exp(-Bt) \tag{9-4}$$

$$Bt=\ln\frac{6}{\pi^2}-\ln(1-F) \tag{9-5}$$

$F<0.5$ 时，

$$F=\frac{6}{\pi\sqrt{\pi}}(Bt)^{\frac{1}{2}}-\frac{3}{\pi^2}Bt \tag{9-6}$$

$$Bt=\left(\pi^{\frac{1}{2}}-\sqrt{\pi-\frac{\pi^2F}{3}}\right)^2 \tag{9-7}$$

9.2.2　膜扩散控制

在以下情况可能会出现膜扩散控制：

(1) 溶液中吸附质的浓度较低。

(2) 膨化稻壳的交换量较高。

(3) 膨化稻壳的粒径较小，孔径较大。

(4) 搅拌较差。

为了推导膜扩散控制的速率方程，需进行如下假设：

(1) 吸附质在膜内的扩散速率比膜两边边界上的浓度变化速率快。

(2) 膜的厚度远小于膨化稻壳的粒径，这样可以把膜看成是一个平面层，物质穿越液膜时只存在一维扩散。

对于离子交换过程，推导出了下面的膜扩散方程：

$$F(t)=\frac{Q_t}{Q_e}=1-\exp\left(-\frac{3DC_m t}{r_0\delta C_1}\right) \tag{9-8}$$

式中，$F(t)$为离子交换的程度；Q_t 为吸附剂 t 时刻的吸附量(mg/g)；Q_e 为吸附剂吸附平衡时的吸附量(mg/g)；D 为膜扩散系数；r_0 为吸附剂颗粒的平均半径

(cm);δ 为液膜厚度;C_m 为固相浓度;C_l 为液相浓度。

吸附动力学方程应在上述方程的基础上进行修正,一种用空隙率 β_0 修饰的膜扩散方程如式(9-9)。

$$F(t)=\frac{Q_t}{Q_e}=1-\exp\left(-\frac{3\beta_0 DC_m t}{r_0\delta C_l}\right) \tag{9-9}$$

当 C_m、C_l 恒定时,上式可改写为

$$\ln(1-F)=-Rt \tag{9-10}$$

此线性方程若成立,则可判断为膜扩散控制。

实际吸附往往比较复杂,有时既不是纯的粒内扩散控制,也不是纯膜扩散控制。当粒内扩散控制和膜扩散控制相近时,两种扩散控制的因素可能都会影响吸附的速率。

9.3 扩散控制研究方法

9.3.1 吸附动力学曲线的测定

分别取 0.2 g 膨化稻壳置于若干个 250 mL 带塞磨口锥型瓶中,加入 100 mL 重金属离子溶液,于 25 ℃的摇床上恒温振荡,定时取样,利用原子吸收分光光度计测定吸附后残液中重金属离子的浓度 C_t,当 C_t 趋于不变时,即可认为吸附达平衡。各种重金属离子相应的取样时间如表 9-1 所示。

表 9-1 不同重金属离子与其对应的取样时间

离子种类	Cu^{2+}	Pb^{2+}	Zn^{2+}	Cr^{3+}	Cd^{2+}	Ag^{+}
取样时间/min	5	5	5	20	1	20
	10	10	10	40	2	40
	20	20	20	60	4	60
	30	30	30	90	8	90
	40	40	40	120	10	120
	50	50	50	150	20	150
	60	60	60	180	30	180
	80	80	80	240	60	240

9.3.2 初始浓度的影响

分别取 0.2 g 膨化稻壳置于若干个 250 mL 锥型瓶中,分别加入 100 mL 不同浓度的重金属离子溶液,于 25 ℃的摇床上恒温振荡,定时取样,利用原子吸收分光光度计测定吸附后残液中重金属离子的浓度 C_t,当 C_t 趋于不变时,即可认为吸附达平衡。各种重金属离子相对应的实验浓度如表 9-2 所示。

表 9-2　不同重金属离子与其对应的浓度

离子种类	浓度/(mg/L)
Cu^{2+}	10、20、50
Pb^{2+}	26、46.28、110
Zn^{2+}	12.8、25、35
Cr^{3+}	8.5、11.75、30
Cd^{2+}	10、20、30
Ag^{+}	7.45、16.41、33.23

9.3.3　温度的影响

分别取 0.2 g 膨化稻壳置于若干个 250 mL 锥型瓶中，加入 100 mL 重金属离子溶液，分别于 25 ℃和 35 ℃的摇床上恒温振荡，定时取样，利用原子吸收分光光度计测定吸附后残液中重金属离子的浓度 C_t，当 C_t 趋于不变时，即可认为吸附达平衡。

9.4　Cu^{2+}吸附控制步骤的确定

重金属离子在膨化稻壳上的吸附可以分为两个方面：粒内扩散和膜扩散，其中的慢步骤是整个吸附过程的控速步骤。

9.4.1　粒内扩散

为了确定在本实验条件下吸附过程是由膜扩散控制还是粒内扩散控制，分别由实验所测的 F 值计算不同时间下的 $\ln(1-F)$和 Bt 值。

表 9-3 和表 9-4 分别为不同浓度和不同温度时膨化稻壳对 Cu^{2+} 不同吸附时间下的 $\ln(1-F)$和 Bt 值。

表 9-3　不同浓度下膨化稻壳吸附 Cu^{2+} 的 $\ln(1-F)$和 Bt 值

T=25 ℃,C_0=10 mg/L			T=25 ℃,C_0=20 mg/L			T=25 ℃,C_0=50 mg/L		
时间/min	$\ln(1-F)$	Bt	时间/min	$\ln(1-F)$	Bt	时间/min	$\ln(1-F)$	Bt
5	−1.609	1.113	5	−1.609	1.113	5	−1.609	1.113
10	−1.833	1.336	10	−1.966	1.47	10	−2.303	1.806
20	−2.207	1.710	20	−2.303	1.806	20	−2.526	2.029
30	−2.406	1.911	30	−2.526	2.029	30	−2.813	2.317
40	−2.526	2.029	40	−2.813	2.317	40	−3.219	2.722
50	−2.659	2.163	50	−2.996	2.499	50	−3.507	3.01
60	−2.996	2.499	60	−3.219	2.722	60	−3.912	3.415
80	−3.147	2.65	80	−3.507	3.01	80	−4.343	3.846

表 9-4 不同温度下膨化稻壳吸附 Cu^{2+} 的 ln(1−F) 和 Bt 值

T=25 ℃, C_0=10 mg/L			T=35 ℃, C_0=10 mg/L		
时间/min	ln(1−F)	Bt	时间/min	ln(1−F)	Bt
5	−1.609	1.113	5	−1.661	1.164
10	−1.833	1.336	10	−1.897	1.4
20	−2.207	1.710	20	−2.323	1.826
30	−2.406	1.911	30	−2.501	2.004
40	−2.526	2.029	40	−2.749	2.252
50	−2.659	2.163	50	−2.996	2.499
60	−2.996	2.499	60	−3.27	2.773
80	−3.147	2.65	80	−3.474	2.977

将表 9-3 和表 9-4 中 Bt 与 t 线性拟合，得到图 9-1 和图 9-2，分别为不同浓度和不同温度的 Bt-t 曲线。

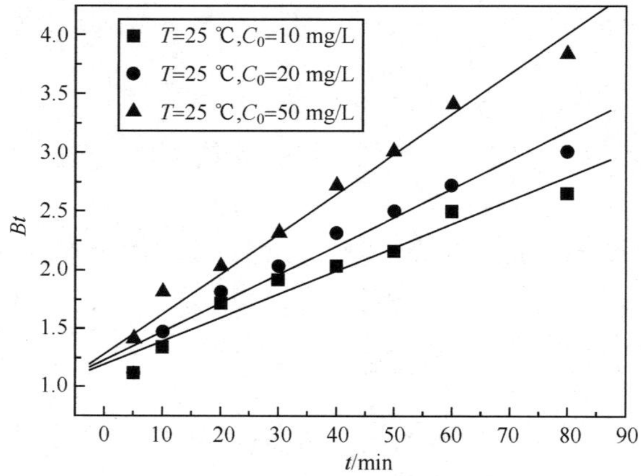

图 9-1 不同浓度时 Cu^{2+} 在膨化稻壳上吸附的 Bt-t 曲线

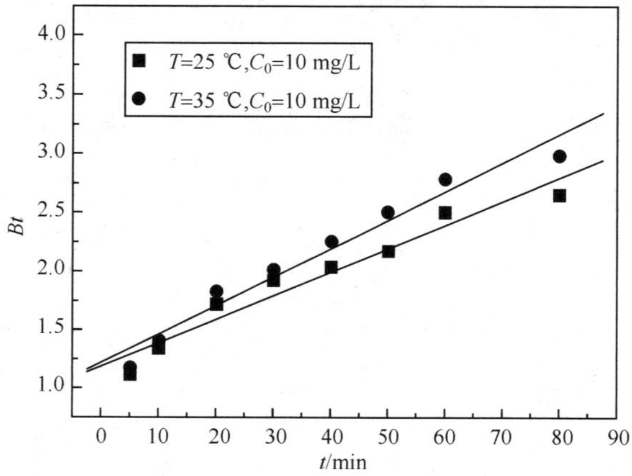

图 9-2 不同温度时 Cu^{2+} 在膨化稻壳上吸附的 Bt-t 曲线

从图 9－1 和图 9－2 中可以看出，Bt 与 t 线性关系良好，线性相关系数 $r>0.975$，再由对应的 t 值求出 Bt 值，结果见表 9－5 和表 9－6。图 9－1 和图 9－2 中直线不通过原点说明扩散初期的控速步骤不是单一过程，而是由颗粒内扩散和表面扩散联合控速。

表 9－5　不同初始浓度下的粒内扩散动力学参数

浓度 /(mg/L)	孔扩散速率常数 B	孔扩散系数 $D\times10^{-19}$ /(cm^2/min)	相关性系数 R^2
10	0.0201	8.154	0.95
20	0.0244	9.899	0.96
50	0.034	13.793	0.966

注：吸附温度为 25 ℃。

由表 9－5 可知，孔扩散速率常数 B 和孔扩散系数 D 随初始浓度的增大而增大，这是因为当初始浓度增大时，由于液相主体和吸附相间的浓度差增大，使得传质推动力变大，铜离子的扩散速率加快，因而其吸附速率也增大；而在低的初始浓度下，由于传质推动力小，溶质的扩散速率也变小，吸附速率慢。

表 9－6　不同温度下的粒内扩散动力学参数

温度 /℃	孔扩散速率常数 B	孔扩散系数 $D\times10^{-19}$ /(cm^2/min)	相关性系数 R^2
25	0.0201	8.154	0.95
35	0.0243	9.858	0.982

注：初始浓度为 10 mg/L。

由表 9－6 可知，孔扩散速率常数 B 和孔扩散系数 D 随着温度的升高而增大，这是因为温度的上升，提高了分子运动动能，溶质分子在溶液和吸附剂颗粒内的扩散速率加快，吸附质容易接近活性位点而被吸附，因而吸附速率加快。

9.4.2　膜扩散

根据膜扩散控制理论，$\ln(1-F)=-Rt$。以铜离子为吸附质，对 $\ln(1-F)$ 和 t 进行线性回归，如图 9－3 和图 9－4 所示。

由图 9－3 和图 9－4 可以看出，$\ln(1-F)$ 与 t 呈较好的线性关系，相关系数 $r>0.975$。由对应的直线斜率求出膜扩散系数值，见表 9－7 和表 9－8。由表可知，膜扩散速率常数 R 随初始浓度和温度的增大而增大，这是因为当初始浓度增大时，液相主体和吸附相间的浓度差增大，使得传质推动力变大，铜离子从溶液到吸附剂表面的扩散速率增加，因而膜扩散速率也增大；温度的上升，提高了分子运动动能，铜离子从溶液到吸附剂表面的扩散速率加快，因而膜扩散速率也增大。

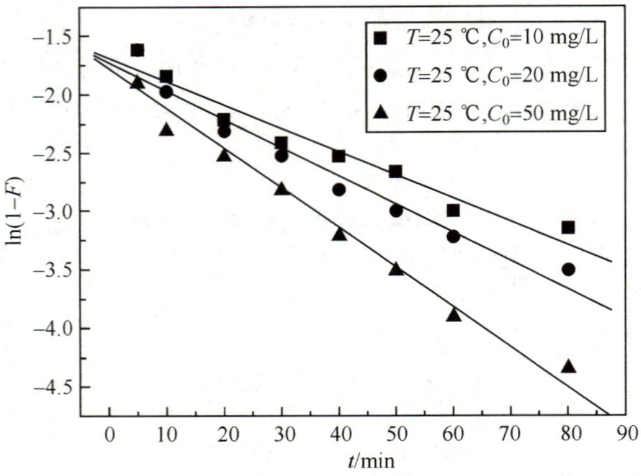

图 9-3　不同浓度下 Cu^{2+} 在膨化稻壳上吸附速率的拟合曲线

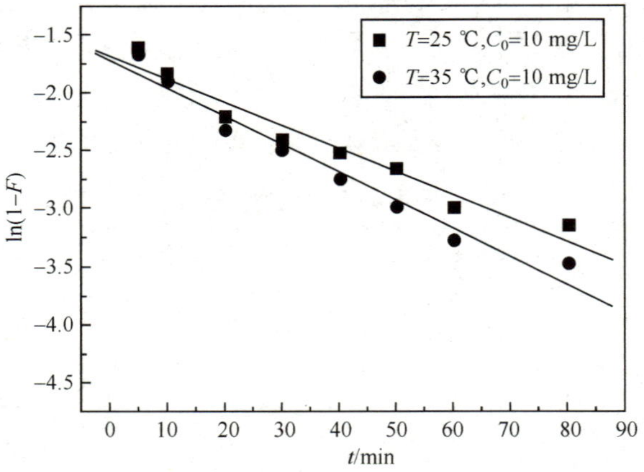

图 9-4　不同温度下 Cu^{2+} 在膨化稻壳上吸附速率的拟合曲线

表 9-7　不同浓度下膜扩散动力学参数

初始浓度/(mg/L)	膜扩散速率常数 R	相关性系数 R^2
10	0.0201	0.95
20	0.0244	0.96
50	0.034	0.966

注:吸附温度为 25 ℃。

表 9-8　不同温度下膜扩散动力学参数

温度/℃	膜扩散速率常数 R	相关性系数 R^2
25	0.0201	0.95
35	0.0243	0.982

注:初始浓度为 10 mg/L。

扩散控制的判断方法可以根据 Boyd 所提出的在相同的实验条件下，随着吸附剂粒径的减小，吸附过程的控制步骤由粒内扩散转向膜扩散；当粒径 $r_0 \geqslant 0.0150$ cm 时，吸附过程为粒内扩散控制，当粒径 $r_0 < 0.0150$ cm 时，吸附过程为膜扩散控制。根据粒内扩散方程可知，粒内扩散常数 B 与粒径 r_0 的平方成反比，随着粒径的增大，粒内扩散速率显著降低，然而膜扩散速率受粒径的影响较小，所以当粒径增大到一定程度，粒内扩散过程就成为控制整个吸附过程的控速步骤。

膨化稻壳粒径为 1～100 μm 和 100～1000 μm 这两个区间，其中大部分粒子的直径在 48 μm 和 280 μm 附近，尤其是 280 μm 附近，因此可以判断该大部分膨化稻壳粒子吸附过程的控制步骤以粒内扩散过程为主。

9.4.3 吸附反应的活化能

根据阿伦尼乌斯公式：

$$K = A\mathrm{e}^{-E_a/RT} \tag{9-11}$$

式中，K 为吸附反应的速率常数；A 为频率因子；E_a 为活化能(kJ/mol)；R 为摩尔气体常量，其值为[8.314 J/(mol · K)]；T 为热力学温度(K)。

由式(9 - 11)可将吸附反应的速率常数和活化能的关系式表示为

$$\ln K = \ln A - E_a/RT \tag{9-12}$$

将 $1/T$ 及 $\ln K$ 经计算机处理，并进行线性回归，然后由斜率来求得吸附反应的活化能，如表 9 - 9 所示。

表 9 - 9 吸附反应活化能

速率控制步骤	活化能/(kJ/mol)
粒内扩散	49.3
膜扩散	23.7

由表 9 - 9 可知，膨化稻壳对铜离子的粒内扩散控制步骤活化能大于膜扩散活化能，这说明膨化稻壳对于铜离子的吸附过程以粒内扩散为主控制步骤。

9.5 Pb^{2+} 吸附控制步骤的确定

9.5.1 粒内扩散

为了确定在本实验条件下吸附过程是由膜扩散控制还是粒内扩散控制，分别由实验所测的 F 值计算不同时间下的 $\ln(1-F)$ 和 Bt 值。

表 9 - 10 和表 9 - 11 分别为不同浓度和不同温度时膨化稻壳对 Pb^{2+} 不同吸附时间下的 $\ln(1-F)$ 和 Bt 值。

表 9-10　不同浓度下膨化稻壳吸附 Pb^{2+} 的 ln(1−F)和 Bt 值

T=25 ℃,C_0=26 mg/L			T=25 ℃,C_0=40.28 mg/L			T=25 ℃,C_0=110 mg/L		
时间/min	ln(1−F)	Bt	时间/min	ln(1−F)	Bt	时间/min	ln(1−F)	Bt
5	−1.514	1.017	5	−1.561	1.064	5	−1.609	1.113
10	−1.772	1.275	10	−1.897	1.4	10	−1.966	1.467
20	−2.207	1.711	20	−2.207	1.711	20	−2.207	1.711
30	−2.432	1.934	30	−2.551	2.054	30	−2.689	2.192
40	−2.703	2.206	40	−2.749	2.252	40	−3.124	2.627
50	−3.079	2.582	50	−3.170	2.673	50	−3.381	2.885
60	−3.27	2.773	60	−3.474	2.977	60	−3.54	3.044
80	−3.689	3.192	80	−3.817	3.32	80	−4.017	3.521

表 9-11　不同温度下膨化稻壳吸附 Pb^{2+} 的 ln(1−F)和 Bt 值

T=25 ℃,C_0=26 mg/L			T=35 ℃,C_0=26 mg/L		
时间/min	ln(1−F)	Bt	时间/min	ln(1−F)	Bt
5	−1.514	1.017	5	−1.661	1.164
10	−1.772	1.275	10	−1.966	1.469
20	−2.207	1.711	20	−2.1986	1.701
30	−2.432	1.934	30	−2.526	2.029
40	−2.703	2.206	40	−2.813	2.317
50	−3.079	2.582	50	−3.194	2.697
60	−3.27	2.773	60	−3.507	3.01
80	−3.689	3.192	80	−3.912	3.415

将表 9-10 和表 9-11 中 Bt 与 t 线性拟合，得到图 9-5 和图 9-6，分别为不同浓度和不同温度的 Bt-t 曲线。

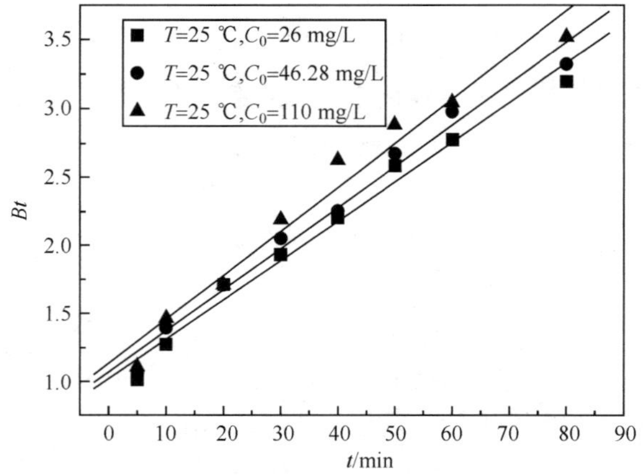

图 9-5　不同浓度时 Pb^{2+} 在膨化稻壳上吸附的 Bt-t 曲线

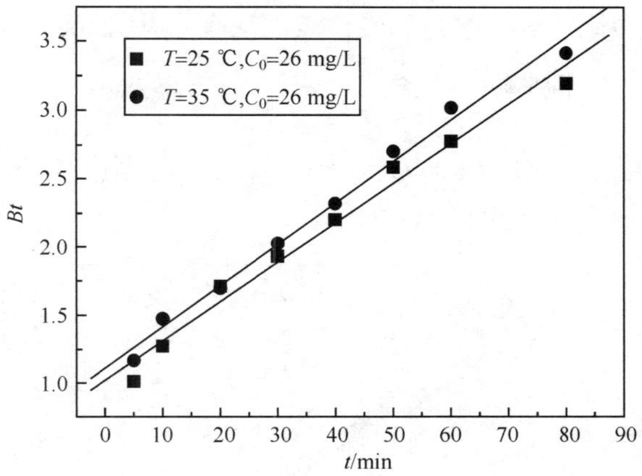

图 9-6　不同温度时 Pb^{2+} 在膨化稻壳上吸附的 Bt-t 曲线

从图 9-5 和图 9-6 中可以看出，Bt 与 t 线性关系良好，线性相关系数 $r>0.985$，再由对应的 t 值求出 Bt 值，结果见表 9-12 和表 9-13。图 9-5 和图 9-6 中直线不通过原点说明扩散初期的控速步骤不是单一过程，而是由颗粒内扩散和表面扩散联合控速。

表 9-12　不同初始浓度下的粒内扩散动力学参数

浓度/(mg/L)	孔扩散速率常数 B	孔扩散系数 $D\times10^{-19}$ /(cm^2/min)	相关性系数 R^2
26	0.0288	11.684	0.982
46.28	0.03	12.171	0.982
110	0.032	12.982	0.97

注：吸附温度为 25 ℃。

表 9-13　不同温度下的粒内扩散动力学参数

温度/℃	孔扩散速率常数 B	孔扩散系数 $D\times10^{-19}$ /(cm^2/min)	相关性系数 R^2
25	0.0288	11.684	0.982
35	0.03	12.171	0.99

注：初始浓度为 26 mg/L。

由表 9-12 可知，孔扩散速率常数 B 和孔扩散系数 D 随初始浓度的增大而增大，这是因为当初始浓度增大时，由于液相主体和吸附相间的浓度差增大，使得传质推动力变大，铅离子的扩散速率加快，因而其吸附速率也增大；而在低的初始浓度下，由于传质推动力小，溶质的扩散速率也变小，吸附速率慢。

由表 9-13 可知，孔扩散速率常数 B 和孔扩散系数 D 随着温度的升高而增大，这是因为温度的上升，提高了分子运动动能，溶质分子在溶液和吸附剂颗粒内的扩散速率加快,吸附质容易接近活性位点而被吸附,因而吸附速率加快。

9.5.2 膜扩散

根据膜扩散控制理论,$\ln(1-F)=-Rt$。以铅离子为吸附质,对 $\ln(1-F)$ 和 t 进行线性回归,如图 9-7 和图 9-8 所示。

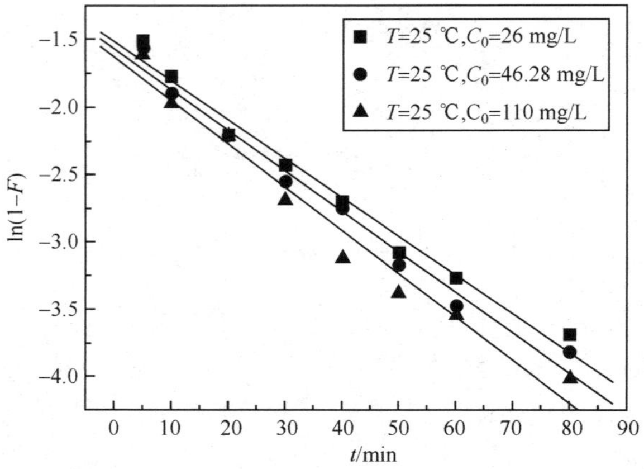

图 9-7　不同浓度下 Pb^{2+} 在膨化稻壳上吸附速率的拟合曲线

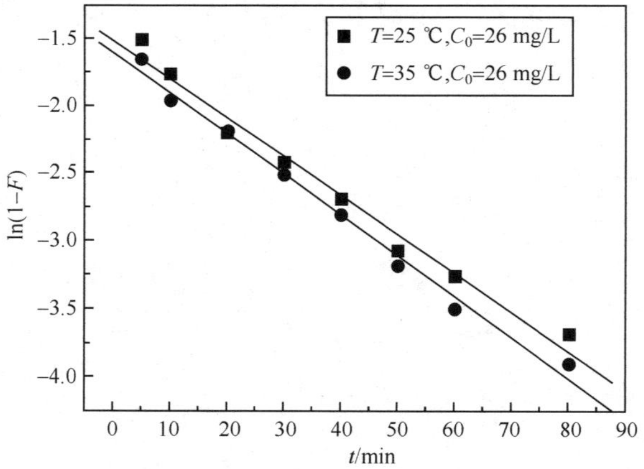

图 9-8　不同温度下 Pb^{2+} 在膨化稻壳上吸附速率的拟合曲线

由图 9-7 和图 9-8 可以看出,$\ln(1-F)$ 与 t 呈较好的线性关系,相关系数 $r>0.985$。由对应的直线斜率求出膜扩散系数值,见表 9-14 和表 9-15。由表可知,膜扩散速率常数 R 随初始浓度和温度的增大而增大,这是因为当初始浓度增大时,液相主体和吸附相间的浓度差增大,使得传质推动力变大,铅离子从溶液到吸附剂表面的扩散速率增加,因而膜扩散速率也增大;温度的上升,提高了分子运动动能,铅离子从溶液到吸附剂表面的扩散速率加快,因而膜扩散速率也增大。

表 9-14　不同浓度下膜扩散动力学参数

初始浓度/(mg/L)	膜扩散速率常数 R	相关性系数 R^2
10	0.0288	0.982
20	0.03	0.982
50	0.032	0.97

注:吸附温度为 25 ℃。

表 9-15　不同温度下膜扩散动力学参数

温度/℃	膜扩散速率常数 R	相关性系数 R^2
25	0.0288	0.982
35	0.03	0.99

注:初始浓度为 26 mg/L。

9.5.3　吸附反应的活化能

由式(9-11)和式(9-12)可知,将 $1/T$ 及 $\ln K$ 经处理,并进行线性回归,然后由斜率来求得吸附反应的活化能,如表 9-16 所示。

表 9-16　吸附反应活化能

速率控制步骤	活化能/(kJ/mol)
粒内扩散	55.6
膜扩散	27.3

由表 9-16 可知,膨化稻壳对铅离子的粒内扩散控制步骤活化能大于膜扩散活化能,这说明膨化稻壳对于铅离子的吸附过程以粒内扩散为主控制步骤。

9.6　Zn^{2+} 吸附控制步骤的确定

9.6.1　粒内扩散

为了确定在本实验条件下吸附过程是由膜扩散控制还是粒内扩散控制,分别由实验所测的 F 值计算不同时间下的 $\ln(1-F)$ 和 Bt 值。

表 9-17 和表 9-18 分别为不同浓度和不同温度时膨化稻壳对 Zn^{2+} 不同吸附时间下的 $\ln(1-F)$ 和 Bt 值。

表 9-17 不同浓度下膨化稻壳吸附 Zn^{2+} 的 ln(1−F)和 Bt 值

T=25 ℃,C_0=12.8 mg/L			T=25 ℃,C_0=25 mg/L			T=25 ℃,C_0=35 mg/L		
时间/min	ln(1−F)	Bt	时间/min	ln(1−F)	Bt	时间/min	ln(1−F)	Bt
5	−1.47	0.973	5	−1.514	1.017	5	−1.609	1.113
10	−1.661	1.164	10	−1.754	1.258	10	−1.79	1.293
20	−1.832	1.336	20	−1.89	1.394	20	−1.917	1.421
30	−2.056	1.56	30	−2.079	1.582	30	−2.112	1.615
40	−2.207	1.71	40	−2.333	1.836	40	−2.419	1.922
50	−2.343	1.847	50	−2.408	1.911	50	−2.604	2.107
60	−2.43	1.934	60	−2.551	2.054	60	−2.688	2.192
80	−2.645	2.148	80	−2.797	2.3	80	−2.976	2.479

表 9-18 不同温度下膨化稻壳吸附 Zn^{2+} 的 ln(1−F)和 Bt 值

T=25 ℃,C_0=12.8 mg/L			T=35 ℃,C_0=12.8 mg/L		
时间/min	ln(1−F)	Bt	时间/min	ln(1−F)	Bt
5	−1.47	0.973	5	−1.667	1.169
10	−1.661	1.164	10	−1.839	1.342
20	−1.832	1.336	20	−2.056	1.559
30	−2.056	1.56	30	−2.303	1.806
40	−2.207	1.71	40	−2.465	1.968
50	−2.343	1.847	50	−2.59	2.093
60	−2.43	1.934	60	−2.78	2.284
80	−2.645	2.148	80	−2.882	2.386

将表 9-17 和表 9-18 中 Bt 与 t 线性拟合，得到图 9-9 和图 9-10，分别为不同浓度和不同温度的 Bt-t 曲线。

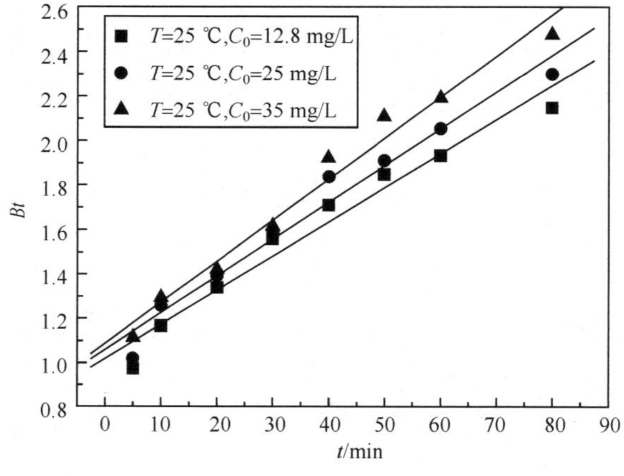

图 9-9 不同浓度时 Zn^{2+} 在膨化稻壳上吸附的 Bt-t 曲线

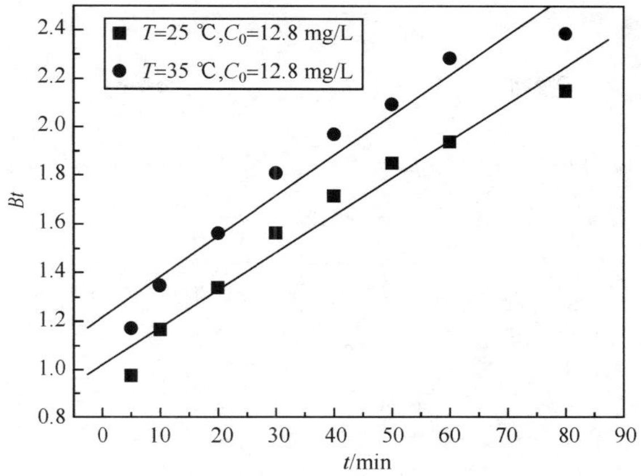

图 9-10　不同温度时 Zn^{2+} 在膨化稻壳上吸附的 Bt-t 曲线

从图 9-9 和图 9-10 中可以看出，Bt 与 t 线性关系良好，线性相关系数 $r>0.985$，再由对应的 t 值求出 Bt 值，结果见表 9-19 和表 9-20。图 9-9 和图 9-10 中直线不通过原点说明扩散初期的控速步骤不是单一过程，而是由颗粒内扩散和表面扩散联合控速。

表 9-19　不同初始浓度下的粒内扩散动力学参数

浓度 /(mg/L)	孔扩散速率常数 B	孔扩散系数 $D\times10^{-19}$ /(cm^2/min)	相关性系数 R^2
11.28	0.0154	6.248	0.964
25	0.0165	6.694	0.970
35	0.0185	7.505	0.98

注：吸附温度为 25 ℃。

表 9-20　不同温度下的粒内扩散动力学参数

温度 /℃	孔扩散速率常数 B	孔扩散系数 $D\times10^{-19}$ /(cm^2/min)	相关性系数 R^2
25	0.0154	6.248	0.964
35	0.0166	6.735	0.951

注：初始浓度为 12.8 mg/L。

由表 9-19 可知，孔扩散速率常数 B 和孔扩散系数 D 随初始浓度的增大而增大，这是因为当初始浓度增大时，由于液相主体和吸附相间的浓度差增大，使得传质推动力变大，锌离子的扩散速率加快，因而其吸附速率也增大；而在低的初始浓度下，由于传质推动力小，溶质的扩散速率也变小，吸附速率慢。

由表 9-20 可知，孔扩散速率常数 B 和孔扩散系数 D 随着温度的升高而增大，这是因为温度的上升，提高了分子运动动能，溶质分子在溶液和吸附剂颗粒内的扩散速率加快，吸附质容易接近活性位点而被吸附，因而吸附速率加快。

9.6.2　膜扩散

根据膜扩散控制理论，$\ln(1-F)=-Rt$。以锌离子为吸附质，对 $\ln(1-F)$ 和 t 进行线性回归，如图 9－11 和图 9－12 所示。

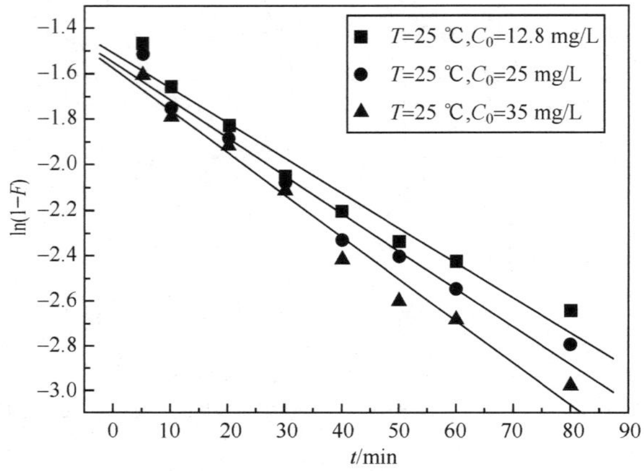

图 9－11　不同浓度下 Zn^{2+} 在膨化稻壳上吸附速率的拟合曲线

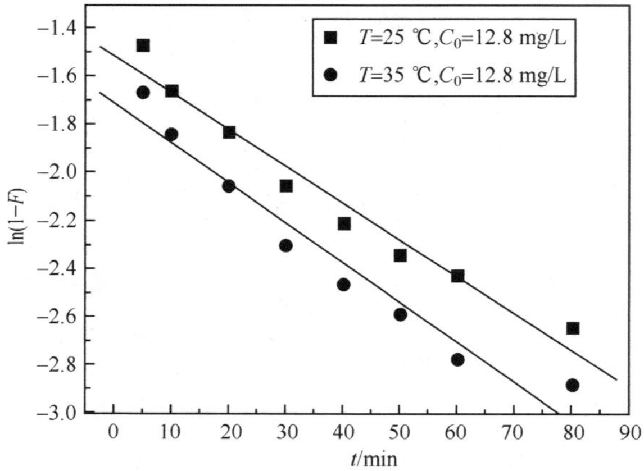

图 9－12　不同温度下 Zn^{2+} 在膨化稻壳上吸附速率的拟合曲线

由图 9－11 和图 9－12 可以看出，$\ln(1-F)$ 与 t 呈较好的线性关系，相关系数 $r>0.985$。由对应的直线斜率求出膜扩散系数值，见表 9－21 和表 9－22。由表可知，膜扩散速率常数 R 随初始浓度和温度的增大而增大，这是因为当初始浓度增大时，液相主体和吸附相间的浓度差增大，使得传质推动力变大，锌离子从溶液到吸附剂表面的扩散速率增加，因而膜扩散速率也增大；温度的上升，提高了分子运动动能，锌离子从溶液到吸附剂表面的扩散速率加快，因而膜扩散速率也增大。

表 9-21　不同浓度下膜扩散动力学参数

初始浓度/(mg/L)	膜扩散速率常数 R	相关性系数 R^2
12.8	0.0154	0.964
25	0.0165	0.970
35	0.0185	0.98

注：吸附温度为 25 ℃。

表 9-22　不同温度下膜扩散动力学参数

温度/℃	膜扩散速率常数 R	相关性系数 R^2
25	0.0154	0.964
35	0.0166	0.951

注：初始浓度为 12.8 mg/L。

9.6.3　吸附反应的活化能

由式 9-11 和式 9-12 可知，将 $1/T$ 及 $\ln K$ 经处理，并进行线性回归，然后由斜率来求得吸附反应的活化能，如表 9-23 所示。

表 9-23　吸附反应活化能

速率控制步骤	活化能/(kJ/mol)
粒内扩散	57.9
膜扩散	26.2

由表 9-23 可知，膨化稻壳对锌离子的粒内扩散控制步骤活化能大于膜扩散活化能，这说明膨化稻壳对于锌离子的吸附过程以粒内扩散为主控制步骤。

9.7　Cr^{3+} 吸附控制步骤的确定

9.7.1　粒内扩散

为了确定在本实验条件下吸附过程是由膜扩散控制还是粒内扩散控制，分别由实验所测的 F 值计算不同时间下的 $\ln(1-F)$ 和 Bt 值。

表 9-24 和表 9-25 分别为不同浓度和不同温度时膨化稻壳对 Cr^{3+} 不同吸附时间下的 $\ln(1-F)$ 和 Bt 值。

表 9 - 24　不同浓度下膨化稻壳吸附 Cr^{3+} 的 ln(1－*F*)和 *Bt* 值

T=25 ℃,C_0=8.5 mg/L			T=25 ℃,C_0=11.75 mg/L			T=25 ℃,C_0=30 mg/L		
时间/min	ln(1－*F*)	*Bt*	时间/min	ln(1－*F*)	*Bt*	时间/min	ln(1－*F*)	*Bt*
20	－1.053	0.556	20	－1.204	0.707	20	－1.39	0.894
40	－1.204	0.707	40	－1.351	0.854	40	－1.537	1.04
60	－1.523	1.027	60	－1.726	1.229	60	－1.845	1.348
90	－1.655	1.159	90	－2.207	1.711	90	－2.207	1.711
120	－1.897	1.4	120	－2.354	1.857	120	－2.465	1.968
150	－2.386	1.889	150	－2.501	2.004	150	－2.631	2.134
180	－2.489	1.992	180	－2.688	2.192	180	－2.919	2.422
240	－2.577	2.08	240	－2.996	2.499	240	－3.194	2.697

表 9 - 25　不同温度下膨化稻壳吸附 Cr^{3+} 的 ln(1－*F*)和 *Bt* 值

T=25 ℃,C_0=11.75 mg/L			T=35 ℃,C_0=11.75 mg/L		
时间/min	ln(1－*F*)	*Bt*	时间/min	ln(1－*F*)	*Bt*
20	－1.204	0.707	20	－1.273	0.776
40	－1.351	0.854	40	－1.431	0.935
60	－1.726	1.229	60	－1.671	1.175
90	－2.207	1.711	90	－2.04	1.544
120	－2.354	1.857	120	－2.465	1.968
150	－2.501	2.004	150	－2.78	2.284
180	－2.688	2.192	180	－3.037	2.54
240	－2.996	2.499	240	－3.381	2.885

将表 9 - 24 和表 9 - 25 中 *Bt* 与 *t* 线性拟合，得到图 9 - 9 和图 9 - 10，分别为不同浓度和不同温度的 *Bt*-*t* 曲线。

从图 9 - 13 和图 9 - 14 中可以看出，*Bt* 与 *t* 线性关系良好，线性相关系数 $r>$

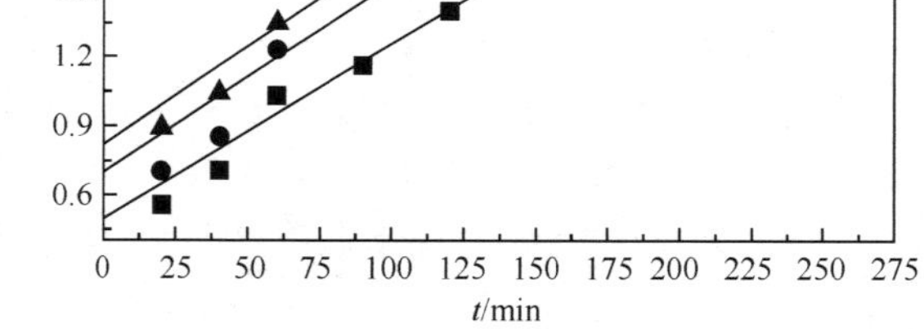

图 9 - 13　不同浓度时 Cr^{3+} 在膨化稻壳上吸附的 *Bt*-*t* 曲线

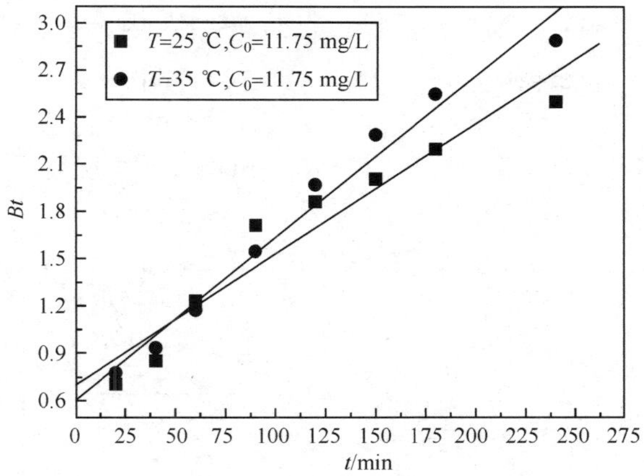

图 9－14　不同温度时 Cr^{3+} 在膨化稻壳上吸附的 Bt-t 曲线

0.985，再由对应的 t 值求出 Bt 值，结果见表 9－26 和表 9－27。图 9－9 和图 9－10 中直线不通过原点说明扩散初期的控速步骤不是单一过程，而是由颗粒内扩散和表面扩散联合控速。

表 9－26　不同初始浓度下的粒内扩散动力学参数

浓度 /(mg/L)	孔扩散速率常数 B	孔扩散系数 $D\times10^{-19}$ /(cm^2/min)	相关性系数 R^2
8.5	0.007 58	3.075	0.933
11.75	0.008 27	3.355	0.933
30	0.008 51	3.452	0.97

注：吸附温度为 25 ℃。

表 9－27　不同温度下的粒内扩散动力学参数

温度 /℃	孔扩散速率常数 B	孔扩散系数 $D\times10^{-19}$ /(cm^2/min)	相关性系数 R^2
25	0.008 27	3.355	0.933
35	0.010 2	4.138	0.98

注：初始浓度为 11.7 mg/L。

由表 9－26 可知，孔扩散速率常数 B 和孔扩散系数 D 随初始浓度的增大而增大，这是因为当初始浓度增大时，由于液相主体和吸附相间的浓度差增大，使得传质推动力变大，铬离子的扩散速率加快，因而其吸附速率也增大；而在低的初始浓度下，由于传质推动力小，溶质的扩散速率也变小，吸附速率慢。

由表 9－27 可知，孔扩散速率常数 B 和孔扩散系数 D 随着温度的升高而增大，这是因为温度的上升，提高了分子运动动能，溶质分子在溶液和吸附剂颗粒内的扩散速率加快，吸附质容易接近活性位点而被吸附，因而吸附速率加快。

9.7.2　膜扩散

根据膜扩散控制理论，$\ln(1-F)=-Rt$。以铬离子为吸附质，对 $\ln(1-F)$ 和 t 进行线性回归，如图 9-15 和图 9-16 所示。

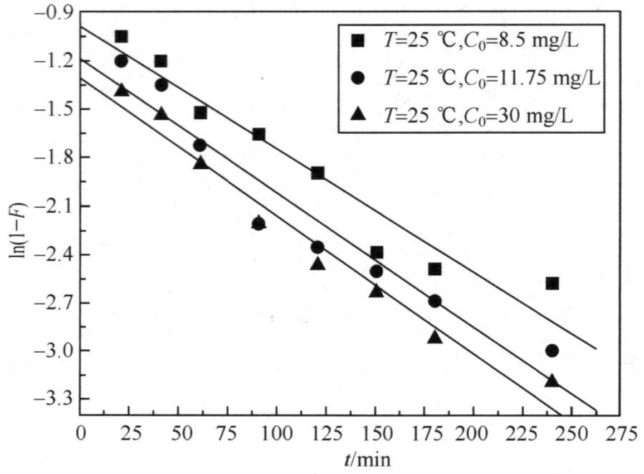

图 9-15　不同浓度下 Cr^{3+} 在膨化稻壳上吸附速率的拟合曲线

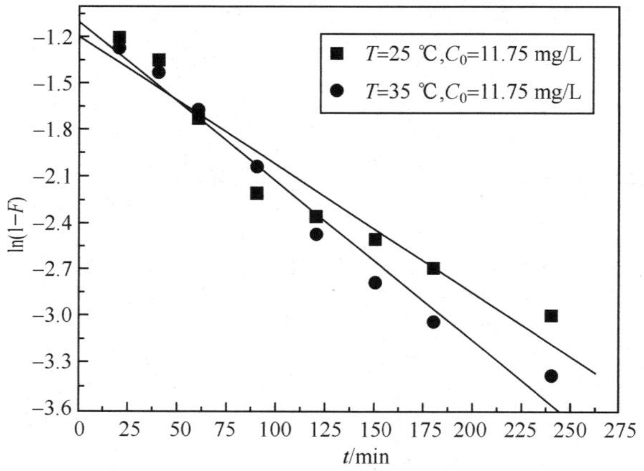

图 9-16　不同温度下 Cr^{3+} 在膨化稻壳上吸附速率的拟合曲线

由图 9-15 和图 9-16 可以看出，$\ln(1-F)$ 与 t 呈较好的线性关系，相关系数 $r>0.985$。由对应的直线斜率求出膜扩散系数值，见表 9-28 和表 9-29。由表可知，膜扩散速率常数 R 随初始浓度和温度的增大而增大，这是因为当初始浓度增大时，液相主体和吸附相间的浓度差增大，使得传质推动力变大，铬离子从溶液到吸附剂表面的扩散速率增加，因而膜扩散速率也增大；温度的上升，提高了分子运动动能，铬离子从溶液到吸附剂表面的扩散速率加快，因而膜扩散速率也增大。

表 9-28 不同浓度下膜扩散动力学参数

初始浓度/(mg/L)	膜扩散速率常数 R	相关性系数 R^2
8.5	0.007 58	0.933
11.75	0.008 27	0.933
30	0.008 51	0.97

注:吸附温度为 25 ℃。

表 9-29 不同温度下膜扩散动力学参数

温度/℃	膜扩散速率常数 R	相关性系数 R^2
25	0.008 27	0.933
35	0.010 2	0.98

注:初始浓度为 11.7 mg/L。

9.7.3 吸附反应的活化能

由式(9-11)和式(9-12)可知,将 $1/T$ 及 $\ln K$ 经处理,并进行线性回归,然后由斜率来求得吸附反应的活化能,如表 9-30 所示。

表 9-30 吸附反应活化能

速率控制步骤	活化能/(kJ/mol)
粒内扩散	41.2
膜扩散	23.1

由表 9-30 可知,膨化稻壳对铬离子的粒内扩散控制步骤活化能大于膜扩散活化能,这说明膨化稻壳对于铬离子的吸附过程以粒内扩散为主控制步骤。

9.8 Cd^{2+} 吸附控制步骤的确定

9.8.1 粒内扩散

为了确定在本实验条件下吸附过程是由膜扩散控制还是粒内扩散控制,分别由实验所测的 F 值计算不同时间下的 $\ln(1-F)$ 和 Bt 值。

表 9-31 和表 9-32 分别为不同浓度和不同温度时膨化稻壳对 Cd^{2+} 不同吸附时间下的 $\ln(1-F)$ 和 Bt 值。

表 9-31　不同浓度下膨化稻壳吸附 Cd^{2+} 的 ln(1−*F*)和 *Bt* 值

T=25 ℃,C_0=10 mg/L			T=25 ℃,C_0=20 mg/L			T=25 ℃,C_0=30 mg/L		
时间/min	ln(1−F)	Bt	时间/min	ln(1−F)	Bt	时间/min	ln(1−F)	Bt
1	−1.47	0.973	1	−1.514	1.017	1	−1.561	1.064
2	−1.609	1.113	2	−1.704	1.207	2	−1.76	1.264
3	−1.715	1.218	3	−1.833	1.336	3	−1.897	1.4
4	−1.864	1.368	4	−1.924	1.427	4	−2.04	1.544
5	−2.04	1.544	5	−2.04	1.544	5	−2.207	1.711
6	−2.163	1.666	6	−2.303	1.806	6	−2.59	2.094
8	−2.551	2.054	8	−2.733	2.237	8	−2.797	2.3
10	−2.749	2.252	10	−2.937	2.44	10	−3.101	2.604

表 9-32　不同温度下膨化稻壳吸附 Cd^{2+} 的 ln(1−*F*)和 *Bt* 值

T=25 ℃,C_0=10 mg/L			T=35 ℃,C_0=10 mg/L		
时间/min	ln(1−F)	Bt	时间/min	ln(1−F)	Bt
1	−1.47	0.973	1	−1.561	1.064
2	−1.609	1.113	2	−1.715	1.218
3	−1.715	1.218	3	−1.924	1.427
4	−1.864	1.368	4	−2.207	1.71
5	−2.04	1.544	5	−2.303	1.806
6	−2.163	1.666	6	−2.551	2.054
8	−2.551	2.054	8	−2.797	2.3
10	−2.749	2.252	10	−2.976	2.479

将表 9-31 和表 9-32 中 Bt 与 t 线性拟合，得到图 9-17 和图 9-18，分别为不同浓度和不同温度的 Bt-t 曲线。

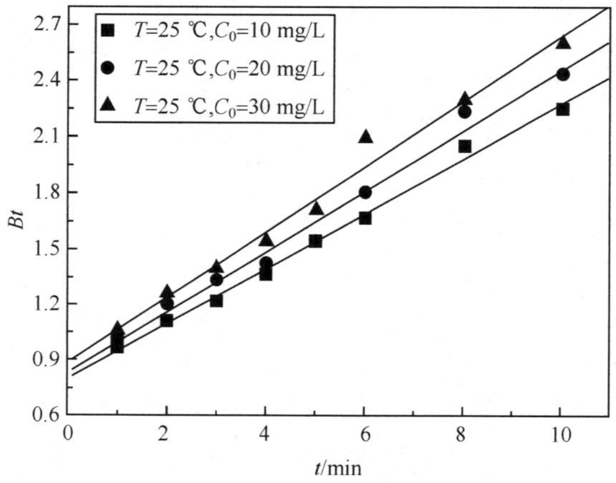

图 9-17　不同浓度时 Cd^{2+} 在膨化稻壳上吸附的 Bt-t 曲线

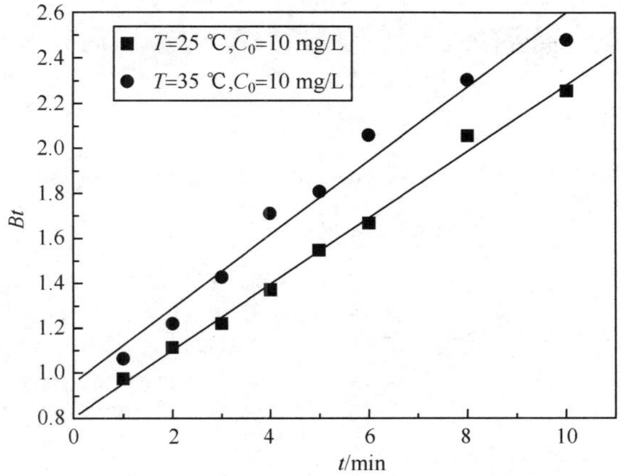

图 9－18　不同温度时 Cd^{2+} 在膨化稻壳上吸附的 Bt-t 曲线

从图 9－17 和图 9－18 中可以看出，Bt 与 t 线性关系良好，线性相关系数 $r>0.985$，再由对应的 t 值求出 Bt 值，结果见表 9－33 和表 9－34。图 9－13 和图 9－14 中直线不通过原点说明扩散初期的控速步骤不是单一过程，而是由颗粒内扩散和表面扩散联合控速。

表 9－33　不同初始浓度下的粒内扩散动力学参数

浓度 /(mg/L)	孔扩散速率常数 B	孔扩散系数 $D\times10^{-19}$ /(cm^2/min)	相关性系数 R^2
10	0.148	60.043	0.994
20	0.163	66.128	0.984
30	0.175	70.997	0.984

注：吸附温度为 25 ℃。

表 9－34　不同温度下的粒内扩散动力学参数

温度 /℃	孔扩散速率常数 B	孔扩散系数 $D\times10^{-19}$ /(cm^2/min)	相关性系数 R^2
25	0.148	60.043	0.994
35	0.164	66.534	0.974

注：初始浓度为 10 mg/L。

由表 9－33 可知，孔扩散速率常数 B 和孔扩散系数 D 随初始浓度的增大而增大，这是因为当初始浓度增大时，由于液相主体和吸附相间的浓度差增大，使得传质推动力变大，镉离子的扩散速率加快，因而其吸附速率也增大；而在低的初始浓度下，由于传质推动力小，溶质的扩散速率也变小，吸附速率慢。

由表 9－34 可知，孔扩散速率常数 B 和孔扩散系数 D 随着温度的升高而增大，这是因为温度的上升，提高了分子运动动能，溶质分子在溶液和吸附剂颗粒内的扩散速率加快，吸附质容易接近活性位点而被吸附，因而吸附速率加快。

9.8.2 膜扩散

根据膜扩散控制理论，$\ln(1-F)=-Rt$。以镉离子为吸附质，对 $\ln(1-F)$ 和 t 进行线性回归，如图 9-19 和图 9-20 所示。

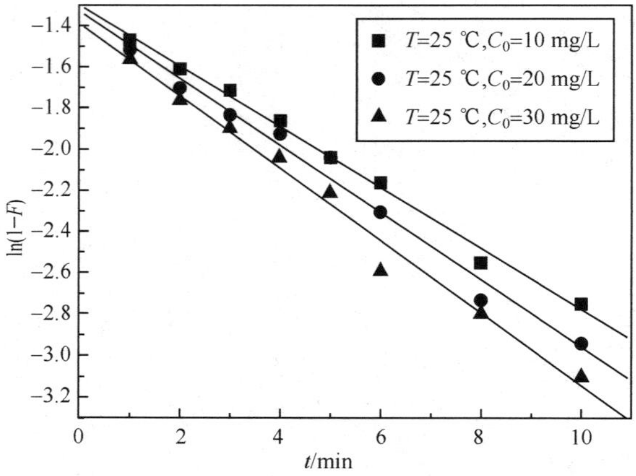

图 9-19 不同浓度下 Cd^{2+} 在膨化稻壳上吸附速率的拟合曲线

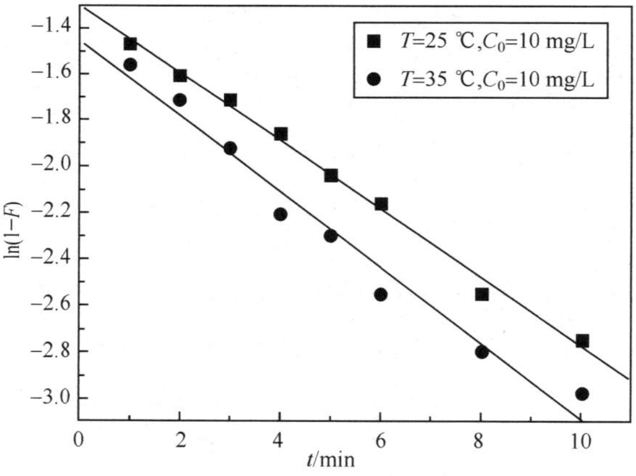

图 9-20 不同温度下 Cd^{2+} 在膨化稻壳上吸附速率的拟合曲线

由图 9-19 和图 9-20 可以看出，$\ln(1-F)$ 与 t 呈较好的线性关系，相关系数 $r>0.985$。由对应的直线斜率求出膜扩散系数值，见表 9-35 和表 9-36。由表可知，膜扩散速率常数 R 随初始浓度和温度的增大而增大，这是因为当初始浓度增大时，液相主体和吸附相间的浓度差增大，使得传质推动力变大，镉离子从溶液到吸附剂表面的扩散速率增加，因而膜扩散速率也增大；温度的上升，提高了分子运动动能，镉离子从溶液到吸附剂表面的扩散速率加快，因而膜扩散速率也增大。

表 9－35　不同浓度下膜扩散动力学参数

初始浓度/(mg/L)	膜扩散速率常数 R	相关性系数 R^2
10	0.148	0.994
20	0.163	0.984
30	0.175	0.984

注：吸附温度为 25 ℃。

表 9－36　不同温度下膜扩散动力学参数

温度/℃	膜扩散速率常数 R	相关性系数 R^2
25	0.148	0.994
35	0.164	0.974

注：初始浓度为 10 mg/L。

9.8.3　吸附反应的活化能

由式 9－11 和式 9－12 可知，将 $1/T$ 及 $\ln K$ 经处理，并进行线性回归，然后由斜率来求得吸附反应的活化能，如表 9－37 所示。

表 9－37　吸附反应活化能

速率控制步骤	活化能/(kJ/mol)
粒内扩散	41.3
膜扩散	30.7

由表 9－37 可知，膨化稻壳对镉离子的粒内扩散控制步骤活化能与膜扩散活化能相差不大，这说明膨化稻壳对于镉离子的吸附过程以粒内扩散和膜扩散共同控制。

9.9　Ag^+ 吸附控制步骤的确定

9.9.1　粒内扩散

为了确定在本实验条件下吸附过程是由膜扩散控制还是粒内扩散控制，分别由实验所测的 F 值计算不同时间下的 $\ln(1-F)$ 和 Bt 值。

表 9－38 和表 9－39 分别为不同浓度和不同温度时膨化稻壳对 Ag^+ 不同吸附时间下的 $\ln(1-F)$ 和 Bt 值。

表 9-38　不同浓度下膨化稻壳吸附 Ag^+ 的 ln(1−*F*)和 *Bt* 值

T=25 ℃,C_0=7.45 mg/L			T=25 ℃,C_0=16.41 mg/L			T=25 ℃,C_0=33.23 mg/L		
时间/min	ln(1−*F*)	*Bt*	时间/min	ln(1−*F*)	*Bt*	时间/min	ln(1−*F*)	*Bt*
20	−1.204	0.707	20	−1.331	0.835	20	−1.386	0.89
40	−1.386	0.89	40	−1.519	1.022	40	−1.59	1.093
60	−1.635	1.138	60	−1.687	1.191	60	−1.802	1.305
90	−1.945	1.448	90	−1.945	1.448	90	−2.017	1.521
120	−2.207	1.711	120	−2.303	1.806	120	−2.419	1.922
150	−2.364	1.868	150	−2.477	1.98	150	−2.551	2.054
180	−2.489	1.992	180	−2.617	2.121	180	−2.765	2.268
240	−2.659	2.163	240	−2.781	2.284	240	−2.957	2.46

表 9-39　不同温度下膨化稻壳吸附 Ag^+ 的 ln(1−*F*)和 *Bt* 值

T=25 ℃,C_0=16.41 mg/L			T=35 ℃,C_0=16.41 mg/L		
时间/min	ln(1−*F*)	*Bt*	时间/min	ln(1−*F*)	*Bt*
20	−1.331	0.835	20	−1.366	0.87
40	−1.519	1.022	40	−1.561	1.064
60	−1.687	1.191	60	−1.772	1.275
90	−1.945	1.448	90	−1.966	1.469
120	−2.303	1.806	120	−2.364	1.868
150	−2.477	1.98	150	−2.526	2.029
180	−2.617	2.121	180	−2.703	2.206
240	−2.781	2.284	240	−2.919	2.422

将表 9-38 和表 9-39 中 *Bt* 与 *t* 线性拟合，得到图 9-21 和图 9-22 不同浓度和不同温度的 *Bt*-*t* 曲线。

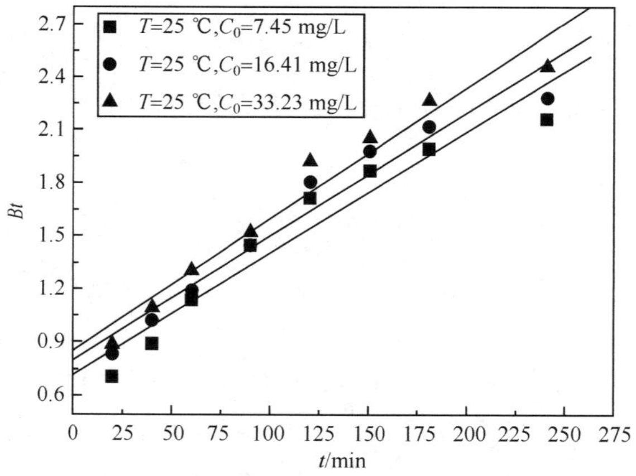

图 9-21　不同浓度时 Ag^+ 在膨化稻壳上吸附的 *Bt*-*t* 曲线

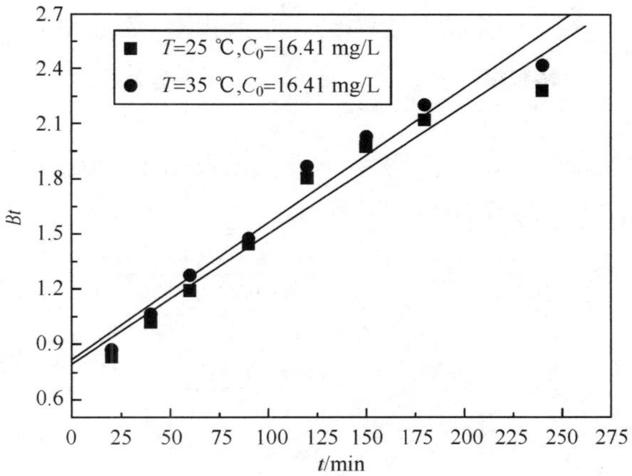

图 9－22　不同温度时 Ag^+ 在膨化稻壳上吸附的 Bt-t 曲线

从图 9－21 和图 9－22 中可以看出，Bt 与 t 线性关系良好，线性相关系数 $r>0.985$，再由对应的 t 值求出 Bt 值，结果见表 9－40 和表 9－41。图 9－21 和图 9－22 中直线不通过原点说明扩散初期的控速步骤不是单一过程，而是由颗粒内扩散和表面扩散联合控速。

表 9－40　不同初始浓度下的粒内扩散动力学参数

浓度 /(mg/L)	孔扩散速率常数 B	孔扩散系数 $D\times10^{-19}$ /(cm^2/min)	相关性系数 R^2
10	0.006 88	2.791	0.935
20	0.007 01	2.844	0.951
30	0.007 47	3.031	0.96

注：吸附温度为 25 ℃。

表 9－41　不同温度下的粒内扩散动力学参数

温度 /℃	孔扩散速率常数 B	孔扩散系数 $D\times10^{-19}$ /(cm^2/min)	相关性系数 R^2
25	0.007 01	2.844	0.951
35	0.007 37	2.99	0.964

注：初始浓度为 16.41 mg/L。

由表 9－40 可知，孔扩散速率常数 B 和孔扩散系数 D 随初始浓度的增大而增大，这是因为当初始浓度增大时，由于液相主体和吸附相间的浓度差增大，使得传质推动力变大，银离子的扩散速率加快，因而其吸附速率也增大；而在低的初始浓度下，由于传质推动力小，溶质的扩散速率也变小，吸附速率慢。

由表 9－41 可知，孔扩散速率常数 B 和孔扩散系数 D 随着温度的升高而增大，这是因为温度的上升，提高了分子运动动能，溶质分子在溶液和吸附剂颗粒内的扩散速率加快,吸附质容易接近活性位点而被吸附,因而吸附速率加快。

9.9.2 膜扩散

根据膜扩散控制理论,$\ln(1-F)=-Rt$。以银离子为吸附质,对 $\ln(1-F)$ 和 t 进行线性回归,如图 9-23 和图 9-24 所示。

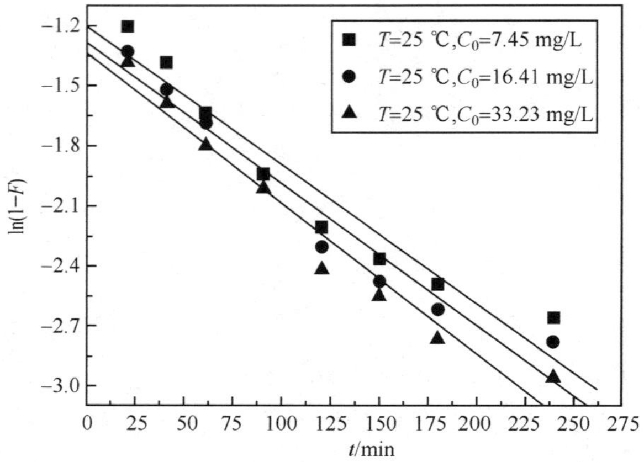

图 9-23 不同浓度下 Ag^{+} 在膨化稻壳上吸附速率的拟合曲线

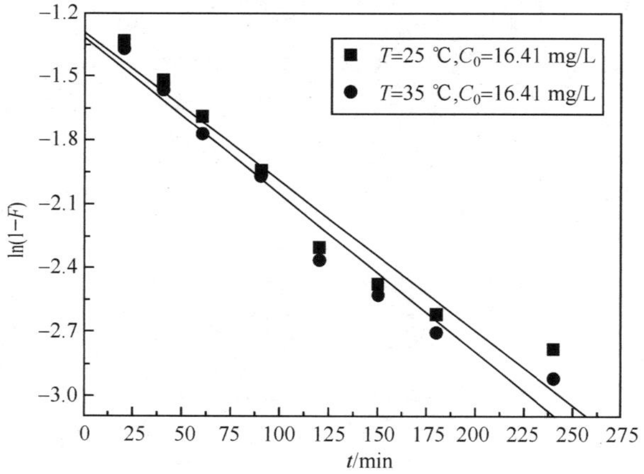

图 9-24 不同温度下 Ag^{+} 在膨化稻壳上吸附速率的拟合曲线

由图 9-23 和图 9-24 可以看出,$\ln(1-F)$ 与 t 呈较好的线性关系,相关系数 $r>0.985$。由对应的直线斜率求出膜扩散系数值,见表 9-42 和表 9-43。由表可知,膜扩散速率常数 R 随初始浓度和温度的增大而增大,这是因为当初始浓度增大时,液相主体和吸附相间的浓度差增大,使得传质推动力变大,银离子从溶液到吸附剂表面的扩散速率增加,因而膜扩散速率也增大;温度的上升,提高了分子运动动能,银离子从溶液到吸附剂表面的扩散速率加快,因而膜扩散速率也增大。

表 9-42　不同浓度下膜扩散动力学参数

初始浓度/(mg/L)	膜扩散速率常数 R	相关性系数 R^2
10	0.006 88	0.935
20	0.007 01	0.951
30	0.007 47	0.96

注：吸附温度为 25 ℃。

表 9-43　不同温度下膜扩散动力学参数

温度/℃	膜扩散速率常数 R	相关性系数 R^2
25	0.007 01	0.951
35	0.007 37	0.964

注：初始浓度为 10 mg/L。

9.9.3　吸附反应的活化能

由式(9-11)和式(9-12)可知，将 $1/T$ 及 $\ln K$ 经处理，并进行线性回归，然后由斜率来求得吸附反应的活化能，如表 9-44 所示。

表 9-44　吸附反应活化能

速率控制步骤	活化能/(kJ/mol)
粒内扩散	41.8
膜扩散	21.1

由表 9-44 可知，膨化稻壳对银离子的粒内扩散控制步骤活化能大于膜扩散活化能，这说明膨化稻壳对于银离子的吸附过程以粒内扩散为主控制步骤。

9.10　小　　结

通过膨化稻壳柱对重金属离子的吸附动力学研究，得到以下结论。

(1) 通过膨化稻壳对重金属离子粒内扩散的研究发现，重金属离子扩散初期的控速步骤不是单一过程，而是由颗粒内扩散和膜扩散联合控速。

(2) 吸附过程中，Cu^{2+}、Pb^{2+}、Zn^{2+}、Cr^{3+}、Cd^{2+}、Ag^{+} 粒内扩散控制步骤活化能分别为 49.3 kJ/mol、55.6 kJ/mol、57.9 kJ/mol、41.2 kJ/mol、41.3 kJ/mol、41.8 kJ/mol；膜扩散控制步骤活化能分别为 23.7 kJ/mol、27.3 kJ/mol、26.2 kJ/mol、23.1 kJ/mol、30.7 kJ/mol、21.1 kJ/mol。粒内扩散活化能均大于膜扩散活化能，则说明膨化稻壳对于重金属离子的吸附过程以粒内扩散为主要控制步骤。所得结果符合 Boyd 关于扩散控制的判断方法(Boyd，1947)。大部分文献对吸附动力学

的研究用 Lagergren 拟一级模型、Mckay 拟二级模型、Freundlich 等模型进行简单的数据拟合。杜洁等在反相悬浮聚合制备单宁螯合树脂及吸附机理研究的学位论文中，用粒内扩散方程和膜扩散方程进行动力学研究表明：单宁螯合树脂对铬的吸附速率由颗粒内扩散和膜扩散联合控速，其中以粒内扩散为主。粒内扩散和膜扩散分别为 24.3 kJ/mol、26.4 kJ/mol。

参 考 文 献

[1] 黄文强. 吸附分离材料[M]. 北京：化学工业出版社，2005

[2] Dolfner K. Ion Exchanger. New York：Water de Gruyter，1991

[3] Boyd G E，Adamson A W，Myers J L S. The exchange adsorption of ions from aqueous solutions by organic zeolites Ⅱ Kinetics. J. Am. Chem. Soc.，1947，69：2836-2848

第 10 章 竹粉基吸附材料对重金属离子的吸附

10.1 引　　言

竹子属禾本科，生长在热带和亚热带地区。我国拥有丰富的竹子资源，其自然分布区域广，在北纬 18°～38°和东经 92°～122°内的 20 个省、自治区、直辖市都有竹林，面积 500 万 hm^2，居世界首位，年产竹材 700 多万 t，占世界总产量的 33%。竹子与其他植物相比是一种优良的中长纤维原料，纤维平均长度为 1.6～2.0 mm，介于针叶木和草类之间，比阔叶木长；纤维宽度 1.2～1.6 μm，纤维细长交织力好；化学组分中聚戊糖含量高于针叶木，而木质素含量较低(与阔叶木相近)，纤维素含量高于草类而灰分较低。在全球环境日益恶化的今天，森林资源日益减少，竹生物质资源以其周期短、效益高、见效快、良好的生态效益和经济效益在全球得到迅猛发展。世界竹林面积正以每年 3%的速度增长，是最重要的非木材可再生生物质资源。

慈竹主产于四川，其次在黔、滇、桂、湘、鄂西及陕南等近川地区亦有分部，属长江南岭竹区(图 10－1)。慈竹在工业、建筑等行业都有广泛应用。竹粉为竹片捣成的细粉，在浙西一带被称为“青粉”，多见于浙江安吉等县。竹粉化学性质稳定，可作工业品的填料，如酸化亚麻仁油漆布、电木、水泥、铸模物模型、留声机、文具等，均可用

图 10－1　慈竹

竹粉作填料。在制造电器时，加进竹粉可增加绝缘性，降低导热性。竹粉也可用作吸收剂，借以除去水分及油脂等。保存精密仪器、名贵珠宝，贵重皮毛等均可采用竹粉。造纸工业常用竹粉作装饰剂，即将竹粉染成不同颜色，撒于纸面，然后加压干燥，纸面即显现美丽的花纹，将其应用于重金属废水处理的研究鲜有报道。

10.2 实验研究方法

10.2.1 材料的前处理

将一定量的慈竹粉放于 0.1 mol/L 的 NaOH 溶液中，浸泡 24 h 后，经去离子水洗涤至 pH 为中性，置于烘箱中烘干待用。

10.2.2 吸附实验方法

室温约 20 ℃条件下，配制一定浓度的重金属离子溶液，并用 0.1 mol/L 的 NaOH 溶液和 0.1 mol/L 的 HNO_3 溶液调节溶液 pH 至适当值。取 100 mL 配制好的重金属离子溶液加入 250 mL 的磨口锥形瓶中，分别投加一定质量的碱处理竹粉(均为 40 目)后将密封的锥形瓶置于一定温度条件下的振荡培养箱中，在130 r/min 的恒定振荡速度下振荡吸附一定时间后取出并过滤。用原子吸收分光光度计测定吸附后滤溶液中的重金属离子浓度，并通过式(10-1)计算去除率(E)和吸附量(Q)。

$$E(\%) = \frac{C_0 - C_e}{C_0} \times 100 \tag{10-1}$$

$$Q(\text{mg/g}) = \frac{(C_0 - C_e)V}{M} \tag{10-2}$$

式中，C_0(mg/L)和 C_e(mg/L)分别为初始浓度和平衡后的溶液中剩余金属离子的浓度；V(L)为溶液的体积；M(g)为吸附剂的质量。为了减少实验误差，每组实验做三组平行，所得结果取其平均值。以去除率或吸附量为指标，分别从以下几个方面考察影响改性竹粉处理重金属离子吸附特性的因素。

1. pH 对去除率的影响

根据 $Cd(OH)_2$ 的溶度积参数，在不出现沉淀的前提下，考察不同 pH 对 Cd^{2+} 的去除率影响。具体实验条件为：含 10 mg/L Cd^{2+} 溶液 100 mL，反应时间 24 h，投料量 0.3 g，温度 25 ℃。

2. 投料量对去除率的影响吸附

在最适 pH 下，考察竹粉投料量对镉离子的去除效率，具体实验条件为：含 10 mg/L Cd^{2+} 溶液 100 mL，反应时间 24 h，pH=7±0.2，温度 25 ℃。

3. 平衡时间及吸附动力学

为了考察竹粉对 Cd^{2+} 的吸附平衡时间，具体实验条件为：含 10 mg/L Cd^{2+} 溶液 100 mL，投料量 0.3 g，温度 25 ℃，pH=7±0.2。

参考的吸附动力学模型主要有 Lagergren 准一级动力学模型、Lagergren 准二级动力学模型和 Elovich 吸附模型。

10.2.3　等温吸附及吸附模型

改变重金属离子溶液的初始浓度，其余实验条件不变。具体实验条件为：投料量 0.3 g，反应时间 24 h，pH=7±0.2，温度 25 ℃。

参考的等温吸附模型主要有：

(1) Langmuir 等温吸附模型。

(2) Freundlich 等温吸附模型。

(3) Temkin 等温吸附模型，如式(10-3)所示。

$$Q_e = B\log K_T + B\log C_e \tag{10-3}$$

式中，C_e(mg/L)为平衡后的溶液中剩余金属离子的浓度；Q_e(mg/g)为平衡吸附量；B 和 K_T 为 Temkin 等温吸附模型方程参数。

10.3　pH 对竹粉基吸附材料的影响

在 250 mL 锥形瓶中将 0.3 g 的碱处理慈竹粉吸附剂样品加入到 100 mL、起始浓度为 10 mg/L 的重金属离子(Cd^{2+})溶液中，用 0.1mol/L 盐酸和 NaOH 溶液调节溶液的 pH 为 1～8。在 25 ℃和 130 r/min 的条件下，振荡 24 h，过滤并测定溶液中 Cd^{2+} 的平衡浓度。不同溶液酸度条件下碱处理竹粉对溶液中重金属离子的吸附变化情况如图 10-2。

由图 10-2 可以看出，碱处理竹粉对溶液中对 Cd^{2+} 的吸附，在 pH 3.5 以下相对较弱，而在 4～8 很强且基本恒定。去除率随 pH 的变化曲线大致分两个阶段。①表面物理吸附阶段。在 pH<3.5 的酸性条件下，由于竹粉表面的吸附位点是有限的，H^+ 和 Cd^{2+} 将为有限的吸附位点产生竞争，因而溶液酸度的增大使得竹粉对重金属离子的吸附性能变弱，吸附量随着 pH 增大逐渐增大。这一阶段的吸附由于酸强度较大而相对较弱；②化学吸附阶段。当 pH>3.5 时，竹粉对重金属离子的吸附主要通过离子交换和化学吸附进行，吸附量急剧增大且随 pH 的增大而基本恒定。因而，从考虑处理污水的实际情况出发，所有实验均在溶液的初始值条件下进行。

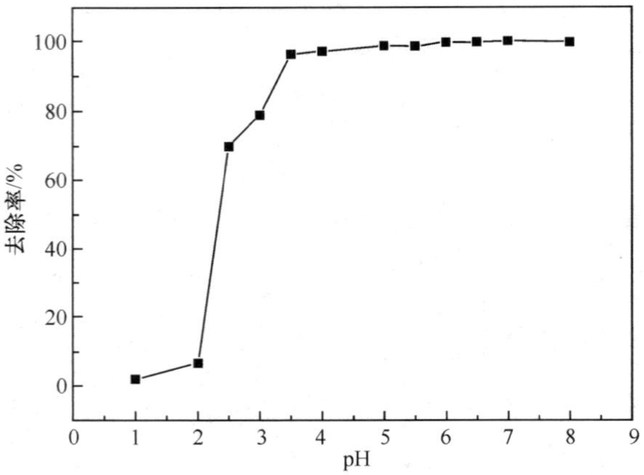

图 10－2　pH 对碱处理竹粉吸附 Cd^{2+} 的影响

10.4　投料量对竹粉基吸附材料的影响

在 250 mL 锥形瓶中将 0.02 g、0.04 g、0.06 g、0.08 g、0.1 g、0.2 g、0.3 g、0.5 g 的碱处理竹粉加入到 100 mL、初始浓度均为 10 mg/L Cd^{2+} 的溶液中，在 25 ℃、pH 为溶液初始值和 130 r/min 的条件下，振荡 24 h，过滤并测定溶液中 Cd^{2+} 的平衡浓度。图 10－3 显示了不同投料量对溶液中重金属离子的去除率的影响。

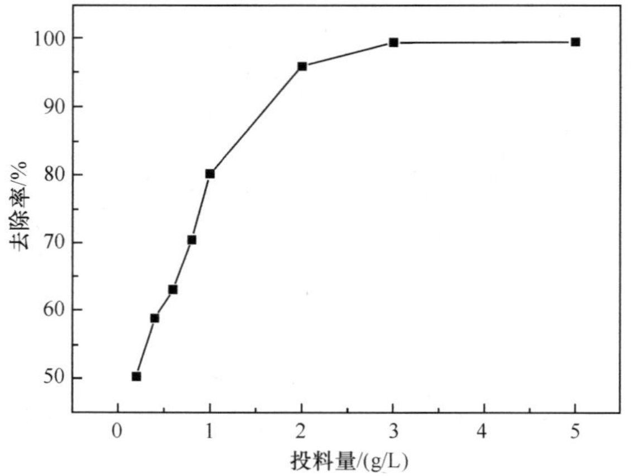

图 10－3　投料量对 Cd^{2+} 去除率的影响

由图 10－3 可知，随着投料量的增加，碱处理竹粉对溶液的重金属离子的去除率逐渐增大，但增加投料量，去除率增加趋缓。增加吸附剂就意味着增加了吸附位点，有利于吸附重金属。但从考虑成本的角度分析，同时兼顾实验研究的适宜水粉比，实验的投料量均选择为 0.3 g，即 3 g/L 的水粉比。

10.5　振荡时间对竹粉基吸附材料的影响

在 250 mL 锥形瓶中将 0.3 g 的碱处理竹粉加入 100 mL、初始浓度均为 10 mg/L Cd^{2+} 的溶液中，在 25 ℃、pH 为溶液初始值和 130 r/min 的条件下，分别振荡 1 min、3 min、5 min、7 min、9 min、15 min、20 min、25 min、30 min、45 min、60 min、90 min、120 min、240 min 和 360 min，过滤后分别测定溶液中 Cd^{2+} 的平衡浓度。去除率与振荡时间的关系曲线如图 10－4 所示。

由图 10－4 可知，随着振荡时间的延长，碱处理竹粉对溶液中重金属的去除率逐渐增大。Cd^{2+} 在竹粉上的吸附在振荡 120 min 后达到平衡，延长振荡时间去除率变化不大。为了使吸附完全达到平衡，所有吸附实验的振荡时间均为 24 h。前期竹粉对重金属离子的吸附速率较快，那是由于吸附位点多。后期吸附速率变慢，那是由于 Cd^{2+} 要与竹粉深层的吸附位点结合，将与吸附在竹粉表面的 Cd^{2+} 产生排斥，因此吸附速率变小。

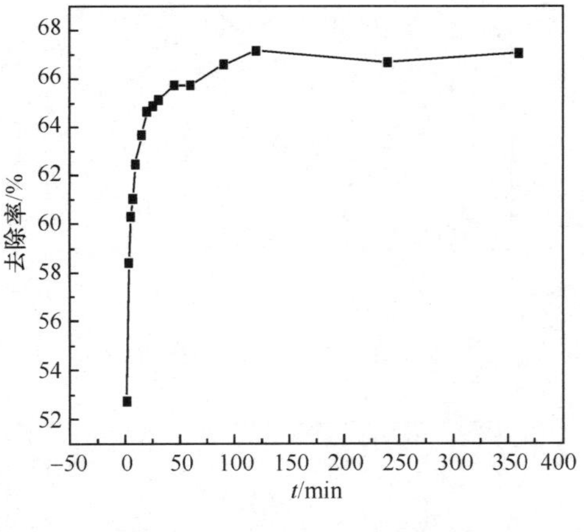

图 10－4　时间对去除率的影响

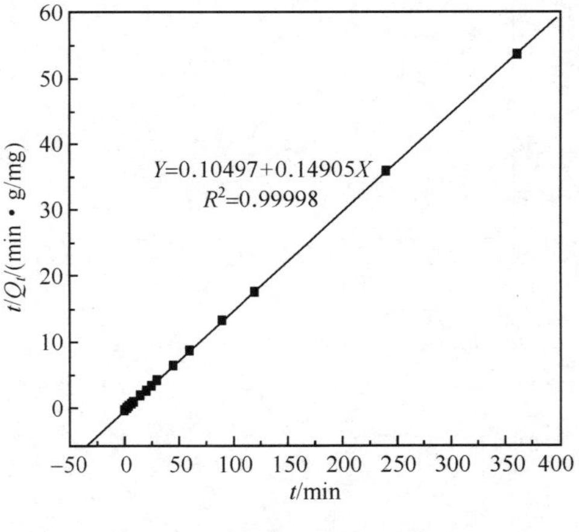

图 10－5　准二级动力方程

由图 10－5 可知，碱处理竹粉对 Cd^{2+} 的吸附很好地符合 Lagergren 准二级动力学模型（R^2＝0.99998），Cd^{2+} 的浓度和竹粉的用量都限制着整个吸附过程的吸附速率，说明化学吸附在整个吸附过程中所占比例很大。

10.6　竹粉基吸附材料等温吸附及吸附模型

在 250 mL 锥形瓶中将 0.3 g 的碱处理竹粉加入到 100 mL、初始浓度为 10 mg/L、30 mg/L、50 mg/L、70 mg/L、90 mg/L 和 100 mg/L Cd^{2+} 的溶液中，在 25 ℃、pH 为溶液初始值和 130 r/min 的条件下，振荡 24 h，过滤并测定溶液中

Cd^{2+}的平衡浓度。图 10－6 显示了不同重金属浓度条件下，竹粉对溶液中重金属离子的吸附量。

由图 10－6 可知，在其他影响因素一定的条件下，吸附量(Q_e)随着重金属离子浓度的增大而变大。虽然重金属离子浓度越大，吸附量也越大，但是相应的去除率却越小。所以推断可知，竹粉材料适合吸附低浓度的重金属废水，特别是经碱处理过后的矿业废水。

由图 10－7～图 10－9 可知，上述等温吸附实验结果经 Langmiur、Freundlich、Temkin 等温吸附模型拟合后，吸附剂对 Cd^{2+} 的吸附较好地符合 Langmiur 单分子层吸附模型(R^2＝0.98325)。由 Langmiur 等温吸附模型知，碱处理竹粉对 Cd^{2+} 的最大吸附量为 8.987 mg/g。

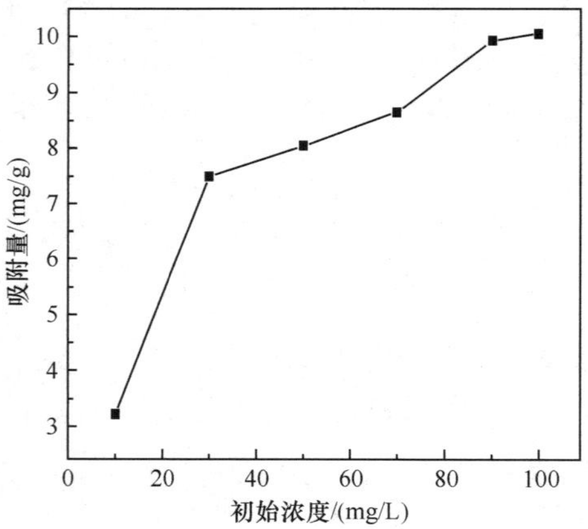

图 10－6　离子浓度对吸附量的影响

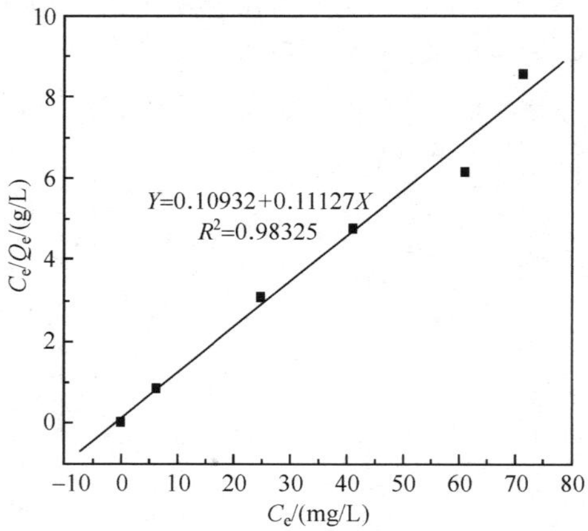

图 10－7　拟合 Langmiur 等温吸附模型

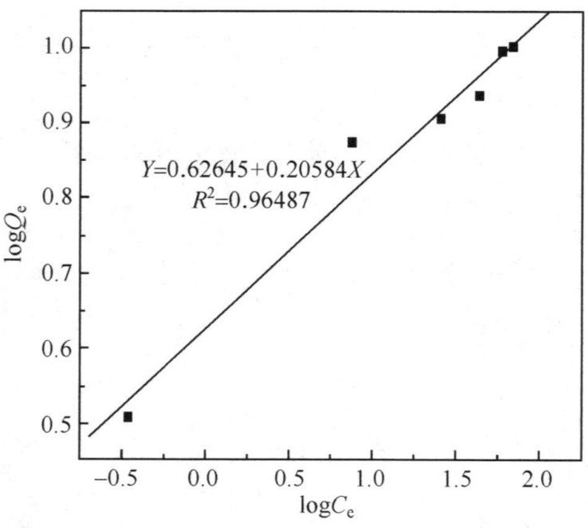

图 10－8　拟合 Freundlich 等温吸附模型

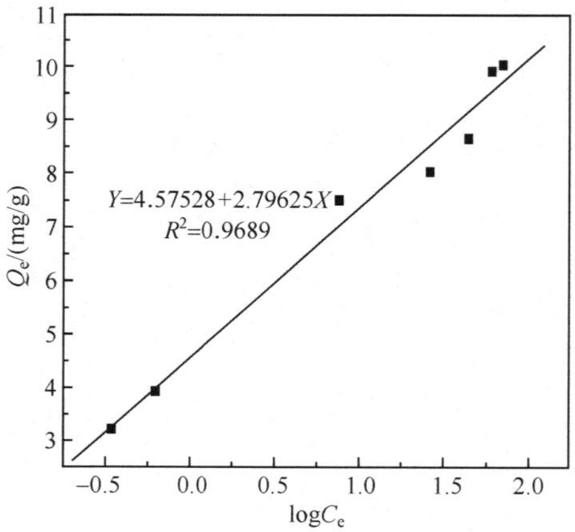

图 10－9　拟合 Temkin 等温吸附模型

10.7　竹粉基吸附材料的微观特性

10.7.1　SEM

图 10－10 和图 10－11 为未经碱处理和经碱处理后竹粉的扫描电镜(SEM)图片。对比两张图片可知,材料经碱处理后,表面出现许多的微孔,增大了材料的比表面积,有利于物理吸附的进行。

图 10－10　未经处理的竹粉的 SEM 图

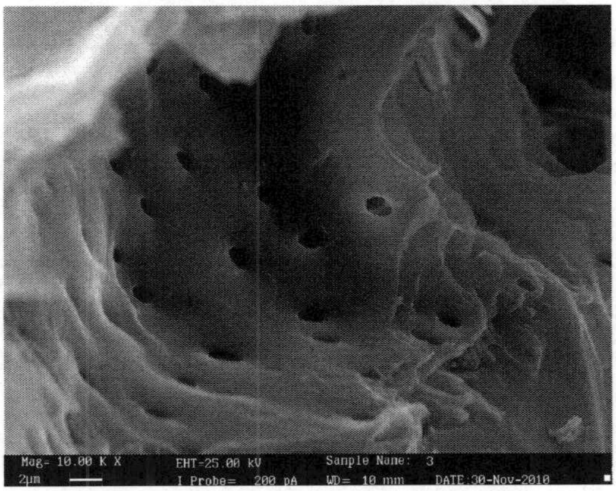

图 10－11　经碱处理后的竹粉的 SEM 图

表面出现微孔的原因是木质素等物质易溶于碱溶液中。经碱处理后,材料中的大部分木质素经碱液洗脱,在材料表面留下许多的沟壑和孔洞。增加了材料的比表面积和吸附位点,有利于材料对重金属离子的吸附。

10.7.2 EDS

吸附前后的材料经扫描电子能谱(EDS)仪分析,结果见图 10－12 和图10－13。

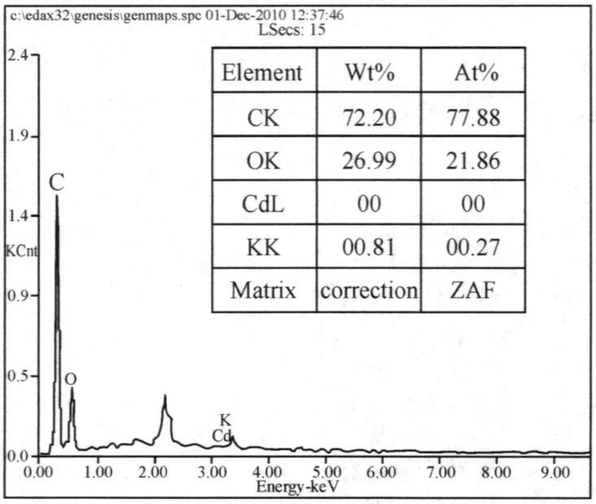

图 10－12　吸附前竹粉的 EDS 图

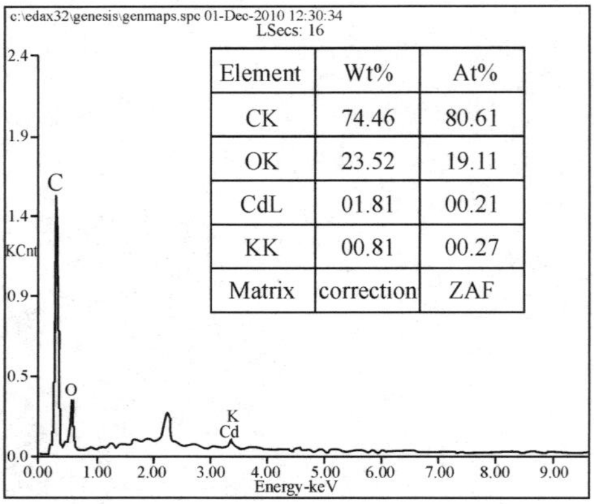

图 10－13　吸附后竹粉的 EDS 图

由图 10－12 可知,在未吸附 Cd^{2+} 的竹粉中没有检测到 Cd^{2+} 的信号,说明 Cd^{2+} 在竹粉中不存在。而在吸附 Cd^{2+} 的竹粉中检测到了 Cd^{2+} 的存在。说明碱处理材料与 Cd^{2+} 发生了吸附作用。此吸附具体是物理吸附还是化学吸附占主导地位还有待进一步研究。

10.8　小　　结

上述研究表明,经碱处理后的竹粉对低浓度的镉溶液具有良好的吸附,适合于经碱处理后的矿业废水的后续处理。材料的最佳使用条件:在 25 ℃下,将含 10 mg/L 的镉溶液经 3 g/L 的碱处理竹粉处理 24 h,摇床转速为 130 r/min。

第 11 章　菊芋茎叶基吸附材料对重金属离子的吸附

11.1 引　　言

菊芋(*Helianthus tuberosus*),俗称洋姜,是向日葵属多年生草本植物,高 1～3 m,具块茎,有直立的茎秆,长有许多枝叶,开黄花。其原产于北美,17 世纪移植于欧洲,目前则遍及美国、英国、法国、德国、加拿大、荷兰、日本、印度等国。我国东北、内蒙、冀、豫、鲁、陕、宁、江、浙、皖、鄂、湘、川等地区都有栽培[1]。

菊芋耐干寒、瘠薄,耐各种病害,即使在不施肥的废墟、盐碱等地块也都能生长,适应性很强,故极易种植。而且一次种植后,遗留下的块茎,翌年还能继续生长。1 mu① 菊芋可产块茎 1250～5000 kg,新鲜茎秆 1000～2000 kg。过去菊芋多用作牲畜饲料,有时也腌制成酱菜供人佐餐。其丰富的茎叶生物质资源大多作为牲畜的饲料、燃料或遗弃于环境中,产品附加值低。本章以可再生的天然生物质资源菊芋茎叶为原料,利用菊芋茎叶表面粗糙、密生刚毛,本身就具有一定的与重金属离子结合能力的特性,通过适当的改性使菊芋茎叶具备良好的亲水性且耐水溶;具有良好的机械强度,以适应工业操作;具备耐酸、碱性能,以在广泛的 pH 范围内对重金属的进行吸附沉淀处理,可实现对重金属离子的回收再利用。

11.2 实验研究方法

11.2.1　材料的前处理

新鲜菊芋茎叶经蒸馏水洗净后,在 60 ℃的烘箱中烘至恒重。经药物粉碎机粉至 40～80 目。

11.2.2　实验研究内容

与竹基吸附材料研究内容类似,考察不同因素(pH、投料量、时间、温度、重金属离子浓度)菊芋茎叶基对吸附量和去除率的影响。具体的实验方案见表 11 - 1。

---

① 1 mu=666.6667 m^2。

表 11-1　各项技术参数

考察因素	考察因素数值	其他条件
pH	1～8.5,间隔 0.5	投料量:0.3 g;时间:24 h;温度:25 ℃;离子浓度:10 mg/L、20 mg/L、30 mg/L
投料量/g	0.01～3,间隔 0.02	pH 约为 5.5;时间:24 h;温度:25 ℃;离子浓度:10 mg/L
时间/min	1～19,间隔 2;30～180,间隔 30	投料量:0.3 g;时间:24 h;温度:25 ℃;离子浓度:30 mg/L;pH 约为 5.5
温度/℃	15～60,间隔 10	投料量:0.3 g;时间:24 h;离子浓度:30 mg/L;pH 约为 5.5;时间 24 h
离子浓度/(mg/L)	10～500,间隔 10 和 100;	投料量:0.3 g;时间:24 h;温度:25 ℃;pH 约为 5.5

11.2.3　动力学研究和吸附模型

与第 10 章竹基吸附材料粉方法类似。

11.3　pH 对菊芋茎叶基吸附材料的影响

图 11-1 和图 11-2 分别显示不同 pH 下,菊芋材料对重金属溶液的吸附效果及吸附过后溶液 pH 的变化情况(温度 25 ℃、振荡时间 24 h、投料量 3 g/L)。

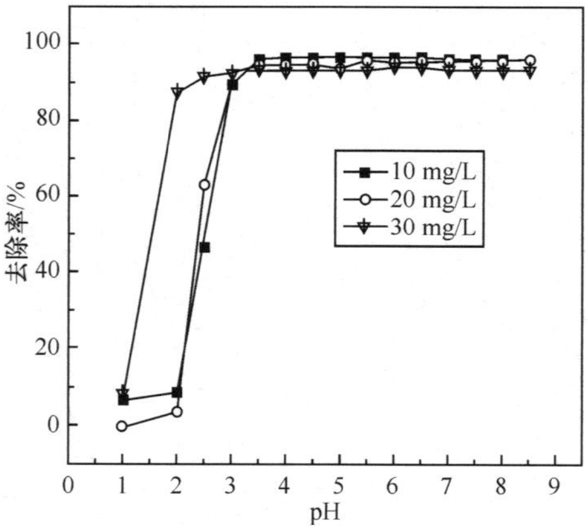

图 11-1　pH 对去除率的影响

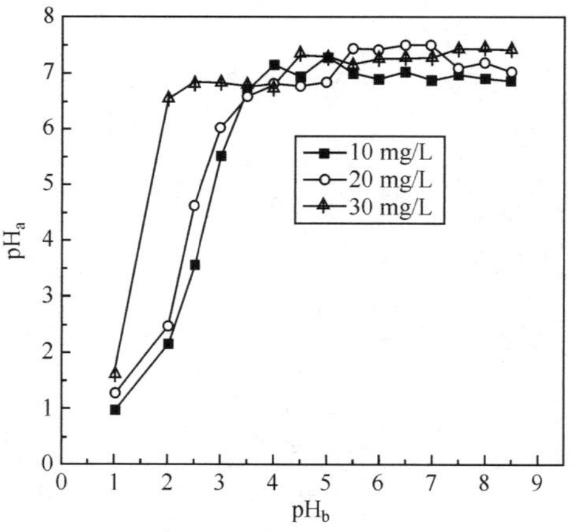

图 11-2　吸附后的 pH

由图 11-1 可知,pH＝1 时,材料对 10 mg/L 的镉溶液几乎没有吸附,而对 20 mg/L和 30mg/L 的镉溶液都有一定的吸附,这在一定程度上表明 H^+ 和 Cd^{2+} 相互竞争附着于菊芋茎叶上的吸附位点。随着重金属离子浓度的增加,重金属离子的去除率也随之增加。在 pH＝3.5 左右，去除率达到 95％，随着 pH 的增大，材料对重金属离子的去除率一直保持最大值，说明此材料适用弱酸、弱碱条件。

由图 11－2 可知，重金属溶液经菊芋茎叶处理后，特别是在最适 pH 条件下，处理后的废水的 pH 接近中性，有利于废水的后续处理和回收利用。

11.4　投料量对菊芋茎叶基吸附材料的影响

在 250 mL 锥形瓶中将 0.01 g、0.03 g、0.05 g、0.07 g、0.09 g、0.1 g、0.3 g、0.5 g、0.7 g、0.9 g、1 g、3 g 的菊芋茎叶粉末加入到 100 mL、初始浓度均为 30 mg/L Cd^{2+} 的溶液中，在 25 ℃、pH 为溶液初始值和 130 r/min 的条件下，振荡 24 h，过滤并测定溶液中 Cd^{2+} 的平衡浓度。图 11－3 显示了不同投料量条件对溶液中重金属离子的去除率的影响。

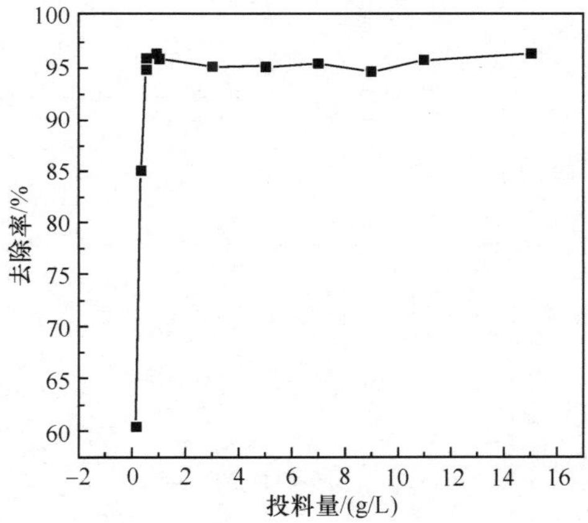

图 11－3　投料量对去除率的影响

由图 11－3 可知，随着投料量的增加，去除率也相应增加。投料量在 3 g/L 以下时，菊芋茎叶对重金属的去除率增加很快。当投料量大于 3 g/L 时，菊芋茎叶对重金属的去除率趋向于最大值(95.5％)，达到动态平衡。因此，从节约成本的角度出发，处理低浓度重金属废水时，投料量选择在 3 g/L 左右最适。

11.5　振荡时间对菊芋茎叶基吸附材料的影响

在 250 mL 锥形瓶中将 0.3 g 的菊芋茎叶粉末加入到 100 mL、初始浓度均为 10 mg/L Cd^{2+} 的溶液中，在 25 ℃、pH 为溶液初始值和 130 r/min 的条件下，振荡不同时间，过滤并测定溶液中 Cd^{2+} 的平衡浓度。图 11－4 显示了不同振荡时间条件下，菊芋茎叶粉末对溶液中重金属离子的去除率。

由图 11－4 可知，菊芋茎叶对 30 mg/L 的镉溶液的吸附速率很快，2 h 左右达到吸附平衡。对 30 mg/L 的镉溶液的去除率接近 93％。为了更完全地处理重金属废水，本实验选择的摇床振荡时间为 6 h。

将图 11－4 中的动力学数据代入 Lagergren 准一级动力学模型、Lagergren 准二级动力学模型中，发现菊芋茎叶对 Cd^{2+} 的吸附很好地符合 Lagergren 准二级动力学模型(R^2＝0.9999)，结果见图 11－5 和图 11－6。

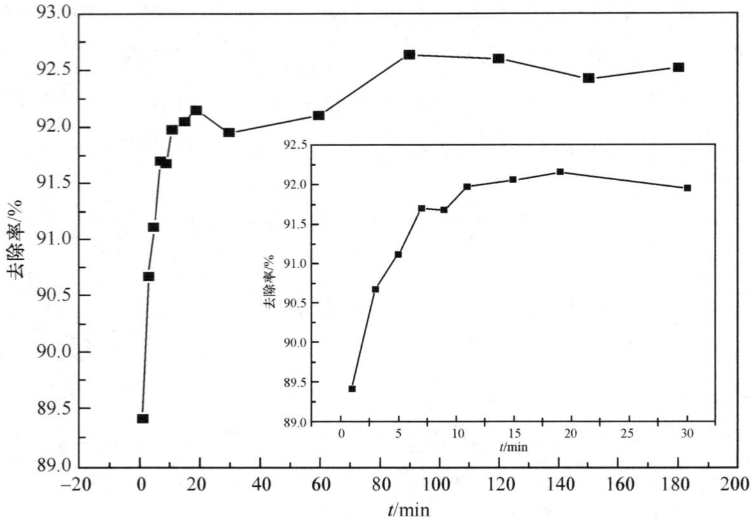

图 11-4　振荡时间对去除率的影响

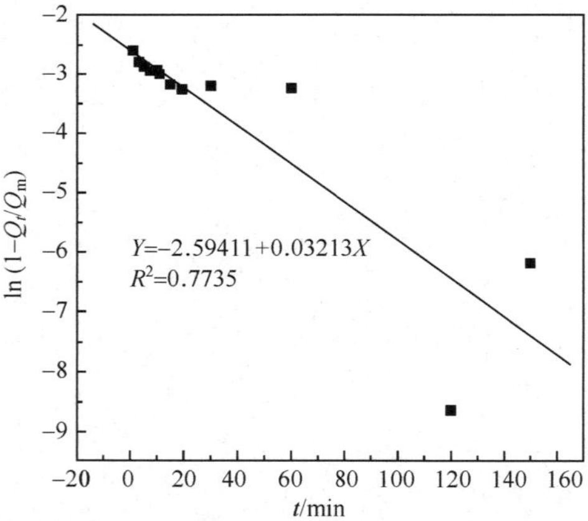

图 11-5　Lagergren 准一级方程拟合

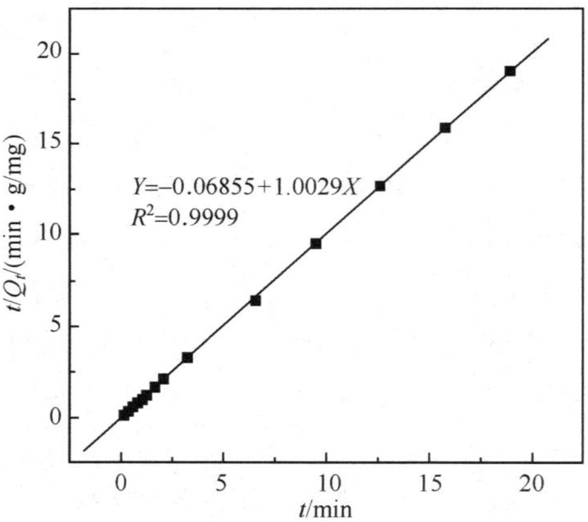

图 11-6　Lagergren 准二级方程拟合

如图 11-5 和图 11-6 所示，Cd^{2+} 的浓度和菊芋茎叶粉末的用量都影响着吸附过程的吸附速率，而且从侧面说明了化学吸附在整个吸附过程中占有比例很大。

11.6　等温吸附及吸附模型

在 250 mL 锥形瓶中将 0.3 g 的菊芋茎叶粉末加入到 100 mL 初始浓度为 10 mg/L、30 mg/L、50 mg/L、70 mg/L、90 mg/L、100 mg/L、200 mg/L、300 mg/L、400 mg/L、500 mg/L 的 Cd^{2+} 溶液中，在 25 ℃、pH 为溶液初始值和 130 r/min 的条件下，振荡 6 h，过滤并测定溶液中 Cd^{2+} 的平衡浓度。图 11-7 显示了不同离子浓度条件下，菊芋茎叶粉末对溶液中重金属离子的去除率。

由图 11－7 可知，在投料量为 3 g/L 的条件下，材料对 Cd^{2+} 的吸附量随着离子浓度的增加而变大。当离子浓度在 250 mg/L 左右时，吸附量达到最大值。在低浓度条件下，材料对金属离子的吸附速率很快，这是因为重金属离子优先与材料表面的吸附位点发生结合，对内层吸附位点的竞争还不激烈。当离子浓度变大时，由于离子数目与吸附位点的比例过对等，离子之间将为有限的吸附位点产生激烈竞争，离子之间将发生剧烈的排斥作用，从而对吸附效率产生巨大的影响。吸附量与去除率本身就是相互矛盾的，如果单纯地追求高吸附量，而忽视了材料对重金属离子的去除率，那么材料的使用范围将会变得模糊。因此，根据实验数据可以判断，材料的使用范围应该是经化学沉淀法处理后的低浓度重金属废水(＜100 mg/L)。

将上述实验数据带入 Langmiur、Freundlich、Temkin 等温吸附模型中，结果见图 11－8～图 11－10。由图可知，菊芋茎叶对含镉废水的吸附较好地符合

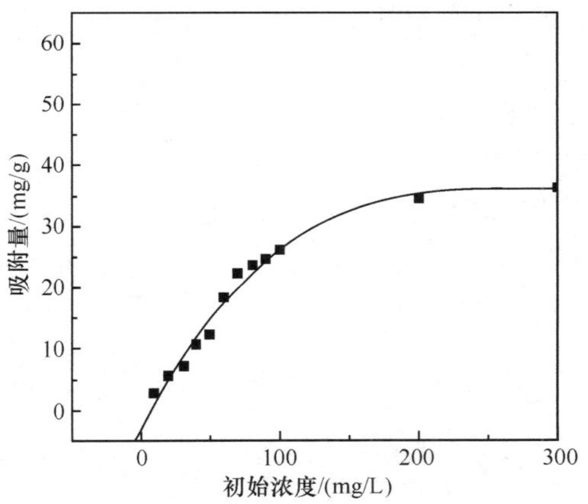

图 11－7　离子浓度对吸附量的影响

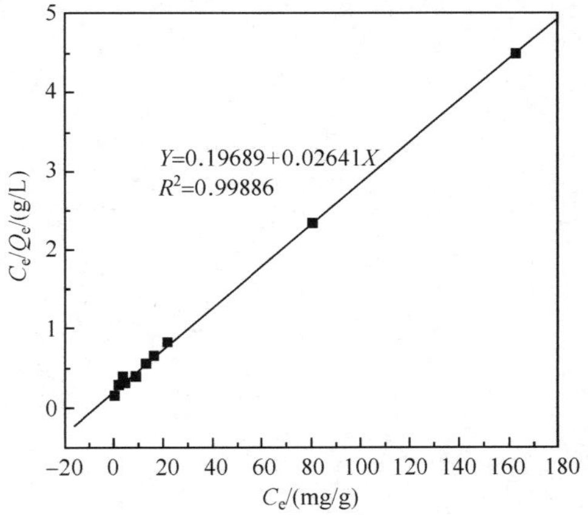

图 11－8　拟合 Langmiur 等温吸附模型

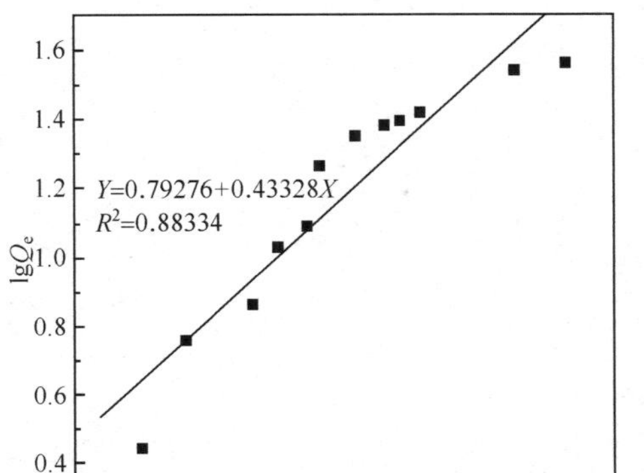

图 11－9　拟合 Freundlich 等温吸附模型

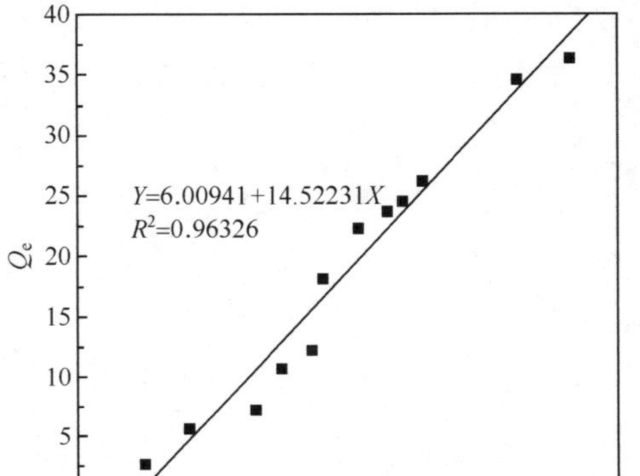

图 11－10　拟合 Temkin 等温吸附模型

Langmiur 等温吸附模型($R^2=0.99886$)。说明菊芋材料对 Cd^{2+} 的吸附是单分子层吸附,Cd^{2+} 并不是吸附在菊芋茎叶的整个表面上,而只是特异地吸附在表面的特定位置,吸附达到平衡时,在单位时间内进入到吸附位点的分子数即吸附速率 v_a 和离开吸附位点的分子数即脱附速率 v_d 相等。菊芋茎叶对 Cd^{2+} 的最大吸附量 $Q_{max}=37.9$mg/g。

11.7 小　　结

经上述研究表明,菊芋茎叶粉末对低浓度(100 mg/L)的镉溶液具有良好的吸附,适合于经碱处理后的矿业废水的后续处理。材料的最佳使用条件为:在 25 ℃下,将含低浓度的镉溶液经 3 g/L 碱溶液处理后的菊芋茎叶吸附 6 h,摇床转速 130 r/min。处理后的废水可以达到工业废水的排放标准。

参 考 文 献

[1] 聂清德,胡金榜,赵忠祥,等. 洋姜的开发与利用[J]. 天津农业科学,1994,4:29-30

第 12 章　植物多酚吸附材料的基本性质

12.1 引　　言

植物多酚(plant polyphenol)又称为植物单宁(vegetable tannin),是植物中所含单宁及与单宁有生源关系的化合物的总称。它作为植物次生代谢产物广泛存在于高等植物的根、皮、叶及果实中,如豆科(Leguminosae),桃金娘科(Myrtaceae)和马鞭草科(Verbenacea)[1],其含量仅次于纤维素、木质素和半纤维素,在植物体内通常与蛋白质、多糖以氢键和疏水链的形式形成稳定的分子复合物。含单宁较多的植物超过 800 种,已知单宁也有 5000 多种,是一类分布广、资源丰富、种类繁多的天然产物[2]。

人类很早就将含单宁的植物用于鞣皮、医药及染色。埃及人在 5000 年前就有了皮革制品,我国古代奴隶制社会时期,皮革生产也已经相当发达。将生皮与含单宁的植物浸泡在水中,生皮就成为了革,具有良好的透气性和透水性,在湿、热和微生物的环境下也不易腐烂,但最初人们并不认为这是单宁与生皮结合的缘故,只认为革的特性来源于植物的"涩性"。公元前 1500 年左右,地中海地区开始利用植物多酚鞣制皮革,到公元前 600 年,这一鞣革方法在该地区得到普遍应用,并迅速在全世界推广发展。1823 年,澳大利亚已经有将黑荆树皮提取液浓缩成膏状出售,19 世纪后期,德国、法国、南非等也相继有商品化的植物多酚产品——栲胶面市。单宁酸和其他多酚物质具有抗诱变性、抗癌性、抗氧化活性,但是这些活性的机制还没有得到完全的认识。

1796 年 Seguim 首次提出了"单宁"一词,1957 年 White 进一步指出能与生皮产生鞣制作用的是一系列相对分子质量为 500～3000 的多酚类化合物,1962 年 Bate Smith 进一步论证这一观点,定义单宁为相对分子质量为 500～3000 的能沉淀生物碱、明胶及其他蛋白质的水溶性酚类化合物。早期对植物多酚性质和应用的研究主要集中在其与蛋白质的反应,而单宁是体现这一特性的有效成分,因而单宁常常成为植物多酚的代名词,被各相关的学科和行业使用[2]。

1920 年,Frendenberg 按照化学结构特征将单宁分为水解单宁(hydrolysable tannin)和缩合单宁(condensed tannin)。典型的水解类单宁和缩合类单宁结构如图 12 - 1 所示。Haslam 又将植物多酚分为聚棓酸酯类多酚、聚黄烷醇类多酚,并将其统称为植物多酚[3]。水解单宁在酸、碱或酶的作用下能够水解产生没食子酸或鞣花酸,如单宁酸和橡椀单宁等。缩合单宁单元间以 C—C 键连接,由于空间位阻而不能自由旋转，因而分子构象稳定。缩合类单宁一般衍生于黄烷醇类化合物，为黄烷-3-醇或黄烷-3,4-二醇的多聚体，如黑荆树单宁和杨梅单宁等。

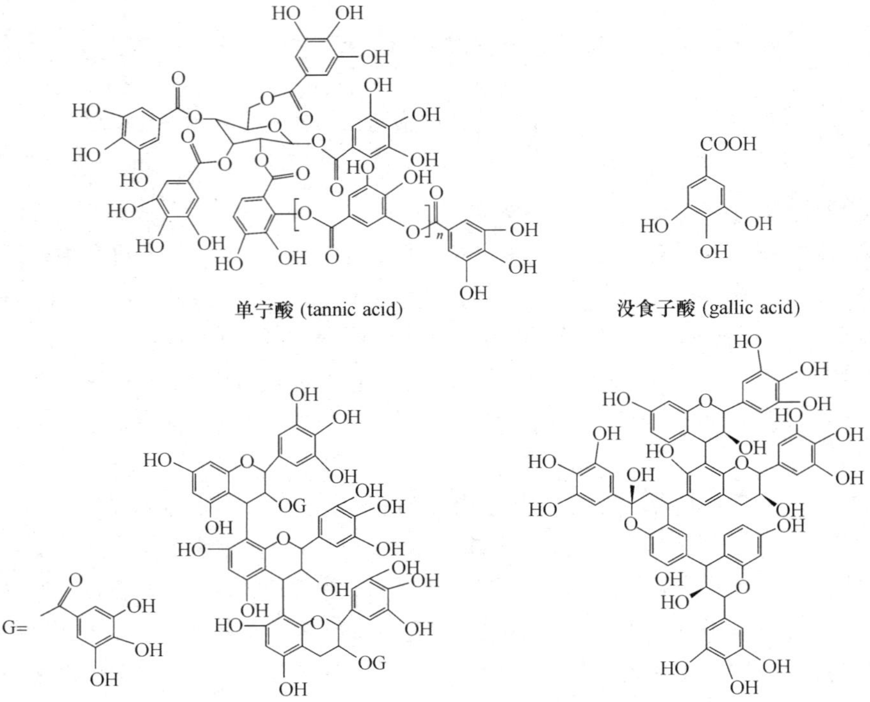

单宁酸 (tannic acid)　没食子酸 (gallic acid)

杨梅单宁 (bayberry tannin)　黑荆单宁 (black wattle tannin)

图 12-1　几种植物单宁的结构

12.2　植物多酚分离提取

植物多酚种类繁多，均以混合形式存在，植物多酚提取样品的状况和提取条件的不同都会导致多酚量的很大变化。用于提取植物多酚的最好的原料是刚刚采摘的原料或未变质的气干原料。根据不同植物的结构和相对分子质量，植物多酚提取方法主要有溶剂浸提法、盐析法、金属离子沉淀法、树脂吸附分离法、超临界流体萃取、膜分离、超声波浸提、微波浸提等。

12.2.1　溶剂浸提法

植物多酚结构中具有酚羟基、羟基、羧基等极性基团，根据相似相溶原理，可以采用有机溶剂，如甲醇、乙醇、乙酸乙酯、丙酮、四氢呋喃等进行萃取。应用最广的还是将植物多酚粉碎成粉末，在有机溶剂和水复合体系中降解溶出，有机溶剂提取能力顺序为：丙醇＜乙醇＜甲醇＜丙酮＜四氢呋喃。其中丙酮-水体系应用最多，但以缩合类单宁的产品为主。有研究认为提取率最高的是弱酸性醇-水体系，可将以共价键与植物组织分子相连的那部分单宁降解溶出。刘松等[4]采用固液比1∶7的 40%丙酮水溶液提取胡杨树皮多酚，在 45 ℃下浸提 3 h，提取率达到 99.03%。其正交实验表明提取时间的影响最大，其次是固液比，提取温度对提取率影响最小。杨小兰等[5]采用 70%丙酮，料液比 1∶25(g/mL)，45 ℃下提取 1 h 后，啤酒花多酚提取量达到 47.29 mg/g。贾冬英等[6]采用水、甲醇、乙醇、丙酮分别对香蕉皮中多酚提取时发现，以 40%丙酮作为溶剂，固液比 1∶8，55 ℃下提取 1 h 时，香蕉多酚提取率最高。提取温度和料液比对提取效果存在显著影响。影响溶剂萃取率的因素很多，包括溶剂种类、体积、pH、温度、提取时间、样品粒度等。一般而言，乙醚萃取可得到相对分子质量较低的酚类物质，乙酸乙酯或丙酮-水体系可得到中等相对分子质量单宁化合物，在热碱浸提物中可以得到大相对分子质量的多酚。有机溶剂浸提需要消耗大量有机溶剂，是实际应用中使用最为广泛和有效的提取分离方法。

12.2.2　超声波辅助提取法

超声波提取法应用超声波强化提取植物的有效成分，利用超声波对媒质产生独特的机械振动和空化作用，在一定强度下破坏植物细胞壁结构，使其瞬间破裂，使植物多酚内有效成分得到释放，提高提取率[7,8]。姜贵全等[9]应用超声波技术对地榆根中多酚的提取及稳定性进行了研究，并将其与传统的提取方法比较认为，超声波法提取比传统法的提取率高出 37.28%，通过 UV 和 FTIR 光谱分析，超声浸提没有使地榆根中的有效成分的结构发生改变。

另外，超声波的许多次级效应，如热效应、乳化、扩散、击碎等效应，能加速植物有效成分在溶液中的扩散和释放，有利于提取。其提取对温度没有要求，故非常适合热敏性的活性物质(如单宁)的提取，操作简单，提取率较高。超声波提取法的提取效率与溶剂性质、物料颗粒大小及提取时间等因素有关，持续工作时间较长，如 1 h 以上，但消耗的溶剂量大，目标物因而被稀释，需要进一步的过滤和浓缩，不易实现连续化操作[10]。

12.2.3　微波辅助提取法

微波以波的形式传输，它能穿透生物质体并与其中的极性分子相作用而产生热[11]。与传统的溶剂萃取相比，它属于非接触性加热，属于能量传递而非热量传递，萃取时间短、效率高、溶剂消耗少。影响其萃取效率的主要因素有样品颗粒大小、萃取温度、萃取时间和溶剂用量等，通常在操作过程中使用正己烷、二氯甲烷和环己烷等低介电常数的有机溶剂作为萃取剂，并辅以少量的极性溶剂作夹带剂，如丙酮、水等[12,13]。

何志勇等[14]利用溶剂浸提法、超声波辅助提取法和微波辅助提取法对橄榄中的多酚进行了提取研究，并比较了三种提取方法的提取效果，结果表明，以橄榄果肉粉为原料的三种提取方法中，多酚提取率分别为 17.1%、19.3%、20.3%，三者提取物的 UV 和 HPLC 测试图谱完全一致，较溶剂浸提法，超声波辅助提取法和微波辅助提取法提取时间短、效率高。

12.2.4 树脂吸附分离法

利用树脂对植物多酚发生吸附-解析作用，对溶液中多酚物质与其他浸提物组分之间进行分离。张茜等[15]筛选出 D141 树脂，利用适宜的 70%的乙醇溶液解析剂解析，研究石榴皮多酚静态与动态吸附及解析性能，纯化样收率达到 15.4 g/100 g（石榴皮），多酚质量分数从 34%提高到 76.34%。树脂吸附分离法提取多酚能耗低，提取条件温和，有效成分不易失活，但有机离子交换树脂不耐辐照，对含有放射性核素金属离子的吸附存在局限性。

12.2.5 其他分离纯化方法

其他提取方法还有盐析法、金属离子沉淀法、超临界流体萃取、固相萃取法、膜分离法等。在用半透膜进行渗析时，非单宁通过半透膜而透析，留下纯度较高的单宁，但还是有少量非单宁因吸附作用与单宁留在一起。现代色谱分离法，如纸层析、薄层色谱、柱色谱、高效液相色谱等，也能够对植物多酚进行分离纯化[16]。

不同应用领域、不同类型和不同测定对象（如总酚含量、特定基团酚等）的测定方法不尽相同，普遍定量植物多酚的方法有 Folin-酚法、普鲁士蓝法、高锰酸钾法、酒石酸亚铁法、锌离子配位滴定法、香草醛-盐酸法、皮粉法、BSA 沉淀法等。

12.3 植物多酚理化性质及化学改性

天然的植物多酚一般为米色、浅褐色至红褐色无定形固体，少数单宁在纯化后能形成晶体。其具有强极性，溶于水、甲醇、乙醇、丙酮，低相对分子质量单宁溶于乙酸乙酯，难溶或不溶于乙醚，不溶于苯、氯仿、石油醚及二硫化碳。单宁在水溶液中呈弱酸性，且溶液具有半胶体溶液的性质，单宁胶体带负电荷，加盐能使一部分单宁在溶液中盐析而沉淀。

植物多酚含有多种活性基团，容易发生氧化分解反应、水解反应、酚醛缩合和曼尼希反应、磺化反应和缩合反应等。水解类单宁在酸、碱和酶的作用下不稳定；缩合类单宁在酸、碱和酶的作用下不易水解，但可以在强酸作用下缩合形成沉淀[2,16]。含疏水键的多酚分子能够以疏水反应形式进入蛋白质，多酚的酚羟基与蛋白质的极性基团发生多位点氢键结合，产生不溶于水的化合物。

12.3.1　羟基上的反应

显色反应：植物多酚遇三价铁盐呈蓝或绿色；遇亚硝酸钠，碘酸钾等呈红色或褐色。这种显色反应通常被用来鉴别酚或烯醇式结构的存在。氧化反应：多酚容易被氧化生成醌类物质，单宁水溶液能吸收空气中的氧，氧化后的多酚物质颜色变深。醚化反应：多酚酚羟基能够转化为醚，醚化后的多酚极性减小，水溶性降低，而酯溶性提高，增加了其稳定性。例如，黄烷-3，4-二醇经醚化反应后，自缩合反应减弱。酰化反应：多酚的酚羟基和醇羟基都能被酰化，但由于反应吸热，酚羟基较醇羟基更难反应。通过衍生化方法酰化，能够得到多酚的酯，被用于植物多酚的分离及结构鉴定。乙酸酐-吡啶法可将全部的醇羟基和酚羟基转化为乙酸酯。甲基醚通过酰化能产生乙酸酯，从甲氧基、乙酰基的个数可以判断酚羟基和醇羟基的个数。天然多酚的酰化形式最常见的是其棓酸酯。棓酰化反应增加了多酚的反应基团，使其水溶性增加，抗氧化性提高。苷化反应：羟基上的活泼氢可以与糖端基的羟基缩合形成糖苷，多酚分子中糖的接入，可以使其水溶性增加，稳定性增强。适宜于酚类的苷化方法主要是乙酰化糖法和乙酰卤糖法。植物体内的多酚苷化则是在糖基转化酶的催化下完成的。Mithchell 等[17]通过羟基发生酯化和醚化反应，研制了改性单宁，用于系统水处理。

12.3.2　溴化反应

单宁溶液中加入溴水，缩合类单宁产生黄色或红色沉淀，而水解类单宁则保持澄清。缩合单宁 A 环 6 位及 8 位为亲核性位置，容易与缺电子试剂发生取代反应，在亲电试剂过量的情况下，还可在 B 环上发生取代，生成 6，8，2′-三取代产物。因而溴化反应可作为单宁的一种定性方法。

12.3.3　水解反应

水解反应包括酸水解、碱水解、加热水解、酶水解和醇解。多酚在不同的 pH 条件下会发生水解或缩合；水解、化学降解或磺化处理后的多酚物质相对分子质量减小，与金属配位时的空间位阻减小，可以提高单宁与金属离子配位能力[18]。

12.3.4　酚醛缩合和曼尼希反应

单宁、甲醛和盐酸共沸，发生多酚苯环上的亲电取代反应，以 A 环上 6、8 位亲核活性中心，通过亚甲基（$—CH_2—$）桥键使多酚分子交联，形成大分子。B 环在较高 pH 下形成负离子或在二价金属催化下被活化。单宁曼尼希反应是单宁作为酚组分与甲醛、胺类反应，在单宁芳香环上引入胺基，生成两性单宁，在酸条件下其以盐的形式存在，具有良好的溶解性。陆忠兵等[19]建立的植物单宁-醛-皮胶原反应中，以黑荆单宁为植物鞣剂，噁唑烷为鞣剂，研究了氢键、疏水键等在体系中的作用，认为当缩合单宁分子中含亲核活性较高的反应基团时，醛类化合物可以和单宁物质发生交联。Peter 等[20]将缩合单宁、胺及甲醛，在烷基化合物试剂作用下，在 pH 为 5～14 时，通过缩合单宁曼尼希缩聚物反应，发明了制备烷化单宁的方法，并认为烷化单宁聚合物可能会进一步地与甲醛反应而黏性增加。

12.3.5 亚硫酸化（磺化）及磺甲基化反应

黄烷醇分子在亲核试剂的进攻下，杂环的醚键容易被打开。用亲核试剂亚硫酸氢钠处理磺酸-3-醇，杂环打开，磺酸基结合到 C-2 位。橡椀单宁主要进行磺甲基化，橡椀单宁中的酯键被破坏，这可改善单宁溶解性能。陈向明等[21]用亚硫酸盐和氢氧化钠改性落叶松栲胶，测定溶液黏度，用不同溶剂进行分级和薄层色谱分析。结果表明亚硫酸化改性比碱处理改性的落叶松栲胶具有更低的黏性和更小的相对分子质量。梁发星等[22]以国产毛杨梅为原料，通过磺化反应引入亲水性的磺甲基（—CH_2SO_3—），改善和提高了栲胶的水溶性。Mohamad 等[23]在 105 ℃条件下，将木质素磺酸与单宁进行反应，使用甲醛引发交联反应制得钻探泥浆稀释剂。改性后的稀释剂能进一步地与金属锡发生螯合反应，比普通稀释剂表现出在更高温度下降低钻探泥浆黏度的特性，相比于木质素磺酸盐显示了更强的盐浓度忍受力。

12.3.6 接枝共聚和氧化偶合

酚羟基脱去氢生成苯氧自由基，可以与丙烯酸类单体发生接枝共聚。接枝共聚改性采用过氧化氢或过氧二酸盐作引发剂，乙酸作酸化剂，可以将多酚水溶液与丙烯酸类单体或其他单体进行共聚，共聚改性的栲胶液中的沉淀减少，单宁含量提高[17]。黄烷类含醇羟基的吡喃环也包含活泼氢，能与过氧化合物反应，在相应碳位置上形成接枝中心。因为缩合单宁具有更多的活泼氢，所以大多数接枝共聚反应被用来改性缩合单宁。汪建根等[24]对橡椀栲胶酸化降解，丙烯类单体接枝共聚并微波辐照改性后，加快了反应体系内的分子运动，提高了接枝反应的概率和接枝率。

张洁等[25]将通过配位、氧化、缩合、交联 4 步改性后得到的改性植物酚类磺酸盐，对钻井液抑制性进行研究表明，改性多酚能够强化聚合物钻井液的抑制性。张立霞等[26]将单宁与高分子材料结合，降低了多酚水溶性。肖遥等[27]用甲醛、二甲胺和氯化苄对单宁进行改性制成阳离子型单宁，对采油污水进行处理，效果良好。蓝虹云等[28]利用多酚氧化酶催化氧化聚合单宁，通过红外、紫外光谱测试，相对黏度法测定产物相对分子质量，确定了多酚氧化酶催化单宁的氧化聚合条件。

12.4　植物多酚用于重金属离子处理及进展

Lima 等[29]利用放射性示踪剂跟踪固化单宁吸附水体中 Cr(Ⅵ)过程，认为单宁分子的键合是铬离子吸附的主要原因。在 pH＝2 时柳叶桉吸附剂吸附量达到 0.92±0.3 mmol/g，罗望子吸附剂吸附量达到 3.8±0.3 mmol/g。Nakajima 等[30]通过固化柿子单宁吸附铀精炼废水中的铀，认为铀的吸附受 pH、温度及废水浓度的影响，且当单宁吸附剂具有更好的力学性能后，在柱系统中能够重复应用于铀的吸附与解析循环中。杨丹丹等[31]对单宁进行胺甲基化、季铵盐化和磺化改性，在自然水环境下实验，通过红外光谱分析改性产物结构，并对其性能进行评价与研究，认为改性后的单宁很大程度上改善了单宁的缓蚀、阻垢和杀菌性能。还有研究者将植物单宁进行阳离子化、阴离子化和两性化改性，应用于水处理研究。吴敏等[32]将植物多酚和二甲胺、甲醛和环氧氯丙烷进行季铵盐化反应，制得 JK-A 和 JK-B 两种阳离子絮凝剂处理生活污水，絮凝效果优于无机絮凝剂，且二者联用效果更佳。邢丽波等[33]用三氯氧磷使单宁酚羟基磷化，分析评价磷化单宁结构和缓蚀、阻垢、除氧和杀菌性能。

目前植物多酚处理微量重金属离子及放射性核素废水的研究报道主要集中在将植物多酚以氢键或疏水键接枝的方式固化，制备含植物多酚的功能高分子材料，对微量重金属离子废水进行处理。何春光等[34]以皮胶原纤维为基质，固化黑荆单宁和杨梅单宁，制备吸附材料对稀土金属 La^{3+} 的吸附特性进行研究认为，当 pH 为 4.5，吸附剂用量为 0.1 g，La^{3+} 初始浓度为 9.952 mmol/L 时，固化杨梅单宁吸附量较黑荆树单宁略大，且温度对吸附平衡影响不明显，在适当范围内提高 pH 会增加平衡吸附量。他们还将胶原纤维固化杨梅单宁对 Pr^{3+}、Nd^{3+} 吸附特性进行研究，表明 pH 在 3.5～5.0 时，吸附量随 pH 升高而增加，pH≥5.0 时吸附量开始逐渐降低，并认为该吸附材料适合柱上操作，易于再生[35]。李娜等[36,37]探讨了胶原纤维固化黑荆单宁吸附 Cr(Ⅵ)、V(Ⅴ)的吸附条件、动力学及吸附机理研究。也有胶原纤维固化单宁对重金属离子 Au(Ⅲ)、U(Ⅵ)、Pb(Ⅱ)、Cd(Ⅱ)、Hg(Ⅱ)、Cu(Ⅱ)、UO_2(Ⅱ)、Pt(Ⅱ)、Bi(Ⅲ)、Mo(Ⅵ)等吸附性能的研究报道[38~41]。

12.5　小　　结

植物多酚(单宁)来源丰富，与金属离子反应结合迅速，可以通过控制 pH 得到相应的配位产物或氢氧化物沉淀，且可以通过解析将金属离子转移和富集，不会造成环境的二次污染。本研究拟解决低浓度重金属离子及放射性核素离子废液处理过程中存在的操作复杂、处理成本高、吸附量有限等问题，充分利用天然植物多酚原料，根据植物多酚来源广泛、种类繁多的特点，寻找不同来源的植物多酚（单宁）对重金属离子及放射性核素废液的最佳吸附沉淀组合及吸附沉淀规律，使植物多酚（单宁）能够更加高效合理地应用于重金属离子及放射性核素废液的处理研究中，为进一步研究开发、选择不同种类植物多酚（单宁）吸附重金属离子和放射性核素提供一定参考。

参考文献

[1] Palm C A, Gachengo C N, Delve R J, et al. Organic input for soil fertility management in tropical agroecosystem: application of an organic resource database [J]. Agriculture, Ecosystem and Environment, 2001, 83(1-2): 27-42

[2] 石碧，狄莹．植物多酚[M]．北京：科学出版社，2000：216

[3] Haslam E. Plant Polyphenols Vegetable Tannin Revisited [M]. Cambridge: Cambridge Universuty Press, 1989: 10

[4] 刘松，廖蓉苏，李俊清．胡杨树皮多酚的提取工艺研究[J]．生物质化学，2006，40 (6)：13-16

[5] 杨小兰，田艳花，师成滨，等．啤酒花多酚的提取工艺及抗氧化活性的研究[J]．食品科学，2006，27 (10)：297-301

[6] 贾冬英，李尧，姚开，等，香蕉皮中多酚的提取工艺条件研究[J]．四川大学学报，2005，37 (6)：52-55

[7] Li H Z, Pordesimo L, Weiss J. High intensity ultrasound-assisted extraction of oil from soybean [J]. Food Research International, 2004, 37(7): 731-738

[8] Kimbaris A C, Siatis N G, Daferera D J. Comparison of distillation and ultrasound-assisted extraction methods for the isolation of sensitive aroma compands from garlic (Allium Sativum) [J]. Ultrasonics Sonochemistry, 2006, 13(1): 54-60

[9] 姜贵全，方桂珍，庞久寅．超声波技术对地榆根中多酚的提取及稳定性测定[J]．东北林业大学学报，2007，35(2)：52-54

[10] Hess P, de Boer J, Coffino W P, et al. Critical review of the analysis of non-and mono-orthochlorobiphenyls [J]. Journal of Chomatography A, 1995, 703(1-2): 417-465

[11] Wang L J, Weller C L. Recent advances in extraction of nutraceuticals from plants [J]. Trends in Food Science & Technology, 2006, 17(6): 300-312

[12] Haque K E. Micowave energy for mineral treatment processes: a brief review [J]. Int J Miner Process, 1999, 57(1): 1-24

[13] Yusa V, Pastor A, de la Guardia M. Microwave-assisted extraction of polybrominated diethyl ethers and polychlorinated naphthenes concentrated on semipermeable membrane devices [J]. Analytical Chemica Acta, 2006, 565(1): 103-111

[14] 何志勇，夏文水．橄榄多酚的提取研究[J]．林产业化学与工业，2007，27(1)：77-80

[15] 张茜，贾冬英，姚开，等．大孔吸附树脂纯化石榴皮多酚[J]．精细化工，2007，24(4)：345-349

[16] 孙达旺．植物单宁化学[M]．北京：中国林业出版社，1992
[17] Mithchell D B，Minnis R L，Curran T P，et al. Tratment of aqueous systems using chemically modified tannin [P]. United States，5830315，1998
[18] 姚新生．天然药物化学[M]．北京：人民卫生出版社，1994
[19] 陆忠兵，廖学品，孙丹红，等．单宁-醛-胶原的反应——对植醛结合鞣机理的再认识[J]．林产业化学与工业，2004，24(1)：7-11
[20] Reed P E，Finck M R. Modified tannin mannich polymers [P]. United States：5659002，1997
[21] 陈向明，陈何如，李伟彬．落叶松栲胶的改性及其溶液的性质表征[J]．生物质化学工程，2007，41(2)：31-34
[22] 梁发星，严秀珍，王明吉，等．毛杨梅栲胶磺化甲基化改性及其产物的应用研究[J]．皮革科学与工程，2004，14(5)：12-15
[23] Mohamad Ibrahim M N，Chuah S B，Cheng P Y. Tin-tannin-lignosulfonate complex：an improved lignosulfonate-based drilling fluid thinner [J]. Journal Teknologi，2003，38(F)：25-32
[24] 汪建根，杨宗邃，赵志强，等．微波辐射促进橡椀栲胶的改性研究[J]．中国皮革，2006，35：17-19
[25] 张洁，罗平亚，李忠正．改性植物酚类磺酸盐对钻井液抑制性的影响[J]．天然气工业-钻井工程，2001，21(4)：66-68
[26] 张立霞，孙长霞．植物单宁改性树脂吸附机理的研究[J]．北京林业大学学报，2006，28(4)：6-10
[27] 肖遥，郭稚弧，谭晓明，等．天然单宁改性水处理剂的制备及应用[J]．工业水处理，1998，18(3)：20-22
[28] 蓝虹云，雷福厚，黄道战，等．多酚氧化酶催化单宁的氧化聚合反应研究[J]．湖北化工，2002，19(2)：12-14
[29] Lima L，Olivares S，Martinez F，et al. Use of immobilized tannin adsorbent for removal of Cr(Ⅵ) from water [J]. Journal of Radioanalytical and Nuclear Chemistry，2007，231(1-2)：35-40
[30] Nakajima A，Sakaguchi T. Recovery of uranium from uranium refining waste water by using immobilized persimmon tannin [J]. Journal of Radioanalytical and Nuclear Chemistry，1999，242(3)：623-626
[31] 杨丹丹，陈中兴．天然水处理剂单宁的改性及性能研究[J]．华东理工大学学报，2001，27(4)：388-391
[32] 吴敏，周钰明，薛学佳．天然植物单宁季胺盐改性絮凝剂得制备和性能评价[J]．环境科学与技术，2002，25(6)：22-23，39
[33] 邢丽波，陈康，陆仁杰，等．新型水处理剂磷化单宁的合成及其性能研究[J]．净水技术，2007，26(1)：61-63
[34] 何春光，刘佩，廖洋，等．两种胶原纤维固化单宁对 La^{3+} 的吸附特性研究[J]．中国稀土学报，2007，25(3)：274-278
[35] 何春光，廖洋，廖学品，等．胶原纤维固化杨梅单宁对 Pr^{3+}、Nd^{3+} 吸附特性[J]．稀有金属材料与工程，2006，35(12)：1928-1931

[36] 李娜,袁世斌,李旭东. 胶原纤维固化黑荆单树单宁吸附 Cr(Ⅵ)的研究[J]. 应用与环境生物学报,2006,12(2):185-189

[37] 李娜,袁世斌,李旭东,等. 胶原纤维固化黑荆树单宁吸附 V(Ⅴ)的研究[J]. 化学研究与应用,2006,18(3):266-271

[38] Liao X P, Lu Z, Shi B. Selective adsorption of tannins onto hide collagen fibers [J]. Science in China, 2003, 46(5): 495-504

[39] Ma H, Liao X P, Wang R, et al. Immobilization of tannin on collagen fiber membrane and its adsorption to Pb(Ⅱ) and Hg(Ⅱ) in aqueous solution[J]. Journal of chemical industry and Engineering, 2005, 56(10): 0907-1911

[40] Liao X P, Lu Z B, Du X, et al. Collagen fibre immobilized myrica rubra tannin and its adsorption to UO22+ [J]. Environmental Science & Technology, 2004, 38(1): 324-328

[41] Liao X P, Zhang M, Wang R, et al. Adsorption of UO22+ on tannins immobilized collagen fiber membrane [J]. Journal of Membrane Science, 2004, 243(1-2): 235-241

第 13 章　磺化-胺甲基化改性植物多酚(单宁)对 Cu(Ⅱ)和 Pb(Ⅱ)的吸附

13.1　引　　言

以资源丰富、分布广泛、种类繁多的天然植物多酚(单宁)为原料,通过磺化-胺甲基化、氧化降解和深度亚硫酸化改性降低植物多酚(单宁)相对分子质量,使改性植物多酚(单宁)与重金属离子及放射性核素配位时的空间位阻减小,植物多酚(单宁)结构上的活性基团与重金属离子及放射性核素发生配位反应,形成沉淀。植物多酚(单宁)溶于水形成带负电荷的胶体,本章利用植物多酚(单宁)与重金属离子或放射性核素通过静电作用沉降在水底等特性,研究了植物多酚(单宁)对 Cu(Ⅱ)、Pb(Ⅱ)和 Sr(Ⅱ)的吸附沉淀性能及规律。本章以含植物多酚量大于等于 98.5%的没食子酸、68%的橡椀栲胶、81.0%的单宁酸、68.0%的杨梅栲胶和 70.0%的黑荆栲胶为原料,通过磺化-胺甲基化反应制得改性植物多酚(单宁),研究了改性后植物多酚(单宁)对金属 Cu(Ⅱ)和 Pb(Ⅱ)的吸附沉淀,以及 pH、金属溶液初始浓度和平衡吸附沉淀温度对 Cu(Ⅱ)、Pb(Ⅱ)吸附沉淀量的影响及规律。

13.2　实验研究方法

13.2.1　植物多酚(单宁)改性

植物多酚(单宁):①没食子酸:分子式 $C_6H_2(HO)_3COOH \cdot H_2O$,相对分子质量 188.4,含量≥98.5%;②橡椀栲胶:单宁含量≥68.0%,pH 为 3.5～4.2;③单宁酸:单宁含量≥81.0%;④杨梅栲胶:单宁含量≥68.0%;⑤黑荆栲胶:单宁含量≥70.0%。栲胶均由广西武鸣栲胶厂生产。

在装有搅拌器、温度计的三口瓶中加入 10.0 g 没食子酸(橡椀栲胶、单宁酸、杨梅栲胶或黑荆栲胶)和 30.0 g 超纯水,充分溶解,加入 1.0 g $NaHSO_3$,将水浴加热至 85 ℃,反应 1 h 后冷却至 40 ℃,滴加 0.1 mol/L 硫酸,调节 pH 到 3.5,再将 2.0 g 甲醛、2.0 g 乙醇胺混合液加入,继续反应 1.5 h。冷冻干燥制得改性产品。

13.2.2　实验研究方法

1. pH 对吸附沉淀量的影响

用 0.1 mol/L NaOH 溶液和 0.1 mol/L H_2SO_4 溶液调节铜离子溶液初始 pH

至 2.0、3.0、4.0、5.0、6.0，调节铅离子溶液初始 pH 至 3.0、4.0、5.0、6.0、7.0。将 0.1 g 磺化-胺甲基化改性的没食子酸（橡椀单宁、单宁酸、杨梅单宁和黑荆单宁）分别放入调节好 pH 的 100 mL 浓度为 100 mg/L 的硫酸铜溶液和 200 mg/L 的硝酸铅溶液中。303 K 下振荡吸附沉淀 2 h，原子分光光度计检测吸附沉淀后溶液中金属离子含量，分别计算吸附沉淀剂对 Cu(Ⅱ)和 Pb(Ⅱ)的吸附沉淀量(mg/g)。

2. 吸附平衡

取初始浓度分别为 20 mg/L、40 mg/L、60 mg/L、80 mg/L、100mg/L 的 Cu(Ⅱ)离子溶液 100 mL，调节 pH 为 6.0，分别加入 0.1 g 磺化-胺甲基化改性植物多酚，303 K 振荡吸附沉淀 2 h。铅溶液初始浓度分别为 40 mg/L、80 mg/L、120 mg/L、160 mg/L、200mg/L，pH 为 3.0。其他条件与铜离子吸附沉淀一致。

3. 初始浓度对吸附沉淀量的影响

方法同上，在 303 K 下振荡吸附沉淀 2 h。

4. 温度对吸附沉淀量的影响

方法同上，铜离子在 pH=6.0，铅离子在 pH=3.0 时，在 303 K、313 K、323 K 下分别进行振荡吸附沉淀。

13.3 磺化-胺甲基化改性植物多酚的表征

磺化-胺甲基化改性后没食子酸在 1243.9 cm^{-1} 处出现尖锐的酚羟基吸收峰，1700.9 cm^{-1} 处波峰消失，说明磺化使没食子酸分子中酯键被破坏。改性后没食子酸在1353.8 cm^{-1} 处有芳香胺的 C—N 伸缩振动峰，1243.9 cm^{-1} 处有强吸收峰，表明改性后没食子酸中为叔芳胺。较未改性没食子酸，磺化-胺甲基化改性后的没食子酸在 719.3 cm^{-1} 处出现骨架上亚甲基的吸收峰，改性后波峰在 1541.8 cm^{-1}、1027.4 cm^{-1} 处减弱说明游离羟基减少，分子间缔合或分子内螯合羟基增加。改性没食子酸在 1608.3 cm^{-1} 处仍存在羧酸离子强吸收峰[图 13-1(a)]。

橡椀单宁在 1733.7 cm^{-1} 处的强吸收峰在磺化-胺甲基化改性后消失，羟基基团峰较改性前尖锐，说明磺化使橡椀单宁中的酯键被破坏。改性后 1355.7 cm^{-1} 处存在芳香胺 C—N 伸缩振动峰，1114.7 cm^{-1} 处有较强吸收峰，为 S=O 键的伸缩振动吸收峰，表明磺酸基已接到单宁分子上。改性吸附沉淀剂在 1616.1 cm^{-1} 处的强吸收峰表明有胺基存在[图 13-1(b)]。

单宁酸红外光谱图中，1709.17 cm^{-1} 处的强吸收峰在磺化-胺甲基化改性后在 1710.67 cm^{-1} 处出现一个弱峰，表明磺化使单宁酸内的酯键受到破坏。

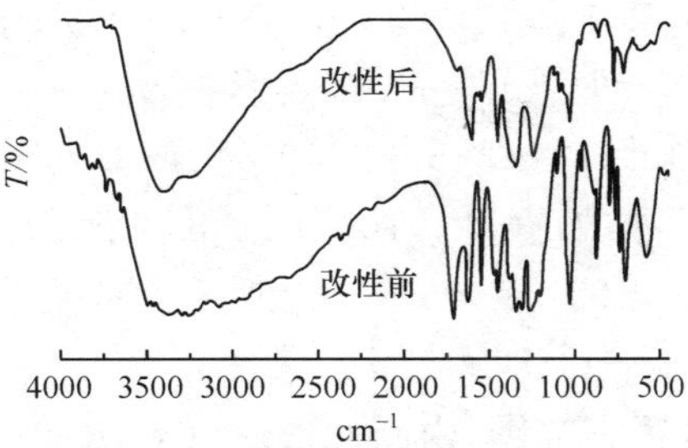

(a) 磺化-胺甲基化改性前后没食子酸红外光谱

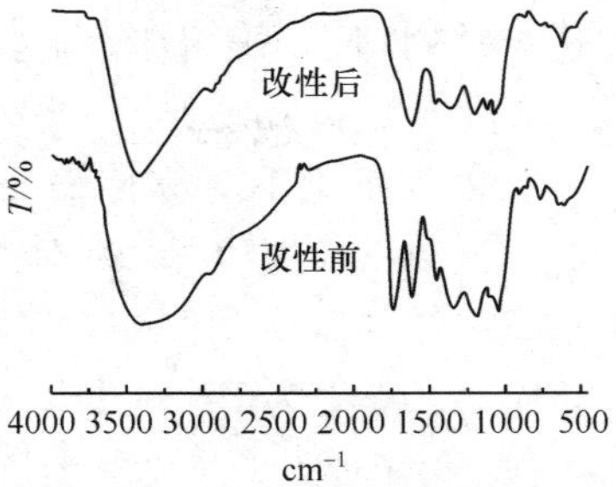

(b) 磺化-胺甲基化改性前后橡椀单宁红外光谱

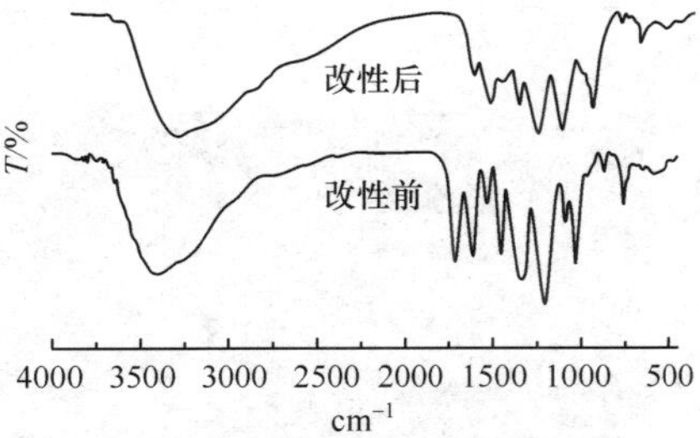

(c) 磺化-胺甲基化改性前后单宁酸红外光谱

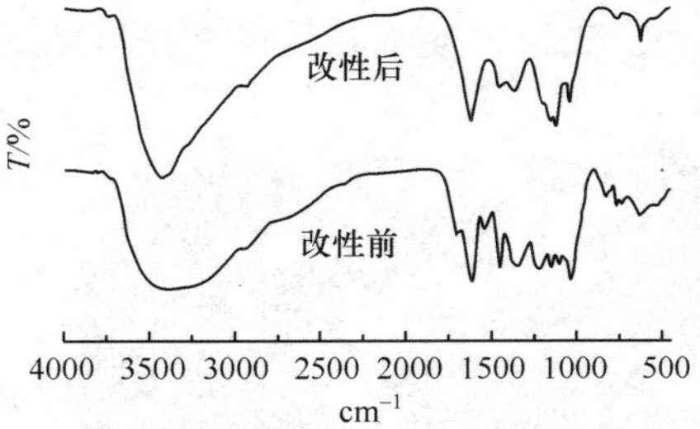

(d) 磺化-胺甲基化改性前后杨梅单宁红外光谱

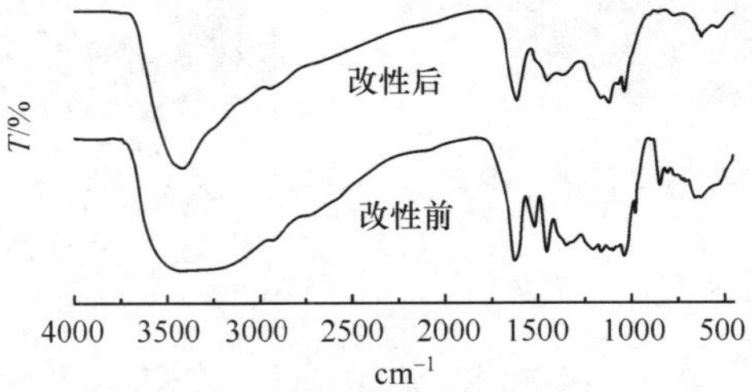

(e) 磺化-胺甲基化改性前后黑荆单宁红外光谱

图 13 - 1　各种植物单宁磺化-胺甲基化改性前后的红外光谱图

1535.57 cm^{-1} 处、1090.57 cm^{-1} 处的吸收峰消失[图 13 - 1(c)]。

未改性杨梅单宁在 3424.3 cm^{-1} 处具有 O—H 羟基的伸缩振动峰，1351.1 cm^{-1} 处出现 O—H 羟基变形振动峰，1699.2 cm^{-1} 处具有 C—H (—CH_2—) 不对称伸缩振动峰，C—O (Ph—CHR—OH) 伸缩振动出现在 1033.0 cm^{-1} 处，芳环骨架(C═C)伸缩振动峰出现在 1616.4 cm^{-1}、1450.8 cm^{-1}、1216.6 cm^{-1}处。磺化-胺甲基化改性后，3424.3 cm^{-1}附近的宽峰变窄，1542.3 cm^{-1}处波峰消失，1616.1 cm^{-1}附近的肩峰转变为尖峰说明有胺基存在。1035.6 cm^{-1}处出现了新的 O—H(—CH_2—OH) 伸缩振动吸收峰[图 13 - 1(d)]。

图 13 - 1(e)所示为磺化-胺甲基化改性前后黑荆单宁红外光谱图。磺化-胺甲基化改性使得缩合类的杨梅单宁与黑荆单宁的结构相似。黑荆树单宁平均相对分子质量为 1250，相当于四聚体，具有“支链型”结构[1]。振动频率向低频方向移动，

磺化-胺甲基化改性使氢键增加。未改性黑荆单宁在 1618.3 cm^{-1}处、1450.3 cm^{-1}处有的五元环伸缩振动吸收峰，844.4 cm^{-1} 处为 C—H 键变形振动吸收峰，1452.1 cm^{-1}处为甲基不对称伸缩振动、变形振动。845.2 cm^{-1}处、843.7 cm^{-1}处、841.4 cm^{-1}处为 C—O—C 键对称振动及伸缩振动。1033.6 cm^{-1}处为苯环上 C—O—C 键对称振动及伸缩振动吸收峰。1031.2 cm^{-1}处为亚苯甲基振动吸收峰。1031.7 cm^{-1}处为 Ph—CHR—OH 中 C—O 键吸收峰。

图 13-2 和图 13-3 为改性黑荆单宁电镜扫描图，由断面形貌可见，磺化-胺甲基化黑荆单宁较氧化黑荆单宁的结构膨松，但磺化-胺甲基化黑荆单宁表面没有生成新的晶体，表面粗糙度不及氧化黑荆单宁。

图 13-2　氧化黑荆单宁 SEM 图（500X）

图 13-3　磺化-胺甲基化黑荆单宁 SEM 图（2.00KX）

13.4　pH 对平衡吸附沉淀量的影响

由于吸附剂酸性和碱性基团的质子化与去质子化作用，以及 pH 对吸附剂表面结构、金属氢氧化物的构成及吸附剂与金属离子之间的相互作用的影响，所有吸附剂对金属的吸附行为都受到 pH 的影响[2]。由图 13-4 可见，从变化趋势上看，pH 对磺化-胺甲基化没食子酸和磺化-胺甲基化单宁酸吸附沉淀的影响较相似，磺化-胺甲基化橡椀单宁、磺化-胺甲基化杨梅单宁和磺化-胺甲基化黑荆单宁对 Cu(Ⅱ)和 Pb(Ⅱ)的吸附沉淀量受 pH 的影响变化趋势基本相同。这表明，磺化-胺甲基化改性使水解类的橡椀单宁在酸性环境下对 Pb(Ⅱ)具有良好的吸附沉淀性能，但对 Cu(Ⅱ)的吸附沉淀量较其他水解类单宁少，适宜 pH 范围明显缩小。

图 13-4(a)所示为在不同 pH 条件下，磺化-胺甲基化没食子酸吸附沉淀 Cu(Ⅱ)和 Pb(Ⅱ) 的吸附沉淀量的变化。由图 13-4(a)可知，金属离子 Cu(Ⅱ)和 Pb(Ⅱ)的吸附沉淀量随着 pH 的升高而增加。pH 的升高有利于植物多酚酚羟基的离解，从而有利于对 Cu(Ⅱ)和 Pb(Ⅱ)离子的吸附。当 pH 较低时，配位基团与

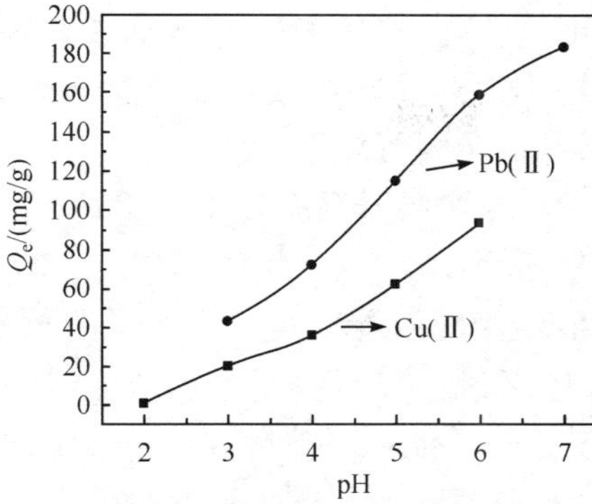

(a) pH对磺化-胺甲基化没食子酸吸附沉淀Cu(Ⅱ)和Pb(Ⅱ)的影响

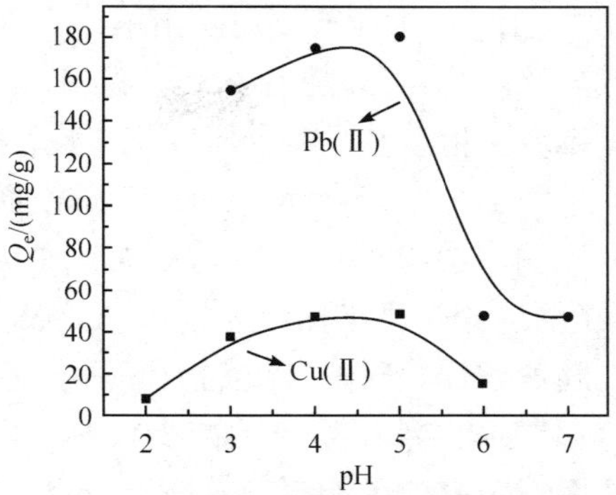

(b) pH对磺化-胺甲基化橡椀单宁吸附沉淀Cu(Ⅱ)和Pb(Ⅱ)的影响

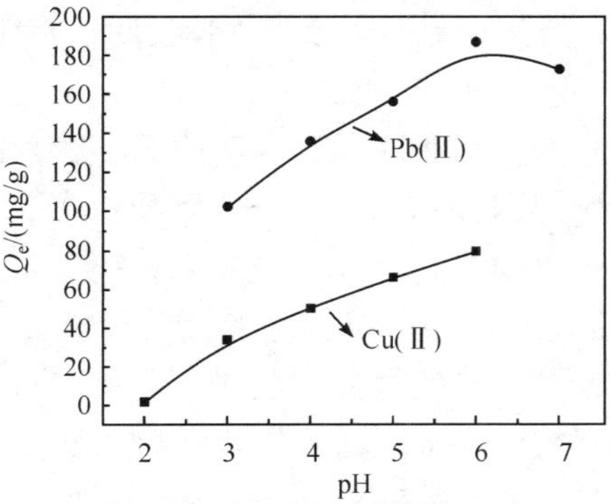

(c) pH对磺化-胺甲基化单宁酸吸附沉淀Cu(Ⅱ)和Pb(Ⅱ)的影响

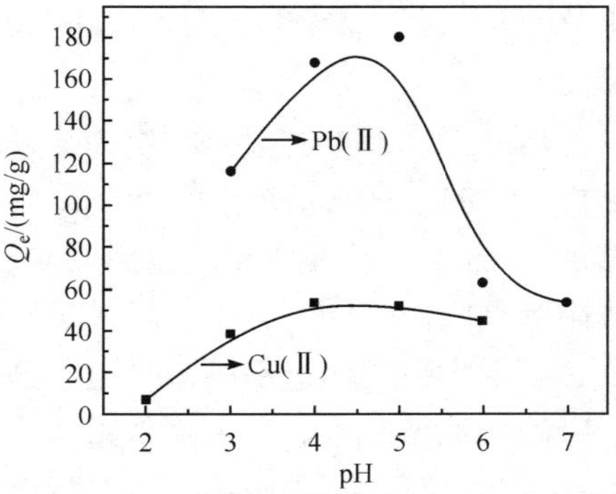

(d) pH对磺化-胺甲基化杨梅单宁吸附沉淀Cu(Ⅱ)和Pb(Ⅱ)的影响

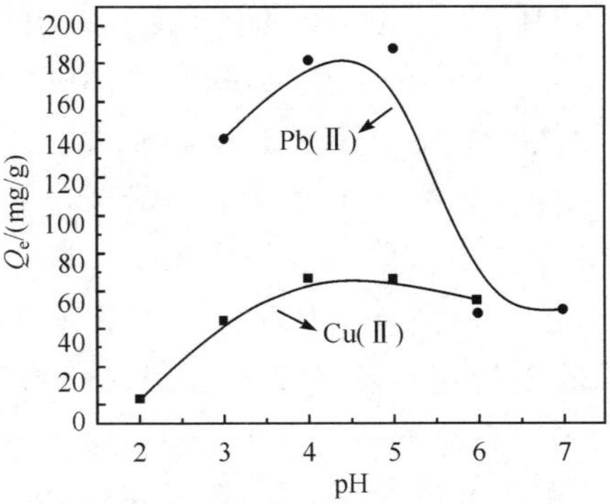

(e) pH对磺化-胺甲基化黑荆单宁吸附沉淀Cu(Ⅱ)和Pb(Ⅱ)的影响

图 13-4　pH 对各种单宁平衡吸附沉淀量的影响

水合氢离子之间的亲和性更强，占据了大量的活性位点，从而阻止了金属离子与吸附剂活性位点的结合[3]，故此时吸附沉淀量极小。理论上，当 pH 大于 6.0 时，Cu^{2+} 在水溶液中容易发生沉淀。Pb^{2+} 在水溶液中可以发生溶剂化、水解和聚合作用[4]，当 pH 大于 6.0 时水溶液中出现$[Pb_2(OH)]^{3+}$、$[Pb_3(OH)_4]^{2+}$等离子[5]，形成多核配合物，并随着 pH 升高，水解和聚合作用加强，影响单宁与金属离子的配位结合。但改性没食子酸在偏中性环境仍有较高的吸附沉淀量。

图 13-4(b)所示为 pH 对磺化-胺甲基化橡椀单宁吸附沉淀 Cu(Ⅱ)和Pb(Ⅱ)的影响。初始 pH=2.0 时 Cu(Ⅱ)的吸附沉淀量最小，随着 pH 增加，与 Cu^{2+} 竞争吸附沉淀剂上吸附活性位点的 H^+ 离子浓度降低，吸附沉淀剂吸附铜离子的数量也随着增加。吸附沉淀剂上的活性基团，如羧基，在低 pH 环境下被质子化，随着 pH 增加，溶液中质子数减少，因此吸附沉淀剂上的活性基团被有效地去质子化，从而使金属离子能更有效地与吸附沉淀剂结合。但随着 pH 增加，磺化-胺甲基化橡椀单宁受 Cu^{2+} 和 Pb^{2+} 在水溶液中的水解和聚合作用影响，在 pH 大于 5.0 时，磺化-胺甲基化橡椀单宁与 Cu(Ⅱ)和 Pb(Ⅱ)的配位结合受到影响，吸附沉淀量降低。

由图 13-4(c)可知，磺化-胺甲基化单宁酸对 Cu(Ⅱ)和 Pb(Ⅱ)的吸附沉淀量随着 pH 的升高而增加。在低 pH 条件下，吸附沉淀剂表面的正电荷(质子)密度增加，溶液中水合氢离子与金属 Cu(Ⅱ)之间的静电排斥作用力增强，金属阳离子吸附受到限制。随着 pH 升高，Cu^{2+} 和 Pb^{2+} 正电荷的吸附沉淀增加，在 pH 为 6.0 处达到最大值。但过高的 pH 是不适宜的，Pb(Ⅱ)的吸附沉淀量在 pH 大于 6.0 时吸附沉淀量减小。有研究报道认为，当 pH 大于 7.0 时，金属离子会发生水解作用，影响配位反应，导致吸附沉淀量降低[6]。金属离子水解和聚合作用通过改变浓度和溶液中金属离子存在形式来影响吸附沉淀剂的吸附沉淀量。磺化-胺甲基化单宁酸对 Cu(Ⅱ)和 Pb(Ⅱ)的吸附沉淀量在 pH 为 6.0 时达到最大值。

由图 13-4(d)可知，当 pH 小于 4.0 时，磺化-胺甲基化杨梅单宁对 Cu(Ⅱ)的吸附沉淀量随着 pH 的增加而增加，pH 小于 5.0 时，对 Pb(Ⅱ)吸附沉淀量不断升高。这可能是酸性环境下植物多酚分子结构上的酚羟基被分离下来，增强了与金属离子的配位反应。在低 pH 下，H^+ 与金属离子竞争吸附剂上的活性位点，所以在低 pH 下的吸附沉淀量极小[7]。当 pH 为 4.0 时，Cu(Ⅱ)吸附沉淀量达到饱和，并随着 pH 的继续升高，吸附沉淀量逐渐下降。pH=5.0 时，Pb(Ⅱ)吸附沉淀量达到极大值，并随着 pH 的升高急剧下降。在 pH 为 2.0～5.0 时，羧基也会参与金属离子的配位反应[8]。碱性 pH 下 Pb(Ⅱ)水解和聚合的作用增强，也会影响金属离子与吸附沉淀剂的配位结合，导致吸附沉淀量明显下降。

图 13-4(e)所示为磺化-胺甲基化黑荆单宁在不同 pH 条件下对 Cu(Ⅱ)和 Pb(Ⅱ)的吸附沉淀量的影响。与图 13-3(d)对比可知，pH 影响磺化-胺甲基化杨梅单宁与磺化-胺甲基化黑荆单宁对 Cu(Ⅱ)和 Pb(Ⅱ)的吸附沉淀量的变化趋势基本一致。均在 pH 小于 4.0 时吸附沉淀量随着 pH 的增加而增加，pH 为 4.0 时对 Cu(Ⅱ)的吸附沉淀量达到饱和，pH 超过 4.0 后吸附沉淀量基本趋于平缓。对

Pb(Ⅱ)的吸附沉淀量在 pH 小于 5.0 时,随着 pH 的增加而增加,pH 为 5.0 时对 Pb(Ⅱ) 的吸附沉淀量在实验条件范围内达到最大,并当 pH 大于 5.0 时吸附沉淀量急剧降低。

结果表明,原料中单宁含量会影响磺化-胺甲基化改性产品在不同 pH 条件下对 Cu(Ⅱ)和 Pb(Ⅱ)的吸附沉淀量。单宁含量较高的磺化-胺甲基化改性产品(没食子酸、单宁酸)在偏中性的条件下具有良好的吸附沉淀性能,单宁含量较低的磺化-胺甲基化改性产品(橡椀单宁、杨梅单宁和黑荆单宁)对 Cu(Ⅱ)的吸附沉淀量不尽如人意,但在偏酸性条件下对 Pb(Ⅱ)具有较高的吸附沉淀量。

13.5 吸 附 平 衡

Langmuir 等温曲线可以用来模拟表面单分子层吸附,Freundlich 等温曲线适用于不同种类表面的吸附。用 Langmuir 方程对磺化-胺甲基化改性没食子酸吸附沉淀 Cu(Ⅱ)和Pb(Ⅱ) 的吸附等温线进行分析发现,初始浓度大于 20 mg/L 时,Cu(Ⅱ)的实验数据可以用 Langmuir 方程拟合,Pb(Ⅱ)的等温曲线符合 Freundlich 方程。拟合曲线如图 13－5 和图 13－6 所示。表 13－1 所示为磺化-胺甲基化改性没食子酸对 Cu(Ⅱ)和Pb(Ⅱ) 的 Langmuir 及 Freundlich 参数。

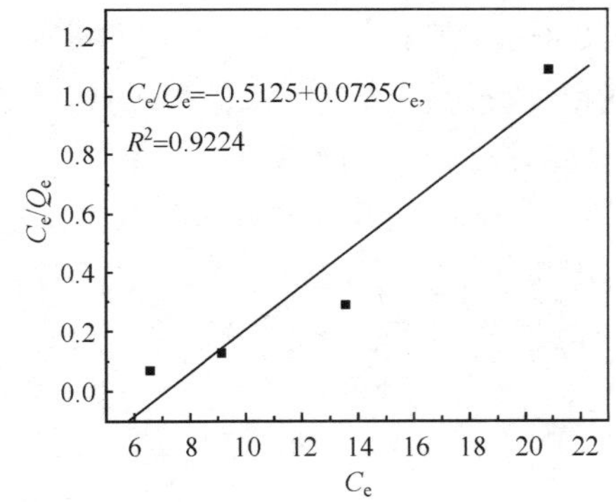

图 13－5　Langmuir 方程拟合磺化-胺甲基化改性没食子酸对 Cu(Ⅱ)的吸附等温线

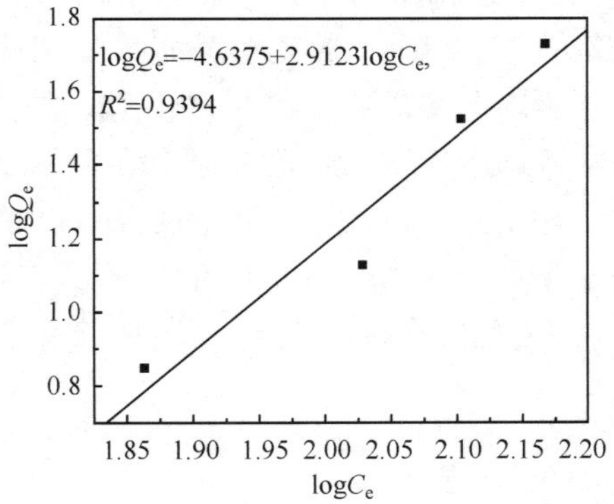

图 13－6　Freundlich 方程拟合磺化-胺甲基化改性没食子酸对 Pb(Ⅱ)的吸附等温线

表 13－1　磺化-胺甲基化改性没食子酸吸附沉淀 Cu(Ⅱ)和 Pb(Ⅱ)的 Langmuir 及 Freundlich 参数

金属离子	Langmuir 参数			Freundlich 参数		
	Q_{max}/(mg/g)	b/(L/mg)	R^2	log$K$	1/n	R^2
Cu(Ⅱ)	13.7931	−0.1415	0.9224	—	—	—
Pb(Ⅱ)	—	—	—	−4.6375	2.9123	0.9394

图 13－7 为 303 K 磺化-胺甲基化改性橡椀单宁分别对 Cu(Ⅱ)和 Pb(Ⅱ)的吸附等温线。吸附沉淀剂对 Cu(Ⅱ)的平衡吸附沉淀量变化不大，对 Pb(Ⅱ)的平衡吸附沉淀量随平衡浓度的增加而增加。这可能是磺化-胺甲基化改性橡椀单宁对 Cu(Ⅱ)和 Pb(Ⅱ)的吸附沉淀机理不同引起的。

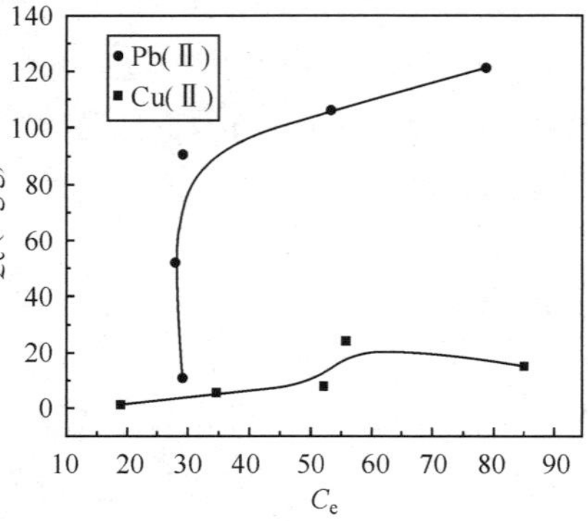

图 13－7　磺化-胺甲基化改性橡椀单宁对 Cu(Ⅱ)和 Pb(Ⅱ)的吸附等温线

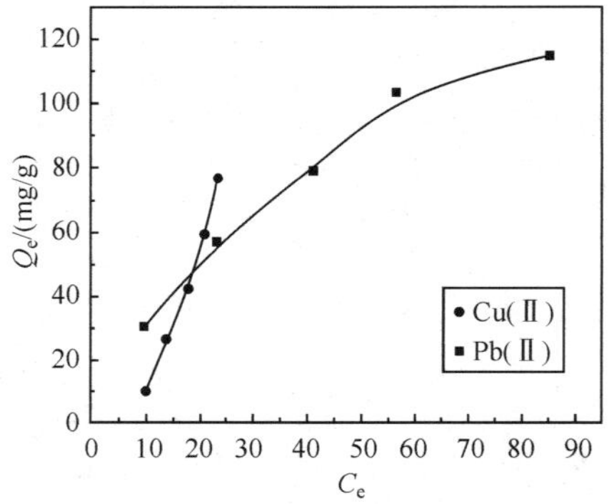

图 13－8　磺化-胺甲基化改性单宁酸对 Cu(Ⅱ)和 Pb(Ⅱ)的吸附等温线

图 13－8 为磺化-胺甲基化改性单宁酸对 Cu(Ⅱ)和 Pb(Ⅱ)的吸附等温线。由图可见，当初始浓度为 100 mg/L Cu^{2+}、200 mg/L Pb^{2+}，温度为 303 K 时，吸附沉淀剂对Cu(Ⅱ) 和Pb(Ⅱ) 的吸附沉淀量分别达到 76.650 mg(Cu)/g、114.900 mg(Pb)/g。平衡吸附沉淀量随金属离子初始浓度的增加而增加，这是因为吸附质离子的数量随着初始浓度的增大而增加，吸附平衡向着减少吸附质离子的方向移动。

用 Langmuir 方程和 Freundlich 方程对 Cu(Ⅱ)和 Pb(Ⅱ)的吸附等温数据进行分析，Cu(Ⅱ)和 Pb(Ⅱ)的实验数据可以根据经典的 Freundlich 方程进行较好的拟合，如图 13－9 和图 13－10 所示。吸附等温线有明显的规律性，对于金属离

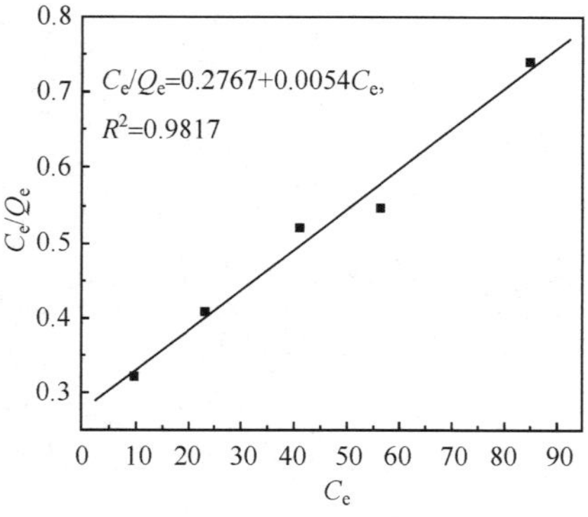

图 13－9　Langmuir 方程拟合磺化-胺甲基化改性单宁酸对 Pb(Ⅱ)的吸附等温线

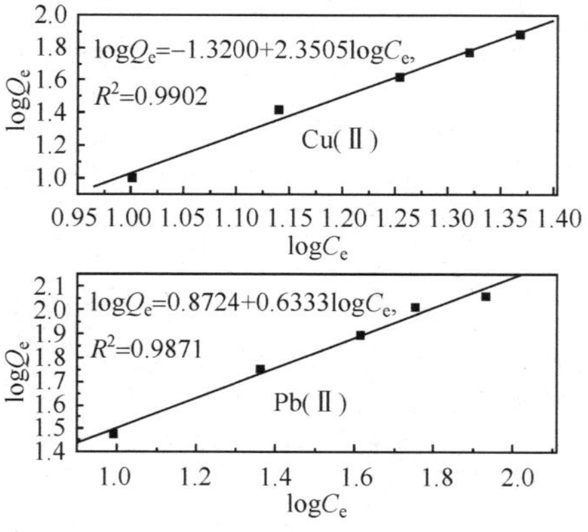

图 13－10　Freundlich 方程拟合磺化-胺甲基化改性单宁酸对 Cu(Ⅱ)和 Pb(Ⅱ)的吸附等温线

子 Cu(Ⅱ),Freundlich 方程拟合相关系数 $R^2=0.9902$;Pb(Ⅱ)离子的 Langmuir 方程拟合 $R^2=0.9817$,Freundlich 方程拟合时 $R^2=0.9871$。表 13-2 所示为磺化-胺甲基化改性单宁酸对 Cu(Ⅱ)和 Pb(Ⅱ)的 Langmuir 及 Freundlich 参数。

表 13-2　磺化-胺甲基化改性单宁酸对 Cu(Ⅱ)和 Pb(Ⅱ)的 Langmuir 及 Freundlich 参数

金属离子	Langmuir 参数			Freundlich 参数		
	Q_{max}/(mg/g)	b/(L/mg)	R^2	$\log K$	$1/n$	R^2
Cu(Ⅱ)	—	—	—	−1.3200	2.3505	0.9902
Pb(Ⅱ)	185.185	0.0195	0.9817	0.8724	0.6333	0.9871

图 13-11 所示为磺化-胺甲基化改性杨梅单宁在 303 K,初始浓度为 100 mg/L Cu^{2+}、200 mg/L Pb^{2+},pH 分别为 6.0 和 3.0 时对 Cu(Ⅱ)和 Pb(Ⅱ)的吸附等温线。由图可知,随着平衡浓度增加,吸附沉淀剂对金属离子的吸附沉淀量也不断增加。当平衡浓度分别为 55.025 mg/L Cu^{2+} 和 83.600 mg/L Pb^{2+} 时,0.1 g 吸附沉淀剂的平衡吸附沉淀量分别为 44.975 mg(Cu)/g 和 116.400 mg(Pb)/g。

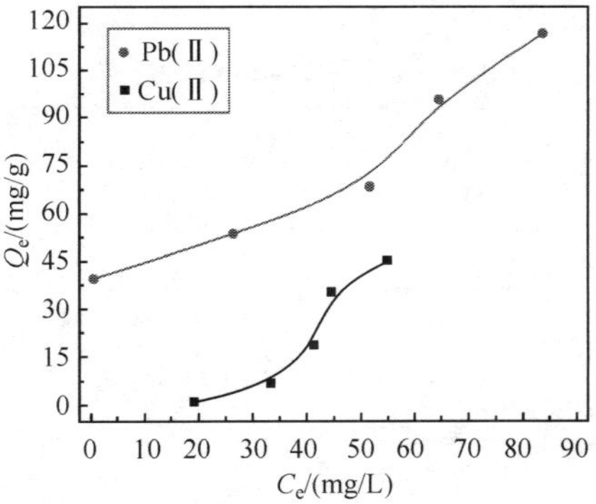

图 13-11　磺化-胺甲基化改性杨梅单宁对 Cu(Ⅱ)和 Pb(Ⅱ)的吸附等温线

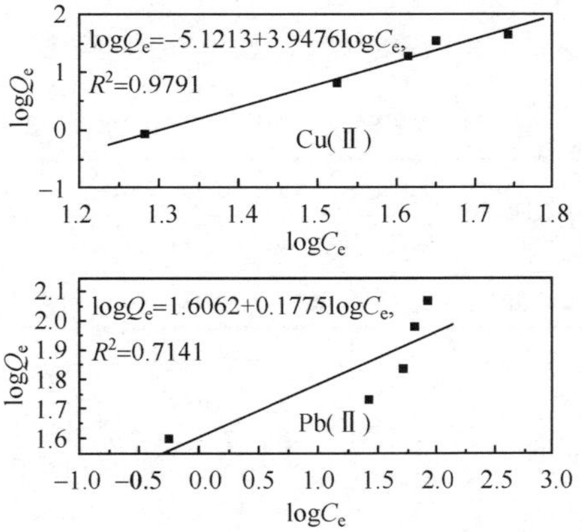

图 13-12　Freundlich 方程拟合磺化-胺甲基化改性杨梅单宁对 Cu(Ⅱ)和 Pb(Ⅱ)的吸附等温线

进一步分析吸附平衡数据发现,磺化-胺甲基化改性杨梅单宁对 Cu(Ⅱ)的吸附沉淀可以用 Freundlich 方程进行较好的描述。表 13-3 所示为磺化-胺甲基化改性杨梅单宁对 Cu(Ⅱ)和 Pb(Ⅱ) 的 Freundlich 参数,拟合结果如图 13-12 所示。

表 13-3　磺化-胺甲基化改性杨梅单宁对 Cu(Ⅱ)和 Pb(Ⅱ)的 Freundlich 参数

金属离子	Freundlich 参数		
	$\log K$	$1/n$	R^2
Cu(Ⅱ)	−5.1213	3.9476	0.9791
Pb(Ⅱ)	1.6062	0.1775	0.7141

采用 Langmuir 和 Freundlich 方程分析对 Pb(Ⅱ)的吸附平衡数据发现，吸附初始溶液浓度大于 40 mg/L Pb^{2+} 时，磺化-胺甲基化改性黑荆单宁对 Pb(Ⅱ)的吸附平衡符合 Langmuir 和 Freundlich 方程，如图 13－13 和图 13－14 所示。表 13－4 所示为磺化-胺甲基化改性黑荆单宁对 Pb(Ⅱ)的 Langmuir 及 Freundlich 参数。

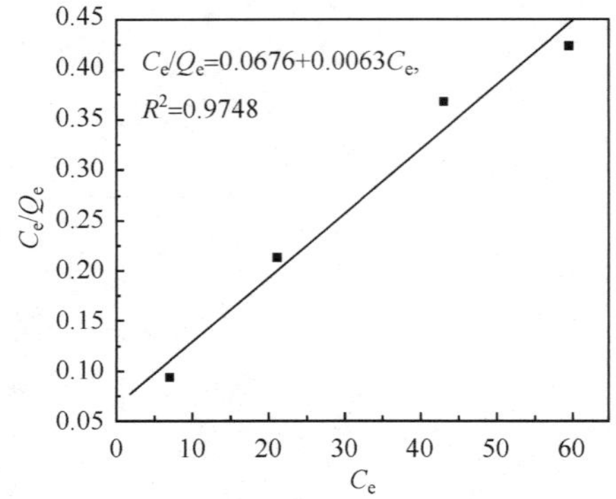

图 13－13 Langmuir 方程拟合磺化-胺甲基化改性黑荆单宁对 Pb(Ⅱ)的吸附等温线

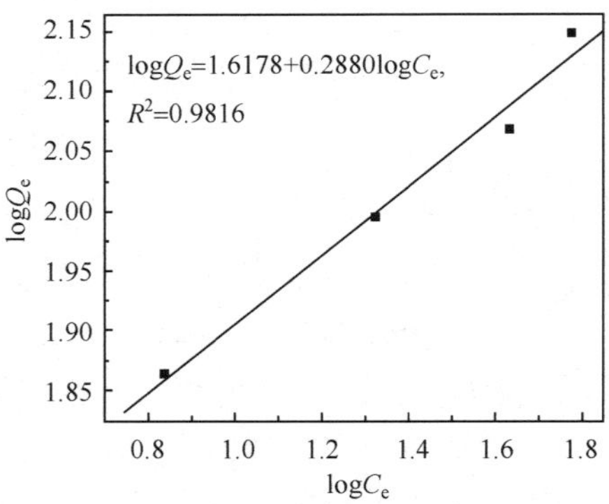

图 13－14 Freundlich 方程拟合磺化-胺甲基化改性黑荆单宁对 Pb(Ⅱ)的吸附等温线

表 13－4 磺化-胺甲基化改性黑荆单宁对 Pb(Ⅱ)的 Langmuir 及 Freundlich 参数

金属离子	Langmuir 参数			Freundlich 参数		
	Q_{max}/(mg/g)	b/(L/mg)	R^2	log$K$	1/n	R^2
Pb(Ⅱ)	140.500	0.1053	0.9748	1.6178	0.2880	0.9816

13.6 初始浓度对吸附沉淀量影响

图 13－15 表明，随着初始浓度的升高，磺化-胺甲基化改性没食子酸对 Cu(Ⅱ)和 Pb(Ⅱ)的平衡吸附沉淀量增加。金属离子吸附沉淀量的增加可能归因于高传质动力。事实上，溶液浓度越大，吸附作用越强。在 pH＝6.0，303 K，Cu(Ⅱ)溶液初始浓度从 20 mg/L 增加至 100 mg/L 时，Cu(Ⅱ)吸附沉淀量也从 9.75 mg/g 增加至93.45 mg/g。Pb(Ⅱ)溶液在 pH＝3.0，303 K 下初始浓度由 40 mg/L 增至 200 mg/L 时，吸附沉淀量由 4.025 mg/g 提高至 53.06 mg/g。低浓度下金属离子吸附沉淀量很小，是因为在低浓度溶液中，金属离子的总量比吸附沉淀剂表面吸附的活性位点低，随着浓度梯度的增强，单位质量吸附沉淀金属离子的质量越大。

图 13－16 表明，初始浓度对磺化-胺甲基化改性橡椀单宁吸附沉淀 Pb(Ⅱ)的影响与其他不同，当吸附浓度升高到 200 mg/L Pb^{2+} 时，吸附沉淀量降低。这再次证明，磺化-胺甲基化改性使橡椀单宁结构和官能团发生了变化，使其在吸附沉淀

铅离子时表现出与水解类单宁不同的吸附沉淀特性。

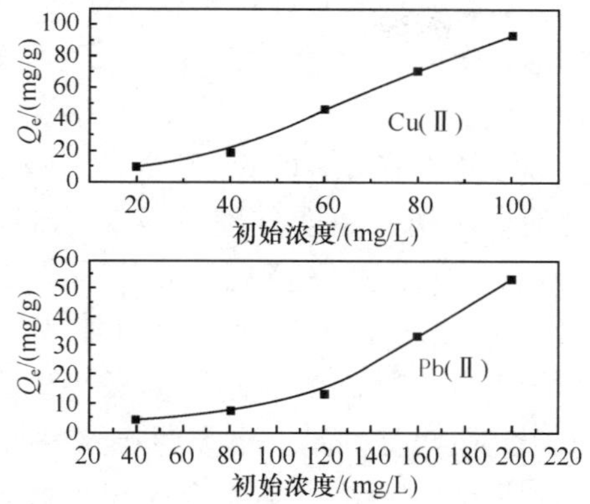

图 13－15　初始浓度对磺化-胺甲基化改性没食子酸吸附沉淀 Cu(Ⅱ)和 Pb(Ⅱ)的影响

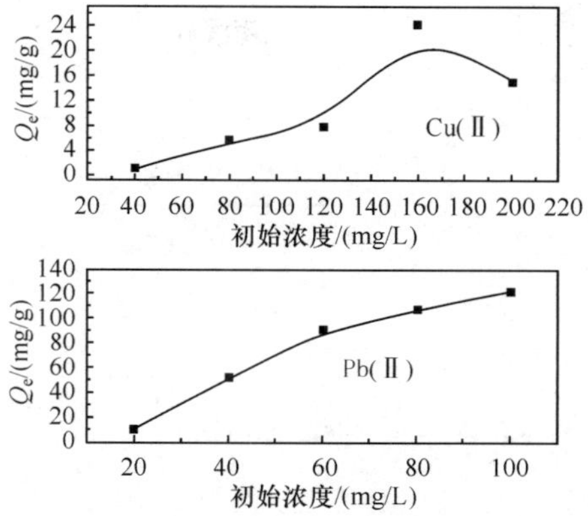

图 13－16　初始浓度对磺化-胺甲基化改性橡椀单宁吸附沉淀 Cu(Ⅱ)和 Pb(Ⅱ)的影响

图 13－17 所示，磺化-胺甲基化改性单宁酸吸附沉淀量随着初始浓度的增加而增加。在低浓度下，水溶液中金属离子数量在吸附沉淀剂表面活性区域的比率很小，因此吸附沉淀量的大小基本不依赖于初始浓度的大小。低浓度下磺化-胺甲基化改性后的单宁酸在 303 K，Cu^{2+} 和 Pb^{2+} 的浓度分别为 100 mg/L、200 mg/L 时对 Cu(Ⅱ)和 Pb(Ⅱ)的吸附沉淀量较相同改性及吸附条件下的磺化-胺甲基化改性没食子酸及磺化-胺甲基化改性橡椀单宁的吸附沉淀量大。这可能是因为低浓度金属离子溶液、静电排斥及吸附剂阳离子基团的位阻效应导致了不饱和吸附。当初始浓度不断升高，吸附沉淀量受初始浓度的影响逐渐明显。

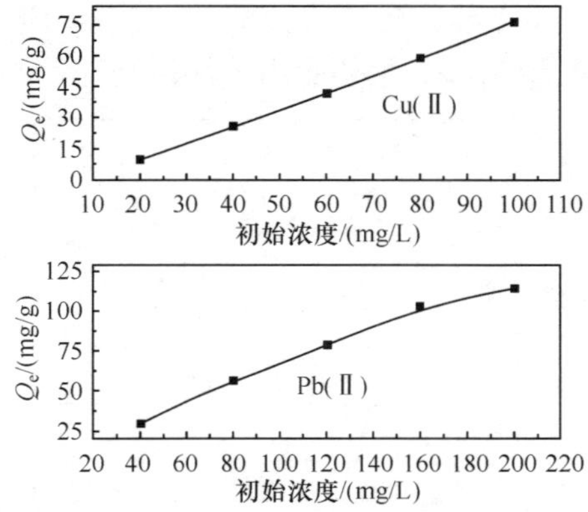

图 13－17　初始浓度对磺化-胺甲基化改性单宁酸吸附沉淀 Cu(Ⅱ)和 Pb(Ⅱ)的影响

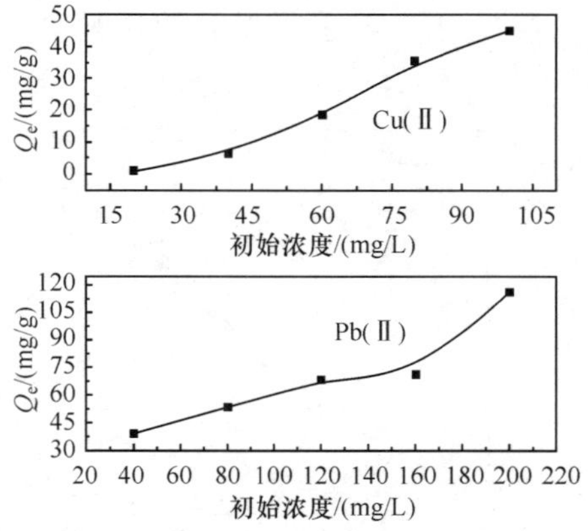

图 13－18　初始浓度对磺化-胺甲基化改性杨梅单宁吸附沉淀 Cu(Ⅱ)和 Pb(Ⅱ)的影响

图 13－18 所示为初始浓度对磺化-胺甲基化改性杨梅单宁吸附沉淀 Cu(Ⅱ)

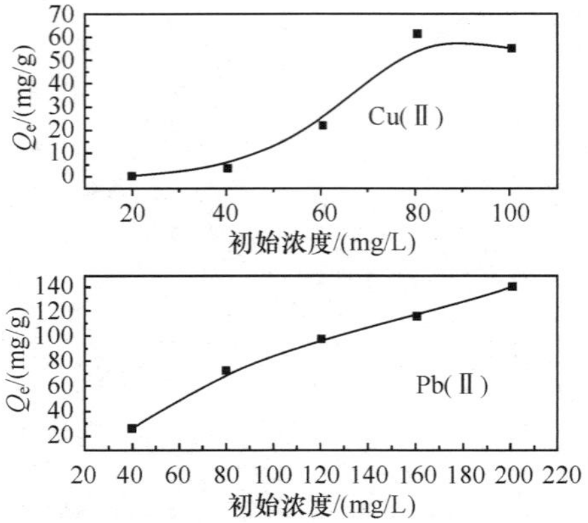

图 13－19　初始浓度对磺化-胺甲基化改性黑荆单宁吸附沉淀 Cu(Ⅱ)和 Pb(Ⅱ)的影响

和 Pb(Ⅱ)的影响。随着初始浓度的增加,磺化-胺甲基化改性杨梅单宁对 Cu(Ⅱ)和 Pb(Ⅱ)的吸附沉淀量也随着增加。当 pH 分别为 6.0、3.0,吸附温度为 303 K,Cu(Ⅱ)和Pb(Ⅱ)的最大吸附沉淀量在初始浓度分别为 100 mg/L、200 mg/L 时分别达到了 44.975 mg/g、116.400 mg/g。高初始浓度下吸附沉淀剂表现出较高的吸附沉淀量可能是由于吸附沉淀剂具有更多的裸露表面,可利用的吸附位点随着金属离子被吸附量的增加而减少[8]。随金属离子溶液浓度增加而升高的吸附沉淀量应该可以归因于金属离子与吸附沉淀剂表面之间高概率的碰撞结合[9]。

图 13－19 表明,随着初始浓度的增加,磺化-胺甲基化改性黑荆单宁对 Cu(Ⅱ)和 Pb(Ⅱ)的平衡吸附沉淀量明显增加。实验条件下,当 Cu^{2+} 初始浓度大于 80 mg/L 时,对Cu(Ⅱ) 的吸附沉淀量达到饱和,继续增加初始溶液浓度对吸附沉淀量的影响不大。当 Pb(Ⅱ)溶液的初始浓度达到 200 mg/L 时,吸附沉淀量达到 140.500 mg/g。Cu(Ⅱ)吸附沉淀量在 80 mg/L 时达到了 61.900 mg/g。

13.7　温度对吸附沉淀量的影响

温度对磺化-胺甲基化改性没食子酸平衡吸附沉淀量的影响如图 13－20～图 13－23 所示。随着温度的升高,Cu(Ⅱ)和 Pb(Ⅱ)的平衡吸附沉淀量增加,有可

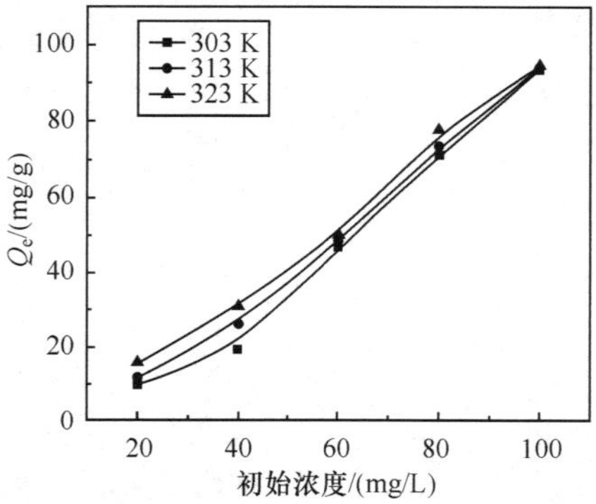

图 13－20　温度对磺化-胺甲基化改性没食子酸吸附沉淀 Cu(Ⅱ)的影响

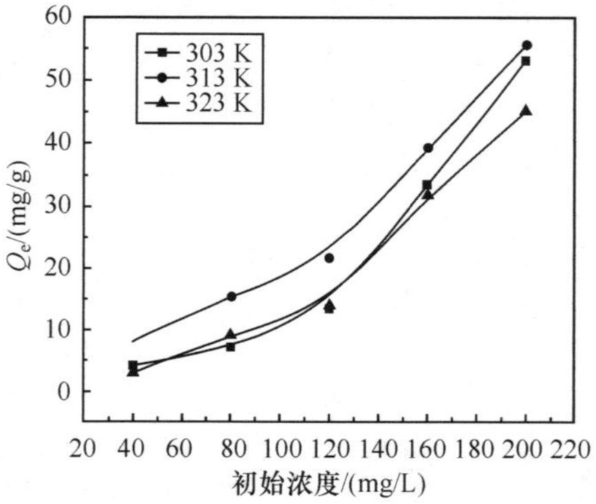

图 13－21　温度对磺化-胺甲基化改性没食子酸吸附沉淀 Pb(Ⅱ)的影响

能是在高温下,单宁分子中的酚羟基离解为氧负离子。吸附沉淀反应是一个吸热的过程。磺化-胺甲基化改性没食子酸对 Pb(Ⅱ)的最佳吸附温度为 313 K。

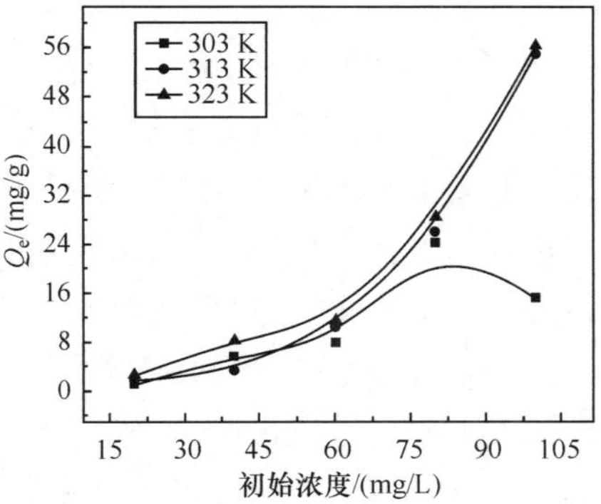

图13－22　温度对磺化-胺甲基化改性橡椀单宁吸附沉淀 Cu(Ⅱ)的影响

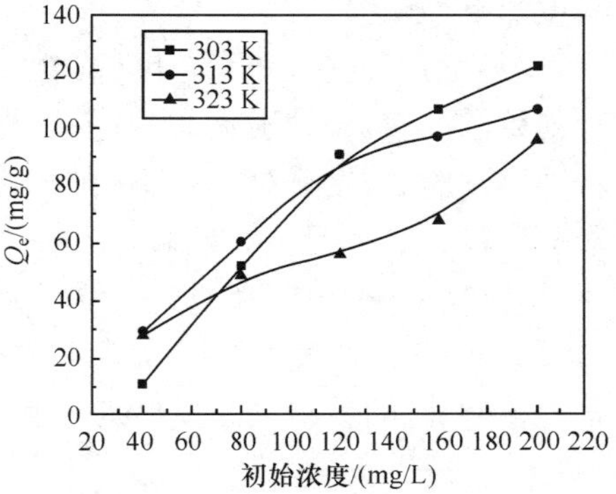

图 13－23　温度对磺化-胺甲基化改性橡椀单宁吸附沉淀 Pb(Ⅱ)的影响

图 13－22 和图 13－23 分别所示为温度对磺化-胺甲基化改性橡椀单宁 Cu(Ⅱ)和 Pb(Ⅱ)吸附沉淀量影响。如图 13－22 所示,温度对 Cu(Ⅱ)吸附沉淀量影响不大,只是当温度为 303 K,初始浓度大于 80 mg/L 时,吸附沉淀量明显下降,这可能是因为在较低温度下,磺化-胺甲基化改性橡椀单宁受溶液中金属离子 Cu(Ⅱ)和 Pb(Ⅱ)的水解和聚合作用影响,使吸附沉淀量下降。图 13－23 表明,磺化-胺甲基化改性橡椀单宁对 Pb(Ⅱ)的吸附沉淀受温度因素影响复杂,不同浓度在不同温度下的吸附沉淀量高低各不相同。

图 13－24 和图 13－25 表明,随着温度升高,磺化-胺甲基化改性单宁酸对 Cu(Ⅱ)的平衡吸附沉淀量反而减小,表明该吸附沉淀反应为一个放热过程。Pb(Ⅱ)的平衡吸附沉淀量随着温度升高而增加。Cu(Ⅱ)和 Pb(Ⅱ)吸附沉淀量在初始浓度较大时变化才较明显,说明磺化-胺甲基化改性单宁酸对金属离子 Cu(Ⅱ)和 Pb(Ⅱ)

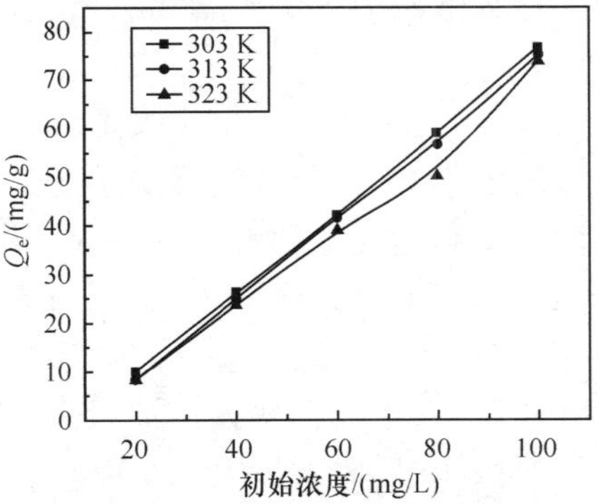

图 13－24　温度对磺化-胺甲基化改性单宁酸吸附沉淀 Cu(Ⅱ)的影响

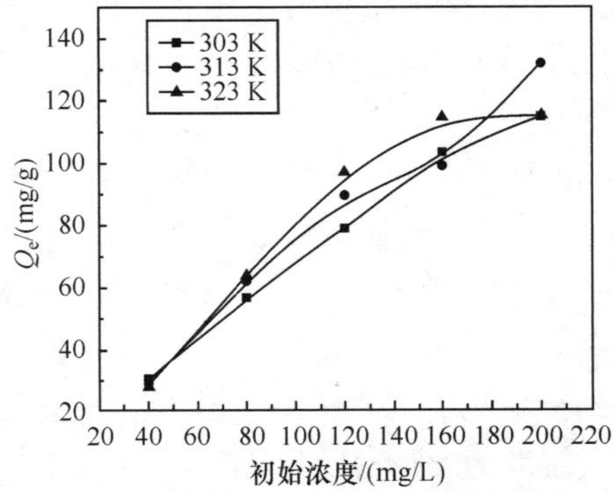

图 13－25　温度对磺化-胺甲基化改性单宁酸吸附沉淀 Pb(Ⅱ)的影响

的吸附沉淀反应热不明显[10]。在较低初始浓度下，磺化-胺甲基化改性单宁酸内部粒子、分子或原子之间的吸引力存在剩余，吸附沉淀过程中吸附沉淀量的大小受温度影响不明显。

温度对 Cu(Ⅱ)和 Pb(Ⅱ)吸附沉淀量的影响如图 13-26 和图 13-27 所示。当初始浓度较低时，磺化-胺甲基化改性杨梅单宁对 Cu(Ⅱ)的吸附沉淀量变化不大，随着初始浓度升高，303 K 下吸附沉淀剂对 Cu(Ⅱ)的吸附沉淀性能明显不如 313 K 和 323 K，且 313 K 和 323 K 下的吸附沉淀量变化不大。由图可知，磺化-胺甲基化改性杨梅单宁在313 K 下的吸附沉淀量最大，323 K 下的吸附沉淀量次之。当 Cu(Ⅱ)初始浓度为100 mg/L，温度分别为 303 K、313 K 和 323 K 时，吸附沉淀剂对 Cu(Ⅱ)的吸附沉淀量分别为 44.975 mg/g、71.650 mg/g、65.830 mg/g。

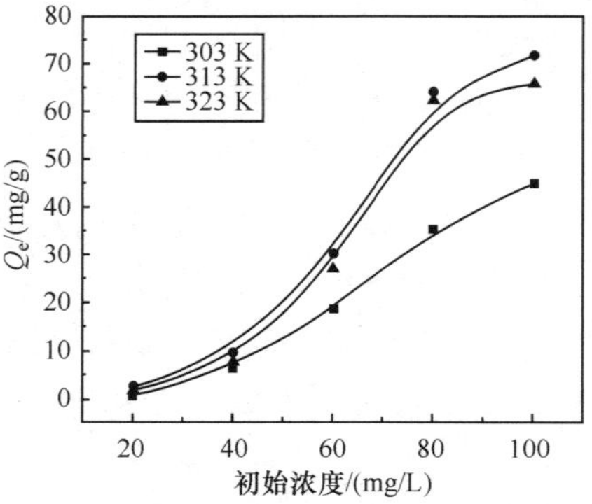

图 13-26　温度对磺化-胺甲基化改性杨梅单宁吸附沉淀 Cu(Ⅱ)的影响

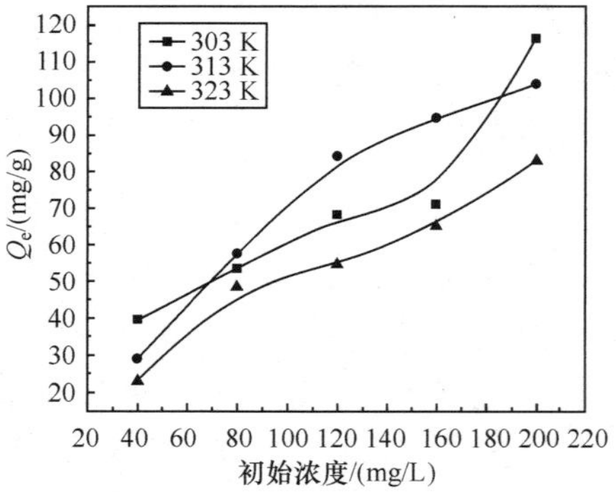

图 13-27　温度对磺化-胺甲基化改性杨梅单宁吸附沉淀 Pb(Ⅱ)的影响

图 13-27 为温度对 Pb(Ⅱ)吸附沉淀量的影响，当 Pb(Ⅱ)初始浓度为 40 mg/L 时，温度对磺化-胺甲基化改性杨梅单宁吸附沉淀 Pb(Ⅱ)影响顺序为 303 K＞313 K＞303 K。随着初始浓度的增加，313 K 下吸附沉淀剂对 Pb(Ⅱ)的吸附沉淀量增大，这可能是因为在 303 K 下，初始浓度增加导致溶液中游离金属离子增加，配位反应活跃，吸附沉淀量增加。

图 13-28 和图 13-29 分别为温度对磺化-胺甲基化改性黑荆单宁吸附沉淀 Cu(Ⅱ)和Pb(Ⅱ) 影响曲线。由图可知，当初始浓度较小时，吸附沉淀量受温度的影响不大，随着初始浓度的增加，温度对吸附沉淀量的影响逐渐明显。磺化-胺甲基化改性黑荆单宁对Cu(Ⅱ) 吸附沉淀的最佳温度为 313 K。32 K 下对 Cu(Ⅱ)的吸附沉淀量大于303 K 时对 Cu(Ⅱ)的吸附沉淀量。这与磺化-胺甲基化改性改性杨梅单宁的表现一致，但磺化-胺甲基化改性黑荆单宁对 Pb(Ⅱ)的吸附沉淀量大小受温度的影响与磺化-胺甲基化改性杨梅单宁则有所不同。随着温度升高，磺化-胺甲基化改性黑荆单宁对Pb(Ⅱ)的吸附沉淀量减少，说明对Pb(Ⅱ) 的吸附沉淀是一个放热的过程。

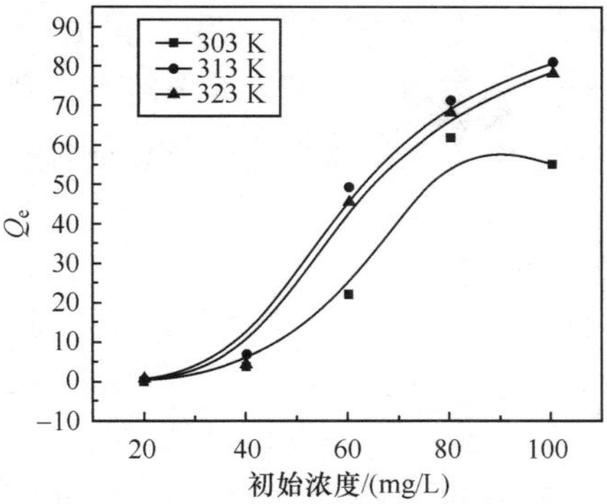

图 13-28 温度对磺化-胺甲基化改性黑荆单宁吸附沉淀 Cu(Ⅱ)的影响

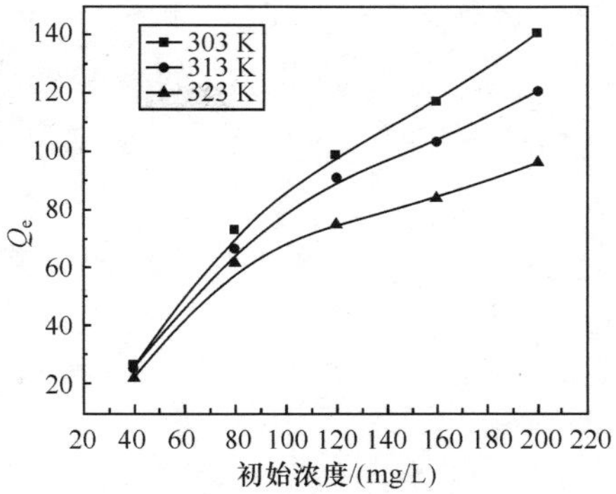

图 13-29 温度对磺化-胺甲基化改性黑荆单宁吸附沉淀 Pb(Ⅱ)的影响

13.8 小 结

磺化-胺甲基化改性没食子酸在偏中性条件下具有良好的吸附沉淀量，这与其他天然材料吸附剂受 pH 对 Pb(Ⅱ)的影响相似[11,12]，与固化形式的单宁吸附金属离子的情况不同[13]。

磺化-胺甲基化改性使植物多酚分子具有大量的活性基团，这和胺基的引入，使改性多酚对 Cu(Ⅱ)和 Pb(Ⅱ)的吸附沉淀具有良好的吸附沉淀效率。磺化-胺甲基化改性的橡椀单宁、单宁酸、杨梅单宁和黑荆单宁在 pH 为 5.0 时对 Pb(Ⅱ)具有最佳的吸附沉淀量，且 pH 大于 5.0 时，吸附沉淀量急剧减小，这是由于胺基使多酚具有两性，有利于金属离子的吸附沉淀，但当溶液 pH 大于 6.0 时，Pb(Ⅱ)容易发生溶剂化，水解和聚合作用，影响单宁与金属离子的配位结合。

溶液浓度梯度的增大使传质驱动力增加，磺化-胺甲基化改性植物多酚对金属离子吸附沉淀量随着初始浓度升高而升高。磺化-胺甲基化植物多酚对 Cu(Ⅱ)和 Pb(Ⅱ)的吸附等温曲线大多符合 Freundlich 模型。

温度对磺化-胺甲基化改性没食子酸吸附沉淀 Cu(Ⅱ)的影响不明显，对 Pb(Ⅱ)的最适吸附沉淀温度为 313 K。磺化-胺甲基化改性橡椀单宁对 Pb(Ⅱ)吸附沉淀量的影响复杂。和磺化-胺甲基化改性没食子酸、橡椀单宁不同的是，磺化-胺甲基化改性单宁酸对 Cu(Ⅱ)的吸附沉淀量随着温度升高而降低，对 Pb(Ⅱ)的吸附沉淀量随着温度的升高而略有升高。这可能与磺化-胺甲基化改性单宁酸在不同金属离子水溶液中基团活性及它们的吸附机理有关。磺化-胺甲基化改性杨梅单宁在吸附温度为 313 K 时，获得对 Cu(Ⅱ)和 Pb(Ⅱ)较高的吸附沉淀量。

总体上，磺化-胺甲基化改性使得水解类单宁对 Cu(Ⅱ)的吸附沉淀量比缩合类单宁对 Cu(Ⅱ)的吸附沉淀量大，与此相反的是，磺化-胺甲基化改性使得缩合类单宁对 Pb(Ⅱ)的吸附沉淀量大于改性后的水解类单宁，这进一步说明，Cu(Ⅱ)和 Pb(Ⅱ)即便是在相同的磺化-胺甲基化改性植物多酚类材料下进行吸附沉淀，其吸附沉淀的机理由于不同的金属离子及溶液中金属离子存在状态的不同而不同。

参考文献

[1] Hasalm E. Plant polyphenols-vegetable tannins revisited [M]. London: Cambridge University Press, 1989

[2] Duru P E, Bektas S, Genc O, et al. Adsorption of heavy-metal ions on poly (ethylene imine)-immobilized Poly (methyl methacrylate) microspheres [J]. J Appl Polym Sci, 2001, 81 (1): 97-205

[3] Garnham G W, Codd G A, Gadd G M. Accumulation of zirconium by microagae and cyanobacteria [J]. Apply of Microbiology Biotechnology, 1993, 39(4-5): 666-672

[4] Babic B M, Milonjic S K. Polovina M J, et al. Adsorption of zinc, cadmium and mercury ions from aqueous solutions on activated carbon cloth [J]. Carbon, 2002, 40(7): 1109-1115

[5] Gomez Serrano V, Macias Garcia A. Adsorption of mercury, cadmium and lead from aqueous solution on heat-treated and sulphurized activated carbon [J]. Water Research, 1998, 32(1): 1-4

[6] Pavan F A, Lima I S, Lima E C, et al. Use of Ponkan mandarin peels as biosorbent for toxic metals uptake from aqueous solutions [J]. J Hazard Mater, 2006, 137(1): 527-533

[7] Ayhan Sengil I, Ozacar M. Biosorption of Cu (Ⅱ) from aqueous solutions by mimosa tannin gel [J]. Journal of Hazardous Materials, 2008, 157(2-3): 277-285

[8] Chojnacka K, Chojnacki A, Górecka H. Biosorption of Cr^{3+}, Cd^{2+} and Cu^{2+} ions by blue-green algae Spirulina sp.: kinetics, equilibrium and the mechanism of the process [J]. Chemosphere, 2005, 59(1): 75-84

[9] Noeline B F, Manohar D M, Anirudhan T S. Kinetic and equilibrium modelling of lead (Ⅱ) sorption from water and wastewater by polymerized banana stem in a batch reactor [J]. Sep Purif Technol, 2005, 45(2): 131-140

[10] 傅献彩，沈文霞，姚天扬. 物理化学[M]. 第 4 版. 北京：高等教育出版社，2000

[11] Ozaer A. Removal of Pb (Ⅱ) ions from aqueous solutions by sulphuric acid-treated wheat bran [J]. Journal of Hazardous Materials, 2007, 141(3): 753-761

[12] Ayyappan R, Carmalin Sophia A, Swaminathan K, et al. Removal of Pb(Ⅱ) from aqueous solution using carbon derived from agricultural wastes[J]. Process Biochemistry, 2005, 40(3-4): 1293-1299

[13] 王茹，廖学品，侯旭，等. 胶原纤维固化杨梅单宁对 Pb^{2+}、Cd^{2+}、Hg^{2+} 的吸附[J]. 林产化学与工业，2005，25(1)：10-13

第 14 章　氧化降解植物多酚(单宁)对 Cu(Ⅱ)和 Pb(Ⅱ)的吸附

14.1 引　　言

本章以含单宁量大于等于 98.5%的没食子酸、68%的橡椀栲胶、81.0%的单宁酸、68.0%的杨梅栲胶和 70.0%的黑荆栲胶为原料，通过氧化降解制得改性植物多酚(单宁)，研究了氧化降解改性后植物多酚(单宁)对金属 Cu(Ⅱ)和 Pb(Ⅱ)的吸附沉淀，以及 pH、金属溶液初始浓度和平衡吸附温度对 Cu(Ⅱ)和 Pb(Ⅱ)吸附沉淀量的影响及规律。

14.2 实验研究方法

14.2.1 植物多酚(单宁)氧化降解改性

将 10.0 g 没食子酸(橡椀栲胶、单宁酸、杨梅栲胶和黑荆栲胶)充分溶于 40.0 g 超纯水，加入装有搅拌器的三口瓶中，调节 pH 到 7.5～8.0，充分溶解后，水浴加热升温到 70 ℃恒温搅拌，2 h 内边搅拌边滴加完 2.0 g 50%的 H_2O_2，再继续反应 2 h。冷冻干燥制得改性产品。

14.2.2 实验研究方法

1. pH 对吸附沉淀量的影响

方法同 13.2.2 中 1。

2. 吸附平衡

方法同 13.2.2 中 2。

3. 初始浓度对吸附沉淀量的影响

方法同 13.2.2 中 3。

4. 温度对吸附沉淀量的影响

方法同 13.2.2 中 4。

14.3　氧化降解改性植物多酚的表征

图 14-1(a)所示为没食子酸氧化降解改性前后红外光谱图。由图可知，在 1600 cm^{-1} 和 1500 cm^{-1} 附近均存在两个明显的芳环骨架的 C═C 伸缩振动吸收峰。1700 cm^{-1} 附近出现了由于羰基和羟基之间形成氢键的羧酸 C═O 伸缩振动吸收峰，氧化降解改性后没食子酸在 3200～2500 cm^{-1} 出现羧基的 O—H 伸缩振动。

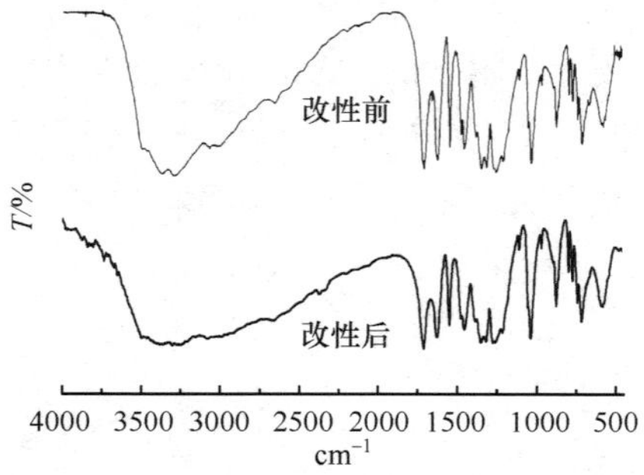

(a) 氧化降解改性前后没食子酸红外光谱

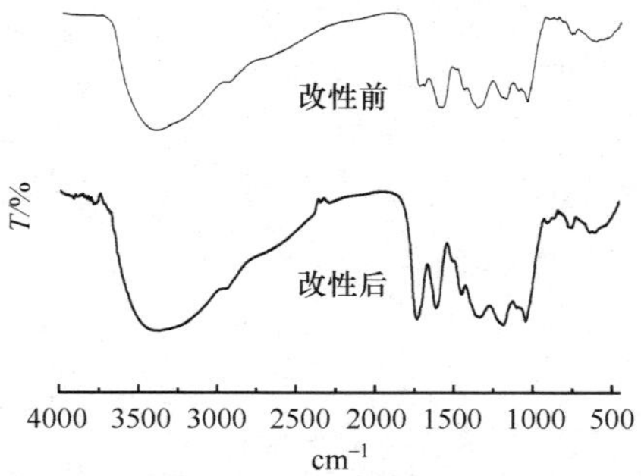

(b) 氧化降解改性前后橡椀单宁红外光谱

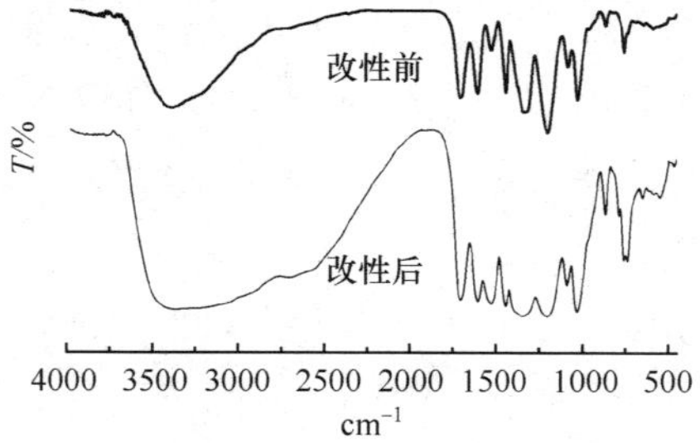

(c) 氧化降解改性前后单宁酸红外光谱

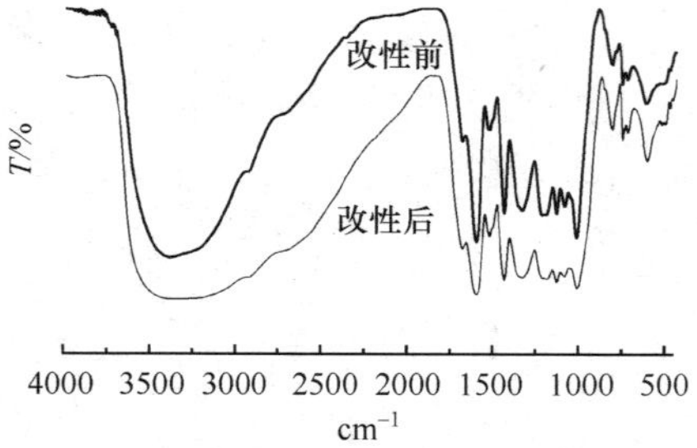

(d) 氧化降解改性前后杨梅单宁红外光谱

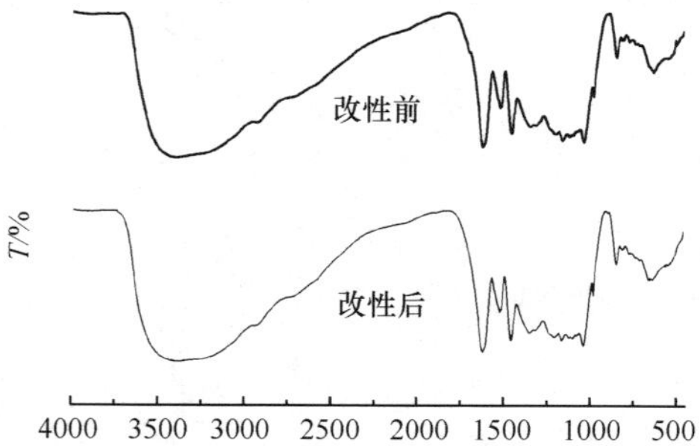

(e) 氧化降解改性前后黑荆单宁红外光谱

图 14-1　各种单宁氧化降解改性前后的红外光谱图对比

图 14－1(b)是橡椀单宁氧化降解改性前后的红外光谱图。改性后羟基的基频峰在 3396.6 cm^{-1}处，峰形较改性前尖锐，为游离羟基伸缩振动。2935 cm^{-1}附近为亚甲基非对称伸缩振动。氧化降解改性前 1731.8 cm^{-1}处有 C ═O 强吸收峰，说明含有酚羟基和羧基基团。氧化降解改性后羰基吸收峰减弱。1042.7 cm^{-1}、1047.5 cm^{-1}处 C—O 吸收峰改性后峰面积增大，证明氧化降解改性后橡椀单宁除了含有大量酚羟基，还产生了较多的羧基。表 14－1 为氧化降解改性前后橡椀单宁的红外吸收波数归属。

表 14－1　氧化降解改性前后橡椀单宁的红外吸收波数归属

基团归属	波数/cm^{-1}	
	未改性	氧化降解改性
O—H 羟基的伸缩振动	3374.5	3396.6
O—H 羟基变形振动	1332.2	1361.9
C—H(—CH_2—)不对称伸缩振动	2937.4	2931.4
C═O 伸缩振动	1731.8	1736.2
C—O(Ph—CHR—OH) 伸缩振动	1042.7	1047.5
C—OH(Ph—OH)伸缩振动	1186.1	1187.8
芳环骨架(C═C)伸缩振动	1612.4、1508.2、1499.4	1598.3、1502.7、1449.7

图 14－2 和图 14－3 分别为相同扫描倍数下氧化降解改性前后的没食子酸电镜扫描图。由图可见，未改性没食子酸具有紧密排列的晶体结构，而氧化降解后没食子酸晶体裸露的表面明显增加。氧化降解改性没食子酸 XRD 衍射图(图 14－4)表明，氧化没食子酸具有良好的晶体结构和特性。

图 14－2　未改性没食子酸 SEM 图 (5.00KX)

图 14－3　氧化降解改性没食子酸 SEM 图 (5.00KX)

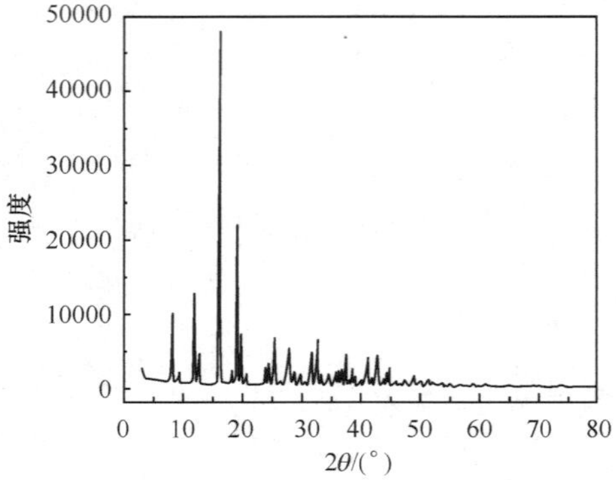

图 14－4　氧化没食子酸的 X 衍射图谱

图 14－5～图 14－8 分别为不同放大倍数下氧化单宁酸的扫描电镜图，由图可见，氧化单宁酸表面具有片状晶体结构，表面积大，这使溶液中金属离子与氧化单宁酸吸附沉淀的概率增大。

氧化降解改性前后的杨梅单宁的红外光谱图见图 14－1(d)。1614.6 cm^{-1}处为苯环伸缩振动强吸收峰，故分子振动不对称，为取代苯。1699.2 cm^{-1}处为 Ph—C═O—R 的C═O键伸缩振动，1223.8 cm^{-1}处为C—O键倍频峰。氧化

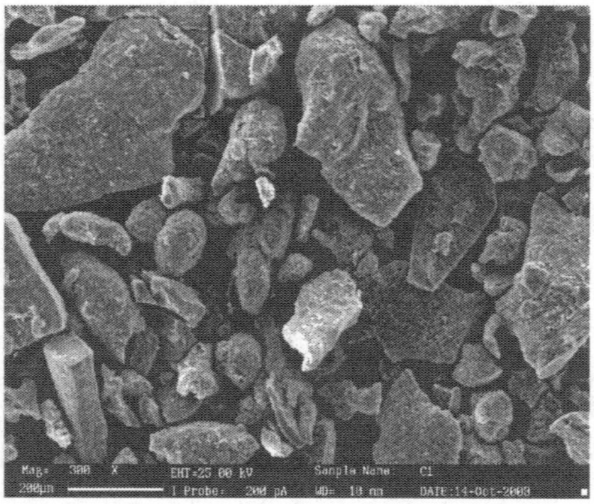

图 14－5　氧化单宁酸 SEM 图(300X)

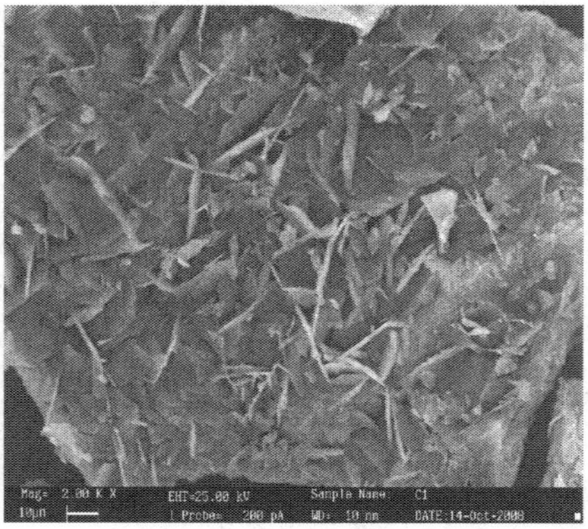

图 14－6　氧化单宁酸(2.00KX)

图 14－7　氧化单宁酸 SEM 图(5.00KX)

图 14－8　氧化单宁酸(10.00KX)

降解改性后 1210.8 cm^{-1}处、1145.6 cm^{-1}处为 C—O 键伸缩振动峰，与未改性前 C—O 键吸收峰比较，振动频率向低频方向移动，说明氧化使氢键增加，反应未使黄烷类含醇羟基的吡喃环上的活泼氢与过氧化氢形成接枝中心。1028.6 cm^{-1}处有二级苯甲基 C—O 键吸收峰。杨梅单宁在氧化改性后羟基吸收峰 3400 cm^{-1}附近峰面积较改性前大，而黑荆单宁则基本没有变化。表 14－2 为氧化降解改性前后杨梅单宁的红外吸收波数归属。

表 14－2　氧化降解改性前后杨梅单宁的红外吸收波数归属

基团归属	波数/cm^{-1}	
	未改性	氧化降解改性
O—H 羟基的伸缩振动	3424.3	3374.6
O—H 羟基变形振动	1351.1	1354.6
C—H(—CH_2—)不对称伸缩振动	2921.7	2931.3
C═O 伸缩振动	1699.2	1703.1
C—O(Ph—CHR—OH)伸缩振动	1033.0	1028.6
C—OH(Ph—OH)伸缩振动	1223.8	1210.8
芳环骨架(C═C)伸缩振动	1616.4、1450.8、1216.6	1613.7、1516.4、1449.7

氧化降解改性前后的黑荆单宁的红外光谱见图 14－1(e)。1618.3 cm^{-1}处、1450.3 cm^{-1}处有五元环伸缩振动吸收峰，844.4 cm^{-1}处为 C—H 键变形振动吸收峰，1452.1 cm^{-1}处为甲基不对称伸缩振动、变形振动。845.2 cm^{-1}处、843.7 cm^{-1}处、841.4 cm^{-1}处为 C—O—C 键对称振动及伸缩振动。1033.6 cm^{-1}处为苯环上 C—O—C键对称振动及伸缩振动吸收峰。1031.7 cm^{-1}处为 Ph—CHR—OH 中 C—O键吸收峰，改性前后未见 C═O 吸收峰。表 14－3 为氧化降解改性前后黑荆单宁的红外吸收波数归属。

表 14－3　氧化降解改性前后黑荆单宁的红外吸收波数归属

基团归属	波数/cm^{-1}	
	未改性	氧化降解改性
O—H 羟基的伸缩振动	3374.6	3401.1
O—H 羟基变形振动	1343.4	1312.6
C—H(—CH_2—)不对称伸缩振动	2928.9	2923.7
C—O(Ph—CHR—OH) 伸缩振动	1032.6	1030.9
C—OH(Ph—OH)伸缩振动	1202.5	1201.8
芳环骨架(C═C)伸缩振动	1618.3、1514.9、1450.3	1617.7、1514.7、1452.7

图 14－9～图 14－12 为氧化黑荆单宁扫描电镜(SEM)图，与没食子酸不同的是氧化黑荆单宁的表面粗糙，这将有利于提高溶液中金属离子与吸附沉淀剂的结合概率，提高吸附沉淀剂对金属离子的吸附沉淀量。

图 14－9 氧化黑荆单宁 SEM 图 (200X)

图 14－10 氧化黑荆单宁 SEM 图 (1.00KX)

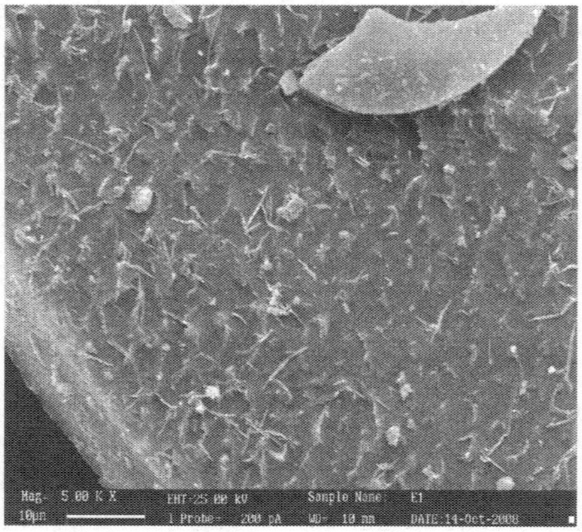

图 14－11 氧化黑荆单宁 SEM 图 (5.00KX)

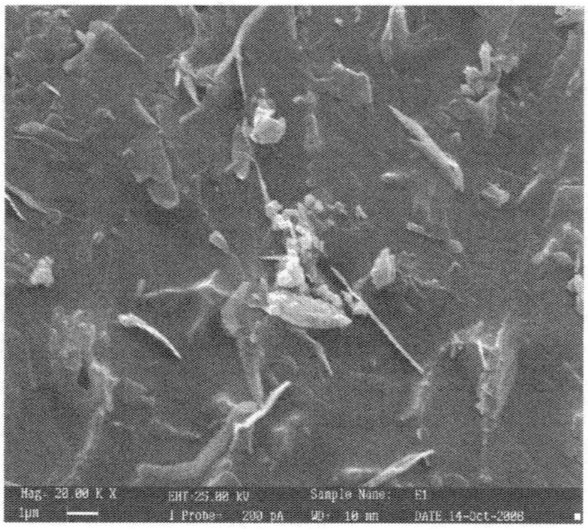

图 14－12 氧化黑荆单宁 SEM 图 (20.00KX)

14.4 pH 对平衡吸附沉淀量的影响

水体中重金属离子的吸附沉淀受 pH 的影响显著。pH 一方面影响吸附沉淀剂，另一方面影响溶液中金属离子存在状态。尤其在单宁分子中，pH 主要影响多酚羟基的电离。图 14－13(a)所示为氧化降解改性没食子酸对 Cu(Ⅱ)和 Pb(Ⅱ)的吸附沉淀量受 pH 影响的曲线。对 Cu(Ⅱ)的吸附沉淀量随着 pH 的升

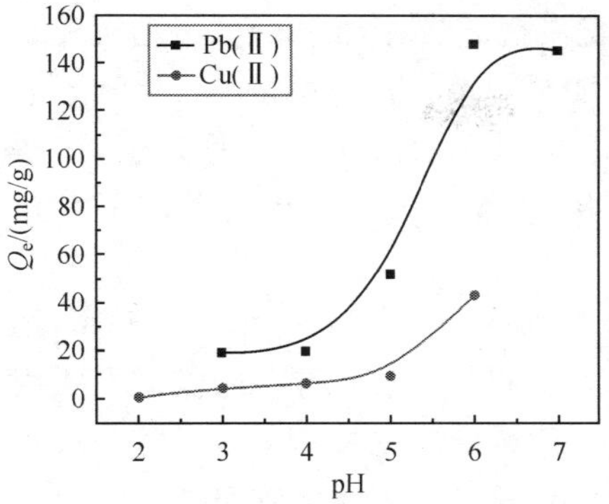

(a) pH对氧化没食子酸吸附沉淀Cu(Ⅱ)和Pb(Ⅱ)的影响

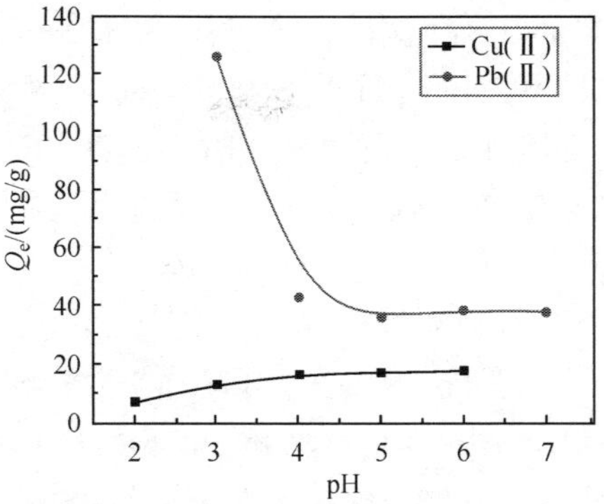

(b) pH对氧化橡椀单宁吸附沉淀Cu(Ⅱ)和Pb(Ⅱ)的影响

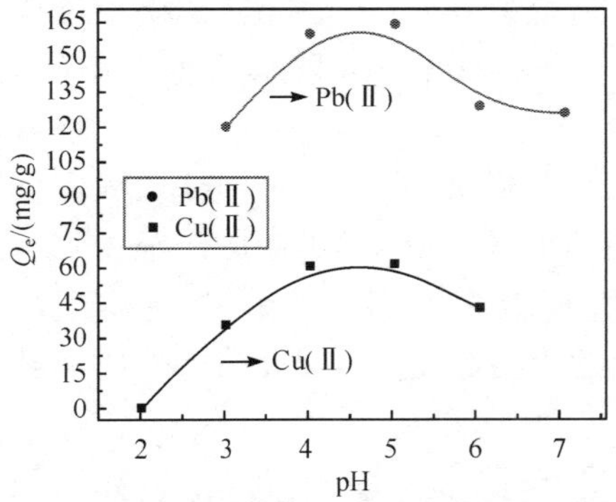

(c) pH对氧化单宁酸吸附沉淀Cu(Ⅱ)和Pb(Ⅱ)的影响

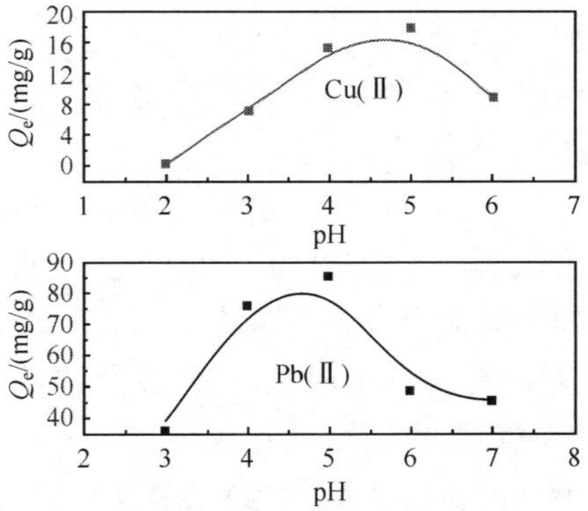

(d) pH对氧化杨梅单宁吸附沉淀Cu(Ⅱ)和Pb(Ⅱ)的影响

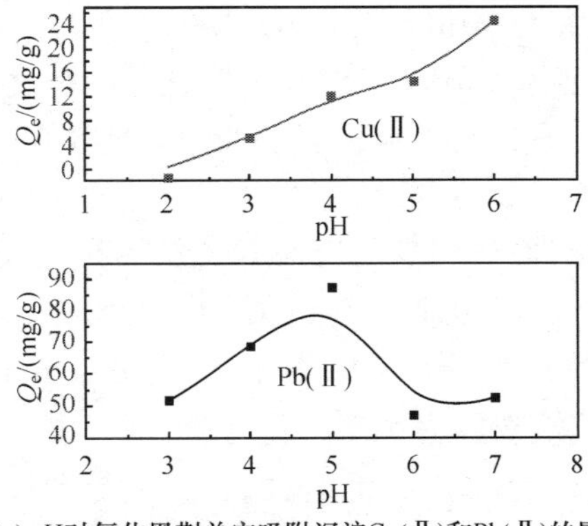

(e) pH对氧化黑荆单宁吸附沉淀Cu(Ⅱ)和Pb(Ⅱ)的影响

图 14－13　pH 对各种氧化降解改性单宁平衡吸附沉淀量的影响

高吸附沉淀量不断升高。较低 pH 条件下,氧化没食子酸对 Cu(Ⅱ)的吸附沉淀量很低,这与吸附沉淀剂表面正电荷密度较大,水合氢离子与金属离子间静电排斥作用力增强有关。当 pH 小于 6.0 时,氧化没食子酸对 Pb(Ⅱ)的吸附沉淀量随着 pH 的升高而增加。当 pH 为 3.0～5.0，氧化没食子酸对 Pb(Ⅱ)的吸附沉淀量增加量不大，当 pH 为 5.0、6.0 时，吸附沉淀量明显提高，可以达到 147.78 mg/g。由于溶液在 pH 大于 6.0 时会出现[$Pb_2(OH)]^{3+}$、[$Pb_3(OH)_4]^{2+}$ 等离子，水解和聚合作用加强，影响氧化没食子酸与 Pb(Ⅱ)的配位反应，导致吸附沉淀量降低。

pH 对氧化橡椀单宁平衡吸附沉淀量的影响如图 14－13(b)所示。随着 pH 的升高，氧化橡椀单宁对 Cu(Ⅱ)的平衡吸附沉淀量增加，而对 Pb(Ⅱ)的平衡吸附沉淀量却下降，而且在偏酸性环境下平衡吸附沉淀量下降的幅度较大。当 pH 大于 5.0 时，氧化橡椀单宁对 Pb(Ⅱ)的平衡吸附沉淀量变化不大。这可能一方面是由于在不同溶液环境下，pH 对金属离子的水解和聚合行为的影响较大，使得在不同 pH 条件下金属离子在水溶液中存在形态有所改变，另一方面，pH 影响溶液中水合氢离子的含量，影响质子化与去质子化反应，从而影响氧化降解改性橡椀单宁表面的电荷性质。

图 14－13(c)所示为氧化单宁酸吸附沉淀 Cu(Ⅱ)和 Pb(Ⅱ)时，pH 对吸附沉淀量的影响。由图可知，当 pH≤5.0 时，氧化单宁酸对 Cu(Ⅱ)的吸附沉淀量随着 pH 的升高而升高。在 pH 为 6.0 时吸附沉淀量降低为 42.025 mg/g。与Cu(Ⅱ)的吸附沉淀量变化相似，氧化单宁酸对 Pb(Ⅱ)的吸附沉淀量在 pH 为 5.0 时达到最大，随后吸附沉淀量逐渐降低。

图 14－13(d)所示为氧化降解改性杨梅单宁吸附沉淀 Cu(Ⅱ)和 Pb(Ⅱ)时 pH 对吸附沉淀量的影响。由图可见，当 pH 为 5.0 时氧化杨梅单宁对 Cu(Ⅱ)和 Pb(Ⅱ)的吸附沉淀量达到最大值，并且 pH 大于 5.0 时的吸附沉淀量明显减少。这有可能是金属离子随着 pH 升高在溶液中发生不同程度的溶剂化、缩合与水解反应，导致金属离子在溶液中有不同的存在形态，影响了氧化杨梅单宁对Cu(Ⅱ)和Pb(Ⅱ) 的吸附沉淀量。

如图 14－13(e)所示，氧化黑荆单宁对 Cu(Ⅱ)的平衡吸附沉淀量随着 pH 的增加而增加，当 pH 为 6.0 时，吸附沉淀量为 24.750 mg/g；对 Pb(Ⅱ)的平衡吸附沉淀量在 pH 为 5.0 时达到最大，其值达到 87.180 mg/g。氧化黑荆单宁对 Cu(Ⅱ)和 Pb(Ⅱ)的吸附沉淀能力小于磺化-胺甲基化黑荆单宁。pH 的变化影响酚羟基在水溶液中的电离，当 pH 很低时，电离过程受到抑制，影响其与金属离子的配位，使吸附沉淀量降低。

14.5 吸附平衡

图 14－14 所示为 Cu^{2+} 和 Pb^{2+} 初始浓度分别为 100 mg /L、200 mg/L，Cu^{2+} 溶液初始 pH 为 6.0，Pb^{2+} 溶液初始 pH 为 3.0 时，氧化降解改性没食子酸对

Cu(Ⅱ)和 Pb(Ⅱ) 的吸附等温线。由图可知,氧化没食子酸对 Cu(Ⅱ)的吸附沉淀量大于对 Pb(Ⅱ)的吸附沉淀量。

随着平衡浓度增加,氧化没食子酸对 Cu(Ⅱ)和 Pb(Ⅱ)的吸附沉淀量增加。对 Cu(Ⅱ)吸附沉淀量增长率大于对 Pb(Ⅱ)的吸附沉淀量增长率。

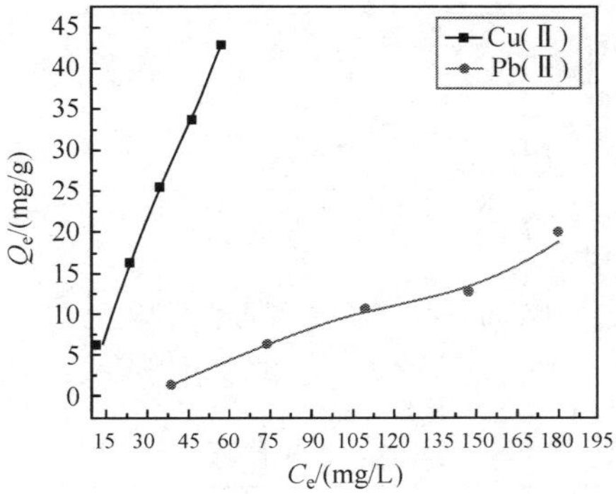

图 14-14　氧化没食子酸对 Cu(Ⅱ)和 Pb(Ⅱ)的吸附等温线

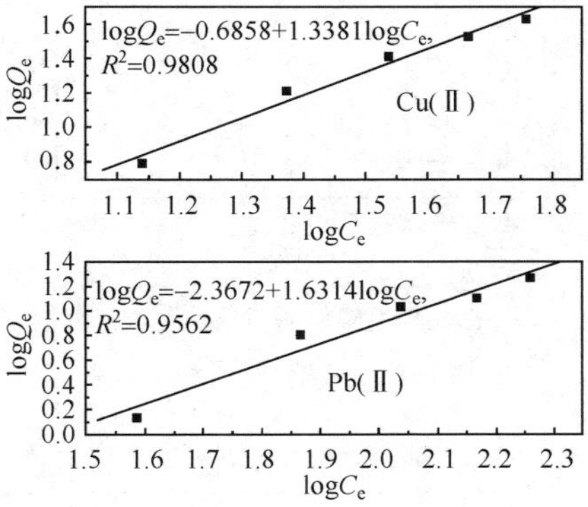

图 14-15　Freundlich 方程拟合氧化没食子酸对 Cu(Ⅱ)和 Pb(Ⅱ)的吸附等温线

用 Langmuir 方程和 Freundlich 方程对 Cu(Ⅱ)和 Pb(Ⅱ)的吸附等温线进行分析发现,经典的 Freundlich 方程可以对 Cu(Ⅱ)和 Pb(Ⅱ)的实验数据进行较好的拟合,如图 14-15 所示。由表 14-4 可见,氧化没食子酸对 Cu(Ⅱ)的吸附沉淀强度大于对 Pb(Ⅱ)的吸附沉淀强度。这可能与被吸附沉淀金属离子在水溶液中的形态有关。

表 14-4　氧化降解改性没食子酸吸附沉淀 Cu(Ⅱ)和 Pb(Ⅱ)的 Freundlich 参数

金属离子	Freundlich 参数		
	$\log K$	$1/n$	R^2
Cu(Ⅱ)	−0.6858	1.3381	0.9808
Pb(Ⅱ)	−2.3672	1.6314	0.9562

图 14-16 所示为 303 K 时,氧化橡椀单宁在适宜 pH 条件下对 Cu(Ⅱ)和 Pb(Ⅱ)的吸附等温线。由图可见,氧化橡椀单宁对 Cu(Ⅱ)和 Pb(Ⅱ)的平衡吸附沉淀量随着平衡浓度的增加而增加。用 Langmuir 和 Freundlich 方程对吸附等温线进行分析发现,Cu(Ⅱ)和 Pb(Ⅱ)的实验数据可以用经典的 Freundlich 方程拟合,如图 14-17 所示。表 14-5 所示为氧化降解改性橡椀单宁对 Cu(Ⅱ)和 Pb(Ⅱ)的 Freundlich 参数。

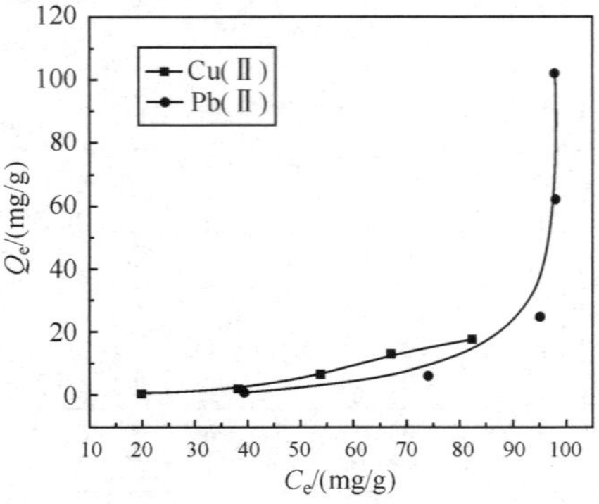

图 14－16　氧化橡椀单宁对 Cu(Ⅱ)和 Pb(Ⅱ)的吸附等温线

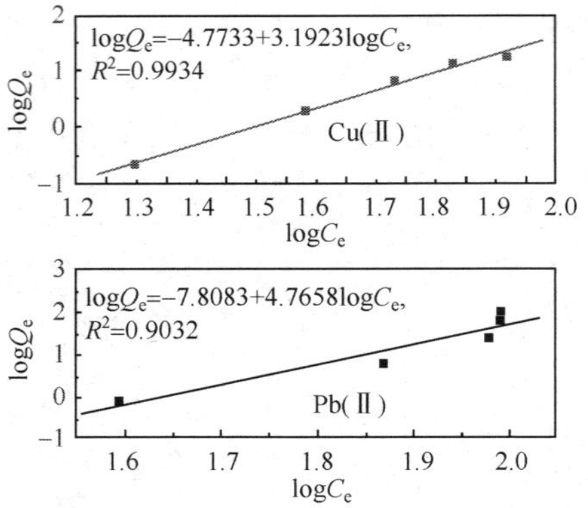

图 14－17　Freundlich 方程拟合氧化橡椀单宁对 Cu(Ⅱ)和 Pb(Ⅱ)的吸附等温线

表 14－5　氧化橡椀单宁吸附沉淀 Cu(Ⅱ)和 Pb(Ⅱ)Freundlich 参数

金属离子	Freundlich 参数		
	$\log K$	$1/n$	R^2
Cu(Ⅱ)	－4.7733	3.1923	0.9934
Pb(Ⅱ)	－7.8083	4.7658	0.9032

图 14－18 所示为氧化降解改性单宁酸对 Cu(Ⅱ)和 Pb(Ⅱ)的吸附等温线。氧化单宁酸对 Cu(Ⅱ)和 Pb(Ⅱ)的吸附沉淀量随着 Cu(Ⅱ)和 Pb(Ⅱ)溶液浓度的增大而增大。用 Langmuir 和 Freundlich 方程对吸附等温线进行分析发现，Cu(Ⅱ) 和 Pb(Ⅱ)的实验数据通过 Freundlich 方程可以进行良好的拟合，如图 14－19 所示。这证明氧化单宁酸对 Pb(Ⅱ)的吸附等温线属于 S 型吸附等温线，

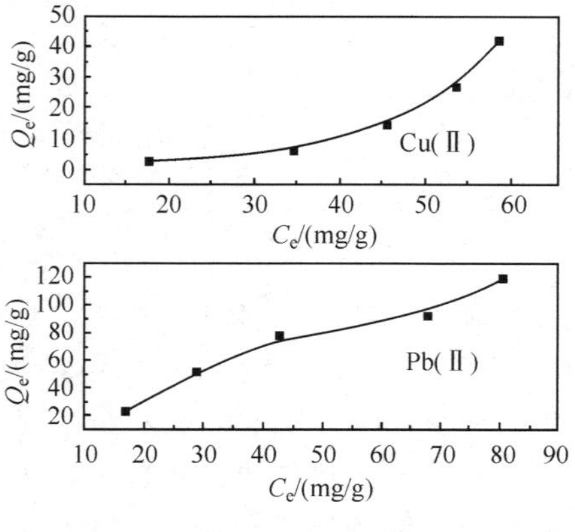

图 14－18　氧化单宁酸对 Cu(Ⅱ)和 Pb(Ⅱ)的吸附等温线

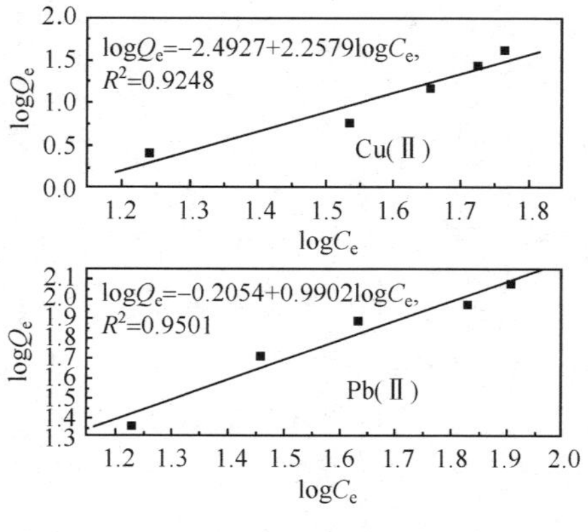

图 14－19　Freundlich 方程拟合氧化单宁酸对 Cu(Ⅱ)和 Pb(Ⅱ)的吸附等温线

其吸附表面发生了多层吸附。表 14－6 所示为氧化单宁酸对 Cu(Ⅱ)和 Pb(Ⅱ)的 Freundlich 参数。

表 14－6　氧化单宁酸吸附沉淀 Cu(Ⅱ)和 Pb(Ⅱ)的 Freundlich 参数

金属离子	Freundlich 参数		
	$\log K$	$1/n$	R^2
Cu(Ⅱ)	－2.4927	2.2579	0.9248
Pb(Ⅱ)	0.2054	0.9902	0.9501

氧化降解改性杨梅单宁对 Cu(Ⅱ)和 Pb(Ⅱ)的吸附等温线如图 14－20 所示，氧化杨梅单宁对 Pb(Ⅱ)的平衡吸附沉淀量比 Cu(Ⅱ)的平衡吸附沉淀量大。Cu(Ⅱ)和 Pb(Ⅱ)的平衡吸附沉淀量随着溶液中金属离子的增加而增加，当平衡浓度增加到一定程度时，Cu(Ⅱ)的吸附沉淀量趋于平衡，而 Pb(Ⅱ)的吸附沉淀量随平衡浓度的增加呈线性增加趋势。这种差异与 Cu(Ⅱ)和 Pb(Ⅱ)金属离子半径及其他特性有关，表明氧化杨梅单宁对 Cu(Ⅱ)和 Pb(Ⅱ)的吸附沉淀可能具有不同的吸附沉淀机理。经典的 Freundlich 方程对 Cu(Ⅱ)和 Pb(Ⅱ)的吸附等温线进行拟合，其拟合情况见表 14－7，拟合曲线如图 14－21。

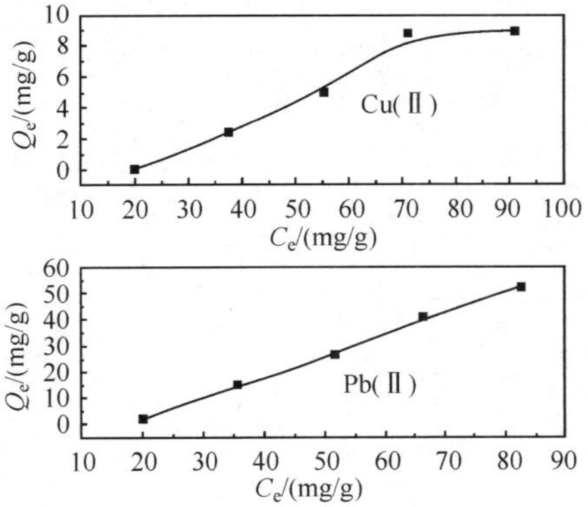

图 14－20　氧化杨梅单宁对 Cu(Ⅱ)和 Pb(Ⅱ)的吸附等温线

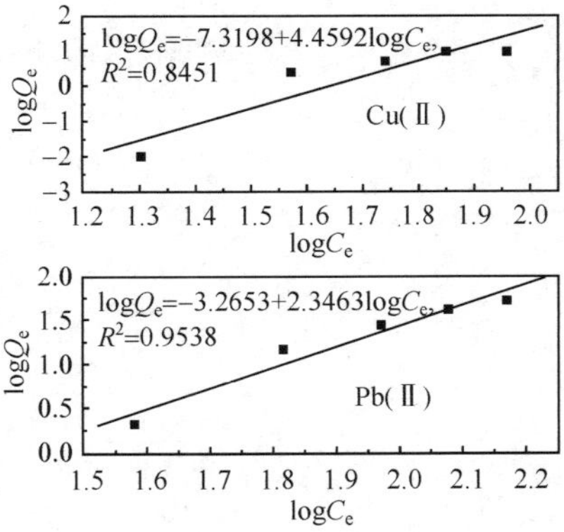

图 14－21　Freundlich 方程拟合氧化杨梅单宁对 Cu(Ⅱ)和 Pb(Ⅱ)的吸附等温线

表 14－7　氧化杨梅单宁吸附沉淀 Cu(Ⅱ)和 Pb(Ⅱ)的 Freundlich 参数

金属离子	Freundlich 参数		
	$\log K$	$1/n$	R^2
Cu(Ⅱ)	－7.3198	4.4592	0.8451
Pb(Ⅱ)	－2.3653	2.3463	0.9538

图 14－22(a)所示为氧化黑荆单宁对 Cu(Ⅱ)和 Pb(Ⅱ)的吸附等温线。氧化黑荆单宁对 Cu(Ⅱ)和 Pb(Ⅱ)的吸附沉淀量随着 Cu(Ⅱ)和 Pb(Ⅱ)初始浓度的增加而增加。图 14－22(b)、图 14－22(c)分别是 Langmuir 方程和 Freundlich 方程吸附拟合氧化黑荆单宁对 Cu(Ⅱ)和 Pb(Ⅱ)的吸附等温线。平衡常数 K 值的大小代表吸附沉淀剂与金属离子的结合强度，K 值越大，结合强度越强。由表 14－8 可以看出，氧化黑荆单宁对 Pb(Ⅱ)的结合强度大于对 Cu(Ⅱ)的结合强度，说明氧化黑荆单宁对 Cu(Ⅱ)的吸附沉淀能力较低，验证了氧化黑荆单宁对 Pb(Ⅱ)的吸附沉淀量大于对 Cu(Ⅱ)的吸附沉淀量。

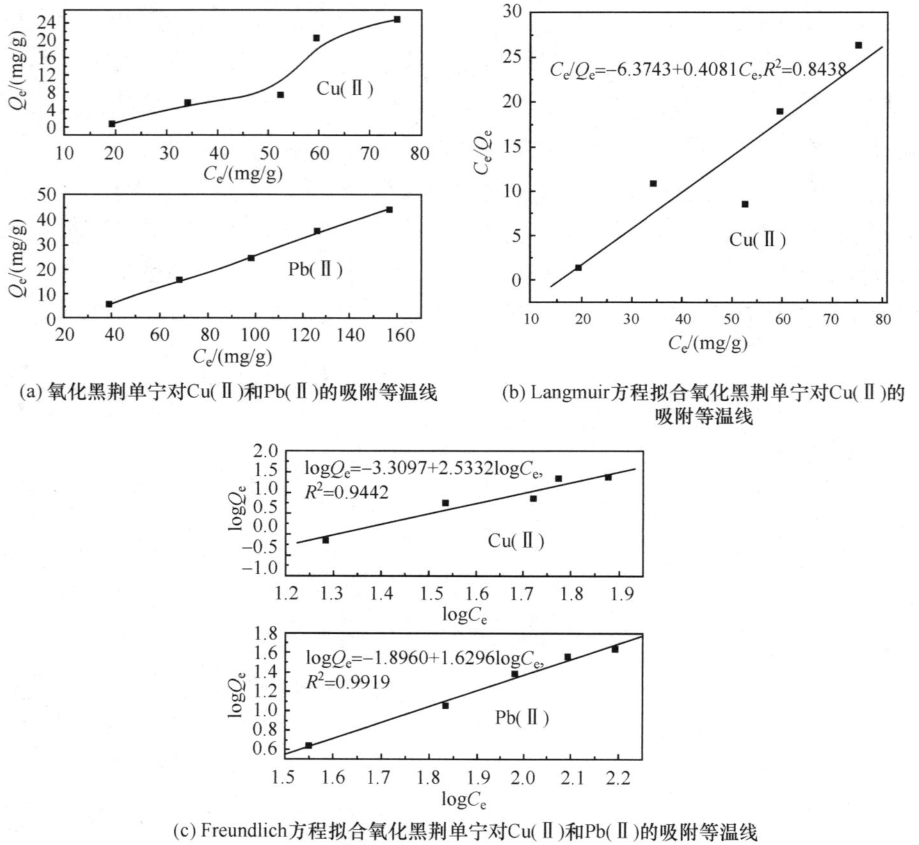

(a) 氧化黑荆单宁对Cu(Ⅱ)和Pb(Ⅱ)的吸附等温线

(b) Langmuir方程拟合氧化黑荆单宁对Cu(Ⅱ)的吸附等温线

(c) Freundlich方程拟合氧化黑荆单宁对Cu(Ⅱ)和Pb(Ⅱ)的吸附等温线

图 14－22　氧化降解改性黑荆单宁的吸附等温线

表 14－8　氧化黑荆单宁对 Cu(Ⅱ)和 Pb(Ⅱ)的 Langmuir 及 Freundlich 参数

金属离子	Langmuir 参数			Freundlich 参数		
	Q_{max}/(mg/g)	b/(L/mg)	R^2	log$K$	1/n	R^2
Cu(Ⅱ)	24.750	−0.0063	0.8438	—	—	—
Pb(Ⅱ)	43.920	0.0026	0.8497	−1.8960	1.6296	0.9919

14.6　初始浓度对吸附沉淀量的影响

图 14－23 所示为氧化降解改性植物多酚(单宁)吸附沉淀 Cu(Ⅱ)和 Pb(Ⅱ)时受

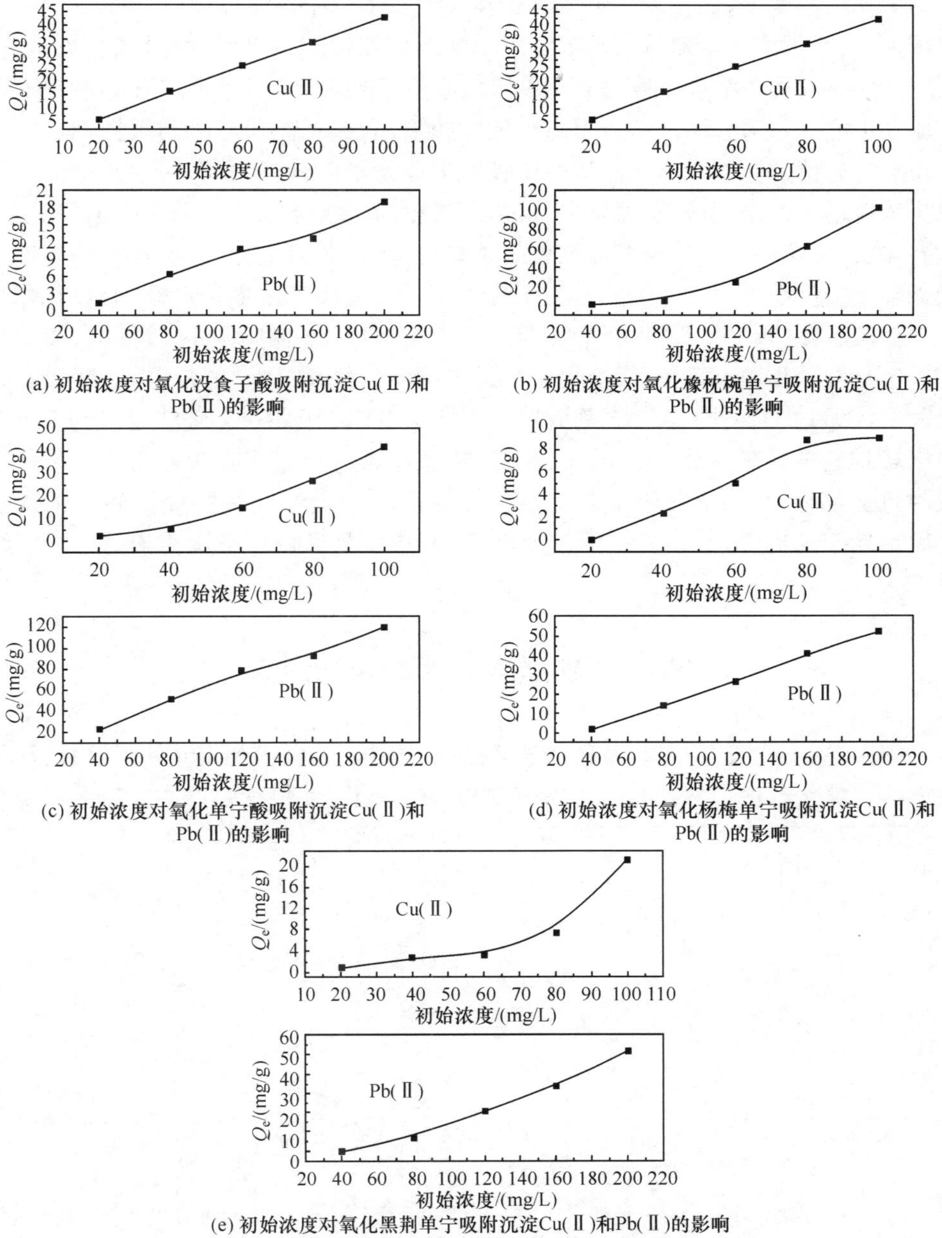

图 14－23　初始浓度对各种氧化降解改性单宁沉淀吸附量的影响

初始浓度变化的影响曲线，由图可见，氧化降解改性植物多酚（单宁）对 Cu（Ⅱ）和 Pb（Ⅱ）的吸附沉淀量随着初始浓度的增加而增加。在吸附沉淀过程中，在水相和固相之间，初始浓度提供了克服铜离子传质阻力的驱动力，因而当溶液初始浓度越高，氧化植物多酚（单宁）对金属离子的吸附沉淀量就越大。图 14－23（c）描述了在不同初始浓度下，氧化单宁酸对 Cu（Ⅱ）和 Pb（Ⅱ）的吸附沉淀量的变化情况。由图可见，吸附沉淀量随着初始浓度的增加而增加，且与初始浓度呈线性关系，说明溶液中金属离子浓度梯度是氧化单宁酸吸附沉淀水溶液中金属离子过程中的主要驱动力之一。随着溶液中金属离子浓度的增加，金属离子与吸附沉淀剂表面活性位点的碰撞越激烈，越有效，从而使吸附沉淀量不断升高，并在实验范围内金属离子浓度最大时得到最大吸附沉淀量，结合吸附等温线类型，可以解释为发生了毛细孔凝聚，氧化单宁酸吸附沉淀剂表面具有孔径 50 Å 以上的孔，且孔径一直增加到无限大。由图 14－23（e）可以看出，随着初始金属离子溶液浓度增加，氧化黑荆单宁对 Cu（Ⅱ）和 Pb（Ⅱ）的吸附沉淀量也不断增加。在初始浓度较低时，氧化黑荆单宁对 Cu（Ⅱ）的吸附沉淀量随着 Cu（Ⅱ）溶液初始浓度增加较慢，浓度较高时吸附沉淀量增加变快；而氧化黑荆单宁对 Pb（Ⅱ）的吸附沉淀量与 Pb（Ⅱ）溶液浓度增加速度比较一致。这可能是因为较高金属离子浓度能够更充分地结合在吸附沉淀剂表面，表面吸附沉淀位点饱和后溶液中仍然存在的金属离子进入氧化黑荆单宁的内部通道，并被滞留或吸附，使得氧化黑荆对金属离子的吸附沉淀量增大。

14.7 温度对吸附沉淀量的影响

图 14－24 和图 14－25 为温度对氧化没食子酸 Cu（Ⅱ）和 Pb（Ⅱ）吸附沉淀量的影响。氧化没食子酸对 Cu（Ⅱ）和 Pb（Ⅱ）的吸附沉淀量受温度影响较大。随着

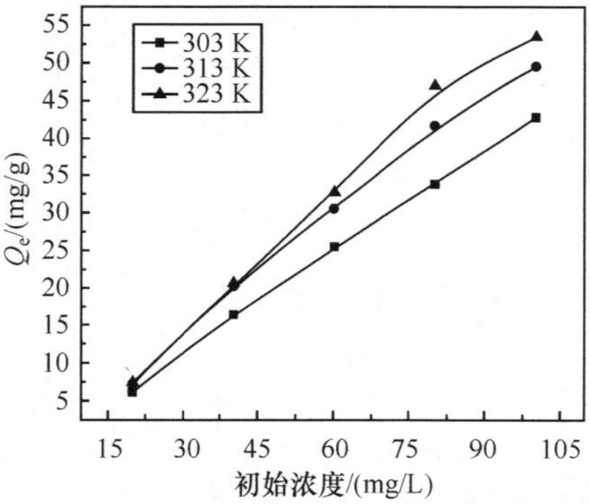

图 14－24 温度对氧化没食子酸吸附沉淀对 Cu（Ⅱ）的影响

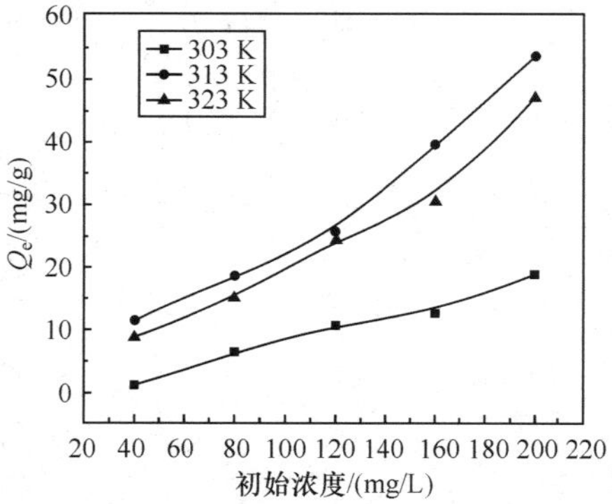

图 14－25 温度对氧化没食子酸吸附沉淀对 Pb（Ⅱ）的影响

温度升高,氧化没食子酸对 Cu(Ⅱ)的吸附沉淀量增加,表明该吸附沉淀反应是一个吸热过程。实验范围内,氧化没食子酸对 Pb(Ⅱ)的最佳吸附沉淀温度为 313 K。

温度对氧化橡椀单宁吸附平衡的影响如图 14－26 和图 14－27 所示。氧化橡椀单宁吸附沉淀 Cu(Ⅱ)和 Pb(Ⅱ)的最佳温度为 313 K。323 K 条件下氧化橡椀单宁对 Cu(Ⅱ)的吸附沉淀量小于 303 K 时的吸附沉淀量,而氧化橡椀单宁在 323 K 下对 Pb(Ⅱ)的吸附沉淀量大于 303 K 时的吸附沉淀量。这可能是由于氧化橡椀单宁吸附沉淀金属离子时,吸附沉淀剂周围溶液中的反离子,如 SO_4^{2-}、NO_3^- 在高温下热运动剧烈,由于静电作用使得氧化橡椀单宁在温度升高到 323 K 时,对 Cu(Ⅱ)和 Pb(Ⅱ)的吸附沉淀量降低。

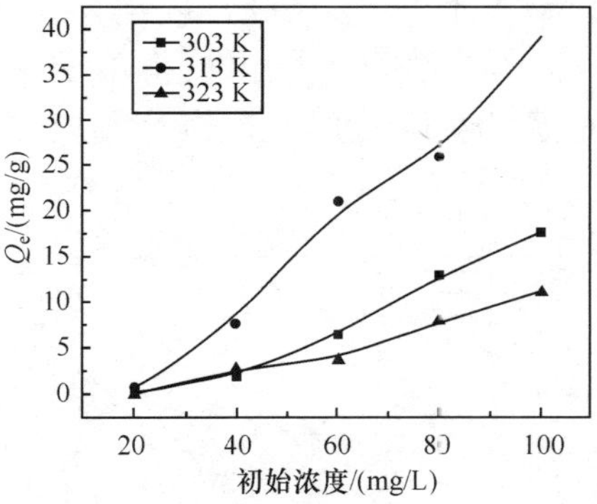

图 14－26　温度对氧化橡椀单宁吸附沉淀 Cu(Ⅱ)的影响

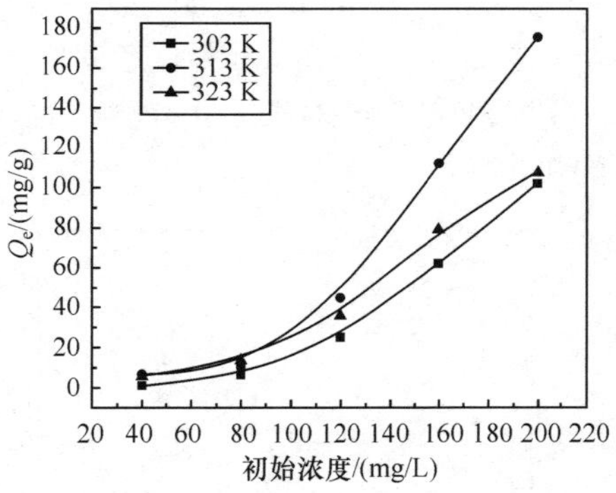

图 14－27　温度对氧化橡椀单宁吸附沉淀对 Pb(Ⅱ)的影响

图 14－28 和图 14－29 所示为温度对氧化单宁酸 Cu(Ⅱ)和 Pb(Ⅱ)吸附沉淀量的影响。Cu(Ⅱ)和 Pb(Ⅱ)的吸附沉淀量随着温度的升高而增加,当温度达到

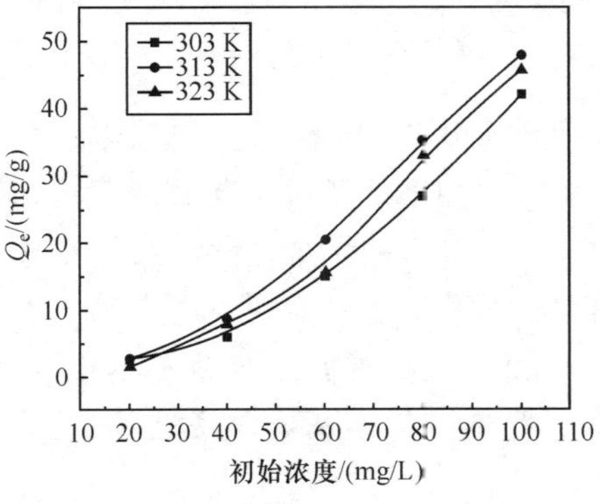

图 14－28　温度对氧化单宁酸吸附沉淀对 Cu(Ⅱ)的影响

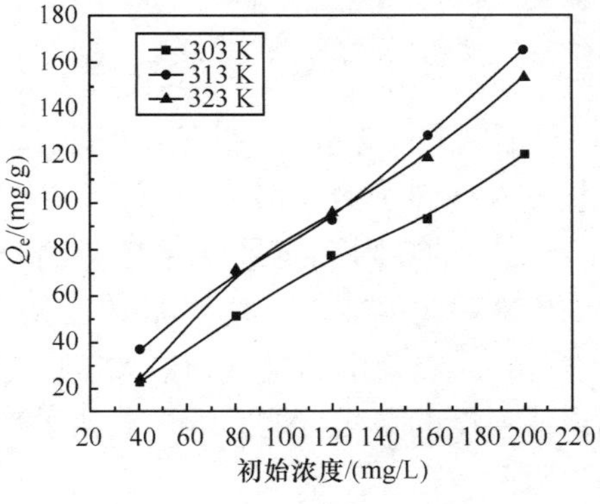

图 14－29　温度对氧化单宁酸吸附沉淀对 Pb(Ⅱ)的影响

313 K 时达到最大值，继续升高温度到 323 K 时的吸附沉淀量减少。这说明氧化单宁酸在吸附沉淀过程中发生了化学吸附，即金属离子与氧化单宁酸分子上的活性基团或位点之间可能发生了电子转移或化学键的破坏与生成等现象。随着吸附沉淀的进行，氧化单宁酸表面活性基团结合金属离子的容量趋于饱和，继续升高温度时，分子热运动加强，脱离吸附沉淀剂表面的金属离子大于螯合的金属离子数量，引起吸附沉淀量的减少。Cu(Ⅱ)和 Pb(Ⅱ)随温度变化的情况相似，说明温度主要影响了吸附沉淀剂活性与吸附沉淀效率。

吸附沉淀温度对氧化杨梅单宁的吸附沉淀量影响如图 14－30 和图14－31所示。由图可以看出，吸附沉淀温度从 303 K 升至 323 K，氧化杨梅单宁对 Cu(Ⅱ) 和 Pb(Ⅱ)的吸附沉淀最佳温度均为 313 K。在 313 K 下，氧化杨梅单宁对铜离子的吸附沉淀量明显大于其他温度下对铜离子的吸附沉淀量，且303 K 与 323 K 条件下的吸附沉淀量变化的幅度较小。与此不同，氧化杨梅单宁在 303 K 和 323 K 对 Pb(Ⅱ)的吸附沉淀量变化的幅度较 Cu(Ⅱ)吸附沉淀量变化的幅度大。

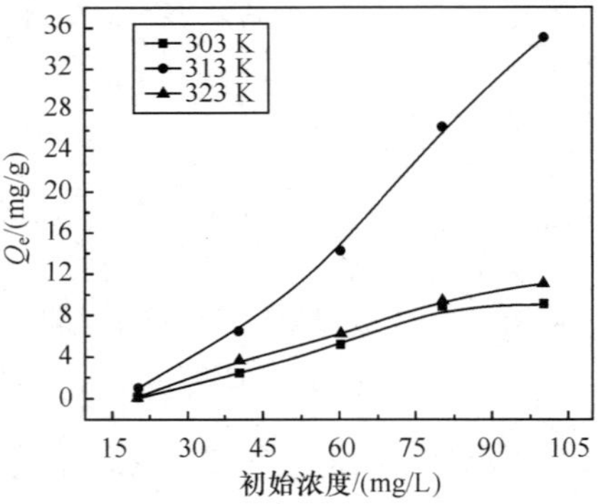

图 14－30　温度对氧化杨梅单宁吸附沉淀 Cu(Ⅱ)的影响

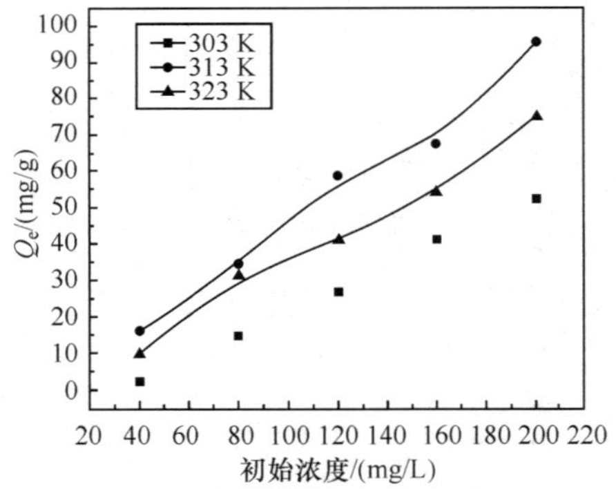

图 14－31　温度对氧化杨梅单宁吸附沉淀 Pb(Ⅱ)的影响

图 14－32 和图 14－33 分别为氧化黑荆单宁对 Cu(Ⅱ)和 Pb(Ⅱ)的吸附沉淀量受温度影响的曲线。由图 14－32 可知，在 303 K 和 323 K 下，吸附沉淀剂对 Cu(Ⅱ) 的吸附沉淀量变化趋势相当一致。在 313 K 时吸附沉淀量最小。由图 14－33 可以看出，氧化黑荆单宁对 Pb(Ⅱ)的吸附沉淀量受温度影响较大，在 313 K 时吸附沉淀量达到最大，且在不同温度下，吸附沉淀等温趋势线不尽相同，说明温度的变化可能影响了氧化黑荆单宁吸附沉淀剂的活性基团及活性位点，导致吸附类型发生变化。

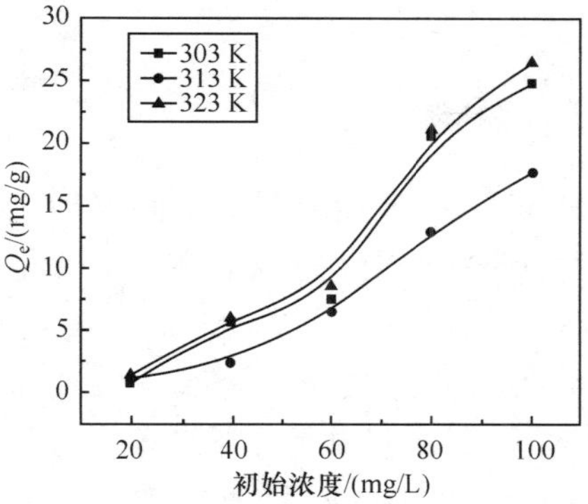

图 14－32　温度对氧化黑荆单宁吸附沉淀 Cu(Ⅱ)的影响

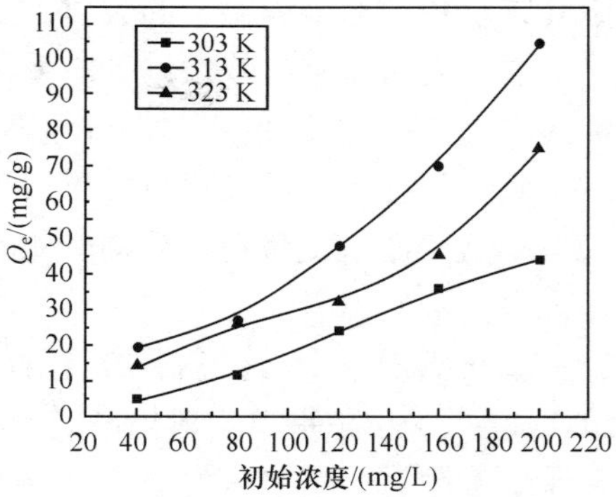

图 14－33　温度对氧化黑荆单宁吸附沉淀 Pb(Ⅱ)的影响

14.8　小　　结

水解类单宁分子内具有酯键,通常以一个多元醇为核心,进行适当的氧化降解改性可以提高产物与金属离子的配位能力[1,2]。

氧化降解改性没有引入碱性基团,故氧化植物多酚的吸附沉淀率与金属离子 Cu(Ⅱ) 和 Pb(Ⅱ)在溶液中的状态有关。氧化没食子酸对 Cu(Ⅱ)和 Pb(Ⅱ)的吸附沉淀量随着 pH 的增加而增加。氧化降解改性橡椀单宁对 Cu(Ⅱ)的吸附沉淀量随着 pH 的升高而增加,最佳 pH 为 6.0;对 Pb(Ⅱ)溶液,吸附沉淀量随着 pH 的升高而降低,表明氧化橡椀单宁在偏酸环境下对 Pb(Ⅱ)具有良好的吸附沉淀性能。这可能与氧化单宁酸表面电荷离解程度有关。

氧化没食子酸、橡椀单宁、单宁酸、杨梅单宁对 Cu(Ⅱ)和 Pb(Ⅱ)的吸附沉淀的等温曲线符合 Freundlich 方程。氧化黑荆单宁对 Pb(Ⅱ)的吸附沉淀等温曲线符合 Freundlich 方程。

初始浓度对 Cu(Ⅱ)和 Pb(Ⅱ)的吸附沉淀量影响显著,低初始浓度条件下,吸附沉淀剂对 Cu(Ⅱ)和 Pb(Ⅱ)的吸附沉淀量很低。随着金属离子溶液初始浓度升高,氧化降解改性植物多酚(单宁)对 Cu(Ⅱ)和 Pb(Ⅱ)的吸附沉淀量也不断升高。

温度对氧化降解改性植物多酚(单宁)对 Cu(Ⅱ)和 Pb(Ⅱ)的吸附沉淀量的影响各不相同。氧化没食子酸对 Cu(Ⅱ)和 Pb(Ⅱ)的吸附沉淀受温度影响明显。随着温度的升高,氧化没食子酸对 Cu(Ⅱ)的吸附沉淀量也在增加。当温度达到 323 K 时,吸附沉淀量达到 53.475 mg/g。氧化没食子酸对 Pb(Ⅱ)的最佳吸附沉淀温度为 313 K,且温度低于 313 K 下的吸附沉淀量很小。

氧化橡椀单宁对 Cu(Ⅱ)的吸附沉淀是一个吸热过程,但当温度为 323 K 时,吸附沉淀量反而小于 303 K 下对 Cu(Ⅱ)的吸附沉淀量,说明在 303 K 时,有利于氧化橡椀单宁对金属离子的吸附沉淀作用。

温度对氧化降解改性单宁酸吸附沉淀 Cu(Ⅱ)和 Pb(Ⅱ)的吸附沉淀量的影响明显,并且在 313 K 时吸附沉淀量达到最大。

氧化杨梅单宁和氧化单宁酸对 Cu(Ⅱ)和 Pb(Ⅱ)的最佳吸附沉淀温度均在 313 K,且吸附沉淀量对温度的变化趋势相同,而与磺化-胺甲基化杨梅单宁的变化不同。

氧化黑荆单宁对铜离子的吸附沉淀量不如磺化-胺甲基化黑荆单宁;当温度为 323 K 时,氧化黑荆单宁对铅离子的吸附沉淀量大于磺化-胺甲基化黑荆单宁对铅离子的吸附沉淀量。这说明单宁分子结构在一定条件下对金属离子的吸附沉淀影响占主导地位。

参 考 文 献

[1] 孙达旺. 植物单宁化学[M]. 北京:中国林业出版社,1992

[2] Mcdonald M, Mila I, Scalbert A. Precipitation of metal ions by plant polyphenols: Optimal conditions and origin of precipitation [J]. J Agric Food Chem, 1996, 44(2): 599-606

第 15 章　深度亚硫酸化植物多酚(单宁)对 Cu(Ⅱ)和 Pb(Ⅱ)的吸附沉淀

15.1　引　　言

以单宁含量大于等于 98.5%的没食子酸、68%的橡椀栲胶、81.0%的单宁酸、68.0%的杨梅栲胶和 70.0%的黑荆栲胶为原料，通过亚硫酸化制得改性植物多酚(单宁)，研究了改性后植物多酚(单宁)对金属 Cu(Ⅱ)和 Pb(Ⅱ)的吸附沉淀，以及 pH、金属溶液初始浓度和温度对 Cu(Ⅱ)和 Pb(Ⅱ)吸附沉淀量的影响及规律。

15.2　实验研究方法

15.2.1　植物多酚(单宁)深度亚硫酸化改性

将 10.0 g 没食子酸(橡椀栲胶、单宁酸、杨梅栲胶和黑荆栲胶)溶于 30.0 g 超纯水中，充分搅拌溶解，转移至装有搅拌器和温度计的三口烧瓶中，水浴加热至85 ℃，搅拌加入 1.0 g 亚硫酸钠，反应 6 h后冷冻干燥制得改性吸附沉淀剂。

15.2.2　实验研究方法

1. pH 对吸附沉淀量的影响

方法同 13.2.2 中 1。

2. 吸附平衡

方法同 13.2.2 中 2。

3. 初始浓度对吸附沉淀量的影响

方法同 13.2.2 中 3。

4. 温度对吸附沉淀量的影响

方法同 13.2.2 中 4。

15.3 pH对吸附沉淀量的影响

图15-1(a)为亚硫酸化没食子酸吸附沉淀溶液中Cu(Ⅱ)和Pb(Ⅱ)时,pH对吸附沉淀量的影响。从图中可以看出,亚硫酸化没食子酸对Cu(Ⅱ)的吸附沉淀量随着pH的升高而增加,亚硫酸化没食子酸对不同金属离子的吸附沉淀曲线变化规律并不相同,当吸附沉淀温度为303 K,在pH为6.0时吸附沉淀量达到最大值,为30.575 mg/g;当pH=5.0时,对Pb(Ⅱ)吸附的吸附沉淀量基本达到饱和,最大值为185.700 mg/g。亚硫酸化没食子对Cu(Ⅱ)和Pb(Ⅱ)吸附性能的差异可能是离子之间的不同水化离子半径和不同的电荷密度造成的。

图15-1(b)为pH对亚硫酸化橡椀单宁吸附沉淀Cu(Ⅱ)和Pb(Ⅱ)的影响。由图可见,随着初始pH的增加,亚硫酸化橡椀单宁对Cu(Ⅱ)的吸附沉淀量也不断增加。当pH小于5.0时,吸附沉淀量随着初始铅离子溶液pH的增加而增加,在pH为5.0时亚硫酸化橡椀单宁对Pb(Ⅱ)的吸附沉淀量达到最大值,继续增加pH时,吸附沉淀量急剧减少,低于酸性条件下对Pb(Ⅱ)的吸附沉淀量。这是因为随着pH升高,溶液中H^+浓度降低,减少了H^+对金属离子的竞争吸附沉淀,使得金属离子与吸附沉淀剂结合与反应的概率更大,导致吸附沉淀量升高,但随着pH的升高,金属离子在水溶液中发生水解和聚合作用而影响亚硫酸化橡椀单宁对金属离子的吸附沉淀量。

pH对亚硫酸化单宁酸吸附沉淀平衡的影响如图15-1(c)所示。由图可见,亚硫酸化单宁酸对Cu^{2+}的吸附沉淀量随着pH的升高而增加。当pH为3.0~5.0,亚硫酸单宁酸对Pb^{2+}的吸附沉淀量随着pH升高而增加,pH在5.0~7.0的吸附沉淀量随着pH的升高而降低,降低幅度低于酸性环境下的吸附沉淀量。这可能是由于pH影响吸附沉淀剂表面金属吸附基团的带电性,也影响金属的水化性,从而使Cu(Ⅱ)和Pb(Ⅱ)在溶液中存在的状态不同,导致吸附沉淀量变化。通常认为在酸度较高的环境中,配位基团与水合氢离子表现出更大的亲和性,H^+与吸附沉淀剂上的活性位点结合,从而影响了吸附沉淀剂与金属离子的结合机会,导致酸性条件下吸附沉淀剂的吸附沉淀能力很低。由实验数据可知,亚硫酸化单宁酸对Cu(Ⅱ)的最佳吸附沉淀是pH为6.0时,对Pb(Ⅱ)的最佳pH为5.0。

图15-1(d)为pH对Cu(Ⅱ)和Pb(Ⅱ)的吸附沉淀量的影响曲线。如图所示,随着pH的升高,亚硫酸化杨梅单宁对Cu(Ⅱ)的吸附沉淀量不断增加,当pH为5.0时,吸附沉淀量减小。这主要是与Cu(Ⅱ)在水溶液中的水合作用有关;而对Pb(Ⅱ)的最佳pH为4.0,随着pH增加,吸附沉淀量急剧降低,表明在偏酸性条件下,亚硫酸化杨梅单宁对Pb(Ⅱ)仍具有较好的吸附沉淀量,随着pH升高,Pb(Ⅱ)的水解和聚合增强,在溶液中生成带更多负电荷且体积庞大的离子,使单

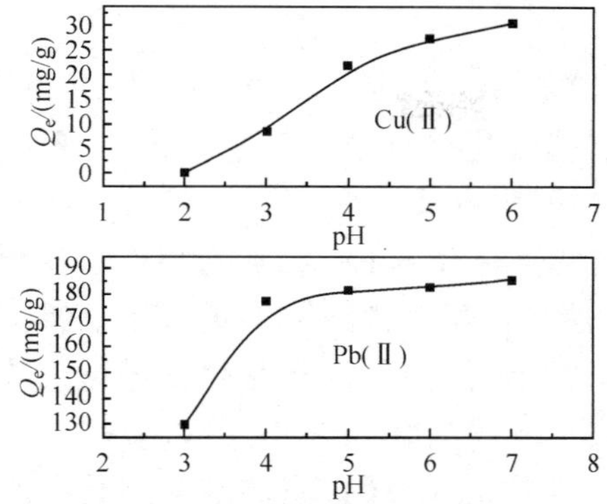

(a) pH对亚硫酸化没食子酸吸附沉淀Cu(Ⅱ)和Pb(Ⅱ)的影响

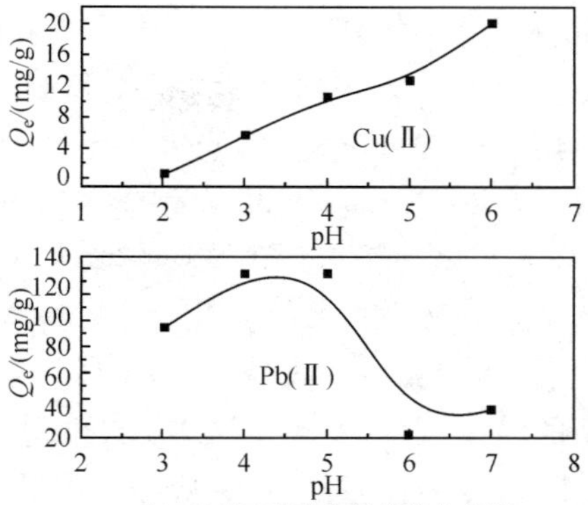

(b) pH对亚硫酸化橡椀单宁吸附沉淀Cu(Ⅱ)和Pb(Ⅱ)的影响

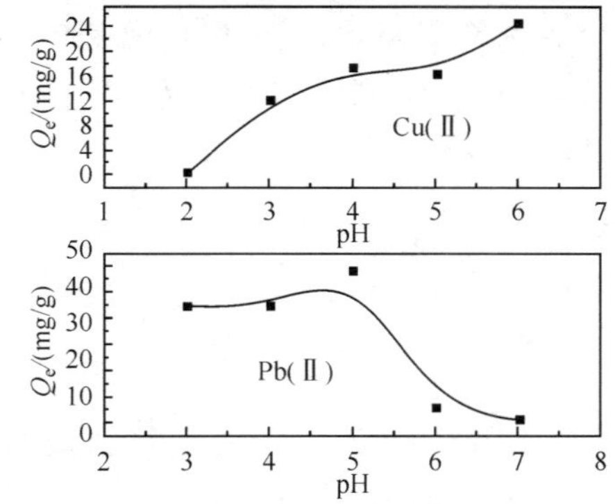

(c) pH对亚硫酸化单宁酸吸附沉淀Cu(Ⅱ)和Pb(Ⅱ)的影响

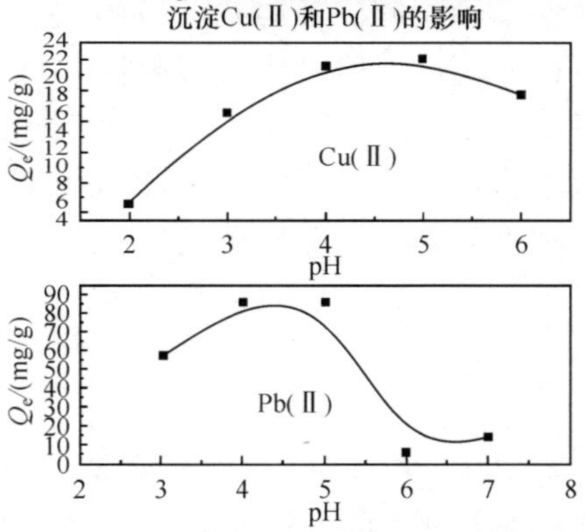

(d) pH对亚硫酸化杨梅单宁吸附沉淀Cu(Ⅱ)和Pb(Ⅱ)的影响

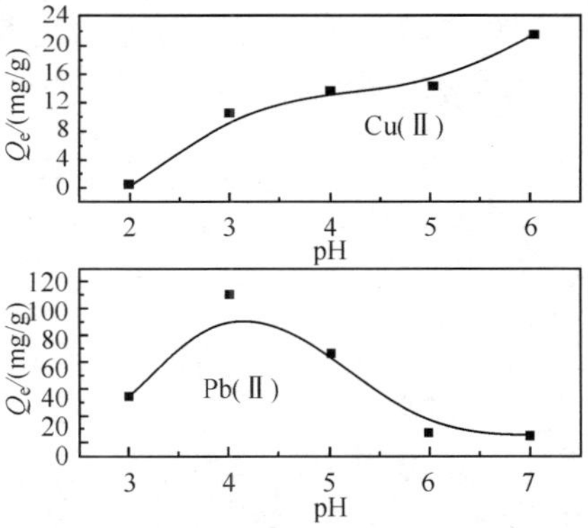

(e) pH对亚硫酸化黑荆单宁吸附沉淀Cu(Ⅱ)和Pb(Ⅱ)的影响

图 15-1　pH 对各种亚硫酸化单宁沉淀吸附量的影响

宁难于取代这些配体,从而影响单宁与 Pb(Ⅱ)的配位结合,因此随 pH 升高吸附沉淀量下降。这与亚硫酸化单宁酸比较可知,亚硫酸化杨梅单宁对溶液系统 pH 变化有一定的影响,从而导致溶液中金属离子水化程度不同,影响亚硫酸化杨梅单宁对金属离子的吸附沉淀能力。pH 与金属离子在溶液中的存在状态和配位能力强弱等因素有关。

图 15－1(e)所示为 pH 对亚硫酸化黑荆单宁吸附沉淀 Cu(Ⅱ)和 Pb(Ⅱ)的影响。由图可以看出，当 pH 升高，有利于亚硫酸化黑荆单宁对 Cu(Ⅱ)的吸附沉淀。对 Pb(Ⅱ)吸附沉淀的最佳 pH 为 4.0，继续升高 pH，吸附沉淀量不断减少，且变化趋势与亚硫酸化杨梅单宁一致，这说明缩合类单宁的加入影响了金属离子溶液体系的 pH 变化，使金属离子在溶液中的存在状态发生了变化。但实验 pH 范围内，亚硫酸化黑荆单宁对 Cu(Ⅱ)的吸附沉淀量低于亚硫酸化杨梅单宁的吸附沉淀量；对 Pb(Ⅱ)的吸附沉淀量大于亚硫酸化杨梅单宁对 Pb(Ⅱ)的吸附沉淀量。这进一步说明，Cu(Ⅱ)和 Pb(Ⅱ)在不同 pH 体系的溶液中具有的特性是不相同的。与磺化-胺甲基化黑荆单宁比较，两种改性黑荆单宁均能在 pH 为 4.0 时达到吸附沉淀的最大值。与氧化黑荆单宁相比，亚硫酸化黑荆单宁对 Cu(Ⅱ)的最大吸附沉淀量的值相当接近，对 Pb(Ⅱ)吸附沉淀的最适 pH 由氧化单宁的 5.0 变化为 4.0，即亚硫酸化黑荆单宁和磺化-胺甲基化单宁更适合于偏酸性环境下的吸附沉淀。

15.4 吸附平衡

图 15－2 为亚硫酸化没食子酸对 Cu(Ⅱ)和 Pb(Ⅱ)的吸附等温线。随着平衡浓度的增加，亚硫酸化没食子酸对 Cu(Ⅱ)和 Pb(Ⅱ)的平衡吸附沉淀量也随着增加。用经典的 Langmuir 和 Freundlich 方程对吸附等温线数据分析发现，Cu(Ⅱ)和 Pb(Ⅱ)的吸附等温线可以通过 Freundlich 方程进行很好的拟合(图 15－3)。表 15－1 为亚硫酸化没食子酸对 Cu(Ⅱ)和 Pb(Ⅱ)的 Freundlich 参数。

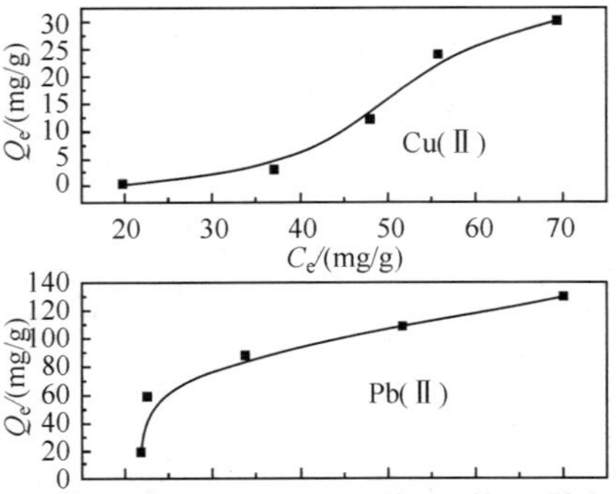

图 15－2 亚硫酸化没食子酸对 Cu(Ⅱ)和 Pb(Ⅱ)的吸附等温线

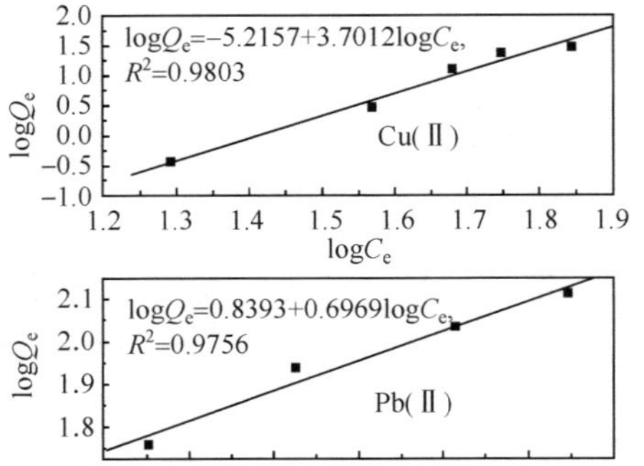

图 15－3 Freundlich 方程拟合亚硫酸化没食子酸对 Cu(Ⅱ)和 Pb(Ⅱ)的吸附等温线

表 15-1　亚硫酸化没食子酸吸附沉淀 Cu(Ⅱ)和 Pb(Ⅱ)的 Freundlich 参数

金属离子	Freundlich 参数		
	$\log K$	$1/n$	R^2
Cu(Ⅱ)	−5.2157	3.7012	0.9803
Pb(Ⅱ)	0.8393	0.6969	0.9756

图 15-4 为 303 K 时亚硫酸化橡椀单宁在适宜 pH 条件下对 Cu(Ⅱ)和 Pb(Ⅱ)的吸附沉淀等温线。由图可知，亚硫酸化橡椀单宁对 Cu(Ⅱ)的吸附沉淀量随着溶液平衡浓度的增加而增加。当溶液平衡浓度较低时，吸附沉淀剂对金属离子吸附沉淀量变化较小，高浓度下吸附沉淀量迅速增加。

用 Langmuir 和 Freundlich 方程对 Cu(Ⅱ)和 Pb(Ⅱ)的吸附等温线进行分析发现，Cu(Ⅱ)和 Pb(Ⅱ)的实验数据可以通过 Freundlich 方程进行良好的拟合(图 15-5)。其相关参数如表 15-2 所示。亚硫酸化橡椀单宁对 Cu(Ⅱ)和 Pb(Ⅱ)的吸附与被吸附金属离子在水溶液中的离子形态和吸附机理存在差异有关。

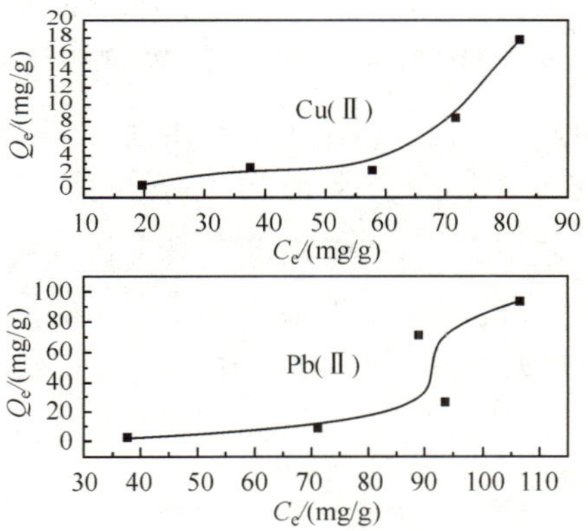

图 15-4　亚硫酸化橡椀单宁对 Cu(Ⅱ)和 Pb(Ⅱ)的吸附等温线

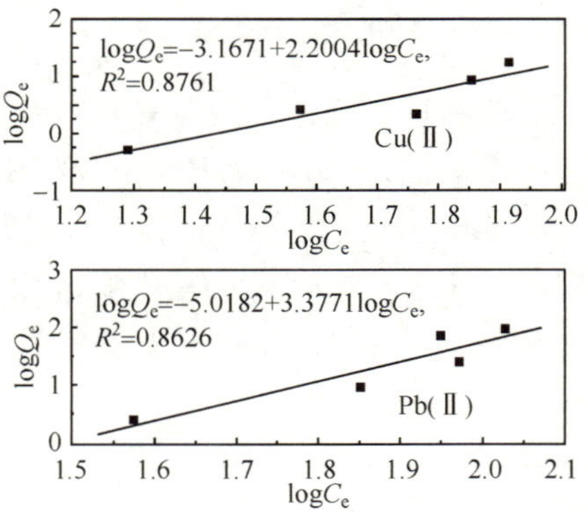

图 15-5　Freundlich 方程拟合亚硫酸化橡椀单宁对 Cu(Ⅱ)和 Pb(Ⅱ)的吸附等温线

表 15-2　亚硫酸化橡椀单宁吸附沉淀 Cu(Ⅱ)和 Pb(Ⅱ)的 Freundlich 参数

金属离子	Freundlich 参数		
	$\log K$	$1/n$	R^2
Cu(Ⅱ)	−3.1671	2.2004	0.8761
Pb(Ⅱ)	−5.0182	3.3771	0.8626

图 15-6 为亚硫酸化单宁酸对 Cu(Ⅱ)和 Pb(Ⅱ)的平衡吸附沉淀的等温曲线。Cu(Ⅱ)和 Pb(Ⅱ)的平衡吸附沉淀量随着溶液平衡浓度的增加而增加，当平

衡浓度大于 60 mg/L 时的平衡吸附沉淀量增加较快。

用 Langmuir 和 Freundlich 方程对吸附等温线进行分析发现，实验数据中，亚硫酸化单宁酸对 Cu(Ⅱ)和 Pb(Ⅱ)的吸附等温线能用 Freundlich 方程进行拟合，对 Pb(Ⅱ)拟合的相关系数为 0.9494(图 15－7)。

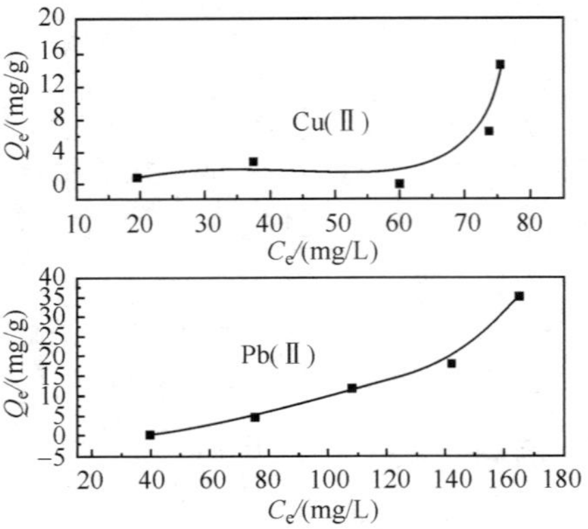

图 15－6　亚硫酸化单宁酸对 Cu(Ⅱ)和 Pb(Ⅱ)的吸附等温线

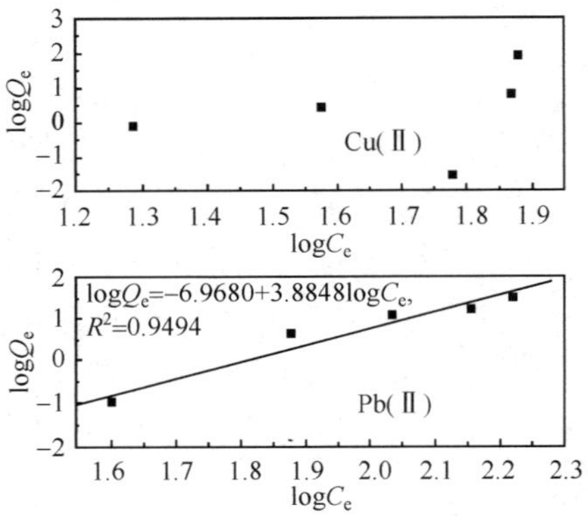

图 15－7　Freundlich 方程拟合亚硫酸化单宁酸对 Cu(Ⅱ)和 Pb(Ⅱ)的吸附等温线

亚硫酸化杨梅单宁对 Cu(Ⅱ)和 Pb(Ⅱ)的吸附等温线如图 15－8 所示。随着平衡浓度增加，吸附沉淀 Pb(Ⅱ)量不断增加。

用 Langmuir 和 Freundlich 方程对 Cu(Ⅱ)和 Pb(Ⅱ)的吸附等温线进行分析发现，Cu(Ⅱ)和 Pb(Ⅱ)的实验数据可以用经典的 Freundlich 方程拟合，如图 15－9 所示。表 15－3 所示为亚硫酸杨梅单宁对 Cu(Ⅱ)和 Pb(Ⅱ)的 Freundlich 参数。

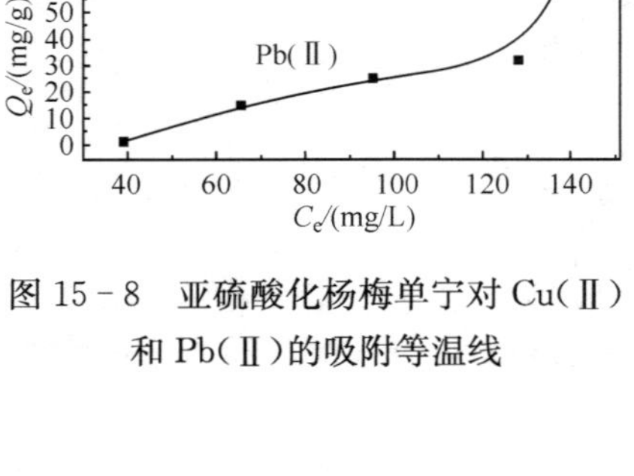

图 15－8　亚硫酸化杨梅单宁对 Cu(Ⅱ)和 Pb(Ⅱ)的吸附等温线

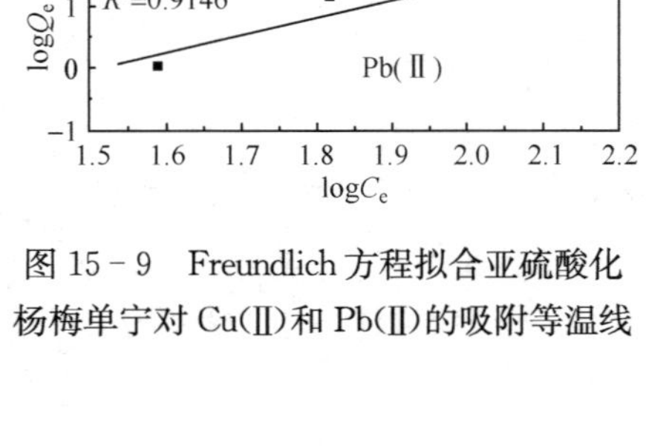

图 15－9　Freundlich 方程拟合亚硫酸化杨梅单宁对 Cu(Ⅱ)和 Pb(Ⅱ)的吸附等温线

表 15-3　亚硫酸化杨梅单宁吸附沉淀 Cu(Ⅱ)和 Pb(Ⅱ)Freundlich 参数

金属离子	Freundlich 参数		
	$\log K$	$1/n$	R^2
Cu(Ⅱ)	−1.4023	1.2892	0.8264
Pb(Ⅱ)	−402840	2.8374	0.9146

对比不同改性杨梅单宁对 Cu(Ⅱ)和 Pb(Ⅱ)的吸附等温线可知，杨梅单宁分子结构对 Cu(Ⅱ)和 Pb(Ⅱ)的吸附沉淀造成主要的影响，杨梅单宁对 Cu(Ⅱ)和 Pb(Ⅱ) 的吸附沉淀更符合经典 Freundlich 方程理论的解释。表明杨梅单宁对 Cu(Ⅱ) 和 Pb(Ⅱ)的吸附主要发生的是多层化学吸附。

图 15-10 为亚硫酸化黑荆单宁对 Cu(Ⅱ)和 Pb(Ⅱ)的吸附等温线。黑荆单宁 B 环上的邻位酚羟基能够与金属离子发生配位反应。亚硫酸化黑荆单宁对 Cu(Ⅱ) 和 Pb(Ⅱ)的吸附沉淀量随着平衡浓度的增加而增加，且在较低平衡浓度下，Cu(Ⅱ)的吸附沉淀量随浓度的变化较小，这与亚硫酸化杨梅单宁相似，与磺化-胺甲基化黑荆单宁和氧化黑荆单宁不同，这说明低浓度下对吸附沉淀量变化的影响主要是由于亚硫酸化改性造成的。

实验数据用经典的 Langmuir 和 Freundlich 方程对 Cu(Ⅱ)和 Pb(Ⅱ)的吸附等温线进行分析发现，Freundlich 方程对亚硫酸化黑荆单宁吸附沉淀 Cu(Ⅱ)和 Pb(Ⅱ)的拟合效果较好(图 15-11)，表 15-4 为亚硫酸化黑荆单宁对 Cu(Ⅱ)和 Pb(Ⅱ)的 Freundlich 参数。

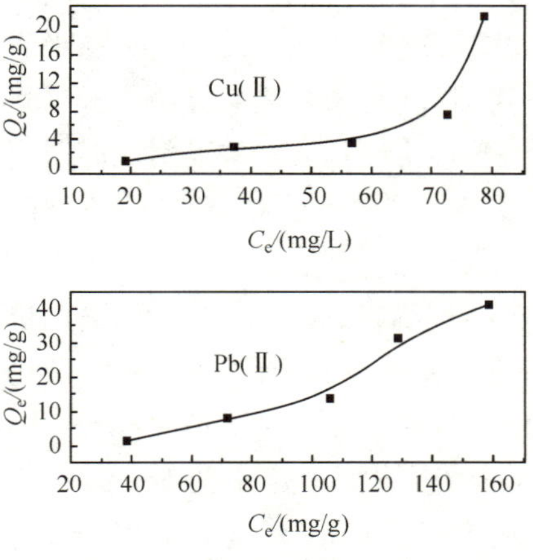

图15-10　亚硫酸化黑荆单宁对 Cu(Ⅱ)和 Pb(Ⅱ)的吸附等温线

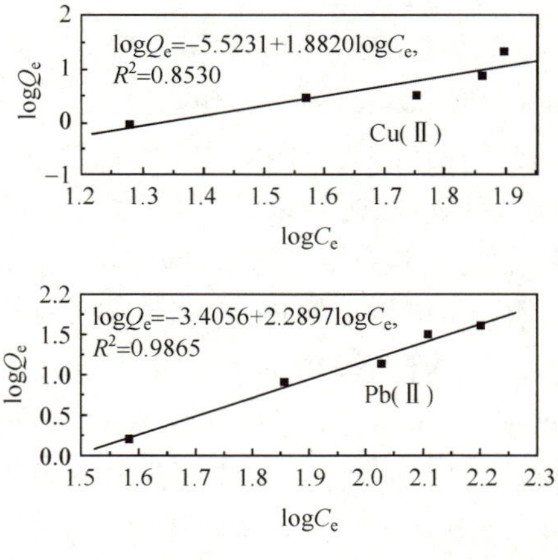

图 15-11　Freundlich 方程拟合亚硫酸化黑荆单宁对 Cu(Ⅱ)和 Pb(Ⅱ)的吸附等温线

表 15-4 亚硫酸化黑荆单宁对 Cu(Ⅱ)和 Pb(Ⅱ)的 Freundlich 参数

金属离子	Freundlich 参数		
	log*K*	1/*n*	R^2
Cu(Ⅱ)	−5.5231	1.8820	0.8530
Pb(Ⅱ)	−3.4056	2.2897	0.9865

15.5 初始浓度对吸附沉淀量的影响

亚硫酸化改性植物多酚(单宁)吸附沉淀 Cu(Ⅱ)和 Pb(Ⅱ)的吸附沉淀量随着初始浓度的增加而增加。

初始浓度对亚硫酸化改性没食子酸吸附沉淀量的影响关系如图 15-12 所示。当离子浓度小于 20 mg/L 时,亚硫酸化没食子酸对金属离子吸附沉淀量很低。这可能是因为在低浓度下,溶液中金属离子与吸附沉淀剂表面活性位点比率比金属离子高,金属离子与吸附沉淀剂的结合与反应受到影响。随着金属离子浓度的增加,金属离子与吸附沉淀剂的结合与反应越充分,浓度梯度形成的驱动力越强,因此单位吸附沉淀剂上吸附的金属离子量越大。

亚硫酸化橡椀单宁对 Cu(Ⅱ)的吸附沉淀在较低初始浓度下的吸附沉淀量变化不大,在高浓度下吸附沉淀量明显提高;而 Pb(Ⅱ)的吸附沉淀量变化幅度比较一致[图 15-12(b)]。这说明 Cu(Ⅱ)和 Pb(Ⅱ)在溶液中的金属离子特性并不相同,受初始金属离子浓度影响的效果也不一致。

初始浓度对亚硫酸化单宁酸吸附沉淀量的影响如图 15-12(c)所示。由图可见,对 Cu(Ⅱ)的吸附沉淀量在较低初始浓度时的增加速度较慢,对 Pb(Ⅱ)的吸附沉淀的速度比较一致,当初始浓度达到一定值时,吸附沉淀量增加趋势变小。这是因为初始浓度越大,溶液中与亚硫酸化单宁酸接触的金属离子越多,吸附沉淀越充分,表现出的吸附效果越好,随着 Pb(Ⅱ)初始浓度增加到一定值时,亚硫酸单宁酸的吸附沉淀能力接近饱和,吸附沉淀量增加的趋势变小。

图 15-12(d)和图 15-12(e)分别为初始浓度对亚硫酸化杨梅单宁和黑荆单宁吸附沉淀量影响的曲线。由图可知,在较低初始浓度条件下,改性杨梅单宁和黑荆单宁对 Cu(Ⅱ)的吸附沉淀量增加缓慢。当 Cu^{2+} 初始浓度大于 80 mg/L 时,吸附沉淀量增加变大。亚硫酸化黑荆单宁对 Pb(Ⅱ)的吸附沉淀速率基本一致。与磺化-胺甲基化黑荆单宁相比,磺化-胺甲基化黑荆单宁在 Cu^{2+} 浓度大于 80 mg/L 时吸附沉淀量基本饱和,而亚硫酸化黑荆单宁对 Cu(Ⅱ)的吸附沉淀量则仍有增加的趋势,对 Pb(Ⅱ)的吸附沉淀量变化与磺化-胺甲基化基本一致。与此同时,亚硫酸化黑荆单宁对 Cu(Ⅱ)和 Pb(Ⅱ)的吸附沉淀能力受初始浓度的影响与氧化黑荆

单宁受影响的变化趋势几乎一致。

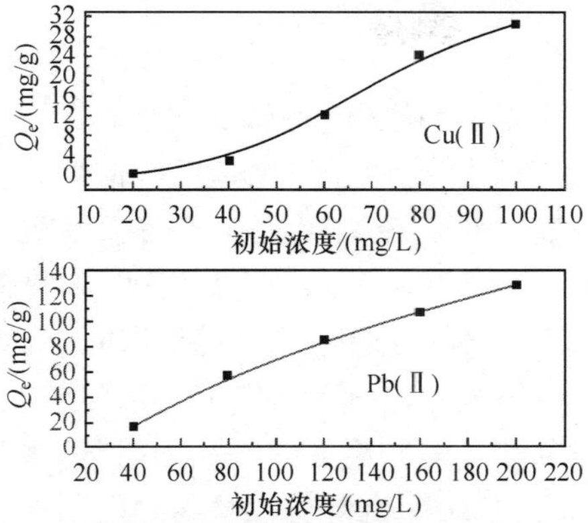

(a) 初始浓度对亚硫酸化没食子酸吸附沉淀Cu(Ⅱ)和Pb(Ⅱ)的影响

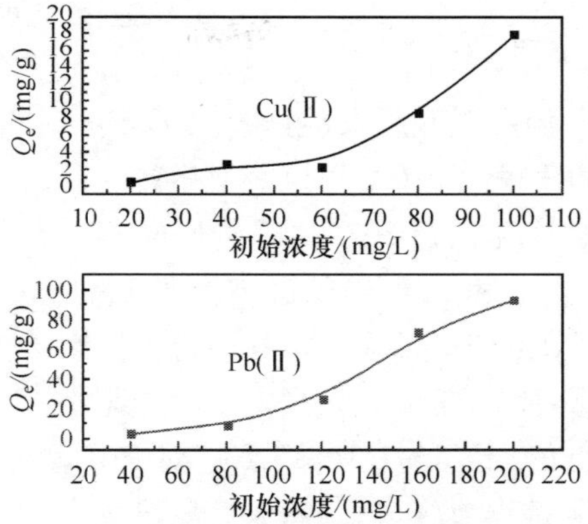

(b) 初始浓度对亚硫酸化橡椀单宁吸附沉淀Cu(Ⅱ)和Pb(Ⅱ)的影响

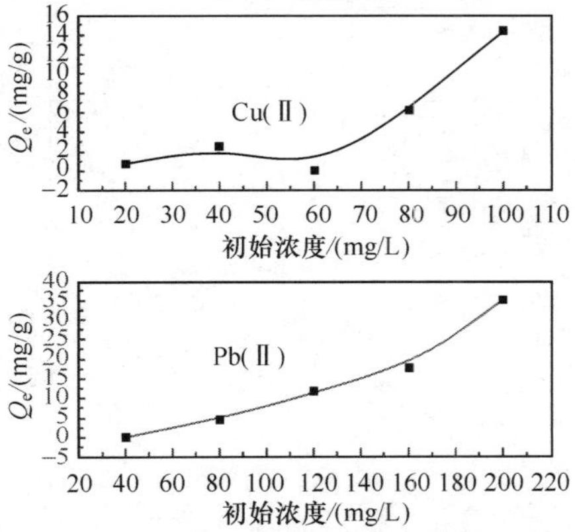

(c) 初始浓度对亚硫酸化单宁酸吸附沉淀Cu(Ⅱ)和Pb(Ⅱ)的影响

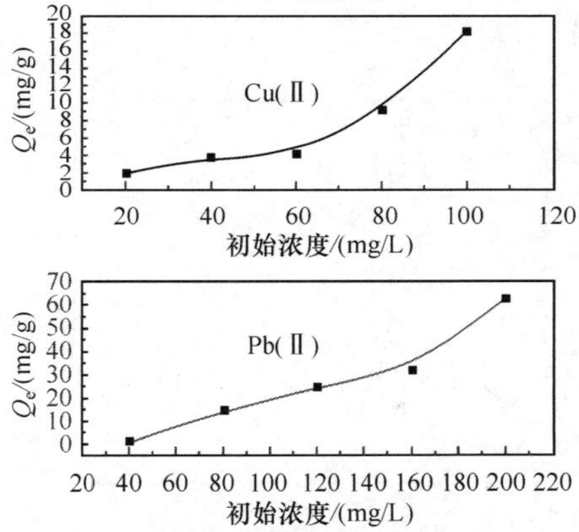

(d) 初始浓度对亚硫酸化杨梅单宁吸附沉淀Cu(Ⅱ)和Pb(Ⅱ)的影响

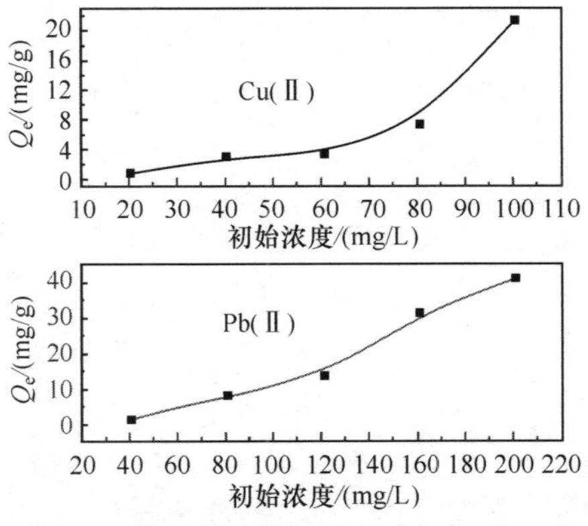

(e) 初始浓度对亚硫酸化黑荆单宁吸附沉淀Cu(Ⅱ)和Pb(Ⅱ)的影响

图 15-12　初始浓度对各种亚硫酸化改性单宁吸附沉淀量的影响

15.6　温度对吸附沉淀量的影响

温度对吸附沉淀剂吸附沉淀作用的影响不仅仅是因为它能够影响吸附沉淀的速度和程度，还由于可能发生的吸附沉淀和被吸附沉淀物之间化学反应依赖于温度的变化。在 303 K 到 323 K 实验范围内，温度对亚硫酸化没食子酸吸附沉淀 Cu(Ⅱ) 和 Pb(Ⅱ)的影响如图 15－13(a)和图 15－13(b)所示。可以看出，温度对 Cu(Ⅱ) 和 Pb(Ⅱ)的影响明显，但影响的效果不一样。在相同吸附沉淀时间和振荡频率下，亚硫酸化没食子酸吸附沉淀 Cu(Ⅱ)的最佳温度为 313 K，吸附沉淀量最低的温度条件为 303 K。对 Pb(Ⅱ)的吸附沉淀量随着温度的升高而降低，吸附沉淀过程为放热，说明亚硫酸没食子酸对 Pb(Ⅱ)的吸附沉淀可能是物理吸附占主导。这可能是由于亚硫酸化没食子酸对 Cu(Ⅱ)和 Pb(Ⅱ)的吸附沉淀的机理不同引起的差异。

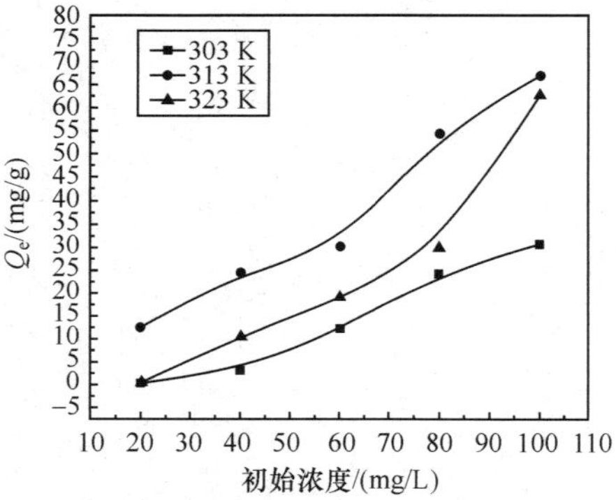

(a) 温度对亚硫酸化没食子酸吸附沉淀Cu(Ⅱ)的影响

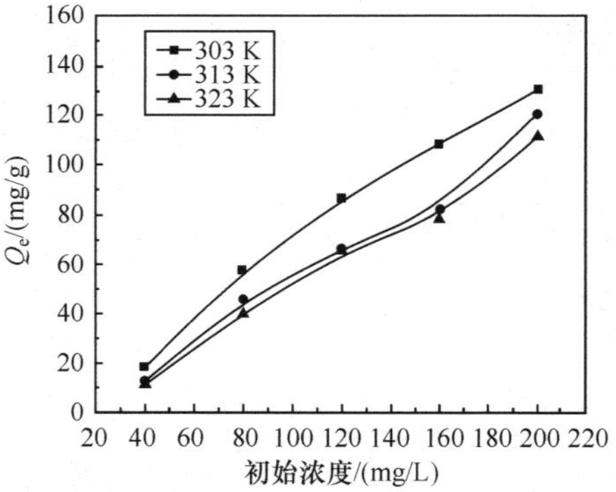

(b) 温度对亚硫酸化没食子酸吸附沉淀Pb(Ⅱ)的影响

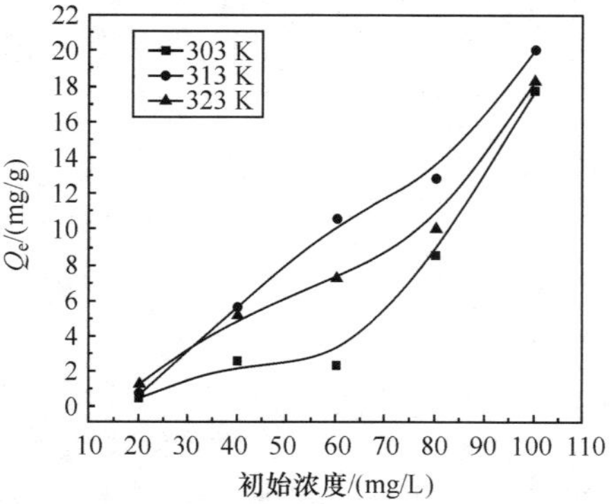

(c) 温度对亚硫酸化橡椀单宁吸附沉淀Cu(Ⅱ)的影响

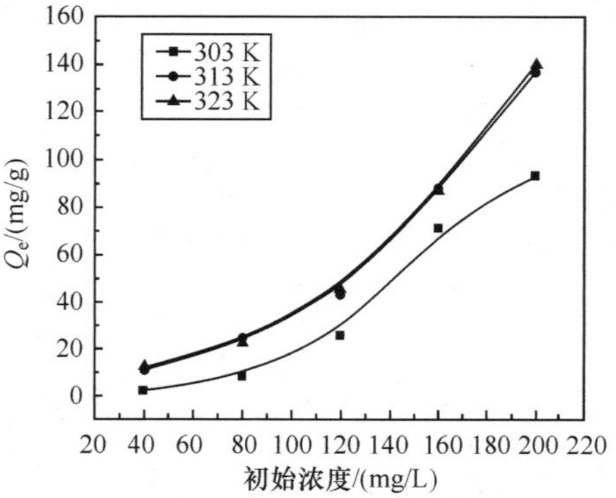

(d) 温度对亚硫酸化橡椀单宁吸附沉淀Pb(Ⅱ)的影响

图 15－13　温度对各种亚硫酸化改性单宁沉淀吸附量的影响

温度影响吸附沉淀过程中可能发生的物理化学反应，以及反应进行方向，同时也可能影响吸附沉淀剂自身的物理化学性质甚至影响吸附沉淀剂分子链结构，如高温下分子链发生滑动、吸附沉淀剂变黏着等。

图 15-13(c)和 15-13(d)分别为实验条件下温度对 Cu(Ⅱ)和 Pb(Ⅱ)吸附沉淀量影响。由图可见，亚硫酸化橡椀单宁在不同温度条件下、不同初始浓度的吸附沉淀量变化趋势都不尽相同。温度对 Pb(Ⅱ)的吸附沉淀量变化的影响则不同，尤其当温度为 313 K 和 323 K 时，亚硫酸化橡椀单宁对 Pb(Ⅱ)的吸附沉淀量基本一致，且不同初始浓度下的变化趋势也基本相同。

吸附沉淀温度从 303 K 升高到 323 K，亚硫酸化单宁酸对 Cu(Ⅱ)和 Pb(Ⅱ)的吸附沉淀量受温度影响的曲线如图 15-14 和图 15-15 所示。由图可知，对 Cu(Ⅱ) 的最佳吸附沉淀温度为 313 K，且不同温度下吸附沉淀变化的趋势不尽相同，说明温度对亚硫酸化单宁酸吸附沉淀能力的影响是多方面且复杂的；对 Pb(Ⅱ)的吸附沉淀量随着温度的升高而增加，且 313 K 和 323 K 时吸附沉淀量差别不大，吸附沉淀趋势基本一致，这说明当温度升高到 313 K 以上时，吸附沉淀的机理基本一致，此时温度不是影响亚硫酸化单宁酸对 Cu(Ⅱ)和 Pb(Ⅱ)吸附沉淀量变化的最大影响因素。

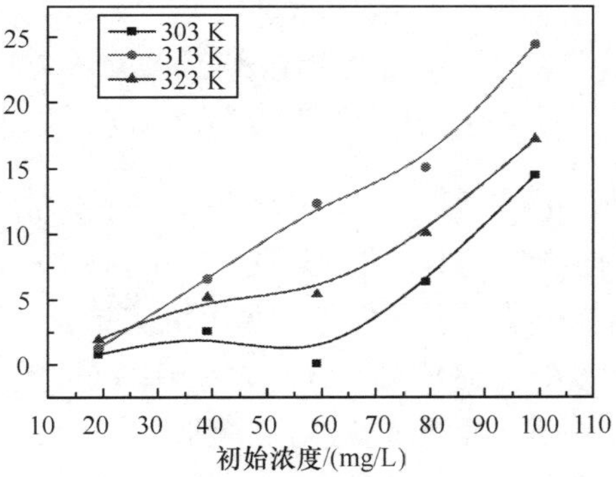

图 15-14　温度对亚硫酸化单宁酸吸附沉淀 Cu(Ⅱ)的影响

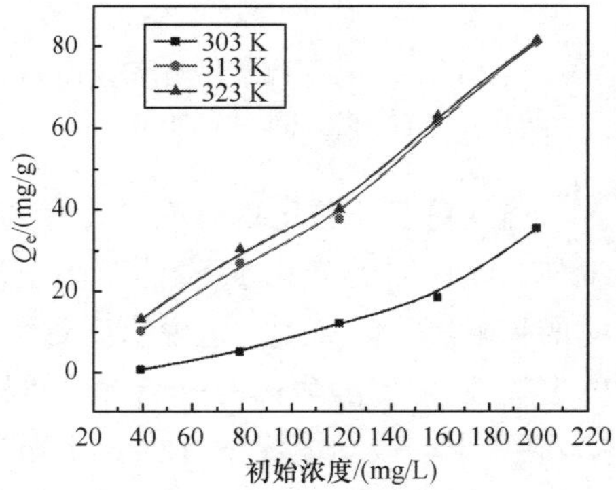

图 15-15　温度对亚硫酸化单宁酸吸附沉淀 Pb(Ⅱ)的影响

与氧化单宁酸相比，虽然亚硫酸化的和磺化-胺甲基化的两种改性单宁酸在 313 K 具有最佳的吸附沉淀量，但是氧化单宁酸的吸附沉淀量在不同温度下的变化趋势基本一致。而磺化-胺甲基化单宁酸对 Cu(Ⅱ)的吸附沉淀随温度变化的改变不大。

温度对亚硫酸化杨梅单宁吸附沉淀 Cu(Ⅱ)和 Pb(Ⅱ)的吸附平衡影响如图 15-16 和图 15-17 所示。亚硫酸化杨梅单宁对 Cu(Ⅱ)的最佳吸附沉淀温度为 313 K，此时吸附沉淀量远大于其他实验温度下的吸附沉淀量。303 K 和 323 K 下吸附沉淀变化趋势相似，而与313 K时的有所不同。这说明就物理吸附而言，物理吸附是由于固体表面粒子(分子或原子)存在剩余的分子间作用力，其吸附速率很快，吸附的速率受传质阻力的影响明显。在固体内部粒子间存在的吸引力没有选择性，金属离子能在一定范围内自由移动，它主要发生在低温下，随着温度的升高，金属离子可以与吸附沉淀剂进行有选择的吸附沉淀，形成相对牢固的化学键和表面配合物，但温度继续升高，金属离子热运动剧烈，金属离子可以摆脱分子间作用力，重新回到溶液中，因而导致高温下吸附沉淀量明显降低，与303 K时的吸附沉淀量基本一致。

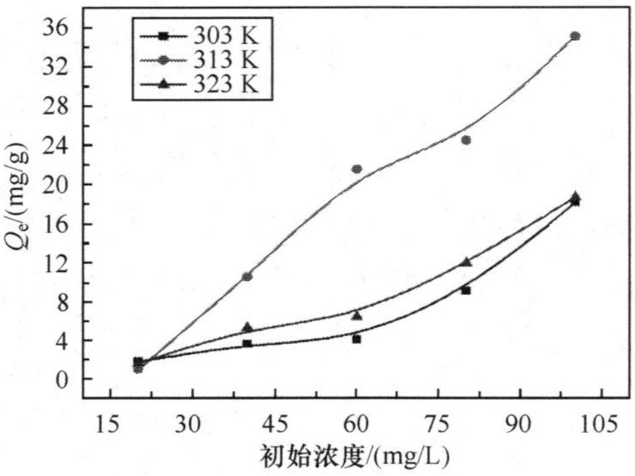

图15-16 温度对亚硫酸化杨梅单宁吸附沉淀Cu(Ⅱ)的影响

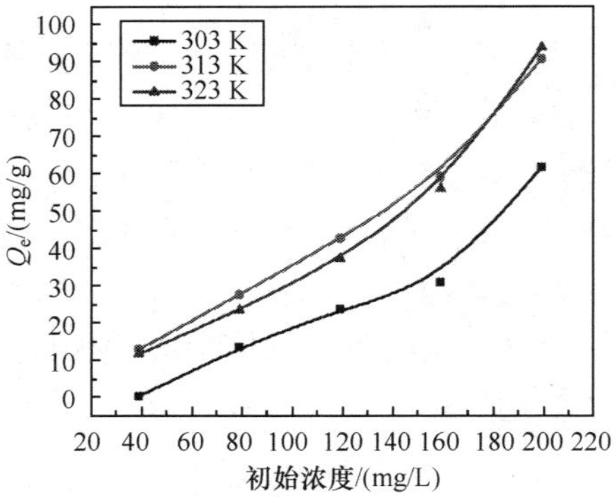

图15-17 温度对亚硫酸化杨梅单宁吸附沉淀Pb(Ⅱ)的影响

温度对亚硫酸化杨梅单宁吸附沉淀Pb(Ⅱ)的影响可知，313 K下的吸附沉淀量与323 K时的变化量不大，吸附沉淀变化趋势基本一致，实验条件下，在313 K时的吸附沉淀量最大。这说明亚硫酸化杨梅单宁对金属离子的吸附沉淀具有一定的选择性，亚硫酸化杨梅单宁对Pb(Ⅱ)的吸附沉淀较对Cu(Ⅱ)的吸附沉淀更牢固，高温下的吸附沉淀量有所下降但接近323 K时的平衡吸附沉淀量。

如图15-18和图15-19所示，Cu(Ⅱ)和Pb(Ⅱ)溶液在303～323 K实验范围内，随着温度升高，亚硫酸化黑荆单宁对Cu(Ⅱ)和Pb(Ⅱ)的吸附沉淀量增加，温度对亚硫酸化黑荆单宁吸附沉淀Cu(Ⅱ)的影响没有规律。当温度为313 K和323 K时，亚硫酸化黑荆单宁对Pb(Ⅱ)的吸附沉淀规律基本一致。且在这两温度下对Pb(Ⅱ)吸附沉淀量明显大于303 K时的吸附沉淀量。这表明，亚硫酸化黑荆单宁对Cu(Ⅱ)和Pb(Ⅱ)的吸附沉淀是一个吸热过程，此时亚硫酸化黑荆单宁对Cu(Ⅱ)和Pb(Ⅱ)的吸附多为化学吸附。温度对亚硫酸化黑荆单宁吸附沉淀Cu(Ⅱ)和Pb(Ⅱ)的规律与亚硫酸化杨梅单宁、磺化-胺甲基化黑荆单宁和氧化黑荆单宁都不相同，说明温度对亚硫酸化植物多酚吸附沉淀Cu(Ⅱ)和Pb(Ⅱ)规律的影响主要是由于亚硫酸化改性引起的。

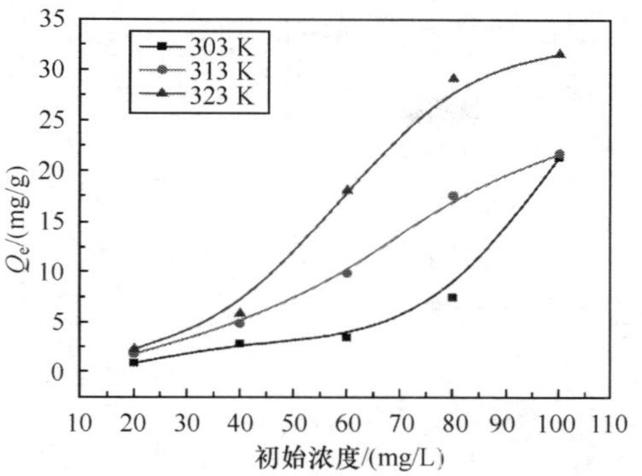

图 15 - 18　温度对亚硫酸化黑荆单宁吸附沉淀 Cu(Ⅱ)的影响

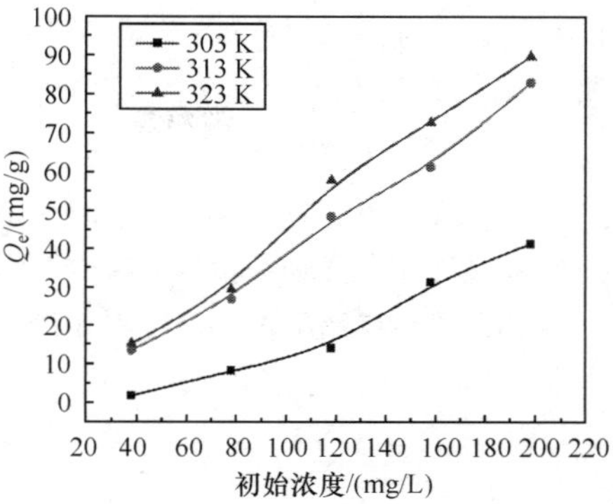

图 15 - 19　温度对亚硫酸化黑荆单宁吸附沉淀 Pb(Ⅱ)的影响

15.7 小　　结

亚硫酸化没食子酸对 Pb(Ⅱ)的吸附沉淀效果优于 Cu(Ⅱ)。这可能是由于亚硫酸化改性引入的磺酸基改变了溶液系统的 pH 环境,使重金属离子在溶液中的状态和存在形式发生了变化,引起了吸附沉淀量上的差异。pH 是影响亚硫酸化植物多酚(单宁)的主要因素之一。金属离子在水溶液中存在的状态和亚硫酸化植物多酚表面电荷离解程度有关。

改性单宁酸产品对 Cu(Ⅱ)和 Pb(Ⅱ)的吸附沉淀能力大小顺序分别为磺化-胺甲基化改性单宁酸＞氧化单宁酸＞亚硫酸化单宁酸;氧化单宁酸＞磺化-胺甲基化改性单宁酸＞亚硫酸化单宁酸。改性杨梅单宁对 Cu(Ⅱ)的吸附沉淀能力大小为磺化-胺甲基化改性杨梅单宁＞亚硫酸化杨梅单宁＞氧化氧化杨梅单宁,对 Pb(Ⅱ)的吸附沉淀能力大小为磺化-胺甲基化改性杨梅单宁＞氧化氧化杨梅单宁＞亚硫酸化杨梅单宁。

亚硫酸化没食子酸、亚硫酸化杨梅单宁和亚硫酸化黑荆单宁对 Cu(Ⅱ)和 Pb(Ⅱ)的吸附等温线可以通过 Freundlich 方程进行较好的拟合。

金属离子溶液初始浓度对亚硫酸化改性植物多酚(单宁)吸附沉淀 Cu(Ⅱ)和 Pb(Ⅱ)的影响和其他两种改性方法基本一致,吸附沉淀量都随着初始浓度的增加而增加。

温度对不同植物多酚(单宁)的影响不尽相同。亚硫酸化没食子酸对 Cu(Ⅱ)的吸附沉淀最佳温度为 313 K,对 Pb(Ⅱ)的最佳吸附沉淀温度为 303 K,且吸附沉淀过程为放热。亚硫酸化橡椀单宁对 Cu(Ⅱ)的吸附沉淀,其最佳吸附沉淀温度为 313 K,铅离子在 313 K 和 323 K 下的吸附沉淀量基本一致,且变化情况基本相同。亚硫酸化单宁酸对 Cu(Ⅱ)的吸附沉淀在 303 K 和 323 K 时的变化趋势相同,但最佳吸附沉淀温度为 313 K。其对 Pb(Ⅱ)的吸附沉淀量随着温度的升高而增加，且温度在 313 K 和 323 K 时吸附沉淀量增加的幅度很小，两温度下与 303 K 时的变化趋势有所不同，这表明温度对吸附沉淀的影响复杂，不仅影响吸附沉淀反应发生的方向，也影响吸附沉淀剂表面与金属离子结合的概率。亚硫酸化杨梅单宁对 Cu(Ⅱ)和Pb(Ⅱ) 的吸附均在 313 K 时吸附沉淀量达到最大值。亚硫酸化黑荆单宁对Cu(Ⅱ) 和Pb(Ⅱ) 的吸附沉淀量随着温度升高而增加。

第 16 章　磺化-胺甲基化改性植物多酚(单宁)对 Sr(Ⅱ)的吸附

16.1 引　　言

本章以没食子酸、橡椀栲胶、杨梅栲胶和黑荆栲胶为原料，通过磺化-胺甲基化改性制备吸附沉淀剂。对 Sr(Ⅱ)的吸附性能、pH、溶液初始浓度和平衡吸附温度对吸附沉淀率的影响及规律进行了研究。

16.2 实验研究方法

16.2.1 植物多酚(单宁)磺化-胺甲基化改性

没食子酸：分子式 $C_6H_2(HO)_3COOH \cdot H_2O$，相对分子质量 188.4，单宁含量≥98.5%；橡椀栲胶：单宁含量≥68.0%，pH＝3.5～4.2；杨梅栲胶：单宁含量≥68.0%；黑荆栲胶：单宁含量≥70.0%。栲胶均由广西武鸣栲胶厂生产。

16.2.2 实验研究方法

1. pH 对吸附沉淀率的影响

取 100 mL，0.01mol/L 的氯化锶溶液 20 份，用 0.1 mol/L NaOH 溶液和 0.1 mol/L H_2SO_4溶液调节锶离子溶液初始 pH 分别至 3.0、5.0、7.0、9.0 和 11.0。323 K 下振荡吸附 2 h，原子吸收光谱仪检测吸附后溶液中金属离子的含量，分别计算吸附沉淀剂对锶离子的吸附沉淀率。

2. 吸附平衡及初始浓度对吸附沉淀率的影响

分别取初始浓度分别为 0.002 mol/L、0.004 mol/L、0.006 mol/L、0.008 mol/L、0.01 mol/L 的 Sr(Ⅱ)离子溶液 100 mL，调节 pH 为 10，分别在323 K振荡吸附 2 h。

3. 温度对吸附沉淀率的影响

方法同 13.2.2 中 3。在 303 K、313 K 和 323 K 下振荡吸附沉淀 2 h。

16.3 pH 对吸附沉淀率的影响

图 16－1 所示分别为磺化-胺甲基化改性的没食子酸、橡椀单宁、杨梅单宁和黑荆单宁吸附沉淀 Sr(Ⅱ)过程中，pH 对吸附沉淀量的影响。由图可见，磺化-胺甲基化黑荆单宁受 pH 影响不明显，pH＝5.0～11.0，吸附沉淀量基本保持不变。其余三种磺化-胺甲基化改性单宁产品受 pH 影响的变化的趋势相同，且都随着 pH 的升高略有升高。

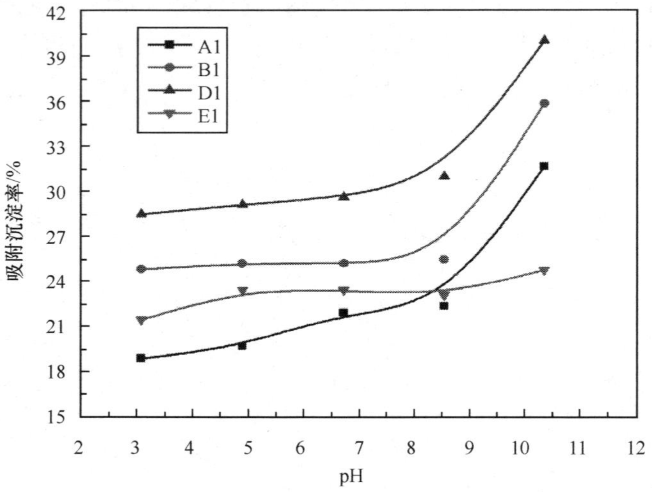

图 16－1 pH 对磺化-胺甲基化改性单宁吸附沉淀 Sr(Ⅱ)的影响

16.4 吸附平衡

图 16－2 所示为 323 K 条件下，磺化-胺甲基化改性单宁在 pH 为 10.0 时对Sr(Ⅱ) 的吸附等温线。A1、B1、D1、E1 分别代表磺化-胺甲基化改性的没食子酸、橡椀单宁、杨梅单宁、黑荆单宁。由图可见，磺化-胺甲基化改性植物多酚(单宁)对 Sr(Ⅱ)的吸附沉淀量随着溶液平衡浓度的增加而增加，达到一定值后吸附沉淀量明显降低。

采用 Langmuir 和 Freundlich 方程对 Sr(Ⅱ)的吸附等温线分析发现，磺化-胺甲基化改性植物多酚对 Sr(Ⅱ)的平衡吸附实验数据可以通过 Freundlich 方程进行较好的拟合，相关系数 R^2 能够达到 0.9349。拟合结果如图 16－3 所示。表 16－1为磺化-胺甲基化改性植物多酚(单宁)对 Sr(Ⅱ)的 Freundlich 参数。

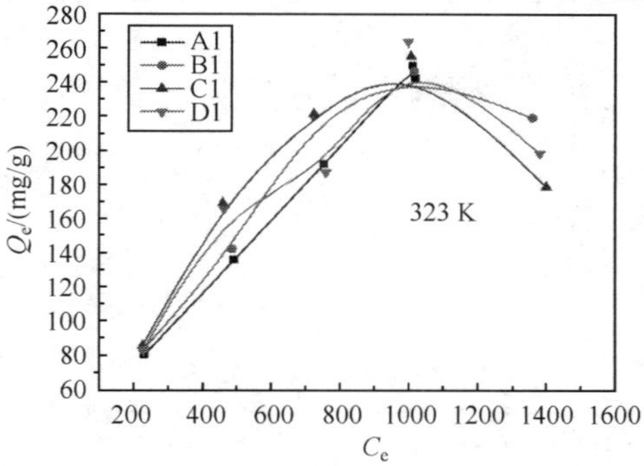

图 16 - 2　磺化-胺甲基化改性单宁对 Sr(Ⅱ)的吸附等温线

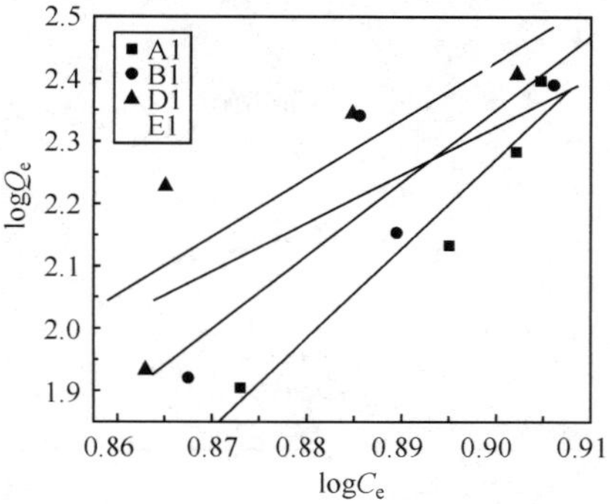

图 16 - 3　Freundlich 方程拟合磺化-胺甲基化改性单宁对 Sr(Ⅱ)的吸附等温线

表 16 - 1　磺化-胺甲基化植物多酚(单宁)对 Sr(Ⅱ)的 Freundlich 参数

植物多酚(单宁)	Freundlich 参数		
	$\log K$	$1/n$	R^2
磺化-胺甲基化没食子酸(A1)	−10.5867	14.2850	0.9349
磺化-胺甲基化橡椀单宁(B1)	−8.1735	11.6953	0.7466
磺化-胺甲基化杨梅单宁(D1)	−5.9718	9.3325	0.6703
磺化-胺甲基化黑荆单宁(E1)	−4.6762	7.7794	0.5293

注：A1：$\log Q_e = -10.5867 + 14.2850\log C_e$，$R^2 = 0.9349$；B1：$\log Q_e = -8.1735 + 11.6953\log C_e$，$R^2 = 0.7466$
D1：$\log Q_e = -5.9718 + 9.3325\log C_e$，$R^2 = 0.6703$；E1：$\log Q_e = -5.9718 + 9.3325\log C_e$，$R^2 = 0.6703$。

16.5　初始浓度对吸附沉淀率的影响

与吸附沉淀铜和铅相反，随着初始浓度增加，磺化-胺甲基化改性植物多酚(单宁)对放射性核素 Sr(Ⅱ)的吸附沉淀率随着初始浓度的增加而减少，如图 16 - 4 所示。这可能是由于锶的原子体积(33.7 cm^3/mol)大于铜(7.1 cm^3/mol)和铅(18.17 cm^3/mol)的原子体积。原子体积越大，相同体积下原子数量越多，原子间排斥力越大，金属离子越不容易被吸附沉淀。吸附沉淀率趋势变化的不同，说明植物多酚(单宁)种类的差别是影响改性植物多酚(单宁)对 Sr(Ⅱ)吸附沉淀率的主要因素之一。磺化-胺甲基化改性的没食子酸、橡椀单宁、杨梅单宁和黑荆单宁对 Sr(Ⅱ)的最大吸附沉淀率分别为 25.36%、26.28%、27.05%和 26.26%。

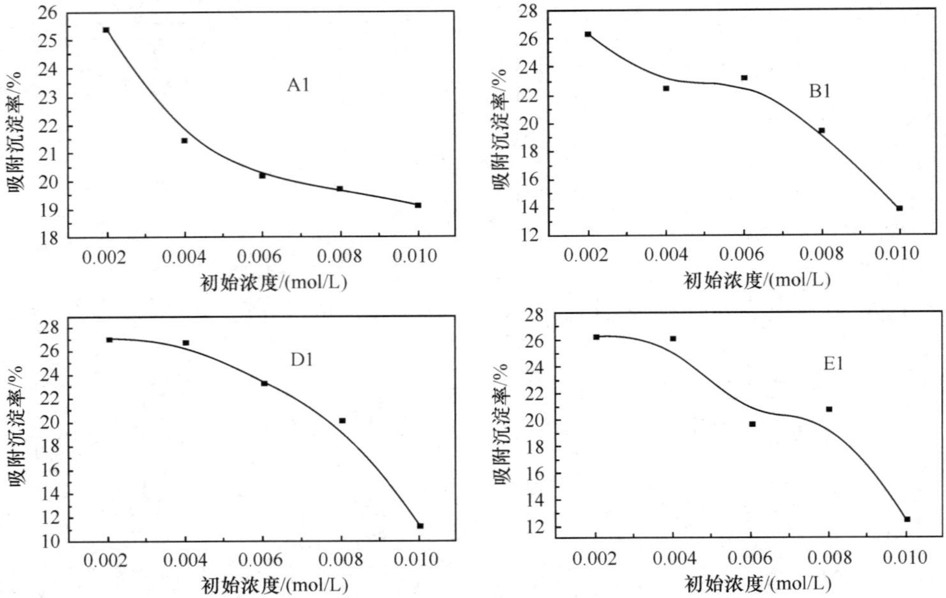

图 16-4　初始浓度对磺化-胺甲基化改性单宁吸附沉淀 Sr(Ⅱ)的影响

16.6　温度对吸附沉淀率的影响

图 16-5(a)到图 16-5(d)所示分别为温度对磺化-胺甲基化改性的没食子酸、橡椀单宁、杨梅单宁和黑荆单宁的吸附沉淀率的影响。由图可知，所有磺化-胺甲基化改性植物多酚的最佳吸附沉淀温度为 323 K。对于磺化-胺甲基化改性没食子酸，303 K 和 313 K 下吸附沉淀率随温度变化的趋势比较相似，而与 323 K 下

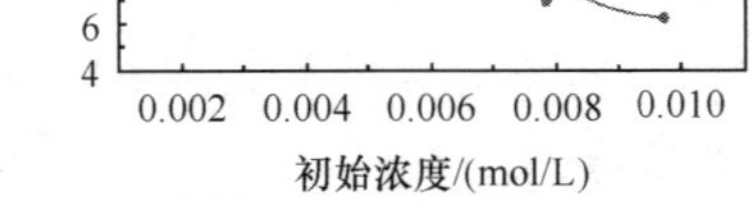

(a) 温度对磺化-胺甲基化改性没食子酸吸附沉淀Sr(Ⅱ)的影响

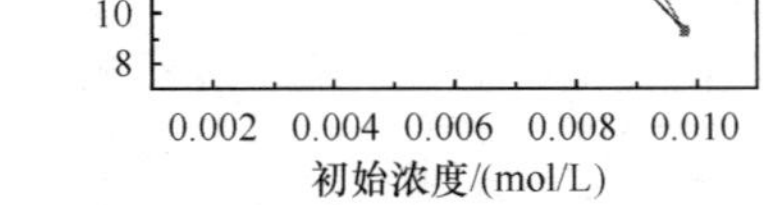

(b) 温度对磺化-胺甲基化改性橡椀单宁吸附沉淀Sr(Ⅱ)的影响

图 16-5　温度对磺化-胺甲基化改性的没食子酸、橡椀单宁、杨梅单宁和黑荆单宁的吸附沉淀率的影响

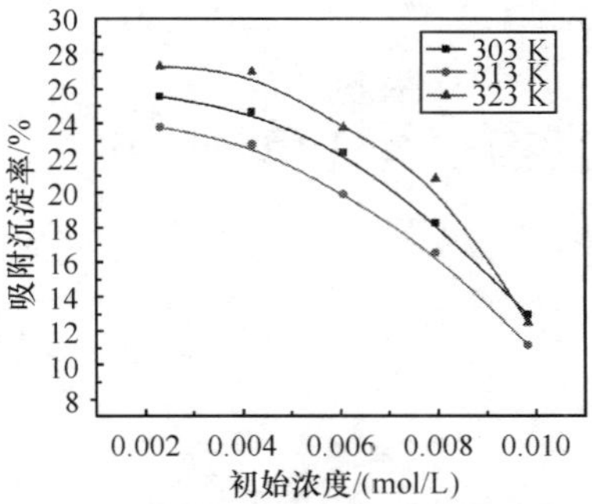

(c) 温度对磺化-胺甲基化改性杨梅单宁吸附沉淀Sr(Ⅱ)的影响

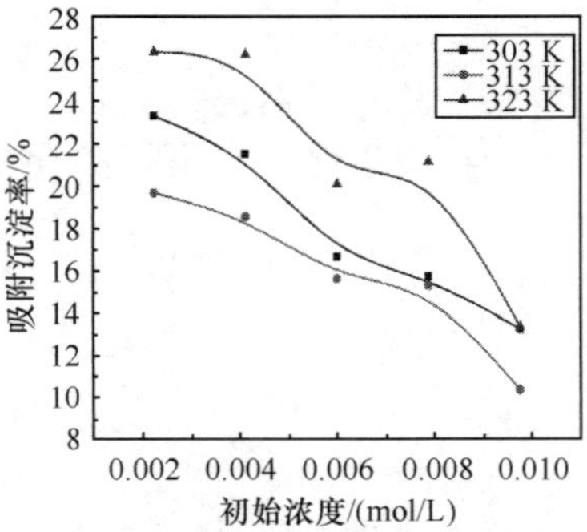

(d) 温度对磺化-胺甲基化改性黑荆单宁吸附沉淀Sr(Ⅱ)的影响

图 16－5(续)

的变化趋势不同，其吸附沉淀率随温度变化为 323 K＞303 K＞313 K。磺化-胺甲基化改性杨梅单宁随温度变化的趋势接近。磺化-胺甲基化改性黑荆单宁在不同温度下不同浓度对吸附沉淀率存在一定的影响，故不同温度下，吸附沉淀率变化趋势不尽相同。

16.7　小　　结

磺化-胺甲基化改性的没食子酸、橡椀单宁、杨梅单宁和黑荆单宁对 Sr(Ⅱ)的吸附沉淀率随着 pH 的升高而升高的趋势比较平缓，和吸附沉淀 Cu(Ⅱ)和 Pb(Ⅱ)的情况比较认为，这主要是由于金属离子半径大小、金属离子在元素周期表中的位置等原因造成的。

溶液中 Sr(Ⅱ)的浓度越大，金属离子间静电力作用越强，金属离子体积较大，使吸附沉淀剂表面有效的活性位点减少，导致磺化-胺甲基化改性植物多酚对 Sr(Ⅱ)的吸附沉淀率随着溶液初始浓度的增大而减小。

金属离子特性对吸附沉淀率的影响显著，温度越高，金属离子间的碰撞越剧烈，吸附沉淀剂上的活性位点吸附沉淀的金属离子量越多，故磺化-胺甲基化改性的植物多酚(单宁)吸附沉淀 Sr(Ⅱ)的最佳温度均为 323 K。

第 17 章　亚硫酸化植物多酚(单宁)对 Sr(Ⅱ)的吸附沉淀

17.1　引　　言

目前环境水资源的放射性污染不仅是由于天然放射性分布得不均匀，也由于核能的开发利用。放射性废水的治理方法可归纳为稀释分散法、浓缩净化法和回收利用法。改性植物多酚通过化学改性使放射性核素离子与植物多酚吸附沉淀，达到了浓缩去除溶液中金属离子的效果，也为实现金属离子的回收和利用提供了基础。

以没食子酸、橡椀栲胶、杨梅栲胶和黑荆栲胶为原料，通过亚硫酸化改性制备吸附沉淀剂，对 Sr(Ⅱ)的吸附性能，以及 pH、溶液初始浓度和平衡吸附温度对吸附沉淀率的影响及规律进行了研究。

17.2　实验研究方法

17.2.1　植物多酚(单宁)亚硫酸化改性

没食子酸：分子式 $C_6H_2(HO)_3COOH \cdot H_2O$，相对分子质量 188.4，单宁含量 >98.5%；橡椀栲胶：单宁含量≥68.0%，pH＝3.5～4.2；杨梅栲胶：单宁含量≥68.0%；黑荆栲胶：单宁含量≥70.0%。栲胶均由广西武鸣栲胶厂生产。

17.2.2　实验研究方法

1. pH 对吸附沉淀率的影响

取 100 mL，0.01 mol/L 的氯化锶溶液 20 份，用 0.1 mol/L NaOH 溶液和 0.1 mol/L H_2SO_4溶液调节锶离子溶液初始 pH 分别至 3.0、5.0、7.0、9.0 和 11.0，323 K 下振荡吸附 2 h，原子吸收光谱仪检测吸附后溶液中金属离子含量，分别计算吸附沉淀剂对锶离子的吸附沉淀率。

2. 初始浓度对吸附沉淀率的影响

分别取初始浓度为 0.002 mol/L、0.004 mol/L、0.006 mol/L、0.008 mol/L、

0.01 mol/L 的 Sr(Ⅱ)离子溶液 100 mL,调节 pH 为 10.0,分别在 323 K 振荡吸附 2 h。

3. 温度对吸附沉淀率影响

方法同 16.2.2 中 3。在 303 K,313 K 和 323 K 下振荡吸附沉淀 2 h。

17.3　pH 对吸附沉淀率的影响

图 17－1 所示分别为 pH 对 Sr(Ⅱ)的吸附沉淀率的影响。A2、B2、D2、E2 分别为亚硫酸化没食子酸、亚硫酸化橡椀单宁、亚硫酸化杨梅单宁、亚硫酸化黑荆单宁。由图可见,随着 pH 升高,亚硫酸化改性的植物多酚(单宁)对 Sr(Ⅱ)的吸附沉淀率升高。不同改性产品吸附沉淀率变化随 pH 变化的趋势有所不同,这可能与不同单宁种类不同结构有关。

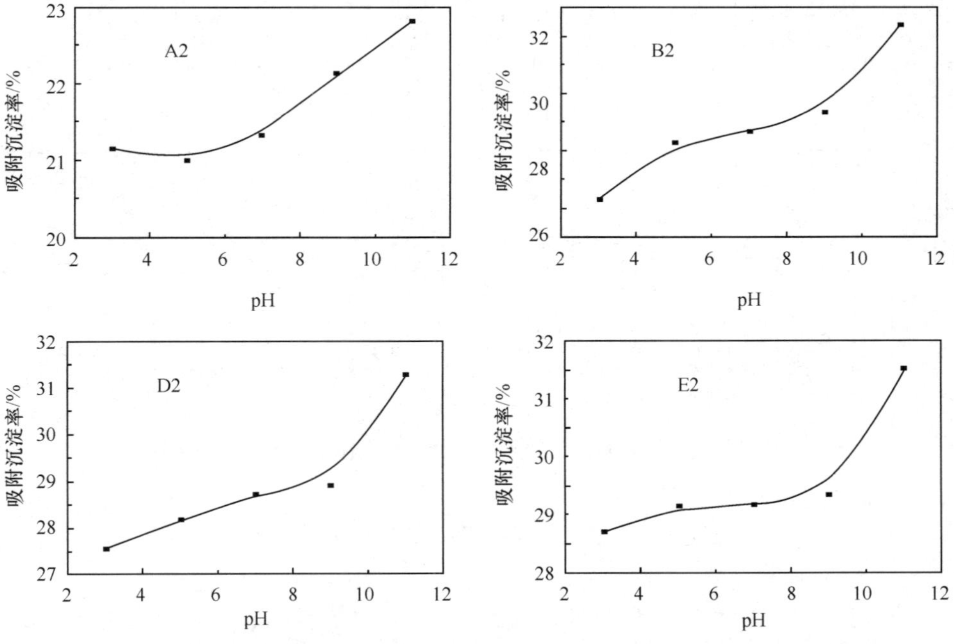

图 17－1　pH 对亚硫酸化改性单宁吸附沉淀 Sr(Ⅱ)的影响

17.4　初始浓度对吸附沉淀率的影响

如图 17－2,初始浓度对吸附沉淀率的影响明显,亚硫酸化没食子酸和亚硫酸化橡椀单宁的变化趋势相似,在初始浓度小于等于 0.04 mol/L 时的吸附沉淀率变化很小，当初始浓度为 0.06 mol/L 时吸附沉淀率达到最大值，继续升高浓度，吸附沉淀率急剧下降。亚硫酸化杨梅单宁和亚硫酸化黑荆单宁对 Sr(Ⅱ)的吸附沉淀率在小于 0.06 mol/L 时随着初始浓度的增加而增加，亚硫酸化杨梅单宁在初始浓度为 0.06 mol/L 时达到最佳值，随着初始浓度的继续增加，吸附沉淀率下降；亚硫酸化黑荆单宁在 0.08 mol/L 时获得最高吸附沉淀率，在实验条件最大浓度时吸附沉淀率明显降低。这说明，在相同改性方法下，不同种类的亚硫酸化改性单宁对 Sr(Ⅱ)的吸附沉淀率随初始浓度变化，受单宁种类的影响明显，且改性后的缩合类单宁吸附沉淀率普遍高于改性后的水解类亚硫酸化改性单宁。

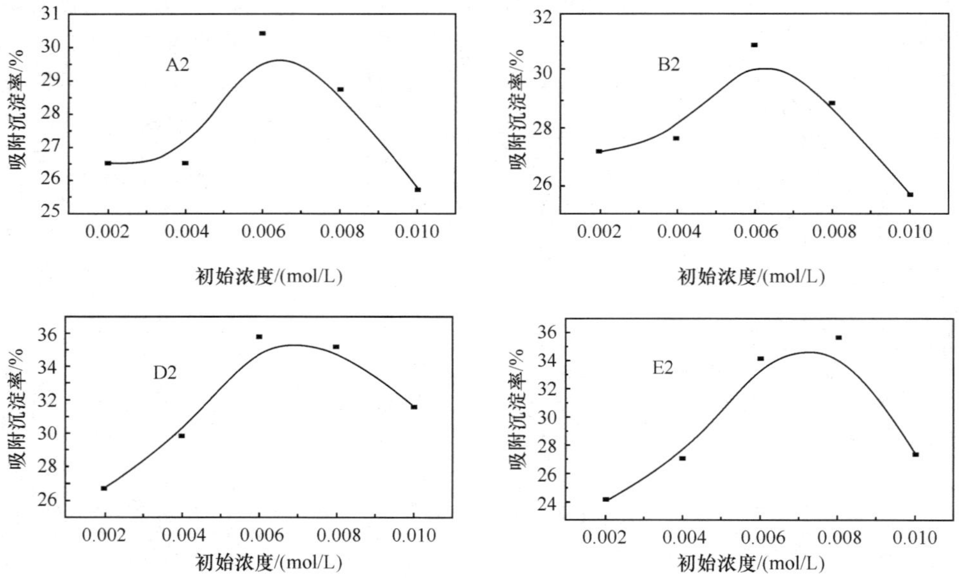

图 17－2　初始浓度对亚硫酸化改性单宁吸附沉淀 Sr(Ⅱ)的影响

17.5　温度对吸附沉淀率的影响

图 17－3(a)到图 17－3(d)分别为亚硫酸化改性的没食子酸、橡椀单宁、杨梅单宁和黑荆单宁吸附沉淀 Sr(Ⅱ)时吸附沉淀率受温度的影响情况。由图可知，亚硫酸化改性植物多酚最佳吸附沉淀温度均为 313 K。亚硫酸化没食子酸和亚硫酸化黑荆单宁在 313 K 时的吸附沉淀率大于 323 K 和 303 K，亚硫酸化橡椀单宁在 303 K 时的吸附沉淀率大于 323 K。亚硫酸化橡椀单宁与亚硫酸化杨梅单宁的变化趋势基本一致。

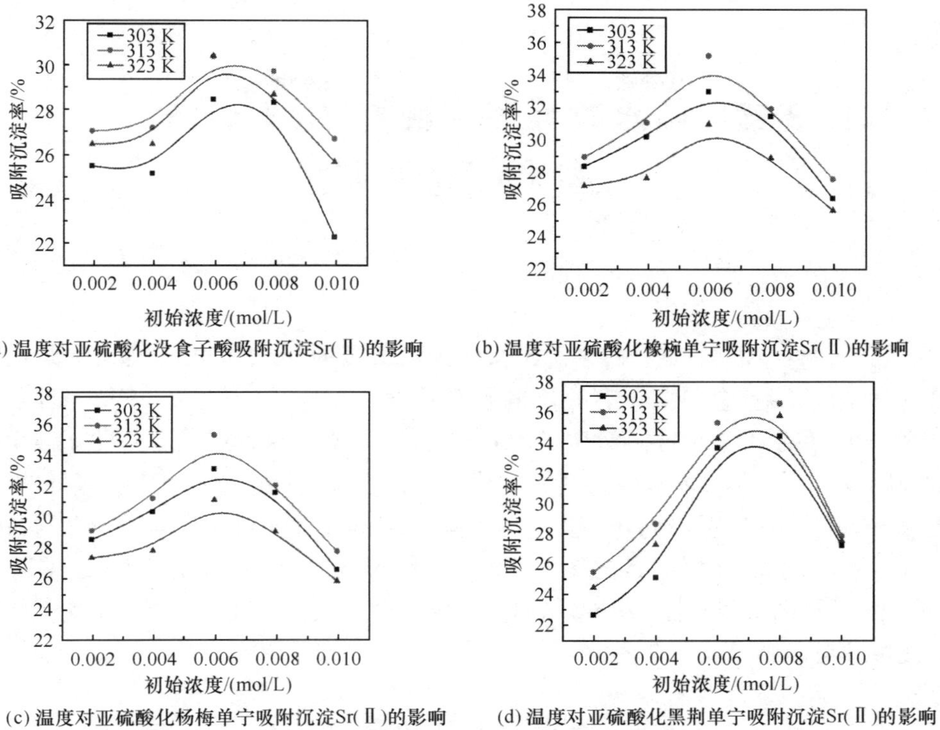

(a) 温度对亚硫酸化没食子酸吸附沉淀Sr(Ⅱ)的影响

(b) 温度对亚硫酸化橡椀单宁吸附沉淀Sr(Ⅱ)的影响

(c) 温度对亚硫酸化杨梅单宁吸附沉淀Sr(Ⅱ)的影响

(d) 温度对亚硫酸化黑荆单宁吸附沉淀Sr(Ⅱ)的影响

图17-3 亚硫酸化改性植物多酚吸附沉淀Sr(Ⅱ)时吸附沉淀率受温度的影响

17.6 小结

亚硫酸化改性的没食子酸、橡椀单宁、杨梅单宁和黑荆单宁对Sr(Ⅱ)的吸附沉淀率随着pH的升高而升高，在pH为11.0时获得最大值，且在pH大于9.0时不同程度地明显增长。这与磺化-胺甲基化改性植物多酚的情况类似。这可能与吸附沉淀剂表面电荷电离的程度等有关。

亚硫酸化植物多酚对Sr(Ⅱ)的吸附沉淀受初始浓度的影响与磺化-胺甲基化改性植物多酚不同，这可能是由于深度亚硫酸化使植物多酚吸附沉淀剂表面裸露的活性位点更多，随着初始浓度的增加，亚硫酸化改性植物多酚在一定范围内的吸附沉淀率升高，当达到最大值时，继续提高溶液初始浓度，导致离子间相互作用加强，吸附沉淀率下降。

亚硫酸化改性植物多酚(单宁)吸附沉淀Sr(Ⅱ)时受温度的影响变化比较复杂，但规律性较吸附沉淀Cu(Ⅱ)和Pb(Ⅱ)强，这有可能与不同周期金属离子元素有关，即与离子半径、金属阳离子的电子构型、金属离子在元素周期表中位置和金属离子配位能力等有关。

第 18 章 疏水改性葡甘聚糖(DKGM)对 Cu^{2+} 和 Pb^{2+} 的吸附

18.1 引　　言

葡甘聚糖(KGM)是一种来源丰富的天然杂多糖,分子链段中含有大量的羟基活性基团,对重金属离子有一定的物理化学吸附能力。但 KGM 是一种水溶性高分子,在水溶液中能溶解生成溶胶和凝胶,阻碍了它发展成为一种新型生物质吸附剂。因此 KGM 吸附材料关键技术就是解决其强吸水性问题。到目前为止,尚未有报道利用天然 KGM 作为吸附材料评价 KGM 对重金属离子吸附特性研究。因此,本章利用制备的疏水 DKGM 作为吸附材料,系统研究 DKGM 对 Cu^{2+} 和 Pb^{2+} 的吸附特性,为 KGM 进一步化学改性成为高吸附性能重金属吸附材料提供参考。

18.2 实验研究方法

18.2.1 疏水性 DKGM 吸附材料制备

将 40 g(W_1)的高纯 KGM 分散于 240 mL 的水与乙醇混合溶剂中,在 25 ℃下搅拌溶胀 30 min,加入氢氧化钠 20 g,在 75 ℃温度下恒温反应 24 h,终止反应,用盐酸中和反应液。过滤出样品,用含乙醇 30%的水溶剂进行清洗数次,将样品放入干燥箱于 100 ℃烘干到恒量。

18.2.2 吸附实验

将一定浓度的 50 mL 重金属离子溶液加入 250 mL 的锥形瓶中,用 0.1 mol/L 的 NaOH 溶液和 0.1 mol/L 的盐酸调节溶液到适当 pH,同时加入一定质量的 DKGM,将锥形瓶放在振荡培养箱上以 200 r/min 的速度搅拌预计的时间。过滤样品,用原子吸收分光光度计分析测定滤溶液中吸附后的重金属离子浓度,用方程式(18-1)和式(18-2)计算去除率 E 和吸附量 Q:

$$E(\%) = \frac{C_0 - C_e}{C_0} \times 100 \qquad (18-1)$$

$$Q(\mathrm{mg/g}) = \frac{(C_0 - C_e)V}{1000W} \qquad (18-2)$$

式中,C_0(mg/L)和 C_e(mg/L)分别为初始浓度和平衡后的溶液中剩余金属离子的浓度;V(mL)是溶液的体积;W(g)是吸附剂的质量。

1. pH 的影响

使用初始浓度为 50 mg/L 的 Cu^{2+} 溶液和初始浓度为 10 mg/L 的 Pb^{2+} 溶液。用 0.1 mol/L 的 NaOH 和 0.1 mol/L 的盐酸调节溶液 pH 为 2～7。在 25 ℃将 0.25 g 吸附材料放入到已调好 pH 的 Cu^{2+} 或 Pb^{2+} 溶液中振荡吸附 2 h。

2. 吸附材料用量的影响

使用 pH 为 5.0 的 50 mg/L Cu^{2+} 溶液和 pH 为 5.5 的 10 mg/L Pb^{2+} 溶液。在 25 ℃将 0～1 g 吸附材料放入到 Cu^{2+} 或 Pb^{2+} 溶液中振荡吸附 2 h。

3. 吸附时间的影响

使用 pH 为 5.0 的 50 mg/L Cu^{2+} 溶液和 pH 为 5.5 的 10 mg/L Pb^{2+} 溶液。在一定温度下将 0.25 g 吸附材料放入到 Cu^{2+} 或 Pb^{2+} 溶液中振荡到指定时间,取出部分重金属离子溶液,分析其在指定时间内的浓度变化。

4. 等温吸附

等温曲线选择的 Cu^{2+} 离子溶液初始浓度分别为 20 mg/L、40 mg/L、60 mg/L、80 mg/L、100 mg/L。等温曲线选择的 Pb^{2+} 离子溶液初始浓度分别为 30 mg/L、60 mg/L、90 mg/L、120 mg/L、150 mg/L、180 mg/L、210 mg/L、500 mg/L、1000 mg/L。将上述各种浓度 Cu^{2+} 溶液调 pH 至 5.0,各种浓度 Pb^{2+} 溶液调 pH 至 5.5。在 25 ℃下将 0.25 g 吸附材料放入到 Cu^{2+} 或 Pb^{2+} 溶液中振荡吸附 2 h。

18.3　疏水改性葡甘聚糖(DKGM)的吸附材料的微观结构

KGM 是从天南星科魔芋植物的球茎中分离得到的扁平状颗粒物。魔芋球茎内部主要由薄壁细胞和异细胞构成,其成分包括淀粉、蛋白质、纤维素、可溶性糖、生物碱、脂肪等。图 18-1(a)和(c)为 KGM 的 SEM 照片,从图 18-1 可知,KGM 聚集态结构十分紧密,表面比较光滑,无任何孔洞。图 18-1(b)和(d)为 KGM 在强碱条件下脱乙酰基后的 SEM 照片。在强碱的作用下,KGM 的表面比较粗糙,出现一些细微孔隙结构。多孔结构的出现一方面是因为 KGM 含有的少量杂质在碱性条件下溶解出;另一方面是因为 KGM 经脱乙酰基后形成了具有三维网络的凝胶结构。这些孔隙结构提供了丰富的比表面积,从而能与重金属离子相互吸附。

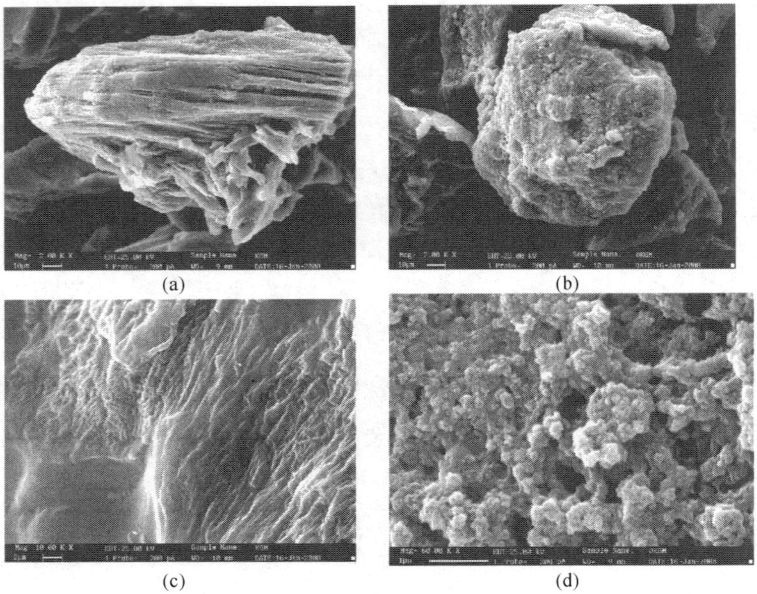

图 18-1　KGM 与 DKGM 的 SEM 照片

18.4　pH 的影响

DKGM 分子结构上含有丰富的羟基及一定的比表面积，对重金属离子有一定的配位和吸附能力。DKGM 与重金属离子主要通过物理或化学作用达到脱除重金属离子效果。从图 18-2 可知，重金属离子溶液的 pH 对 DKGM 的吸附能力影响较大。DKGM 对 Cu^{2+} 的吸附最佳 pH 为 4～5[图 18-2(a)]，而对 Pb^{2+} 的最佳 pH 为 5～7[图 18-2(b)]。大多数重金属离子在 pH 大于 6 时都会发生沉淀反

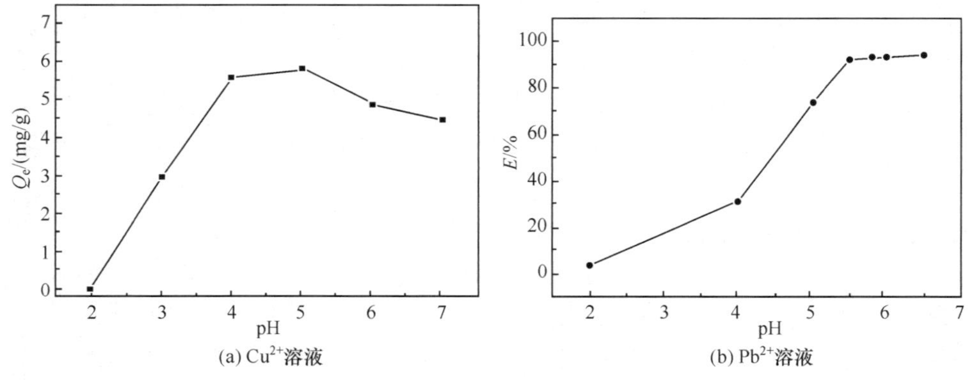

图 18-2　pH 的影响

应，而 DKGM 对重金属离子在 pH 为 5 左右时达到最佳吸附，可避免化学沉淀的发生，有利于进一步吸附动力学和等温吸附研究。DKGM 对重金属离子的吸附有很强的 pH 依赖，溶液中的 H^+ 离子与重金属离子在与 DKGM 相互作用时存在着竞争关系，主要通过静电方式与 DKGM 发生相互作用。DKGM 对 Pb^{2+} 的去除率($E\%$)较高，可达 93%。

18.5　吸附材料用量的影响

在吸附金属离子的过程，吸附材料用量是一个十分重要的影响因素。通常，增大吸附材料用量，由于增加了更多的活性基团及比表面积，可提高对重金属离子的去除率。吸附材料的吸附性能与吸附材料用量存在着一定的关系。根据这种联系，本研究吸附材料用量为 0～20 g/L。实验结果由图 18－3 给出。图18－3(a)表明，随着吸附材料用量的增加，Cu^{2+} 离子去除率也增加。在 0～20 g/L，吸附材料的用量与 Cu^{2+} 去除率成正比。20 g/L 的吸附材料用量时，去除率达到 87%。但是，相对于吸附量参数来说，吸附量在 5 g/L 时达到最大，超过此用量，吸附量开始下降。这主要原因是在给定体积的 Cu^{2+} 离子溶液中，Cu^{2+} 数量有限，进一步增大了吸附材料用量，使得吸附材料未达饱和吸附。如图18－3(b)所示，DKGM 对于低浓度的 Pb^{2+} 溶液有较强的去除率，最大去除率可达 93%。

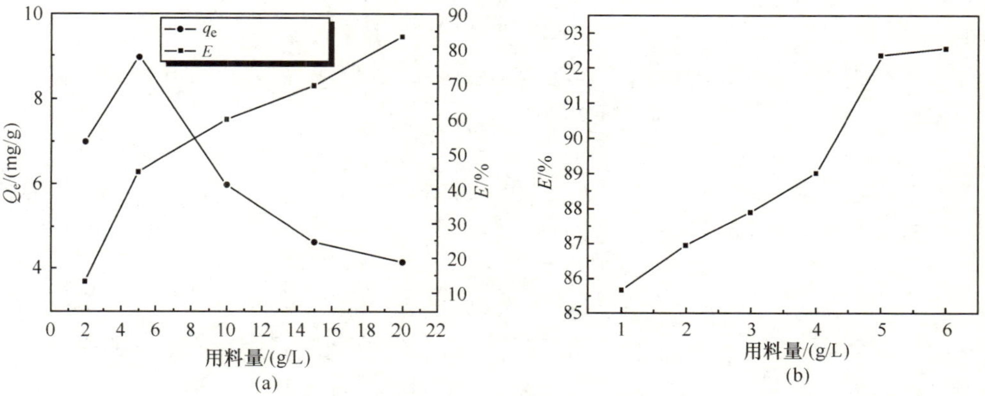

图 18－3　吸附材料用量的影响

18.6　吸附时间及吸附动力学

吸附是一个平衡反应，速率的快慢取决于吸附材料颗粒内外的重金属离子的浓度、温度及吸附材料结构等因素。在一定吸附条件下，吸附速率主要取决于材料的结构特性。图 18－4 为 DKGM 对 Cu^{2+} 与 Pb^{2+} 吸附受时间的影响。图 18－4(a)为不同

温度下吸附材料对 Cu^{2+} 的吸附速率曲线。随着吸附时间的增加，吸附量也不断增加。吸附时间在 20 min 内，吸附量迅速增加。20～60 min 内，吸附量增长较缓慢，吸附 1 h 后，能达吸附平衡，吸附量(Q_e，mg/g)约为 6 mg/g。温度对吸附速率有较大影响。较低温度下，吸附初期，由于溶液中离子的布朗运动程度的减慢，吸附速率较慢。随着温度的升高，布朗运动加快，吸附速率也同时加快。图 18－4(b)为 DKGM 对低浓度 Pb^{2+} 的吸附时间曲线。相比于对较高浓度的 Cu^{2+} 吸附，对 Pb^{2+} 的吸附速率较快，在 20 min 后能达到 90％的去除率。这表明 DKGM 十分容易与 Cu^{2+} 与 Pb^{2+} 结合，吸附速率较快。

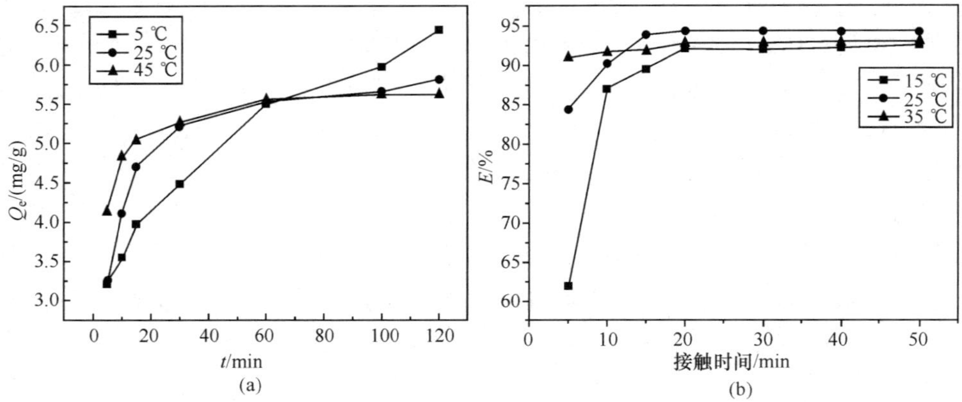

图 18－4　吸附时间影响

上述吸附动力学数据用准二级动力学方程式进行拟合，如下[1～4]：

$$\frac{dQ_t}{dt} = k_2[Q_e - Q_t]^2 \tag{18-3}$$

方程边界条件为：①$t=0$，$Q_t=0$；②$t=t$，$Q_t=Q_t$。

对式(18－3)进行积分可得式(18－4)。

$$\frac{t}{Q_t} = \frac{1}{k_2 Q_e^2} + \frac{t}{Q_e} \tag{18-4}$$

式中，Q_t 为吸附 t(min)时间后吸附在吸附剂上的重金属吸附量(mg/g)；Q_e 为吸附平衡时的吸附量(mg/g)；k_2 为吸附动力学常数[g/(mg·min)]。

用数据 t/q_t 与 t 作图，如图 18－5。结果表明，DKGM 与 Cu^{2+} 与 Pb^{2+} 结合均符合准二级动力学，所拟合的曲线线性相关度均在 0.99 以上。通过拟合的线性方程，计算 DKGM 对 Pb^{2+} 吸附的动学力常数(k_2)在 15 ℃、25 ℃和 35 ℃分别为 0.347 g/(mg·min)、1.328 g/(mg·min)和 3.191 g/(mg·min)。随着温度的升高，k_2 逐步增大，表明升温有利于吸附反应的进行。

速率常数 k_2 随反应温度增加而增大可用阿伦尼乌斯公式进行描述，如式(18－5)[5]。

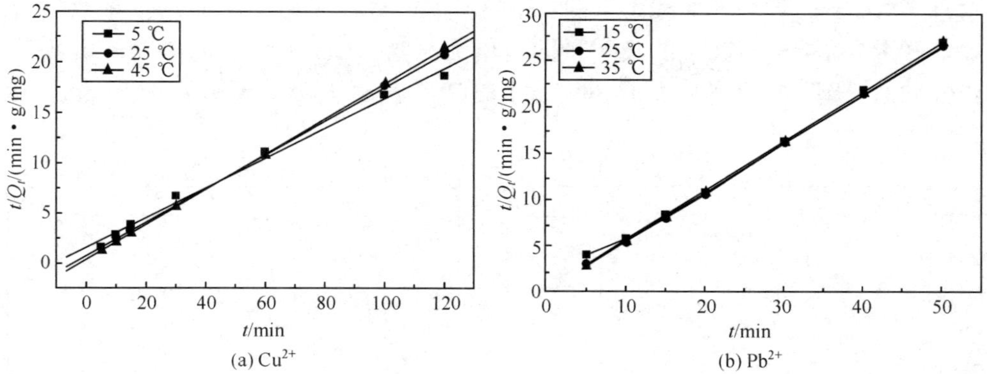

图 18－5　准二级吸附动力学线性方程

$$\ln k_2 = \ln k_o - \frac{E_a}{R}\left(\frac{1}{T}\right) \tag{18-5}$$

式中，k_o 为温度因子[g/(mg·min)]，E_a 为活化能(J/mol)，R 为摩尔气体常量[8.314 J/(mol·K)]，以及 T 为热力学温度(K)。

用 $\ln k_2$ 对 $1/T$ 作图，如图 18－6，所拟合的曲线线性相关度为 0.99。通过拟合的线性方程，计算 DKGM 对 Pb^{2+} 吸附的活化能为 81.976 kJ/mol。研究表明，通常物理吸附活化能为 8～22 kJ/mol；而吸附活化能大于 22 kJ/mol，化学吸附起主导作用[6～8]。显然，DKGM 对 Pb^{2+} 吸附是以化学吸附为主导。

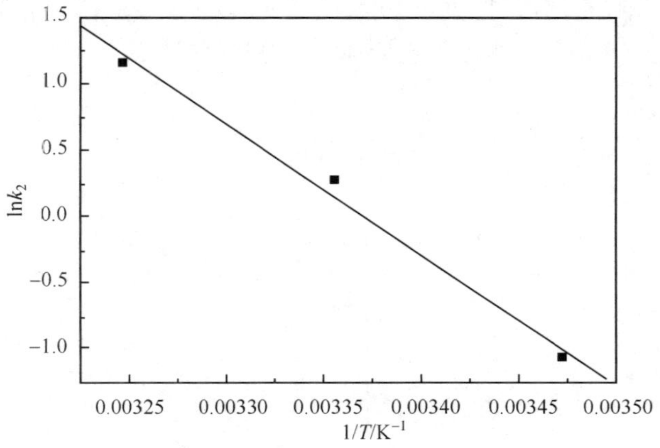

图 18－6　$\ln k_2$ 与 $1/T$ 关系

18.7　等 温 吸 附

吸附等温曲线是指在一定温度下溶质分子在两相界面上进行的吸附过程达到平衡时它们在两相中浓度之间的关系曲线，如吸附平衡浓度(C_e，mg/L)与吸附量(Q_e,mg/g)的关系曲线。从图 18－7 可知,随着液相中金属离子浓度的增大,DKGM 对重金属离子的吸附量同时增大。当 DKGM 对重金属离子吸附达到饱和时,吸附量达到最大值,对 Cu^{2+} 和 Pb^{2+} 的最大吸附量分别为 6 mg/g 和 9 mg/g。

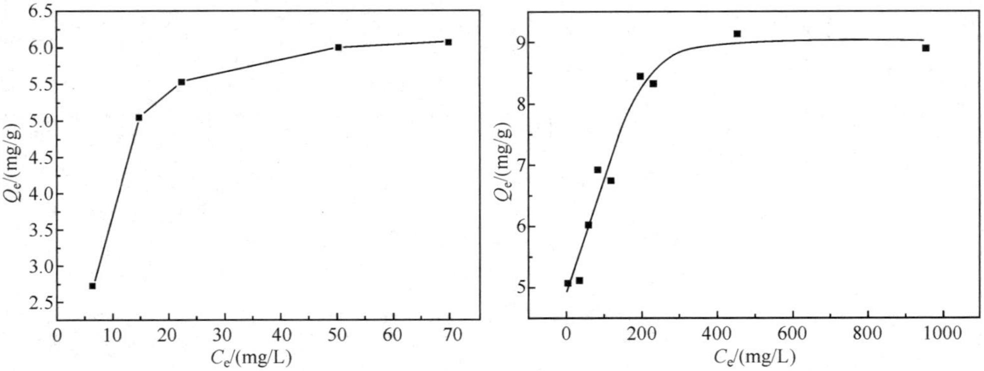

(a) Cu^{2+}　　(b) Pb^{2+}

图 18－7　等温吸附曲线

在一定温度下,分离物质在液相和固相中的浓度关系可用吸附方程式来表示,如 Langmuir、Freundlich 等[9,10]。通常,多数生物质吸附材料等温吸附曲线符合 Langmuir 吸附方程。从图 18－8 可知,DKGM 对 Cu^{2+} 和 Pb^{2+} 的吸附均符合 Langmuir 等温吸附曲线,线性度(R^2)都在 0.99 以上。Langmuir 等温吸附曲线表明 DKGM 与 Cu^{2+} 和 Pb^{2+} 通过单层吸附发生相互作用。

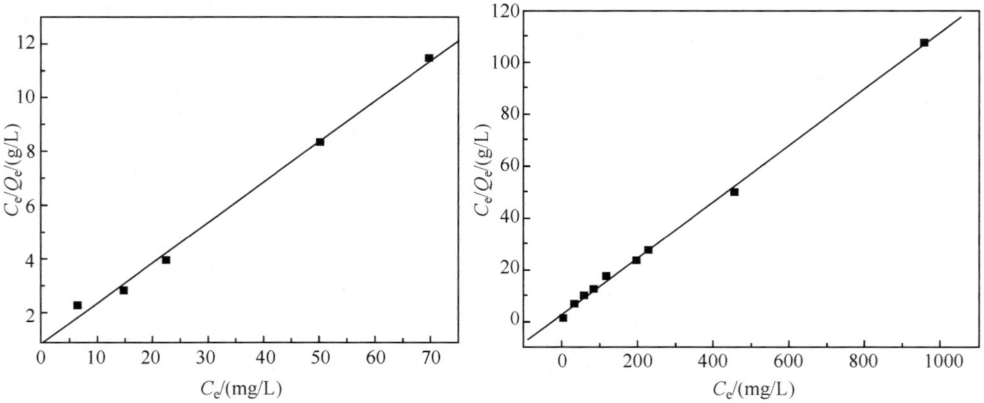

(a) Cu^{2+}　　(b) Pb^{2+}

图 18－8　Langmuir 吸附曲线

18.8 小　　结

本章研究了 DKGM 对 Cu^{2+} 和 Pb^{2+} 的吸附特性，结论如下：

(1) DKGM 对 Cu^{2+} 和 Pb^{2+} 的吸附效率依赖于溶液的 pH。当溶液 pH 为 4～6 时，对 Cu^{2+} 和 Pb^{2+} 的去除率分别为 87%和 93%。

(2) DKGM 对 Cu^{2+} 和 Pb^{2+} 的吸附速率较快，能在 20 min 内达到吸附平衡，且吸附动力学符合准二级吸附动力学曲线。

(3) 等温吸附数据曲线符合 Langmuir 吸附方程。DKGM 与 Cu^{2+} 和 Pb^{2+} 发生单层吸附，对 Cu^{2+} 和 Pb^{2+} 最大吸附量分别为 6 mg/g 和 9 mg/g。

(4) DKGM 能吸附重金属离子，有较高的去除率和较快的吸附动力学，但吸附量偏低，需进一步对 DKGM 进行化学改性，提高 DKGM 的吸附量。

参 考 文 献

[1] Ho Y S, Mckay G. Acomparison of chemisorption kinetic models applied to pollutant removal on various sorbents[J]. Process Saf Environ Protect, 1998, 76: 332-340

[2] Ho Y S, Wase D, Forster C. The kinetics of sorption of divalent metal ions onto sphagnum moss peat[J]. Water Res, 2000, 34: 735-742

[3] Ritchie A G. Alternative to the Elovich equation for the kinetics of adsorption of gases on solids[J]. J Chem Soc Faraday Trans, 1977, 73: 1650-1653

[4] Ho Y S, Mckay G. Pseudo-second order model for sorption processes[J]. Process Biochem, 1999, 34: 451-465

[5] Ozer A. Removal of Pb(Ⅱ) ions from aqueous solutions by sulphuric acid-treated wheat bran[J]. J Hazard Mater, 2007, 141: 753-761

[6] Ho Y S, Chiu W, Hsu C. Sorption of lead ions from aqueous solution using tree fern as a sorbent[J]. Hydrometallurgy, 2004, 73: 55-61

[7] Ho Y S, Mckay G. Kinetic model for lead(Ⅱ) sorption on to peat[J]. Adsorption Sci Technol, 1998, 16: 243-255

[8] Wang X J, Xia S, Chen L. Biosorption of cadmium(Ⅱ) and lead(Ⅱ) ions from aqueous solutions onto dried activated sludge[J]. J Environ Sci, 2006, 18: 840-844

[9] Langmuir I. The adsorption of gases on plane surfaces of glass, mica and platinum[J]. J Am Chem Soc, 1918, 40 (9): 1361-1403

[10] Freundlich H M F. Uber die adsorption losungen[J]. Z Phys Chem, 1906, 57: 385-470

第 19 章 活化热塑性 DKGM 对 Cu^{2+} 及 Pb^{2+} 吸附

19.1 引 言

本章综合考察活化后的热塑性 DKGM 及其加工成型活化后的吸附材料对 Cu^{2+} 及 Pb^{2+} 的静态吸附和动态吸附特性。通过与第 18 章的 DKGM 对 Cu^{2+} 及 Pb^{2+} 吸附特性比较，可以看出活化后的热塑性 DKGM 对 Cu^{2+} 及 Pb^{2+} 表现出极强的吸附能力，吸附量得到较大的提高，吸附量可达 1 mmol/g。动态吸附实验结果表明，加工成型活化后的吸附材料对 Cu^{2+} 有较快的离子交换速率，去除率达 99.7%。同时，加工成型活化后的吸附材料是一种弱酸型吸附材料，用 pH 为 1 的盐酸进行洗脱时，洗脱速率极快，在几秒内能完成，洗脱率为 100%。洗脱后的吸附材料能循环使用，吸附效果受循环使用次数的影响小。

19.2 实验研究方法

19.2.1 热塑性 DKGM 吸附材料的制备

将 40 g 的高纯 KGM 分散于 240 mL 的 40%乙醇-水混合溶剂中，加入氢氧化钠 3 g，在 25 ℃下搅拌溶胀 120 min，终止反应，用盐酸中和反应。过滤出样品，用含乙醇 30%的水溶剂进行清洗数次，将样品放入干燥箱于 100 ℃烘干到恒量得到 DKGM。

在装有搅拌装置的三口烧瓶中依次加入 300 mL 蒸馏水、10 g DKGM 和一定量的丙烯酸甲酯及甲基丙烯酸甲酯，搅拌 1 h 后，加入引发剂过硫酸铵，用水浴恒温加热反应 3 h。取出样品，沉降 1 h，过滤，反复清洗自聚物直至洗液完全澄清，再过滤，将产品在 65 ℃用干燥箱烘干到恒量就得到产品。

将 10 g 未加工的热塑性 DKGM 分散于 100 mL 的 5%～10%（质量分数）NaOH 溶液，在 50 ℃下搅拌 1～5 h，终止反应，用盐酸中和反应液。过滤出样品，用蒸馏水进行清洗数次，将样品放入干燥箱于 60 ℃烘干到恒量。

19.2.2 热塑性 DKGM 的加工及活化

单螺杆挤出机的设定参数：温度为 180 ℃，转速为 40 r/min。当单螺杆挤出机达到设定温度时，将热塑性 DKGM 加入单螺杆挤出机挤出成条[图 19 - 1(a)]，再用造粒机将其剪切成小圆柱体[图 19 - 1(b)]。将 100 g 加工成型的热塑性

DKGM 分散于 1000 mL 的 5%(质量分数)NaOH 溶液,在 50 ℃下搅拌 5 h,中止反应,用盐酸中和反应液。过滤出样品,用蒸馏水进行清洗数次,将样品放入干燥箱于 60 ℃烘干到恒量。

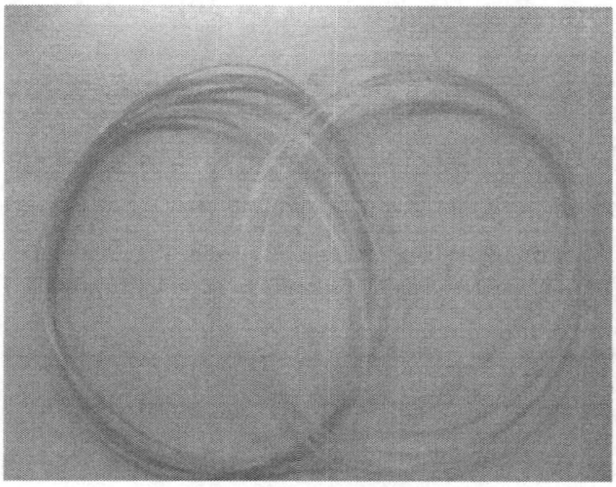

(a) 挤出成条的热塑性DKGM

(b) 造粒后的热塑性DKGM

图 19-1　加工成型产品

19.2.3　静态吸附实验

将一定浓度的 50 mL 重金属离子溶液加入 250 mL 的锥形瓶中,用 0.1 mol/L 的 NaOH 溶液和 0.1 mol/L 的盐酸调节溶液到适当 pH,同时加入一定质量的未加工成型的粉体活化热塑性 DKGM 吸附材料,将锥形瓶放在振荡培养箱上以 200 r/min 的速度搅拌至预计的时间。过滤样品,用原子吸收分光光度计分析测定滤溶液中吸附后的重金属离子浓度,用方程式(19-1)和(19-2)计算去除率 E 和吸附量 Q:

$$E(\%) = \frac{C_0 - C_e}{C_0} \times 100 \tag{19-1}$$

$$Q(\text{mg/g}) = \frac{(C_0 - C_e)V}{1000W} \tag{19-2}$$

式中,C_0(mg/L)和 C_e(mg/L)分别为初始浓度和平衡后的溶液中剩余金属离子的浓度;V(mL)为溶液的体积;W(g)为吸附剂的质量。

1) pH 的影响

使用初始浓度为 100 mg/L 的 Cu^{2+} 溶液和初始浓度为100 mg/L的 Pb^{2+} 溶液。用 0.1 mol/L 的 NaOH 溶液和 0.1 mol/L 的盐酸调节溶液 pH,pH 为2～8。在 15 ℃将 0.2 g 的经过 5%(质量分数)NaOH 溶液活化 3 h 的吸附材料加入到已调好 pH 的 Cu^{2+} 或 Pb^{2+} 溶液中振荡吸附 1 h。

2) 吸附材料用量的影响

使用 pH 为 5.0 的 1000 mg/L Cu^{2+} 溶液和 pH 为 5.0 的1000 mg/L Pb^{2+} 溶

液。在 15 ℃下将 0～1.2 g 的经 5%(质量分数)NaOH 溶液活化 3 h 的吸附材料加入到 Cu^{2+} 或 Pb^{2+} 溶液中振荡吸附 1 h。

3）吸附时间的影响

使用 pH 为 5.0 的 1000 mg/L Cu^{2+} 溶液和 pH 为 5.0 的1000 mg/L Pb^{2+} 溶液。在 15 ℃下将 0.4 g 的经 5%(质量分数)NaOH 溶液活化 3 h 的吸附材料加入到 Cu^{2+} 或 Pb^{2+} 溶液中振荡到指定时间，取出部分重金属离子溶液，分析其在指定时间内的浓度变化。

4）等温吸附

等温曲线选择的 Cu^{2+} 和 Pb^{2+} 溶液初始浓度分别为 100 mg/L、300 mg/L、500 mg/L、700 mg/L、1000 mg/L。将上述各种浓度 Cu^{2+} 和 Pb^{2+} 溶液调 pH 至 5.0。在 15 ℃下将 0.1 g 经的 5%(质量分数)NaOH 溶液活化 3 h 的吸附材料加入到 Cu^{2+} 或 Pb^{2+} 溶液中振荡吸附 1 h。

5）碱浓度对活化的影响

使用 pH 为 5.0 的 1000 mg/L Cu^{2+} 溶液和 pH 为 5.0 的1000 mg/L Pb^{2+} 溶液。在 15 ℃下将 0.1 g 经不同碱浓度活化 3 h 的吸附材料加入到 Cu^{2+} 或 Pb^{2+} 溶液中振荡 1 h。

6）活化时间的影响

使用 pH 为 5.0 的 1000 mg/L Cu^{2+} 溶液和 pH 为 5.0 的1000 mg/L Pb^{2+} 溶液。在 15 ℃下将 0.1 g 经碱浓度为 5%(质量分数)的 NaOH 溶液活化不同时间的吸附材料加入到 Cu^{2+} 或 Pb^{2+} 溶液中振荡 1 h。

19.2.4 动态吸附实验

动态吸附装置如图 19－2 所示。将干燥后的 35 g 活化后的加工成型产品先

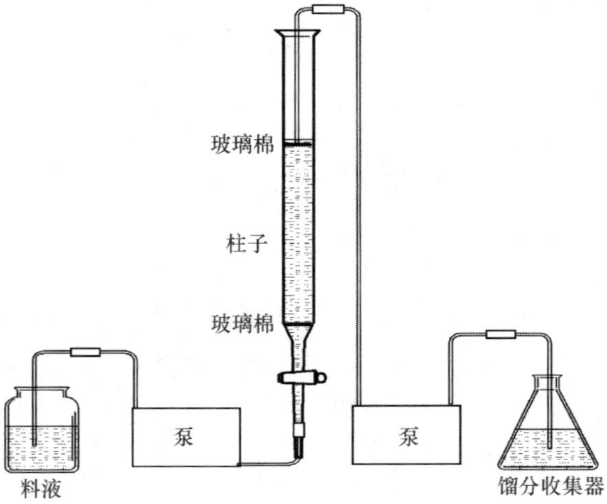

图 19－2 动态吸附

浸泡于 100 mL 蒸馏水中，使吸附材料吸水充分溶胀，将润湿后的吸附材料填入离子交换柱中，柱高为 30 cm。按图 19－2 所示安装好恒流泵，进水放向以逆流方向流动。将 pH 为 5 的 100 mg/L Cu^{2+} 溶液以 6.16 mL/min 的流速输入离子交柱中进行吸附交换，分析流出溶液的重金属离子浓度变化。

19.2.5 吸水率测定

样品的吸水率按照参考文献[1]执行，按式(19－3)计算。

$$w = \frac{m_2 - m_1}{m_1} \tag{19－3}$$

式中，m_1 为浸泡前试样的质量(g)；m_2 为浸泡后试样的质量(g)。

19.3 碱浓度对水解时间的影响

弱酸型生物质吸附材料可通过化学改性方法制备而成。现有的研究方法主要有酯化和接枝共聚。酯化主要通过生物质上的羟基与一氯乙酸在强碱条件下合成羧甲基生物质吸附材料[2]。这种方法要使用大量一氯乙酸才能合成较高取代度的羧甲基生物质吸附材料。主要原因是一氯乙酸反应活性大，不易控制，易发生副反应，造成与生物质的反应效率低。同时，一氯乙酸价格较为昂贵，不利于合成制备低成本弱酸型生物质吸附材料。接枝共聚方法包括直接和间接两种方法。直接方法主要以丙烯酸为单本与生物质接枝反应[3~9]。由于丙烯酸是一种水溶性化合物，生成的自聚物聚丙烯酸黏性大，阻碍了反应物的扩散，造成产品的接枝率低。生物质与丙烯酸的共聚产物吸水率大，难被利用作为重金属吸附材料，但常作为高吸水性材料使用。间接法是先接枝惰性化合物，再对惰性化合物进行活化而得所需产品[10~11]。本研究使用间接方法合成弱酸型生物质吸附材料。DKGM 先与疏水性单体 MA 和 MMA 高效反应生成共聚物，再用碱水解接枝于 DKGM 上的 MA 和 MMA 的酯键，使共聚物释放出大量的活性官能团羧酸基团。图 19－3 为碱浓度对共聚物酯键水解的影响。随着碱浓度的增加，酯键水解反应加快，释放出大量羧酸基团，从而提高了其对重金属离子的吸附量。实验中发现，共聚物在高碱浓度下易发生降解。为了减少共聚的降解发生的概率，本研究考察了低浓度碱下的水解时间对吸附量的影响。从图 19－4 可以看出，随着碱处理的时间的延长，其对重金属离子的吸附量不断增大，当处理时间为 5 h 时，对 Cu^{2+} 的吸附量为 64.5 mg/g，对 Pb^{2+} 的吸附量为 191.3 mg/g。

吸附材料的吸水率与吸附材料的理化性质有关。弱酸型吸附材料含有亲水的羧酸基团，吸水率与羧酸基团的含量有关。从图 19－5 可知，随着水解时间的增加，活化的产品吸水率也不断增加。水解时间 3 h 后，其吸水率增加缓慢。当水解

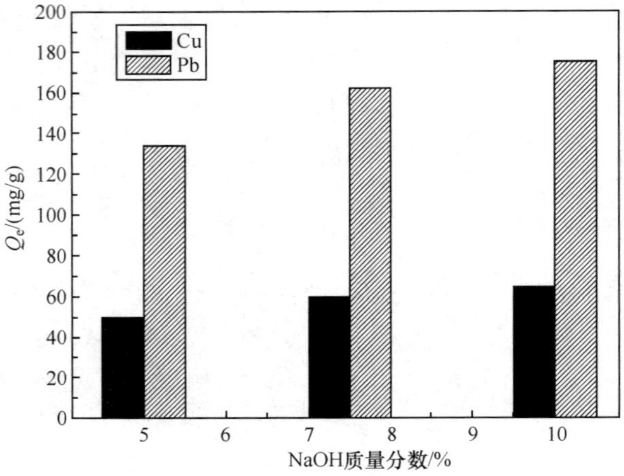

图 19-3　碱浓度对共聚物酯键水解的影响

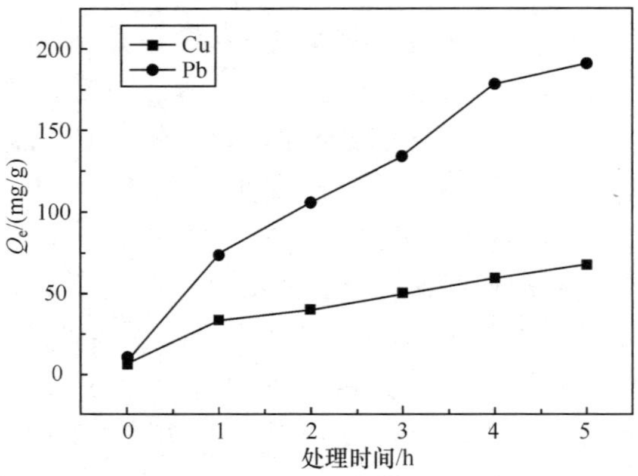

图 19-4　碱水解时间的影响

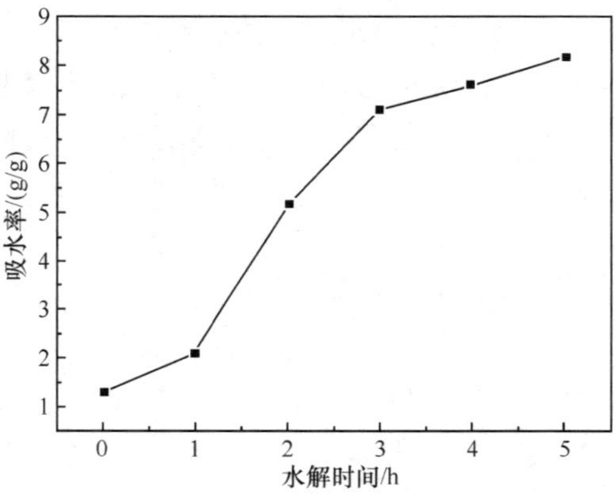

图 19-5　吸水率与水解时间关系

时间为 5 h 时，吸水率约为 9 g/g。通常，由于弱酸型吸附材料具有较强的吸水性，因此，在合成过程需要加入大量交联剂，如环氧氯丙烷，降低材料的吸水性。本研究制备的弱酸型吸附材料的吸水率较低，主要原因是制备的弱酸型吸附材料的酯键没有完全被水解，材料同时含有亲水和疏水基团，二者的协同作用控制了材料的吸水性。

19.4　pH 的影响

活化后的热塑性魔芋葡甘露聚糖吸附材料是一种弱酸型阳离子吸附材料，能对重金属废水进行高效吸附处理。对重金属离子吸附机理如图 19－6 所示，主要通过离子交换形式结合。弱酸型吸附材料的离子交换是一种可逆的化学平衡，调节溶液 pH 可控制吸附和脱附反应方向，进而材料可重复使用。如图 19－7，重金属离子溶液的 pH 对热塑性魔芋葡甘露聚糖吸附材料的吸附能力存在着十分重要影响。当 pH 小于 2 时，吸附材料对重金属离子没有任何吸附能力。随着溶液 pH 的升高，去除率也不断增加。pH 大于 5，对 Cu^{2+} 和 Pb^{2+} 的去除率分别为

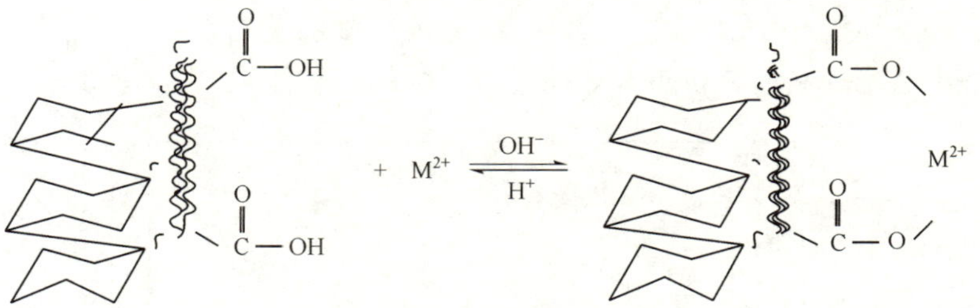

图 19－6　吸附和脱附平衡反应

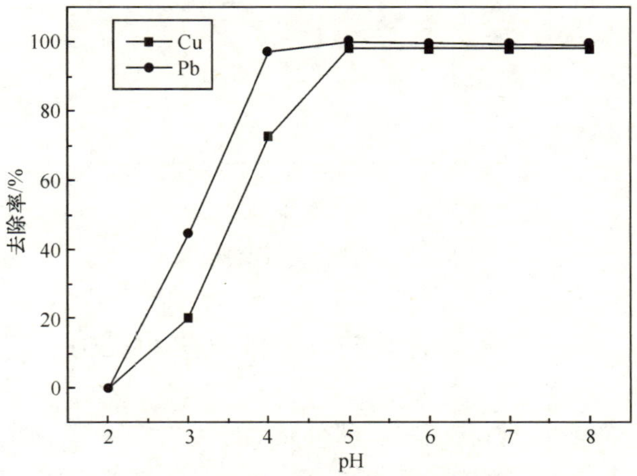

图 19－7　pH 对吸附的影响

98%和 99%。溶液中的 H^+ 和金属离子存竞争吸附的关系。在低的 pH 环境下，H^+ 与羧基（$-\overset{\overset{\displaystyle O}{\|}}{C}-O^-$）的结合能力较强，生成的羧酸基团（$-\overset{\overset{\displaystyle O}{\|}}{C}-OH$）难电离，重金属离子难置换出 H^+ 进行交换吸附。随着溶液 pH 的升高，H^+ 浓度迅速降低到 1/10～1/1000，羧酸基团电离度增加，重金属离子与羧基的结合概率增大，从而吸附效率得到迅速提高。

19.5　吸附材料用量的影响

本研究考察了吸附材料对高浓度重金属离子(1000 mg/L)的去除率。从图 19－8 可以看出，随着吸附材料用料量的增加，其对高浓度重金属离子的去除率也增加，吸附材料的用料量与去除率呈线性增长关系。当吸附材料用量为 8 g/L 时，其对 Pb^{2+} 的最大去除率达到 99%。由于 Cu 的相对原子质量(63.54)要小于 Pb 的相对原子质量(227.21)。在同等浓度(1000 mg/L)下，Cu^{2+} 数目要多于 Pb^{2+} 数目。与 Pb^{2+} 相比，对同等浓度的 Cu^{2+} 溶液的投料量较多，当投料量为 20 g/L，对 Cu^{2+} 的最大去除率达到 98%。增加投料量，增加了更多活化官能团，去除率也不断增加。弱酸型吸附材料对二价重金属离子有很强的亲和能力，去除率>98%。

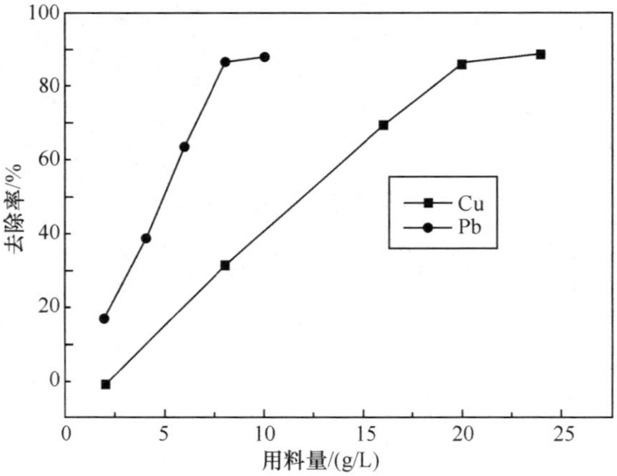

图 19－8　吸附材料用量的影响

19.6　吸附时间的影响及其吸附动力学

离子交换速率是吸附材料应用基础研究十分重要的参数。离子交换速率决定吸附材料在实际应用中的效率问题。图 19－9 为吸附材料的吸附量随吸附时间变化曲线。吸附主要分两个阶段进行。第一阶段为吸附材料在几秒内迅速吸附聚集大量的重金属离子，吸附量急剧增长，这主要取决于吸附材料的官能团对重金属离子的亲和能力及吸附材料内部金属离子扩散的速率快慢。羧酸基因对重金属离子有很强的亲和能力，因此能在几秒内聚集大量重金属离子。以 DKGM 为骨架合成的吸附材料吸水后能迅速伸展分子链上的官能团与重金属离子接触，加快了离子交换速率。第二阶段进入吸附平衡阶段。这阶段取决于吸附材料内部及外部重金属离了的浓度差的大小。从图 19－9 可知，对于同等浓度的重金属离子(1000 mg/L)，对 Cu^{2+} 的吸附速率要大于 Pb^{2+} 的吸附速率。这是因为 Cu^{2+} 的离子数目要远远大于 Pb^{2+} 的离子数目，Cu^{2+} 的浓度差大，吸附在几秒内就达到平衡。而对 Pb^{2+} 来说，吸附在 15 min 后才达到平衡。

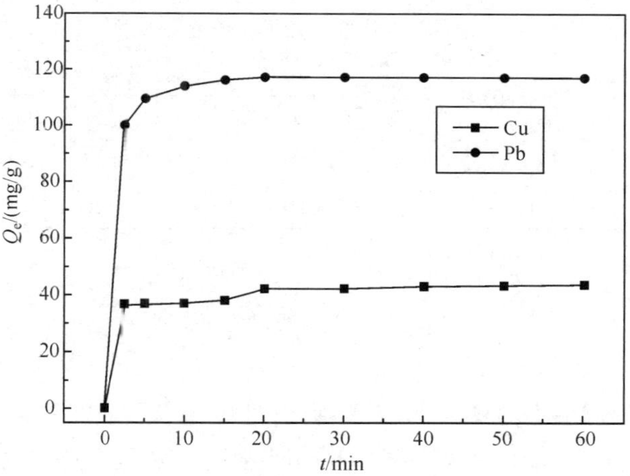

图 19－9　吸附时间的影响

上述吸附动力学数据用准二级动力学方程式进行拟合，如下：

$$\frac{t}{Q_t} = \frac{1}{k_2 Q_e^2} + \frac{t}{Q_e} \tag{19-4}$$

式中，Q_t 为吸附 t(min)时间后吸附在吸附材料上的重金属吸附量(mg/g)；Q_e 为吸附平衡时的吸附量(mg/g)；k_2 为吸附动力学常数[g/(mg · min)]。

用数据 t/Q_t 与 t 作图，如图 19－10，结果表明，弱酸型热塑性 DKGM 吸附材料与 Cu^{2+} 与 Pb^{2+} 结合均符合准二级动力学，所拟合的曲线线性相关度均在 0.999 以上，具体参数见表 19－1。准二级动力学表明弱酸型热塑性 DKGM 吸附材料与 Cu^{2+} 和与 Pb^{2+} 结合的控速步骤为官能团吸附。

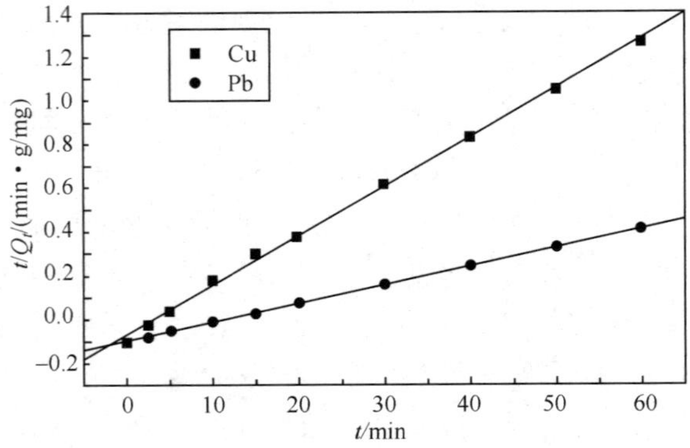

图 19 - 10　准二级动力学方程拟合

表 19 - 1　准二级动力学参数

金属	Q/(mg/g)	准二级动力学常数		
		k_2/[g/(mg · min)]	Q_e/(mg/g)	R^2
Cu	43.75	0.020	44.29	0.998
Pb	117.10	0.036	117.65	0.999

19.7　等温吸附

图 19 - 11 为弱酸型热塑性 DKGM 吸附材料在不同浓度重金属离子溶液下的等温吸附曲线。显然，弱酸型热塑性 DKGM 吸附材料对低浓度重金属离子有极强的吸附能力，吸附量在低浓度能达到饱和吸附。进一步增加浓度梯度差，吸附量没有增加。这是由于弱酸型热塑性 DKGM 吸附材料对重金属离子有极强的亲和

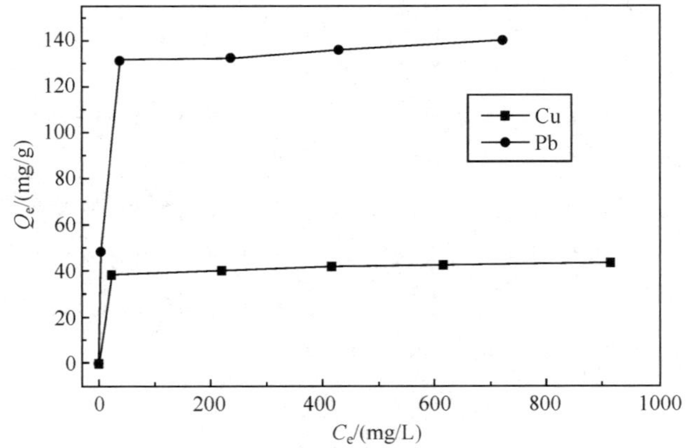

图 19 - 11　等温吸附曲线

能力，即使在很低的重金属离子浓度下，弱酸型热塑性 DKGM 吸附材料也能聚集吸附重金属离子，达到很高的去除率，从而达到饱和吸附量。

通常，多数生物质吸附材料等温吸附曲线符合 Langmuir 吸附方程。从图 19－12 可知，弱酸型热塑性 DKGM 吸附材料对 Cu^{2+} 和 Pb^{2+} 的吸附均符合 Langmuir 等温吸附曲线，线性度(R^2)都在 0.999 以上。Langmuir 等温吸附曲线表明弱酸型热塑性 DKGM 吸附材料与 Cu^{2+} 和 Pb^{2+} 通过单层吸附发生相互作用。Cu^{2+} 和 Pb^{2+} 的平衡常数 b 值分别为 0.13 L/mg 和 0.18 L/mg。

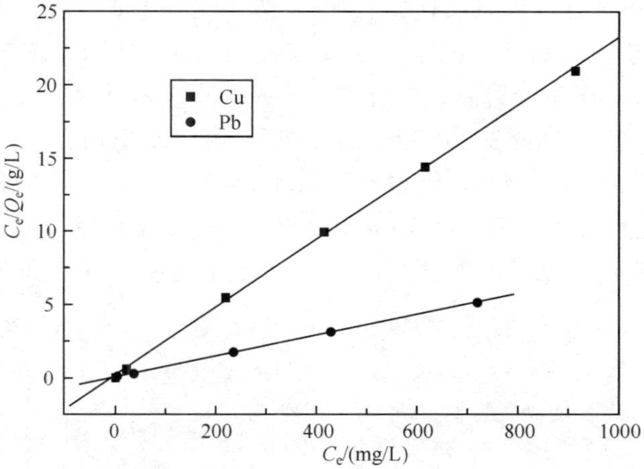

图 19－12　Langmuir 等温吸附曲线

表 19－2 对比了不同生物质材料制备的弱酸型吸附材料的最大吸附量。与多数弱酸型生物质吸附材料相比，本研究合成的吸附材料拥有较高的吸附量。这主要是因为本研究合成的弱酸型生物质吸附材料在制备方法上进行了很大的改进，采用间接合成法提高了材料的接枝率，在同等单元上引进了更多的活性官能团参与离子交换和吸附，从而提高了吸附量。

表 19－2　各种弱酸型生物质吸附材料最大吸附量对比

吸附剂	吸收能力/(mg/g)		参考文献
	Cu^{2+}	Pb^{2+}	
纤维素接枝丙烯酸共聚物	17.16	61.34	[12]
淀粉接枝丙烯酸共聚物	16.52	124.96	[13]
交联羧甲基 KGM	27.8	41.7	[14]
EDTAD 修饰的面包酵母	65.0	192.3	[15]
交联的两性淀粉		152.74	[16]
活化 GDKGM	64.5	191.3	现阶段工作

19.8　动态吸附实验

前面的静态实验结果表明未加工成型的弱酸型热塑性 DKGM 吸附材料具有较快的吸附动力学及较高的吸附量与重金属离子交换。由于未加工成型的弱酸型热塑性 DKGM 吸附材料为不规则的粉体状，在动态实验研究中，粉体在自身重量的压缩下易发生堵塞现象，重金属离子溶液难以顺利通过吸附材料进行吸附交换。因此，将吸附材料加工成型，进行动态实验参数测定。本研究将加工成型的弱酸型热塑性 DKGM 吸附材料填入离子交换柱中，以 6.16 mL/min 的流速将初始浓度 C_0 为 100 mg/L 的铜离子溶液以逆流方向输入离子交柱中进行离子交换，在线测定流出溶液的浓度 C_e(mg/L)。从图 19－13(a)可以看出，随着吸附时间的增加，离子交换柱底部的吸附材料开始变成深色(铜绿色)，铜绿色慢慢从离子交换柱底部扩散到离子交换柱的上部。经 15 h 后，如图 19－13(b)所示，离子交换柱全部变成铜绿色。图19－14 为流出溶液浓度随时间变化的动态变化曲线。在 13 h 内，

(a)

(b)

图 19－13　动态实验照片

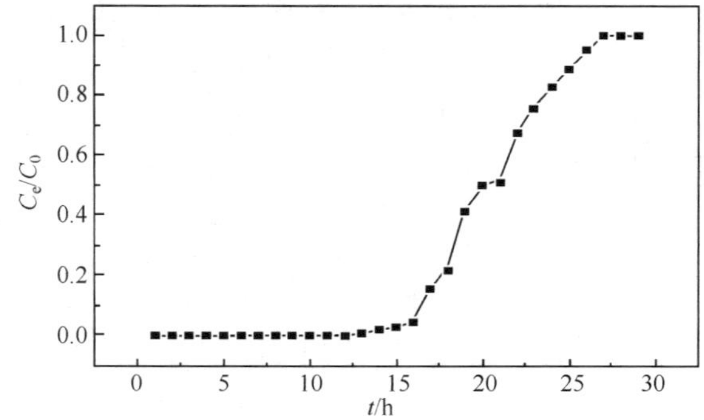

图 19－14　动态吸附曲线

流出溶液的 Cu^{2+} 去除率达 99.7%。随着动态时间的增加，吸附材料在 28 h 达到饱和吸附，吸附材料完全失效。

如图 19－15 所示，将深色的弱酸型热塑性 DKGM 吸附材料用 pH 为 1 的盐酸浸泡，产品在几秒内立刻回复到原产品颜色（浅黄色），洗脱率为 100%。将产品中和，再将其填入离子交换柱，测定动态吸附曲线，变化趋势几乎与图19－14 相同。反复进行 10 次实验，弱酸型热塑性 DKGM 吸附材料的吸附能力差别很小。这些结果表明弱酸型热塑性 DKGM 吸附材料能多次循环使用。这主要原因是弱酸型热塑性 DKGM 吸附材料具有较高的相对分子质量，经塑化加工成型后分子链相互缠结，形成十分紧密三维网络结构，耐酸耐碱，多次循环使用后，材料的损耗微小。

图 19－15　酸性洗脱前后照片

19.9　小　　结

本章主要研究弱酸型热塑性 DKGM 吸附材料对 Cu^{2+} 和 Pb^{2+} 的吸附特性，主要得出以下结论：

(1) 弱酸型热塑性 DKGM 吸附材料对 Cu^{2+} 和 Pb^{2+} 有较快的吸附速率，吸附量在几秒内迅速增大，去除率>98%。

(2) 对 Cu^{2+} 和 Pb^{2+} 的最大吸附量与弱酸型热塑性 DKGM 吸附材料的活化条件有关，随碱浓度及活化时间的增大与提高。

(3) 弱酸型热塑性 DKGM 吸附材料受溶液的 pH 环境影响较大，可通过调节溶液 pH 实现吸附或脱附反应。

(4) 弱酸型热塑性 DKGM 吸附材料对低浓度重金属离子有极强的吸附能力，适应于处理低浓度重金属废水。动态实验结果表明弱酸型热塑性 DKGM 吸附材料满足实际操作要求，有望成为一种新型吸附材料部分取代现有的石油类离子交换树脂。

参考文献

[1] Koroskenyi B, McCarthy S. Synthesis of acetylated konjac glucomannan and effect of degree of acetylation on water absorbency[J]. Biomacromolecules, 2001, 2: 824-826

[2] Xu S M, Feng S, Peng G, et al., Removal of Pb(Ⅱ) by crosslinked amphoteric starch containing the carboxymethyl group[J]. Carbohydr Polym, 2005, 60: 301-305

[3] Chen L, Liu Z, Zhuo R. Synthesis and properties of degradable hydrogels of konjac glucomannan grafted acrylic acid for colon-specific drug delivery[J]. Polym, 2005, 46: 6274-6281

[4] Liu Z, Hu H, Zhuo R, Konjac glucomannan-graft-acrylic acid hydrogels containing azo crosslinker for colon-specific delivery[J]. J Polym Sci(Part A: Polym Chem), 2004, 42: 4370-4378

[5] Li J, Zhang X, Chen J, et al., Frontal polymerization synthesis and characterization of konjac glucomannan-graft-acrylic acid polymers[J]. J Polym Sci(Part A: Polym Chem), 2009, 47: 3391-3398

[6] Guclu G, Gurdag G, Ozgumus S. Competitive removal of heavy metal ions by cellulose graft copolymers[J]. J Appl Polym Sci, 2003, 90: 2034-2039

[7] Keles S, Guclu G. Competitive removal of heavy metal ions by starch-graft-acrylic acid copolymers[J]. Polym-Plast Technol Eng, 2006, 45: 365-371

[8] Gurdag G, Ozgumus S, Guclu G. Graft copolymerization of acrylic acid onto cellulose: effects of pretreatments and crosslinking agent[J]. J Appl Polym Sci, 2001, 80: 2267-2272

[9] Guclu G, Keles S, Guclu K. Removal of Cu^{2+} ions from aqueous solutions by starch-graft-acrylic acid hydrogels[J]. Polym-Plast Technol Eng, 2006, 45: 55-59

[10] Choi S H, Nho Y C, Kim G T. Adsorption of Pb and Pd on polyethylene membrane with amino group modified by radiation-induced graft copolymerization[J]. J Appl Polym Sci, 1999, 71: 643-650

[11] Lee K, Kang H, Joo D, et al., Adsorption behavior of urokinase by the polypropylene film with amine, hydroxylamine and polyol groups[J]. Radiat Phys Chem, 2001, 60: 473-482

[12] Guclu G, Gurdag G, S. Ozgumus, Competitive removal of heavy metal ions by cellulose graft copolymers[J]. J Appl Polym Sci, 2003, 90: 2034-2039

[13] Keles S, Guclu G. Competitive removal of heavy metal ions by starch-graft-acrylic acid copolymers[J]. Polym-Plast Technol Eng, 2006, 45: 365-371

[14] Niu C M, Wu W, Wang Z, et al., Adsorption of heavy metal ions from aqueous solution by

crosslinked carboxymethyl konjac glucomannan[J]. J Hazard Mater, 2007, 141: 209-214

[15] Yu J, Tong M, Sun X, et al., Enhanced and selective adsorption of Pb^{2+} and Cu^{2+} by EDTAD-modified biomass of baker's yeast[J]. Bioresour Technol, 2008, 99: 2588-2593

[16] Xu S M, Feng S, Peng G, et al., Removal of Pb(Ⅱ) by crosslinked amphoteric starch containing the carboxymethyl group[J]. Carbohydr Polym, 2005, 60: 301-305